内 容 简 介

本书是高等师范院校数学教育专业选修课竞赛数学的教材.它既覆盖中学数学的内容,又有高等数学的背景,更体现高等数学中解决问题的思想方法,是一本综合性、提高性、衔接性的教材.本书是在学生掌握了一定高等数学理论知识的基础上,根据中学数学教学工作的实际需要进行编写的,力求运用现代数学和高等数学中处理问题的思想方法来解决中学数学问题,对解题方法进行剖析、整理和研究,对学生已有的中学数学知识和技能进行复习巩固、查缺补漏和进一步充实提高,以达到拓展思维能力、提高数学修养的目的.

通过对本书的学习,学生可了解中学数学竞赛的开展情况,了解初、高中数学竞赛的基本知识,掌握竞赛数学的思维方法,提高数学修养,从而具有熟练分析和解决问题的基本能力,为能够担任中学数学竞赛的辅导工作打下坚实基础.

本书可作为高等师范院校、教育学院、教师进修学校数学系开设的竞赛数学课程教材,也可作为数学奥林匹克教练员培训班、优秀竞赛选手培训班的参考书.

为方便教师多媒体教学和读者学习,我们提供与教材配套的相关内容的电子资源(包括习题的解答),需要者请电子邮件联系 chengxiaoliang92@163.com.

作 者 简 介

刘 影 1987年本科毕业于四平师范学院数学系,硕士毕业于东北师范大学数学与统计学院.现为吉林师范大学数学学院教授、硕士生导师、数学学科教学论方向学科带头人,吉林省高等师范院校数学教育研究会副理事长、全国高等师范院校数学教育研究会理事.为本科生开设数学教学论、中学数学研究、微格教学、数学教学测量与评价等课程,其中数学教学论课程自1994年至今一直是吉林省高等学校优秀课程.主持或参与完成教育部软科学重点研究项目和省级高等教育教学改革项目多项.在《吉林大学学报(理学版)》《中小学教师培训》、《中学数学的教与学》等刊物上发表学术论文30余篇,主编和参编教材10余部.2011年其主编的《数学教学论》教材获吉林省优秀教材奖.指导学生参加"东芝杯"全国师范大学理科生教学技能创新大赛,并于2010年获二等奖,2011年获一等奖和创新奖.

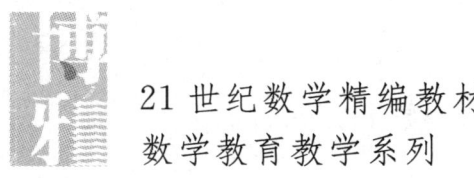

21世纪数学精编教材
数学教育教学系列

中学竞赛数学

主　编	刘　影	程晓亮	
副主编	李艳军	范兴亚	
编著者	李春玲	宋士波	刘　露
	徐苏焦	蔡炯辉	张丰硕
	郑雪静	李艳军	张　平
	张智民	柳长青	叶根福
	范兴亚	龚剑钧	程晓亮
	刘　影		

图书在版编目(CIP)数据

中学竞赛数学/刘影,程晓亮主编. —北京:北京大学出版社,2012.1
ISBN 978-7-301-20076-6

Ⅰ. ①中… Ⅱ. ①刘… ②程… Ⅲ. ①数学－竞赛－师范大学－教材 Ⅳ. ①O1

中国版本图书馆 CIP 数据核字(2012)第 005136 号

书　　　　名:	中学竞赛数学
著作责任者:	刘　影　程晓亮　主编
责 任 编 辑:	曾琬婷
封 面 设 计:	张　虹
标 准 书 号:	ISBN 978-7-301-20076-6/O·0860
出 版 发 行:	北京大学出版社
地　　　　址:	北京市海淀区成府路 205 号　100871
网　　　　址:	http://www.pup.cn　电子信箱:zpup@pup.pku.edu.cn
电　　　　话:	邮购部 62752015　发行部 62750672　理科编辑部 62767347　出版部 62754962
印　刷　者:	河北博文科技印务有限公司
经　销　者:	新华书店
	787mm×980mm　16 开本　19.25 印张　404 千字
	2012 年 1 月第 1 版　2025 年 8 月第 4 次印刷
定　价:	55.00 元

未经许可,不得以任何方式复制或抄袭本书之部分或全部内容。
版权所有,侵权必究
举报电话:(010)62752024　电子信箱:fd@pup.pku.edu.cn

"21世纪数学精编教材·数学教育教学系列"编委会

名誉主编：高　夯（东北师范大学）　　　王光明（天津师范大学）
主　　编：刘　影（吉林师范大学）　　　程晓亮（吉林师范大学）
编　　委：（按姓氏笔画排序）

马秀梅	王　乐	王　君	王　彬	王　琦	王明礼
王玲娣	王雅丽	刘　露	刘宝瑞	刘金福	孙广才
孙雪梅	朱石焕	牟　欣	何素芳	吴晓冬	宋士波
张　平	张丰硕	张玉环	张海燕	张艳霞	李云晖
李光海	李全有	李春玲	李唐海	李艳军	杨　尚
杨灿荣	陈海俊	周仕荣	周其明	周荣昌	居　蕾
武江红	罗守胜	罗彦东	苗凤华	范兴亚	郑　晨
郑雪静	柳长青	柳成行	徐　伟	徐传胜	徐苏焦
徐建国	翁小勇	郭凤秀	常金勇	盛　登	龚剑钧
喇雪燕	彭　纲	彭艳贵	程广文	蔡炯辉	潘　俭

秘 书 长：程晓亮
责任编辑：曾琬婷　刘　勇

"21世纪数学精编教材·数学教育教学系列"书目

1. 数学教学论（第二版）
2. 初等数学研究
3. 数学教学实践（初中分册）
4. 数学教学实践（高中分册）
5. 中学竞赛数学
6. 数学教育测量与评价
7. 中学数学教师资格考试训练教程

前　言

中学竞赛数学课程是高等师范院校数学教育专业必选课程.北京、吉林、安徽、福建、陕西、黑龙江、辽宁、云南、河北、河南、四川、贵州、山西、山东、重庆、内蒙古、广西、青海等二十余个省、市、自治区的二十余所高等师范院校中学数学竞赛教学与研究的教师、中学数学一线教师参与了编写本教材的全过程.我们组成提议、编写、审阅委员会.本书内容全面结合中学数学课程改革的内容,力求适应新世纪高等师范院校数学教育教学改革实践要求,主要阐述中学竞赛数学的基本内容与方法.本书分绪论和正文八章,绪论主要介绍数学竞赛的产生、国际数学奥林匹克竞赛、中国数学竞赛和中学数学竞赛大纲;正文的内容包括多项式、函数方程、不定方程、数列、不等式、条件最值、整数的整除、同余、高斯函数、复数、平面几何、立体几何、平面解析几何、几何不等式、抽屉原理、容斥原理、组合计数、组合几何、图形覆盖、图论以及中学竞赛数学中的构造法和数学归纳法.本书在阐述理论内容的同时,结合中学数学内容,特别是近几年各种竞赛的试题等,给出具体的例子,并做详细解答.

全书的编写框架结构由吉林师范大学数学学院刘影、程晓亮确定,编写、审稿分工如下:绪论由李春玲编写,刘影审阅;第一章由宋士波编写,程晓亮审阅;第二章由刘露、程晓亮编写并审阅;第三章由徐苏焦编写,刘影审阅;第四章由蔡炯辉、张丰硕编写,刘影审阅;第五章由郑雪静编写,叶根福审阅;第六章由李艳军编写,刘影审阅;第七章由张平、程晓亮编写并审阅;第八章由张智民、程晓亮编写并审阅.参加编写修改、图文处理工作的还有范兴亚、叶根福、柳长青、龚剑钧.全书最后由刘影、程晓亮统稿并经讨论、修改后定稿.

在本书的编写过程中,全国十余所师范院校初等数学教学与研究专家,二十多所中学一线教师看了我们的初稿,提出了许多宝贵的建议,我们在此表示诚挚的谢意.主编刘影、程晓亮得到了东北师范大学高夯教授的热情鼓励,以及吉林师范大学教务处的支持,各编写者也得到相应省市、学校的支持和资助,全体编者向给予支持和资助的单位和个人表示衷心的感谢.本书的出版得到北京大学出版社的大力支持,在此我们表示诚挚的谢意.

本书内容虽然经过各编委多次讨论、审阅、修改,但限于编者的水平,不妥之处仍然会存在,诚恳希望广大同行和读者给予批评指正.

刘　影　程晓亮
2011 年 12 月

目 录

绪 论 ……………………………… (1)
 第一节 数学竞赛的产生 ………… (1)
  一、中国数学竞赛的产生 ……… (1)
  二、欧洲数学竞赛的产生 ……… (2)
 第二节 国际数学奥林匹克竞赛 …… (2)
  一、世界各国的数学竞赛热潮 …… (2)
  二、国际数学奥林匹克竞赛的诞生 … (3)
  三、国际数学奥林匹克竞赛的
   发展阶段 ………………… (4)
  四、国际数学奥林匹克竞赛的
   运转常规 ………………… (5)
 第三节 中国数学竞赛 …………… (5)
  一、中国数学竞赛发展的三个阶段 … (6)
  二、中国数学竞赛的组织机制 …… (8)
  三、对数学竞赛"热"的思考 …… (8)
 第四节 中学数学竞赛大纲 ……… (9)
  一、初中数学竞赛大纲 ………… (10)
  二、高中数学竞赛大纲 ………… (11)
 本章参考文献 …………………… (12)

第一章 整除与同余 ……………… (14)
 第一节 整数的整除性 …………… (14)
  一、整数的整除性 ……………… (14)
  二、奇数与偶数 ………………… (21)
  三、质数与合数 ………………… (24)
  四、完全平方数 ………………… (29)
 第二节 同余 ……………………… (30)
  一、基本概念 …………………… (31)
  二、基本性质 …………………… (31)
  三、典型例题解析 ……………… (31)
 第三节 高斯函数 ………………… (35)
  一、基本概念 …………………… (36)
  二、基本性质 …………………… (36)
  三、基本结论 …………………… (37)
  四、典型例题解析 ……………… (38)
 第四节 复数 ……………………… (43)
  一、基本概念 …………………… (43)
  二、复数的三种形式 …………… (44)
  三、基本性质 …………………… (44)
  四、典型例题解析 ……………… (45)
 习题一 …………………………… (50)
 本章参考文献 …………………… (52)

第二章 数列与不等式 …………… (54)
 第一节 数列 ……………………… (54)
  一、等差数列与等比数列 ……… (54)
  二、高阶等差数列与等比数列 … (56)
  三、递推数列与周期数列 ……… (57)
  四、数列的求和 ………………… (62)
  五、数列的性质 ………………… (66)
 第二节 不等式 …………………… (68)
  一、不等式的解集 ……………… (68)
  二、基本性质 …………………… (69)
  三、不等式的常用解法 ………… (69)
  四、不等式的证明 ……………… (72)
  五、一些重要的不等式 ………… (78)
 第三节 条件最值 ………………… (83)
  一、利用不等式求条件最值 …… (83)
  二、利用换元法求条件最值 …… (85)
  三、利用函数的知识求条件最值 … (86)

目录

　　四、利用数形结合思想求条件最值 … (87)
　　五、离散型条件最值问题 …………… (88)
习题二 ……………………………………… (90)
本章参考文献 ……………………………… (92)

第三章　多项式与方程 …………………… (93)
第一节　多项式 …………………………… (93)
　　一、基本知识 ……………………………… (93)
　　二、常用方法 ……………………………… (97)
　　三、典型例题解析 ………………………… (97)
第二节　函数方程 ………………………… (104)
　　一、基本知识 ……………………………… (104)
　　二、常用方法 ……………………………… (105)
　　三、典型例题解析 ………………………… (106)
第三节　不定方程 ………………………… (112)
　　一、基本知识 ……………………………… (112)
　　二、几个特殊类型不定方程的
　　　　求解定理 ……………………………… (113)
　　三、常用方法 ……………………………… (115)
　　四、典型例题解析 ………………………… (116)
习题三 ……………………………………… (121)
本章参考文献 ……………………………… (122)

第四章　平面几何与立体几何 …………… (124)
第一节　平面几何 ………………………… (124)
　　一、几个著名定理及其应用 ……………… (124)
　　二、三角形的"五心" …………………… (136)
　　三、点共圆、点共线、线共点、定点及
　　　　面积问题 ……………………………… (143)
　　四、平面几何问题基本解题方法 ………… (152)
第二节　立体几何 ………………………… (157)
　　一、空间共线、共面与平行 ……………… (157)
　　二、空间中的角 …………………………… (159)
　　三、空间中的距离 ………………………… (161)
　　四、棱柱与棱锥 …………………………… (165)
　　五、旋转体 ………………………………… (170)

习题四 ……………………………………… (174)
本章参考文献 ……………………………… (179)

第五章　平面解析几何与
　　　　　　几何不等式 ………………… (180)
第一节　平面解析几何 …………………… (180)
　　一、基本结论 ……………………………… (180)
　　二、典型例题解析 ………………………… (182)
第二节　几何不等式 ……………………… (200)
　　一、几何不等式 …………………………… (200)
　　二、几个著名的代数不等式在几何中的
　　　　应用 …………………………………… (207)
　　三、几个著名的定理和几何不等式的
　　　　应用 …………………………………… (209)
习题五 ……………………………………… (217)
本章参考文献 ……………………………… (220)

第六章　组合数学 ………………………… (221)
第一节　抽屉原理 ………………………… (221)
　　一、抽屉原理的四种形式 ………………… (221)
　　二、抽屉原理的解题思想 ………………… (222)
　　三、典型例题解析 ………………………… (222)
第二节　容斥原理 ………………………… (227)
　　一、预备知识 ……………………………… (227)
　　二、容斥原理 ……………………………… (229)
　　三、容斥原理的解题思想 ………………… (230)
　　四、典型例题解析 ………………………… (230)
第三节　排列与组合 ……………………… (232)
　　一、加法原理与乘法原理 ………………… (232)
　　二、排列与组合 …………………………… (233)
　　三、典型例题解析 ………………………… (237)
习题六 ……………………………………… (241)
本章参考文献 ……………………………… (242)

第七章　组合几何与图论 ………………… (243)
第一节　组合几何 ………………………… (243)
　　一、基本知识 ……………………………… (243)

二、典型例题解析 …………………… (244)
　第二节　图形覆盖 ……………………… (254)
　　一、基本知识 …………………………… (254)
　　二、典型例题解析 …………………… (255)
　第三节　图论 …………………………… (263)
　　一、基本知识 …………………………… (263)
　　二、典型例题解析 …………………… (265)
　习题七 …………………………………… (273)
　本章参考文献 …………………………… (274)

第八章　构造法与数学归纳法 ………… (276)
　第一节　构造法 ………………………… (276)
　　一、构造关系 …………………………… (276)
　　二、构造几何模型,使代数问题
　　　　几何化 ……………………………… (280)
　　三、构造方程模型,使几何问题
　　　　代数化 ……………………………… (281)

　　四、构造极端情况 …………………… (282)
　　五、构造对应的平面模型,将空间问题化为
　　　　平面问题 …………………………… (282)
　　六、构造集合 ………………………… (282)
　　七、构造新数列 ……………………… (283)
　第二节　数学归纳法 …………………… (285)
　　一、第一数学归纳法 ………………… (286)
　　二、第二数学归纳法 ………………… (289)
　　三、跳跃数学归纳法 ………………… (290)
　　四、反向数学归纳法 ………………… (290)
　　五、螺旋式数学归纳法 ……………… (291)
　　六、二重数学归纳法 ………………… (292)
　习题八 …………………………………… (294)
　本章参考文献 …………………………… (296)

绪 论

> 数学竞赛,顾名思义,是数学学科的一种竞赛活动,也是开拓数学创新思维、激发数学研究兴趣、发现数学人才和促进数学发展的重要手段与途径. 数学竞赛崇尚奥林匹克精神且历史悠久. 数学竞赛最早起源于中国,兴盛于当代. 现代意义上的数学竞赛是 1894 年从匈牙利开始的. 第 1 届国际数学奥林匹克竞赛(International Mathematical Olympiad,简称 IMO)是 1959 年在罗马尼亚举办的. 本章将从数学竞赛产生的历史事实及演变过程,介绍国际数学奥林匹克竞赛、中国数学竞赛及中国数学竞赛大纲.

第一节 数学竞赛的产生

一、中国数学竞赛的产生

早在我国战国时期(公元前 475—公元前 221 年)齐威王与大将军田忌赛马,每次比赛都掷以千金. 齐威王与田忌的马都有上、中、下三等,田忌的每等马都不如齐威王同等的马好,但田忌还是很想取胜,于是他采用军事家孙膑的建议:先出下等马对齐威王的上等马,输一局;再出上等马对齐威王的中等马,胜一局;最后出中等马对齐威王的下等马,再胜一局. 结果以 2∶1 赢得千金. 这是孙膑用数学运筹思想来解决实际问题的一个范例,也可以说是我国数学竞赛的萌芽.

另据古书《唐阙史》记载:唐代青州尚书杨损,他让手下的人推荐一个优秀的人加以提升. 经过千筛百选,最后剩下两个人时,拿不定去掉哪一位好. 杨损得知这个消息之后,斟酌再三,最后决定出一道数学题来考考他们. 他出的题目是:一天,某人在树林中的小路上散步,无意中听到一伙盗贼在林中偷分盗来的布匹,只听他们窃窃私语:林中布匹各争竞,不知人数不知布;每人六匹多五匹,每人七匹少八匹. 问人、布各几何? 先答对的人得到了升迁. 这实际上可以说是我国数学竞赛之始,要比欧洲的数学竞赛大约早两个世纪!

我国古代人们常常还把某些算题编成便于记忆的诗词古体,相互"问难",称为"难题". 这种风气,自南宋以来,更为盛行. 对这些算题的求解也是我国早期的数学竞赛内容.

二、欧洲数学竞赛的产生

在欧洲,意大利自十一二世纪以来,就十分盛行数学竞赛. 著名的数学家斐波那契(Fibonacci,约 1170—1250)应当时罗马帝国国王腓德烈第二(Frederick Ⅱ,1194—1250)的邀请,与巴勒摩的约翰(John)进行数学比赛. 约翰出了几个在当时是很难的题目.

在十六七世纪时,欧洲的数学家们常常把自己发现的解题新方法、新理论秘而不宣,再向其他数学家"问难",进行挑战,以比高低,其中解三次方程比赛尤为精彩. 意大利数学家发现的三次方程的代数解法被认为是 16 世纪最壮观的数学成就之一. 1535 年意大利数学家菲奥(A. M. Fior)向塔塔利亚(丰坦那(Niccolo Fontana),人称"塔尔塔利亚"(Tartaglia))提出挑战,要求举行一次解三次方程的公开比赛. 比赛在米兰大教堂进行,双方各给对方出 30 道题,议定在 30 日内解题多者为胜. 为迎接这场挑战,塔塔利亚做了充分准备. 他冥思苦想,终于掌握了 $x^3+mx^2=n$ 和 $x^3+mx=n$ $(m,n>0)$ 两种类型三次方程的解法,因而大获全胜.

公开的解题竞赛不仅会引起数学家的注意,而且会激发更多人对数学的兴趣. 随着教育事业的不断发展,教育工作者开始考虑在中学生之间举办解数学难题的竞赛,来引起学生对数学的兴趣,从而激发其数学思维和才能.

第二节 国际数学奥林匹克竞赛

解题是数学活动的核心,它的工具是创新思维. 通过数学解题活动而进行的有意识比赛或无意识竞争由来已久. 数学解题活动不仅能教会学生运算技巧,更能培养其严密的逻辑思维和灵活分析问题、解决问题的能力,所以现代的数学竞赛主要是在学生(尤其是中学生)之间进行.

一、世界各国的数学竞赛热潮

1. 匈牙利的数学竞赛

匈牙利被认为是最早开展现代中学生数学竞赛的国家. 1894 年,匈牙利数学物理协会通过了在全国举办中学数学竞赛的决议. 在协会主席兼教育部部长埃特沃斯(Etvs,数学家、物理学家)男爵的领导下,匈牙利开始了全国性的数学竞赛,以选拔有才能的学生. 这种竞赛被称为埃特沃斯男爵考试. 匈牙利的数学竞赛造就了一大批数学大师. 在早期的优胜者中,有被誉为匈牙利现代数学之父的费叶尔(L. Fejer),航天动力学的奠基人冯·卡门(Von Karman),哈尔测度与哈尔积分提出者哈尔(Haar),对泛函分析有重大贡献的黎茨(Rieesz),对复变函数、测度论、组合等多有建树的拉多(Rado),等等.

2. 苏联的数学竞赛

苏联是第一个采用"数学奥林匹克"这一名称的国家,也是开展数学竞赛活动最早和最活跃的国家之一. 1934 年,苏联在列宁格勒大学(今为圣彼得堡大学)举办了中学数学奥林匹克竞赛,首次把数学竞赛与公元前 776 年的古希腊奥林匹克体育竞赛联系起来. 称数学竞赛为数学奥林匹克竞赛,形象地揭示了数学竞赛是参赛选手间智力的角逐. 1935 年,莫斯科大学和基辅大学又分别主办了莫斯科数学奥林匹克竞赛和基辅数学奥林匹克竞赛,之后每年举行一次(在 1942 年至 1944 年中断过 3 年). 1961 年,第 1 届全俄数学奥林匹克竞赛(All Russian Mathematical Olympiad)开始举行. 1972 年该赛事改称全苏数学奥林匹克竞赛(All Soviet Union Mathematical Olympiad),届数重新算起. 苏联解体后的 1992 年赛事又改称独联体数学奥林匹克竞赛(the Commonwealth of Independent States Mathematical Olympiad),届数再次重新算起,这也是最后一届独联体数学奥林匹克竞赛. 1993 年,俄罗斯数学奥林匹克竞赛(Russian Mathematical Olympiad)开始举行,届数从第 19 届计起.

苏联的数学奥林匹克竞赛中,中学生的竞赛分为 5 个级别,即校内竞赛、地区或市级竞赛、省级竞赛、加盟共和国竞赛、全苏联竞赛. 参加比赛的人数形成金字塔,第二级比赛约 10 万以上选手参加,以后每一级人数为前一级的十分之一左右. 其特点是分年级进行,高年级的优胜者被推荐进入大学,免去升学考试. 曾有包括柯尔莫哥洛夫(Kolmogorov)在内的很多著名数学家参与数学竞赛工作,故苏联的数学竞赛命题质量很高.

3. 世界各地的数学竞赛

当匈牙利数学竞赛造就的大师们纷纷"登台"的时候,欧洲和其他国家对数学竞赛产生了强烈的兴趣. 在 1902 年,罗马尼亚就曾通过《数学杂志》组织过竞赛. 再加上苏联数学竞赛普遍开展,又为他们提供了丰富的学习经验. 所以,20 世纪四五十年代,数学奥林匹克竞赛在这些国家蓬勃开展:在保加利亚(1949 年)、波兰(1950 年)、原捷克斯洛伐克(1951 年)、中国(1956 年)、印度(1958 年)均举行了数学竞赛. 以后还有原东德、瑞典、越南、原南斯拉夫、荷兰、古巴、意大利、蒙古、卢森堡、西班牙、英国、芬兰、阿根廷、比利时、以色列、加拿大、希腊、原联邦德国、澳大利亚、美国等国均举办了数学竞赛.

世界各国举办数学竞赛的目的可归结为以下三条:提高中学数学的教学水平;引发学生对数学科学的兴趣;发现具有特殊天赋的学生,并对他们以后的求学给予便利. 20 世纪 50 年代以来,世界出现了一股举办中学数学竞赛的热潮,它既为国际数学奥林匹克竞赛的诞生准备了条件,又为国际数学奥林匹克竞赛的发展提供了动力.

二、国际数学奥林匹克竞赛的诞生

1956 年,经过罗马尼亚的罗曼(T. Roman)教授积极活动,东欧国家正式确定了开展国际数学竞赛的计划. 第 1 届 IMO 于 1959 年 7 月在罗马尼亚古都布拉索拉拉开帷幕,其中 7

个国家、52 名选手参加了这次比赛. 罗马尼亚、匈牙利、原捷克斯洛伐克、保加利亚、波兰、原民主德国各派 8 名队员,苏联派 4 名队员. 试题共 6 道,都是与中学教材比较接近的算术、代数、三角、平面几何和立体几何等方面的问题. 比赛结果是:罗马尼亚总分第一,匈牙利第二,原捷克斯洛伐克第三. 虽然参赛的国家和选手不多,但此次比赛却开辟了国际数学竞赛的先河.

前几届 IMO 的参赛国仅限于东欧几个国家(当时的社会主义阵营),实际上只有地区性而没有太多的国际性. 到 20 世纪 60 年代末,竞赛规模才逐步扩大,南斯拉夫、蒙古、芬兰、英国、法国、意大利、瑞典、比利时、荷兰、奥地利、古巴、美国等相继加入,IMO 发展成真正全球性的中学数学竞赛. 特别是 1985 年中国步入 IMO 之后,参加国或地区增加得很快. 1990 年在中国举办第 31 届 IMO 时,已发展到 54 个队 308 人参赛. 如今已稳定在八十多个国家或地区,四百余人的规模.

当今,虽然还不是世界上的每一个国家每一届 IMO 都能参加,但大多数经济、文化发达的国家都置身其列了. IMO 已经成为国际上最有影响的学科竞赛,同时也是公认水平最高的中学数学竞赛. 虽然国际数学奥林匹克竞赛的参赛队在增加,规模在扩大,但在 1980 年以前,并没有一个统一的国际机构负责组织协调工作. 起初,基本上是由最早参加国际竞赛的几个东欧国家依次承担组织工作和所需的费用. 1976 年,奥地利成为第一个主办 IMO 的西方国家,此后英国主办了 1979 年第 21 届 IMO. 但 1980 年 IMO 没能举行,原因是原定主办国经济困难,而 IMO 又缺乏一个国际性协调机构使可能的主办国和参赛国了解这一情况. 这使人们清楚认识到建立一个国际机构来协调组织每年的 IMO 的必要性. 1980 年,国际数学教育委员会决定成立 IMO 分委员会(1981 年 4 月正式成立),负责组织安排每年的活动,因而自 1981 年起,IMO 的传统一直没有中断,并且逐步规范化.

三、国际数学奥林匹克竞赛的发展阶段

国际数学奥林匹克竞赛的发展,大体经历了三个阶段:第一阶段,国内准备阶段(从 1894 年匈牙利首开数学竞赛之先河到 1959 年第 1 届 IMO). 这一阶段的数学竞赛基本上是在各国内部举行. 虽然这期间已经有过一些小型的、国与国之间的比赛,但是仅仅是局部的、偶然的现象. 第二阶段,由地区性崛起到全球性发展的阶段(从 1959 年第 1 届 IMO 到 1979 年第 21 届 IMO). 这一阶段实现了三个突破:国界的突破,即不同国家的中学生都在一起进行数学竞赛;意识形态的突破,即不同社会制度的国家都在一起进行数学竞赛;地域的突破,即从欧洲发展到全球. 第三阶段,成熟阶段(从 1981 年第 22 届 IMO 开始至今). 这时,IMO 运作已经制度化、规范化,选手的水平也大大提高,竞赛的理论研究亦在兴起. 特别需要提出的是,由于中国数学竞赛工作具备了出类拔萃的实践成果和初露锋芒的理论研究水平,还形成了一支宏大的数学竞赛活动学术群体——奥林匹克学派,所以,数学竞赛学的建设工作,正在数学竞赛起源地——中国表现出推动和领导世界新潮流的潜力与实力.

四、国际数学奥林匹克竞赛的运转常规

经过四十多年的发展,国际数学奥林匹克竞赛虽然还没有正式通过一份章程,但是已经有了一整套约定俗成的运转常规,并为历届东道主所遵循.国际数学奥林匹克竞赛旨在激励和培养数学人才,促进各国数学教育的交流与发展.该竞赛每年举办一届,时间定于7月(通常在中旬),参赛国轮流主办,经费由东道主提供.参赛选手为20岁以下的中学生(据29届IMO统计表明,17岁是参加IMO的最佳年龄);每队6人(历史上曾经有过8人或4人的),另派2名数学家为领队和教练.试题由各参赛国提供(东道国不提供),通常要求在每年4月底以前提供3~5道题(附答案),作为预选题,经东道主精选后提交给主试委员会表决,产生6道试题.试题确定之后,写成英、法、德、俄文,由领队译成本国文字.虽然没有统一的大纲,但统计表明,试题范围多集中在四个方面:代数、几何、初等数论、组合初步.竞赛分两天进行,每天连续4.5小时,考3道题.同一国家的6名选手分配到6个考场,独立答题,不得使用参考书和计算器.答卷由本国领队评判,然后与组织者指定的协调员协商,如有分歧,再请主试委员会仲裁.从第20届开始,每道题7分,总计满分为42分.

IMO 并不确定冠军,而是希望鼓励更多有数学才华的青年成长.因此IMO的获奖人数比较多,约占全体选手的一半.竞赛设一等奖(金牌)、二等奖(银牌)、三等奖(铜牌),大致比例为1:2:3.各届获奖的分数线与当届试题的难易有关.对于某一道题解法独特,与原标准答案不同的选手,授予IMO特别奖,而不管他的总分多少;根据中国香港的建议,第29届IMO首次设立荣誉奖,奖给那些虽然未获一、二、三等奖,但至少有一道题得满分的选手.IMO不是队与队之间的比赛,所以没有设团体奖,但各国都非常重视团体总分所处的位置.从近20年的情况看来,实力较强的是中国、俄罗斯、美国、罗马尼亚等.

主试委员会由各国的正领队及主办国指定的主席组成.这个主席通常都是该国的数学权威,并有相当的组织才能与外教经验.主试委员会的职责有:

(1) 选定试题;
(2) 确定评分标准;
(3) 用英、法、德、俄文准确表达试题,并翻译、核准成各参赛国文字的试题;
(4) 比赛期间,确定如何回答学生用书面提出的关于试题的疑问;
(5) 解决个别领队与协调员之间在评分上的不同意见;
(6) 决定奖牌的个数与分数线.

第三节 中国数学竞赛

我国中学生数学竞赛正式开始于1956年,可以说与IMO同时起步.

一、中国数学竞赛发展的三个阶段

我国数学竞赛活动发展曲折,至今已经经历了两个时期,走过了三个阶段.1956年至1964年为第一时期,同时也是第一阶段;1978年至今为第二时期,其中1978年至1985年为国内恢复与成熟的第二阶段,1985年至今为走向世界并取得辉煌成果的第三阶段.

1. 中国数学竞赛的早期萌芽

1956年,在华罗庚、苏步青、江泽涵、柯召、吴大任、李国平等老一辈数学家的倡导下,由中国数学理事会发起,经当时高等教育部和教育部同意,我国举办了首次中学数学竞赛.由于是试办,故只在北京、天津、上海、武汉四个城市进行,而后再逐步推广.据不完全数据统计,除1959年和1961年因严重经济困难停顿外,每年都有一些城市举行数学竞赛,如北京、上海、天津、武汉、南京、成都、西安、广州、福州、合肥、杭州、哈尔滨等,持续发展到1964年.这一时期,我国数学竞赛的势头很好,竞赛方式、试题难度、选手水平都与国际数学竞赛持平,可惜因"文化大革命"而从1965年起中断了13年.

2. 中国数学竞赛的国内成熟

1978年4月中旬,国务院批准全国举办中学数学竞赛,并由方毅副总理担任全国竞赛委员会名誉主任,华罗庚教授担任主任并亲自主持命题会议.这次竞赛有北京、上海、天津、陕西、安徽、四川、辽宁、广东共8个省市参加.竞赛自下而上,先举办地区、省、市预赛、复赛,计20万人参加.然后从中选拔350人于5月21日分别在8省市同时进行全国决赛.全国统一试题:第一试10道题,重基础;第二试6道题,重能力.最后评出59名优胜者.6月19日,在北京举行颁奖大会,每个优胜者都得到了荣誉奖状和书籍、文具等奖品,并可免试升入高等学校学习.

这次竞赛打破了闭关自守的局面,在全国造成了广泛的轰动.1979年,竞赛规模扩大,除港、澳、台外,29个省、市、自治区都参加了.许多学校、地区为了争得好名次,层层加码、层层选拔、集中培训、突击强化,加重了学生的负担,甚至打乱了正常的教学秩序.有鉴于此,当时的教育部决定,不再由官方举办全国性的数学竞赛.这样,本来一年举办一次的全国数学竞赛于1980年暂停了.巧合的是,IMO也于1980年中断了.

当时,与我国50年代数学竞赛同时起步的国际数学竞赛已经形成规模,并向我国发出了邀请.我国数学工作者感到有责任去迎接IMO的挑战.至于竞赛与日常教学的关系,并非是必然的对立,所出现的矛盾纯属工作失误.因此,各地热心数学奥林匹克事业的数学工作者强烈要求,"官办"的竞赛停止之后进行"民办"的竞赛,"全国性"的竞赛停止之后开始进行"地区性"的竞赛.

1980年8月,中国数学会成立了一个新设的工作委员会——中国数学会普及工作委员会,并在大连召开会议,与各省志同道合的数学界人士共商数学竞赛大计."大连会议"决议:

数学竞赛是一项群众性课外活动,数学竞赛和有关的科普活动将作为中国数学会普及工作委员会的一项主要工作.从此,中国的中学数学竞赛有了一个常设的学术机构,同时也开始了一个雄心勃勃冲向国际并最终取得辉煌成果的新局面.

由于数学学术界和数学教育界的团结拼搏,从 1981 年开始,我国中学数学竞赛以各省市联合竞赛的方式延续了下来.数学竞赛 1985 年发展到初中,1991 年延伸到小学.

在工作实践中,中国数学会普及工作委员会不断总结经验,除每两年召开一次年会外,还召开过 13 次系列工作会议和若干次数学竞赛高级研讨会,创造性地解决竞赛中所遇到的理论和实际问题.主要成果有:

(1) 明确了竞赛活动的目的与原则;
(2) 坚持了普及与提高相结合的方针;
(3) 调动了中学和大学的积极性;
(4) 完善了中国数学竞赛的工作程序,贯穿"省、市、预赛—全国联赛—冬令营考试—国家集训队考试—IMO"全过程;
(5) 完成了命题工作的规范化;
(6) 制定了数学竞赛大纲并编写出基础教程;
(7) 建立了等级教练员制度.

这些卓有成效的工作,实际上已经形成了一整套具有中国特色的数学奥林匹克工作法.如果说,其中有些做法是模仿国际惯例的话,那么促成我国选手在国际竞赛中一再夺标的成功经验,则完全是我国数学工作者的智慧与创造.

3. 中国数学竞赛的国际发展

早在 1978 年,我国就接到 IMO 的邀请,限于当时的历史条件,数学工作者只能先做好基础性的准备工作.1980 年,中国数学会收到美国数学会的邀请,拟参加 1981 年在华盛顿举办的第 22 届 IMO,但终未成行.1984 年也曾考虑参加,又由于经费等原因再次搁浅.直到 1985 年 7 月,我国才第一次以观察员的身份参加在赫尔辛基举办的第 26 届 IMO.当时带了两名学生去试一试,以了解国际数学竞赛的基本情况.

1985 年 12 月,在上海举办的纪念中国数学会成立 50 周年的大会期间,中国数学会决定派正式代表队参加 1986 年在波兰举行的第 27 届 IMO.当年就获团体总分第 4 名.后来成绩越来越好,1989 年登上了团体总分冠军的宝座.

1990 年 7 月,在北京举办了空前规模的第 31 届 IMO,中国队蝉联团体总分第一,获 5 金 1 银的好成绩.王元教授说:"我国成功地举办了第 31 届国际数学奥林匹克(竞赛),这标志着我国的数学竞赛水平已达到国际领先水平."

自 1985 年至 2004 年的 20 年来,中国队在国际数学奥林匹克竞赛中高潮迭起,成绩显赫,参赛 110 人次,得奖 108 人次(得奖率为 98%),其中金牌 83 枚(占 76.9%)、银牌 20 枚(占 18.5%)、铜牌 5 枚(占 4.6%).团体总分 11 次获第一名,4 次获第二名,成为公认的数学竞赛强国.

二、中国数学竞赛的组织机制

经过十几年的艰苦摸索和实践检验,我国中学数学竞赛活动积累了成熟的经验,形成了一整套适合我国国情、相对稳定而又不断丰富的做法.

1. 目的与原则

我国数学竞赛的目的:

(1) 提高学生学习数学的兴趣,推动课外活动的开展;

(2) 促进中学数学教学的改革;

(3) 发现和培养数学人才;

(4) 为参加国际数学奥林匹克竞赛作准备.

我国数学竞赛的原则:

(1) 民办公助;

(2) 精简节约;

(3) 自愿参加.

2. 时间与奖励

为保证我国数学竞赛活动的健康发展,中国数学会于1994年制定了《高中数学竞赛大纲》和《初中数学竞赛大纲》,并出版了相应的数学奥林匹克基础教程.每年10月中旬的第一个星期天举行全国高中数学联赛,每年4月中旬的第一个星期天举行全国初中数学联赛,每年3月份和4月份分别举行全国小学数学奥林匹克竞赛初赛和决赛.由各省、市、自治区数学会轮流主办高中联赛和初中联赛,并由中国数学会表彰各省、市、自治区参加高中联赛的前150名、初中联赛的前200名优胜者,发给统一证书和奖章.高中联赛一等奖获得者可以保送到著名高校.竞赛试题由各省、市、自治区数学会提供,经东道主精选出所需题量的2~3倍,最后由全国命题工作会议定稿.命题贯彻"大众化、普及性、不超纲、不超前"的原则.

为选拔和培训我国的 IMO 队员,自1986年起,每年元月由中国数学奥林匹克委员会举办一次全国中学生数学冬令营.营员来自各省的高中联赛第一名及其他联赛成绩优异者,计百人左右.虽然冬令营期间有参观、专家报告等活动,但核心是进行两天模拟 IMO 的考试,选拔出二三十名国家集训队队员,集训一个月后产生6名国家队队员.全国中学生数学冬令营从1991年(第6届)起更名为中国数学奥林匹克竞赛(Chinese Mathematical Olympiad,简称CMO).

三、对数学竞赛"热"的思考

国际数学竞赛已经得到全世界的承认,我国数学竞赛亦在高潮之中,但是人们对数学竞赛的认识,并不一致.有人认为:数学竞赛只作用于少数天才儿童,会忽略大多数;过早的专业兴趣会妨碍青少年的全面发展;竞赛题多为偏难怪题,与日常数学教学脱节等.但比较统一的认识是:竞赛本身不会自动产生问题,关键是如何组织竞赛,如何使多数人都能参与,如何使竞赛符合日常教学等.这些情况提醒国内数学竞赛"热"要注意把握"普及性"与"数学上普遍的高标准"之间、"大众数学"与"最好的学生在数学上的发展"之间的平衡.为此应该做到以下几点:

(1) 处理好课内课外的关系,以课内为主,课外为辅,不能脱离教学实际,要让数学竞赛成为日常教学的有效补充.

(2) 处理好普及与提高的关系,以普及为主且与提高相结合.

(3) 处理好大多数与少数尖子的关系,以保护大多数为基础的出发点.鉴于此,分层次、分阶段进行金字塔式选拔是合适的,各地区、各单位独立评选优胜者是切实和可行的.

(4) 大面积开展的竞赛应以中学为主,中学又应以高中为主.

(5) 要坚持能力发展原则和趣味性原则.

数学竞赛"热"已经把很多部门和单位卷了进来,功利主义的诱惑也使一些人失去了理性,也出现了推波助澜的恶果,这在我国已经有过许多一哄而起的失败教训.但是,中国数学会对数学竞赛的组织一直是清醒的,并且按照原国家教委1995年《关于加强中小学生竞赛、评奖活动管理的通知》的精神,本着全面贯彻教育方针,不使学生有过多课业负担的原则,坚持正确引导、合理组织,保证数学竞赛活动沿着正确的轨道运行.

第四节 中学数学竞赛大纲

为了使全国数学竞赛活动日趋规范化和正规化,持久、健康地开展,中国数学会普及工作委员会于1994年制定了《初中数学竞赛大纲》和《高中数学竞赛大纲》.近年来,由于中学课程改革的实践在一定程度上改变了我国中学数学课程的体系、内容和要求,同时,随着国内外数学竞赛活动的发展,对竞赛试题所涉及的知识、思想和方法等方面也有了一些新的要求,数学竞赛大纲的修订工作也就势在必行.

2005年9月,中国数学会普及工作委员会对修订数学竞赛大纲工作做出了部署,要求修订试用稿在一年内完成.为此,中国数学会普及工作委员会组织成立了由华中师范大学数学与统计学学院陈传理教授牵头的数学竞赛大纲修订编写组,并召开了多种形式的学术研讨会,征求各方面的意见和建议,明确了修订大纲的方向和重点.同年12月,中国数学会普及工作委员会在武汉召开了普委会主任委员会议,审查通过了大纲修订初稿.2006年1月,中国数学会普及工作委员会将数学竞赛大纲初稿发至各省、市、自治区数学会普委会,征求各地数学会和基层数学教师对初稿的意见,力求加强大纲在实施中的可操作性.在综合各地数学会提出的意见之后,大纲修订编写组于同年7月制订出了数学竞赛大纲的修改稿.

绪论

2006年8月下旬,中国数学会普及工作委员会在浙江省温州市组织召开了第十四次全国数学普及工作会议.普委会正、副主任,专家组成员和各省、市、自治区数学会普委会负责人等共47人出席了会议,对数学竞赛大纲修改稿进行了认真的讨论、审议和修正,使之更加准确、规范、简明、全面.会议一致通过了《初中数学竞赛大纲(2006年修订试用稿)》和《高中数学竞赛大纲(2006年修订试用稿)》,并决定予以颁布.

一、初中数学竞赛大纲

《初中数学竞赛大纲(2006年修订试用稿)》是在《全日制义务教育数学课程标准(实验稿)》的精神和基础上制定的.在《全日制义务教育数学课程标准(实验稿)》中提到:"……要激发学生的学习潜能,鼓励学生大胆创新与实践;……要关注学生的个体差异,有效地实施有差异的教学,使每个学生都得到充分的发展;……"因此,学生的数学学习活动应当是一个生动活泼、主动、富有个性的过程,不应只限于接受、记忆、模仿和练习,应倡导自主探索、积极实践、合作交流、阅读自学等的方式和方法.教学中要承认学生个体之间的差异,区别对待,因势利导,因材施教.应根据基本要求和通过选学内容,适应学生的不同需要;要根据学生不同的基础、水平、兴趣和发展方向给予具体的指导,引导学生主动、自觉地形成自己对数学知识的理解和有效的学习策略.对学有余力的学生,除通过讲授选学内容外,要鼓励他们积极参加形式多样的课外实践活动,满足他们的学习愿望,发展他们的数学能力.

数学课程标准中所列出的内容是对数学教学的标准要求,也是对数学竞赛的基本要求.在竞赛中,对同样的知识内容在理解程度、运用能力、解题方法与技巧以及掌握的熟练程度等方面有更高的要求."课堂教学为主,课外活动为辅"也是应遵循的原则.因此,对大纲所列的课程标准外的内容应充分考虑到学生的实际情况,分阶段、分层次地让学生逐步掌握,并且要贯彻"少而精"的原则,处理好普及与提高的关系.

《初中数学竞赛大纲(2006年修订试用稿)》主要包括以下内容:

(1) 数:

(i) 整数及进位制的表示法,整除性及其判定;

(ii) 素数和合数,最大公约数和最小公倍数;

(iii) 奇数和偶数,奇偶性分析;

(iv) 带余除法和利用余数分类;

(v) 完全平方数;

(vi) 因数分解的表示法,约数个数的计算;

(vii) 有理数的概念及表示法,无理数,实数,有理数和实数四则运算的封闭性.

(2) 代数式:

(i) 综合除法,余式定理;

(ii) 因式分解:拆项法,添项法,配方法,待定系数法;

(iii) 对称式和轮换对称式；

(iv) 整式、分式和根式的恒等变形；

(v) 恒等式的证明.

(3) 方程和不等式：

(i) 含字母系数的一元一次方程和一元二次方程的解法，一元二次方程根的分布；

(ii) 含绝对值的一元一次方程和一元二次方程的解法；

(iii) 含字母系数的一元一次不等式和一元二次不等式的解法；

(iv) 含绝对值的一元一次不等式；

(v) 简单的多元方程组；

(vi) 简单的不定方程(组).

(4) 函数：

(i) $y=|ax+b|$，$y=|ax^2+bx+c|$ 及 $y=ax^2+b|x|+c$ 的图像和性质；

(ii) 二次函数在给定区间上的最值，简单分式函数的最值；

(iii) 含字母系数的二次函数.

(5) 几何：

(i) 三角形中边角之间的不等关系；

(ii) 面积及等积变换；

(iii) 三角形的心(内心、外心、垂心和重心)及其性质；

(iv) 相似形的概念和性质；

(v) 圆，四点共圆，圆幂定理；

(vi) 四种命题及其关系.

(6) 逻辑推理问题：

(i) 抽屉原理及其简单应用；

(ii) 简单的组合问题；

(iii) 简单的逻辑推理问题，反证法；

(iv) 极端原理的简单应用；

(v) 枚举法及其简单应用.

二、高中数学竞赛大纲

《高中数学竞赛大纲(2006年修订试用稿)》是在教育部《全日制普通高级中学数学教学大纲》(2000年)的精神和基础上制定的.该教学大纲特别指出："……要促进每一个学生的发展，既要为所有的学生打好共同基础，也要注意发展学生的个性和特长；……在课内外教学中宜从学生的实际出发，兼顾学习有困难和学有余力的学生，通过多种途径和方法，满足他们的学习需求，发展他们的数学才能."

教学大纲中所列出的内容，既是数学教学的标准要求，也是数学竞赛的基本要求．在竞赛中对同样的内容要求会更高，但必须贯彻以"课堂教学为主，课外活动为辅"和"少而精"的原则．

《高中数学竞赛大纲（2006 年修订试用稿）》要求全国高中数学联赛（一试）所涉及的知识范围不超出教学大纲中所规定的教学要求和内容，但在解题方法上要求有所提高；全国高中数学联赛加试（二试）与国际数学奥林匹克竞赛接轨，在知识方面有所扩展，适当增加一些教学大纲之外的内容．所增加的内容是：

（1）平面几何：

(i) 几个重要定理：梅涅劳斯定理，塞瓦定理，托勒密定理，西姆松定理；

(ii) 三角形中的几个特殊点：旁心，费马点，欧拉线；

(iii) 几何不等式，几何极值问题，几何中的变换：对称、平移和旋转；

(iv) 圆的幂和根轴；

(v) 面积方法，复数方法，向量方法，解析几何方法．

（2）代数：

(i) 周期函数，带绝对值的函数；

(ii) 三角公式，三角恒等式，三角方程，三角不等式，反三角函数；

(iii) 递归，递归数列及其性质，一阶、二阶线性常系数递归数列的通项公式，第二数学归纳法；

(iv) 平均值不等式，柯西不等式，排序不等式，切比雪夫不等式，一元凸函数；

(v) 复数及其指数形式、三角形式，欧拉公式，棣莫弗定理，单位根；

(vi) 多项式的除法定理，因式分解定理，多项式的相等，整系数多项式的有理根*，多项式的插值公式*；

(vii) n 次多项式根的个数，根与系数的关系，实系数多项式虚根成对定理，函数迭代，简单的函数方程*．

（3）初等数论：

同余，欧几里得除法，裴蜀定理，完全剩余类，二次剩余，不定方程和方程组，高斯函数 $[x]$，费马小定理，格点及其性质，无穷递降法，欧拉定理*，孙子定理*．

（4）组合问题：

圆排列，有重复元素的排列与组合，组合恒等式，组合计数，组合几何，抽屉原理，容斥原理，极端原理，图论问题，集合的划分，覆盖，平面凸集，凸包及应用*．

注 有 * 号的内容加试中暂不考，但在冬令营中可能考．

本章参考文献

[1] 陈传理, 张同君. 数学竞赛教程(第二版). 北京：高等教育出版社, 2005.

[2] 张同君,陈传理.竞赛数学解题研究(第二版).北京:高等教育出版社,2006.
[3] 朱家生.数学史.北京:高等教育出版社,2004.
[4] 李文林.数学史概论(第二版).北京:高等教育出版社,2002.
[5] 潘有发.数学竞赛的历史典故.珠算,2000,6:8-10.
[6] 浦敏亚.数学奥林匹克的由来与发展.现代特殊教育,2005,2:36-37.
[7] 浦敏亚.数学奥林匹克的由来与发展(二).现代特殊教育,2005,5:35-36.
[8] 单壿.数学奥林匹克与奥林匹克数学.曲阜师范大学学报,1987,2:60-63.
[9] 李红梅.中国奥林匹克数学教育发展现状析因.怀化学院学报,2005,5:126-129.
[10] 游安军.谁是奥数教育的对象.教育理论与实践,2009,10:23-24.
[11] 中国数学会普及工作委员会.初中数学竞赛大纲(2006年修订试用稿).中等数学,2006,12:4-5.
[12] 中国数学会普及工作委员会.高中数学竞赛大纲(2006年修订试用稿).中等数学,2006,12:5-7.
[13] 中国数学会普及工作委员会.数学竞赛大纲(2006年修订试用稿)修订说明.中等数学,2006,12:7-8.

第一章 整除与同余

> 本章主要内容包括整数的整除性、同余、高斯函数和复数等. 前三部分内容属于初等数论的范畴. 一位数学家曾说过:"要想发现数学天才,最好的办法是考他初等数论."足见初等数论的作用和重要性. 整数问题作为竞赛数学的基本内容,在历届各层次数学竞赛中一直扮演着重要角色. 可以毫不夸张地说,没有整数问题的数学竞赛是不可想象的.

第一节 整数的整除性

两个整数相加、相减、相乘,其结果仍是整数,但两个整数相除(除数不为 0)的结果却不一定是整数. 也就是说,整数对加法、减法和乘法运算是封闭的,而对于除法运算并不是封闭的. 整除性就是讨论两个整数相除的结果为整数时呈现的一些特性.

一、整数的整除性

1. 整除性

定义 1 对于整数 $a,b\ (a\neq 0)$,如果存在(即能够找到)整数 k,使得 $b=ka$,则称 a **整除** b,或称 b **能被** a **整除**,记做 $a\mid b$;否则,称 a **不整除** b,或称 b **不能被** a **整除**,记做 $a\nmid b$.

例如,$3\mid 15$,$8\mid 1992$,$2\nmid 2001$,$3\nmid 5$ 等.

若 $a\mid b$,此时称 a 为 b 的**约数**,称 b 为 a 的**倍数**.

显然,± 1 是任何整数的约数;0 是任何非零整数的倍数;$a\ (a\neq 0)$ 既是它本身的约数,也是它本身的倍数. 任何整数的约数都是成对出现的.

非零整数 m 除 $\pm 1,\pm m$ 以外的约数,叫做它的**真约数**.

例如,$\pm 2,\pm 3,\pm 4,\pm 6$ 都是 12 的真约数;$\pm 3,\pm 7$ 都是 21 的真约数;5 没有真约数.

整除性具有以下基本**性质**:

(1) $a\mid 0, 1\mid a$.

(2) 若 $a|b,b|c$,则 $a|c$.

(3) 若 $a|b,c|d$,则 $ac|bd$. 特别地,若 $a|b,k$ 为任意非零整数,则 $ak|bk$;反之也成立.

(4) 若 $a|b,a|c$,则 $a|(bm+cn)$,其中 m,n 为任意整数.

(5) 若 a 是 m 的真约数,则 $1<|a|<|m|$.

(6) 若 a 整除等式 $m+k+\cdots+n=p+s+\cdots+t$ 中除 m 外的其余各数,则 $a|m$.

(7) 若 $a|m,a\nmid n$,则 $a\nmid(m\pm n)$.

(8) 任意 m 个连续整数中必有(且只有)一个是 m 的倍数;任意 m 个连续整数的乘积必是 $1\cdot 2\cdots\cdot m$ 即 $m!$ 的倍数.

定义 2 如果具有某条件的整数,都能被整数 a 整除,反过来,能被整数 a 整除的整数也都满足这个条件,那么这个条件就叫做能被 a 整除的整数的特征.

也就是说,一个整数能被 a 整除的特征就是这个整数能被 a 整除的充分必要条件. 这样,知道了这个特征,不必进行除法运算,就可以确定一个整数能否被 a 整除.

由基本概念可知,若 $a|m$,则 $-a|m$. 因此,只需讨论一个整数被正整数整除的特征.

定理 1 设整数

$$m = \overline{a_n a_{n-1}\cdots a_2 a_1 a_0} = a_n \cdot 10^n + a_{n-1}\cdot 10^{n-1}+\cdots+a_1\cdot 10+a_0,$$

其中 $a_0,a_1,a_2,\cdots,a_n$ 是数码,$a_n\neq 0$,如果用正整数 a 去除 $10^n,10^{n-1},\cdots,10$ 所得的余数分别为

$$r_n, r_{n-1}, \cdots, r_2, r_1 \quad (0\leqslant r_i<a, i=1,2,\cdots,n),$$

则 m 被 a 整除的特征是

$$a|(a_n r_n + a_{n-1} r_{n-1} + \cdots + a_1 r_1 + a_0).$$

由定理1易得如下结论(其中 m 为任意非零整数):

(1) $2|m$(或 $5|m$) $\iff m$ 的末位数码是 2(或 5)的倍数;

(2) $3|m$(或 $9|m$) $\iff m$ 的各位数码之和是 3(或 9)的倍数;

(3) $4|m$(或 $25|m$) $\iff m$ 的末两位数是 4(或 25)的倍数;

(4) $7|m \iff$ 去掉 m 的末位数码后余下的数与 m 的末位数码的 2 倍之差是 7 的倍数;

(5) $8|m$(或 $125|m$) $\iff m$ 的末三位数是 8(或 125)的倍数;

(6) $11|m \iff m$ 的各位数码的交错和(即奇数位的数码和与偶数位的数码和之差)是 11 的倍数;

(7) $13|m$(或 $7|m, 11|m$) $\iff$ 去掉 m 的末三位数后余下的数与 m 的末三位数之差是 13(或 $7,11$)的倍数.

2. 最大公约数与最小公倍数

定义 3 设 $a_1,a_2,\cdots,a_n$ 是 $n(n\geqslant 2)$ 个不全为 0 的整数,若 $d|a_1,d|a_2,\cdots,d|a_n$,则称 d 是 $a_1,a_2,\cdots,a_n$ 的**公约数**. $a_1,a_2,\cdots,a_n$ 所有公约数中最大的一个叫做 $a_1,a_2,\cdots,a_n$ 的**最大**

公约数，记做 $(a_1,a_2,\cdots,a_n)$.

显然，$(a_1,a_2,\cdots,a_n) \geq 1$，$(n,n-1)=1$. 若 $(a_1,a_2,\cdots,a_n)=1$，则称 $a_1,a_2,\cdots,a_n$ **互质**（或**互素**）. 例如，7 与 9 互质；4,10,25 也互质.

若 $(p,q)=1$，则称分数 $\dfrac{q}{p}$ **不可约**. 例如，$\dfrac{21}{5}$，$\dfrac{1989}{1997}$ 都不可约.

若 $a|bc$，且 $(a,b)=1$，则 $a|c$；若 $a|c,b|c$，且 $(a,b)=1$，则 $ab|c$.

更为一般地，若 $a_1|c,a_2|c,\cdots,a_n|c$，且 $(a_1,a_2,\cdots,a_n)=1$，则 $a_1a_2\cdots a_n|c$.

例如，$2|168,3|168,7|168$，而 $(2,3,7)=1$，所以 $2\times 3\times 7|168$，即 $42|168$.

定义 4 若 $a_1|m,a_2|m,\cdots,a_n|m\ (m\geq 2)$，则称 m 是 $a_1,a_2,\cdots,a_n$ 的公倍数. $a_1,a_2,\cdots,a_n$ 所有正公倍数中最小的一个叫做 $a_1,a_2,\cdots,a_n$ 的**最小公倍数**，记做 $[a_1,a_2,\cdots,a_n]$.

例如，$[3,5]=15$，$[4,6,12]=12$，$[2,3,18,32,72]=288$.

一般地，对于正整数 a,b，有 $a\cdot b=(a,b)\cdot [a,b]$.

定理 2 任意 n 个整数的最大公约数之约数，都是这 n 个整数的公约数；任意 n 个整数的每一个公倍数，都是它们最小公倍数的倍数.

我们可以用辗转相除法（也称 Euclid 算法）或质因数分解法等求任意两个整数的最大公约数. 这里只介绍辗转相除法的一种简便算法——辗转相减法. 例如，

$$(527,102)=(17,102)=17;$$

└── 将 527 与 102 中较大的数 527 化为 $527-4\times 102=17$

$$(222,424)=(222,202)=(20,202)=(20,2)=2.$$

└── 将 222 与 424 中较大的数 424 化为 $424-1\times 222=202$

也就是说，每次都将两个数中较大的一个数化为它减去较小数的一个适当倍数的差，直到两个数中有一个是另一个的倍数为止.

对于任意个整数求最大公约数（或最小公倍数），可依次化作求两个数的最大公约数（或最小公倍数），因为我们有如下结论：

定理 3 对于不全为零的整数 $a_1,a_2,\cdots,a_n$，有

$$(a_1,a_2,\cdots,a_n)=((a_1,a_2,\cdots,a_s),\cdots,(a_t,\cdots,a_n)),$$
$$[a_1,a_2,\cdots,a_n]=[[a_1,a_2,\cdots,a_s],\cdots,[a_t,\cdots,a_n]],$$

其中 $1\leq s,t\leq n$.

有关最大公约数和最小公倍数的常用**性质**还有：

(1) 对于任意正整数 a,b，若 $a|b$，则 $(a,b)=a$，$[a,b]=b$；

(2) 若 $(a,b)=d$，n 为任意正整数，则 $(na,nb)=nd$；

(3) 若 $n|a,n|b,n$ 为任意正整数，则 $\left(\dfrac{a}{n},\dfrac{b}{n}\right)=\dfrac{(a,b)}{n}$，$\left[\dfrac{a}{n},\dfrac{b}{n}\right]=\dfrac{[a,b]}{n}$；

(4) 若 $a=bq+r\ (0\leq r<|b|)$，则 $(a,b)=(b,r)$；

(5) 若 $[a,b]=m$，而 n 为任意正整数，则 $[na,nb]=nm$；

(6) 若 $[a,b]=m$，则 $\left(\dfrac{m}{a},\dfrac{m}{b}\right)=1$.

3. 带余除法

定义 5 给定正整数 m，对任意整数 a，存在唯一的整数 s,r，使得
$$a=ms+r, \qquad ①$$
其中 $0\leqslant r<m$. 称 r 为 a 关于模 m 的**最小非负剩余**(简称为 a 关于模 m 的**余数**).

①式称为 a 关于模 m 的**带余除式**(简称**带余式**). ①式有时也简写成
$$a\equiv r\,(\bmod m),$$
称为关于模 m 的**同余式**("≡"读做"同余").

例如，$19=6\times 3+1$ 也可写成 $19\equiv 1(\bmod 6)$.

由带余除式可知，当且仅当 $r=0$ 时，$m\mid a$.

若整数 a,b 关于模 m 的余数相等，即 $a=ms_1+r,b=ms_2+r$，则 $m\mid(a-b)$；

若整数 a,b 关于模 m 的余数互余，即 $a=ms_1+r,b=ms_2+m-r$，或者 $a\equiv r(\bmod m)$，$b\equiv m-r(\bmod m)$，则 $m\mid(a+b)$.

有时为了讨论问题方便，也可以将某一整数关于模 m 的余数取为非正数，即 $-m<r\leqslant 0$. 例如，$7\equiv -1(\bmod 8)$.

4. 按余分类

对于给定的正整数 m，任何整数关于模 m 的余数只能是 $0,1,2,\cdots,m-1$(它们构成模 m 的非负最小完全剩余系，习惯上也称为最小正剩余)这 m 个数之一. 因此，可将全体整数按其关于模 m 的余数分类：余数相同的归为一类，余数不同的归为不同的类，则全体整数被分为 m 类，每个整数必属于且只属于其中的一类.

例如，将全体整数按其关于模 2 的余数可分成两类：偶数(类)和奇数(类)，即
$$\{0,\pm 2,\pm 4,\cdots\} \quad \text{和} \quad \{\pm 1,\pm 3,\pm 5,\cdots\}.$$

再如，当 $m=3$ 时，全体整数被分成三类：
$\{3k\mid k=0,\pm 1,\pm 2,\cdots\}$, $\{3k+1\mid k=0,\pm 1,\pm 2,\cdots\}$ 和 $\{3k+2\mid k=0,\pm 1,\pm 2,\cdots\}$.

5. 典型例题解析

例 1(1984 年美国数学邀请赛(AIME)试题) 设 n 是具有下述性质的最小正整数：它是 15 的倍数，且每一位数都是 0 或 8. 求 $\dfrac{n}{15}$.

分析 显然，本题是求满足要求的位数最少的数，可由整除特征考虑.

解 由题意 $15\mid n$，而 $15=3\times 5$，且 $(3,5)=1$，因此 $3\mid n$ 且 $5\mid n$. 由此可知，n 的各位数码之和应是 3 的倍数，其末位数码为 5 的倍数，且位数最少，所以 $n=8880$. 故

$$\frac{n}{15} = \frac{8880}{15} = 596.$$

例 2(1993 年黑龙江省初中数学竞赛试题) 设 n 是正整数,证明:$2n^3 + 3n^2 + n$ 是 6 的倍数.

分析 要证明 $a | m$,当 a 可写成连续整数之积时,可用性质 8 证明;否则,一般应把 a 写成质因数之积,利用质因数性质证明.

证明 方法 1 由于
$$2n^3 + 3n^2 + n = n(2n^2 + 3n + 1) = n(n+1)(2n+1) = n(n+1)(n-1) + n(n+1)(n+2),$$
而对任意正整数 n,数 $n(n+1)(n-1)$ 与 $n(n+1)(n+2)$ 都分别是三个连续整数之积,必是 6 的倍数,所以 $2n^3 + 3n^2 + n$ 是 6 的倍数.

方法 2 对任意正整数 n,有
$$2n^3 + 3n^2 + n = n(2n^2 + 3n + 1) = n(n+1)(2n+1) = 6(1^2 + 2^2 + \cdots + n^2),$$
所以 $2n^3 + 3n^2 + n$ 是 6 的倍数.

例 3 已知某校学生人数在 1900 与 2010 之间.如果分成每 8 人一行,那么恰有一行多 3 人;如果分成每 14 人一行,那么刚好有五行各少 1 人.试求该校学生人数.

分析 将学生分成每 8 人一行时,有一行多 3 人,这相当于分成每 8 人一行时,有一行少 5 人;分成每 14 人一行时,有五行各少 1 人,共少 5 人.由此可知,当学生人数增加 5 人时,应能恰好分成每 8 人一行或每 14 人一行.这说明学生人数加上 5 后是 8 与 14 的倍数.

解 设该校学生人数为 x 人,则 $1900 < x < 2010$.易知 $x+5$ 是 8 和 14 的倍数,因此也是它们最小公倍数的倍数.因为 $[8,14] = 56$,$1905 < x+5 < 2015$,所以
$$x + 5 = 35 \times 56 = 1960 \Longrightarrow x = 1955.$$
故该校学生人数是 1955 人.

例 4 设 n 是自然数,且 $(n, 6) = 1$,求证:$24 | (n^2 - 1)$.

分析 满足条件 $(n, 6) = 1$ 的自然数 n 很多,有无限多个,不可能一一讨论.我们可以用分类的方法,将这无限多个满足条件 $(n, 6) = 1$ 的数化为有限"类",再加以讨论.这种借助于分类化无限为有限的方法,是解决有多种可能性问题的有效方法.

证明 方法 1 由 $(n, 6) = 1$,可设 $n = 6k \pm 1$(k 为正整数),于是
$$n^2 - 1 = (6k \pm 1)^2 - 1 = 12k(3k \pm 1).$$
而不论 k 为何值,k 与 $3k \pm 1$ 总有一个为偶数,因此 $24 | 12k(3k \pm 1)$.所以 $24 | (n^2 - 1)$.

方法 2 同样设 $n = 6k \pm 1$(k 为正整数),由 $n^2 - 1 = (6k \pm 1)^2 - 1 = 24k^2 + 12k(k \pm 1)$,而 k 与 $k \pm 1$ 是两个连续整数,由此可得结论.

方法 3 因为 $(n, 6) = 1$,所以 n 必为奇数,且 $3 \nmid n$.但 $3 | (n-1)n(n+1)$,3 为质数,由此 $3 | (n^2 - 1)$.又 n 为奇数,$n-1, n+1$ 必为连续偶数,于是 $8 | (n^2 - 1)$.而 $(3, 8) = 1$,$3 \times 8 = 24$,所以 $24 | (n^2 - 1)$.

例 5 用数字 $1,2,3,4,5,6,7,8$ 各 251 个随意排成一个 2008 位数,记为 m.证明:m 一定是 9 的倍数.

分析 因为这样的数很多,从条件出发似乎无从下手.但从结论出发,能够证明 9 整除 m 的各位数码之和即可.

证明 数字 $1,2,3,4,5,6,7,8$ 各 251 个无论怎样排列,得到的 2008 位数 m 的各位数码之和都不变,设其为 S,则
$$S=(1+2+3+4+5+6+7+8)\times 251=36\times 251.$$
很显然,$9|S$.因此 $9|m$,即 m 是 9 的倍数.

例 6 试找出由 $0,1,2,3,4,5,6$ 这七个数字组成的没有重复数字的七位数中,能被 165 整除的最大数和最小数.

分析 易知 $165=3\times 5\times 11$,且 $3,5,11$ 两两互质,因此,所找之数一定是 $3,5$ 及 11 的倍数.又 $0+1+2+3+4+5+6=21$,所以由 $0,1,2,3,4,5,6$ 这七个数字组成的没有重复数字的七位数总是 3 的倍数.故只需根据被 5 和 11 整除的整数特征去探求.

解 设所找七位数的奇数位上的四个数码之和为 m,偶数位上的三个数码之和为 n,则应有 $|m-n|=11k$ (k 为非负整数),$m+n=21$.由此知 $|m-n|<21$(因为 $m>0,n>0$),且 $m-n\neq 0$(因为 $m-n$ 与 $m+n$ 同奇偶).于是,应有 $k=1$.进一步,由 $m+n=21,|m-n|=11$,得 $\{m,n\}=\{16,5\}$.但 $m\geq 0+1+2+3=6$,故
$$m=16,\quad n=5.$$
考查 $0,1,2,3,4,5,6$ 这七个数字,满足上述条件只有两种可能:

(1) $n=0+1+4$,$m=2+3+5+6$;

(2) $n=0+2+3$,$m=1+4+5+6$.

注意到 0 只能在三个数那组,即在偶数位上,所以,所找之数的个位数必是 5.由此,不难求得所找之最大数为 6431205,最小数为 1042635.

例 7(1964 年 IMO 试题) 证明:对于任意正整数 n,2^n+1 都不能被 7 整除.

分析 易知,2^3-1 能被 7 整除,可依此探求证明.

证明 方法 1 由于 $7|2^3-1$,因此,对于任意正整数 k,有 $7|2^{3k}-1$.

若 $n=3k$,由 $2^{3k}+1=(2^{3k}-1)+2$ 可知 $7\nmid(2^{3k}+1)$,即 $7\nmid(2^n+1)$;

若 $n=3k+1$,由 $2^{3k+1}+1=2\cdot 2^{3k}-2+3=2(2^{3k}-1)+3$ 可知
$$7\nmid(2^{3k+1}+1),\quad 即\quad 7\nmid(2^n+1);$$

若 $n=3k+2$,由 $2^{3k+2}+1=4\cdot 2^{3k}-4+5=4(2^{3k}-1)+5$ 可知
$$7\nmid(2^{3k+2}+1),\quad 即\quad 7\nmid(2^n+1).$$

综上所述,对于一切正整数 n,都有 $7\nmid(2^n+1)$.

方法 2 受上述证法的启发,易证

$$2^n+1 \equiv \begin{cases} 2 \pmod 7, & \text{当 } n=3k \text{ 时}, \\ 3 \pmod 7, & \text{当 } n=3k+1 \text{ 时}, \\ 5 \pmod 7, & \text{当 } n=3k+2 \text{ 时}, \end{cases}$$

所以,对所有的正整数 n, 2^n+1 都不能被 7 整除.

例 8(1989 年加拿大数学竞赛试题. 题型有变化) 定义一列正整数 $a_1, a_2, \cdots$ 如下:$a_1 = 1989^{1989}$, 当 $n>1$ 时, a_n 等于 a_{n-1} 的各位数码之和. 求 a_5.

分析 易见,1989 是 9 的倍数. 由此, a_1 亦是 9 的倍数. 于是,依被 9 整除的整数特征可知, $a_2, a_3, \cdots$ 均是 9 的倍数. 对于 $n>1$,只要我们能估计出 a_{n-1} 的位数,就可以估算它的各位数码之和,即 a_n(当然,这个值很可能不确定).

解 显然, $a_1 < 10000^{1989}$, 而 10000^{1989} 即 $10^{4 \times 1989}$ 是 $4 \times 1989 + 1 = 7957$ 位数,因此
$$a_2 < 7957 \times 9 < 79570.$$
这说明, a_2 至多是五位数(当然要小于 79570),所以
$$a_3 < 5 \times 9 < 50.$$
这就是说, a_3 至多是小于 50 的两位数. 由此
$$a_4 < 4 + 9 = 13.$$
进一步,可知 $a_5 \leqslant 9$.

注意到 $9 | 1989$,因此 $9 | a_1, 9 | a_2, \cdots, 9 | a_5$. 所以 $a_5 = 0$ 或 9. 但 $a_i > 0$ ($i = 1, 2, \cdots$),故
$$a_5 = 9.$$

注 由本题解答可看出, $a_4 = a_5 = a_6 = \cdots = 9$.

例 9(1984 年北京市初二数学竞赛试题) 证明:对任给的一个正整数 N,总存在一个适当交换 1984 的位数所得的四位数 $\overline{a_3 a_2 a_1 a_0}$, 使得 $7 | (N + \overline{a_3 a_2 a_1 a_0})$.

分析 本题是证明存在性问题. 由于任意正整数 N 的不确定性,使得我们不可能对每一个 N 都进行讨论,但可以通过按余数分类化无限为有限来讨论. 事实上,不论 N 为何值,它关于模 7 的余数不外乎是 0,1,2,3,4,5,6 这七个值之一. 因此,所有正整数实际上可被分成七类,即 $7k, 7k+1, \cdots, 7k+6$ ($k \in \mathbf{N}$). 于是,证明本题的关键是:对上述每一类去找四位数 $\overline{a_3 a_2 a_1 a_0}$, 使得 $7 | (N + \overline{a_3 a_2 a_1 a_0})$. 这就要求对应的 $\overline{a_3 a_2 a_1 a_0}$ 与 N 关于模 7 的余数应该"互余",即它们关于模 7 的余数之和等于 7. 由 1,9,8,4 组成的四位数(无重复数字)共有 24 个,只需证在这 24 个数中,一定有 7 个数关于模 7 的余数恰好是 0,1,2,3,4,5,6.

证明 由 1,9,8,4 这四个数字可以排列成 $A_4^4 = 24$ 个无重复数字的四位数. 不难验证,在这 24 个数中总可以找到关于模 7 的余数分别为 0,1,2,3,4,5,6 的 7 个数,例如
$$1498 = 214 \times 7 + 0, \quad 1849 = 264 \times 7 + 1, \quad 1948 = 278 \times 7 + 2, \quad 1984 = 283 \times 7 + 3,$$
$$1894 = 270 \times 7 + 4, \quad 1489 = 212 \times 7 + 5, \quad 9184 = 1306 \times 7 + 6.$$

因此,对任意正整数 N,设 $N \equiv r \pmod 7$ ($0 \leqslant r \leqslant 6$), 在上面的 7 个数中,取关于模 7 的余数为 $7-r$ 的数作为对应的 $\overline{a_3 a_2 a_1 a_0}$, 则必有 $7 | (N + \overline{a_3 a_2 a_1 a_0})$.

二、奇数与偶数

将整数按其关于模 2 的余数分类，可以分为奇数类和偶数类．任意一个整数，非奇数即偶数，二者必居其一．奇数都可表示成 $2k \pm 1$（k 为整数）的形式，即奇数被 2 除余 1；偶数都可表示成 $2k$（k 为整数）的形式，即偶数能被 2 整除．

关于奇数与偶数的最重要同时也是最基本的性质是：任一奇数都不能与偶数相等（简记做 $1 \neq 2$）．奇数与偶数的基本**运算性质**有：

(1) 奇数与奇数（偶数）相加减的结果是偶数（奇数），偶数与偶数相加减或相乘的结果是偶数；奇数与奇数（偶数）相乘的结果是奇数（偶数）．

(2) 任意两个相邻整数必一奇一偶，因此，其代数和必为奇数，其积必为偶数．

(3) 有限个整数相乘，只要有一个因数是偶数，其积就一定是偶数；当所有因数都是奇数时，其积才是奇数.

特别地，n^2 为偶数当且仅当 n 为偶数，n^2 为奇数当且仅当 n 为奇数．

(4) 有限个整数相加，若其和为偶数，则其中必有偶数个（包括为 0 个）奇数；若其和为奇数，则其中必有奇数个奇数．

(5) 对任意整数 m，m 与 $-m$，m^k（k 为正整数）及 $|m|$ 同奇偶；对任意整数 m，n，$m+n$ 与 $m-n$ 同奇偶．

(6) 任何偶数都不能整除奇数，反之则不成立．

(7) 两个奇数的平方差一定是 8 的倍数．

(8) 任意两个相邻偶数中，必有一个被 2 整除，另一个被 4 整除，因而它们的乘积一定是 8 的倍数．

(9) n 个偶数之积必为 2^n 的倍数．

例 10 证明：方程 $x^2 = y^2 + 2010$ 没有整数解.

分析 $x^2 - y^2 = (x+y)(x-y) = 2010$ 为偶数，注意到 $x+y$ 与 $x-y$ 同奇偶，因此 $4 \mid (x+y)(x-y)$．但 $2010 = 2 \times 1005$ 不是 4 的倍数，结论已显然．

证明 用反证法．假设原方程有整数解 x_0，y_0，则 $x_0^2 = y_0^2 + 2010$．于是
$$(x_0 - y_0)(x_0 + y_0) = 2010.$$
由此可知，$x_0 - y_0$，$x_0 + y_0$ 中至少有一个为偶数．但 $x_0 - y_0$ 与 $x_0 + y_0$ 同奇偶，这样，$x_0 - y_0$ 与 $x_0 + y_0$ 一定都是偶数．所以 $4 \mid (x_0 - y_0)(x_0 + y_0)$．而 $4 \nmid 2010$，矛盾！故原方程没有整数解.

注 一般地，不存在整数 a，b 满足 $(a+b)(a-b) = 2(2k+1)$，其中 k 为整数．

例 11 设 $x_1, x_2, \cdots, x_{2010}$ 是 1 或 -1，证明：$x_1 + 2x_2 + \cdots + 2010x_{2010} \neq 2010$．

分析 注意到 x_k（$1 \leq k \leq 2010$）不论等于 1 或 -1 均是奇数，因此 kx_k（$k=1,2,\cdots,2010$）与 k 同奇偶．所以，$x_1 + 2x_2 + \cdots + 2010x_{2010}$ 实际上是 1005 个奇数与 1005 个偶数的代数和，

第一章　整除与同余

其结果必为奇数,当然不能等于偶数 2010.

证明　方法 1　由题设, $x_k(k=1,2,\cdots,2010)$ 不是 1 就是 -1,因此
$$x_1+2x_2,\ 3x_3+4x_4,\ \cdots,\ 2009x_{2009}+2010x_{2010}$$
分别是 1005 对相邻整数(即 1 与 2,3 与 4,$\cdots$,2009 与 2010)的代数和,结果均为奇数. 这 1005 个奇数的和亦为奇数,即 $x_1+2x_2+\cdots+2010x_{2010}$ 是奇数,所以
$$x_1+2x_2+\cdots+2010x_{2010}\neq 2010.$$

方法 2　易知,当 $x_k=1(k=1,2,\cdots,2010)$ 时,
$$x_1+2x_2+\cdots+2010x_{2010}=1+2+\cdots+2010=1005\times 2011,$$
它是奇数. 而 a 与 $-a$ 同奇偶,因此 $x_1,x_2,\cdots,x_{2010}$ 中任意 $n(1\leqslant n\leqslant 2010)$ 个数改变符号后(即变为 -1),$x_1+2x_2+\cdots+2010x_{2010}$ 的奇偶性仍与 $1+2+\cdots+2010$ 的奇偶性相同,都是奇数. 故结论成立.

例 12(1995 年安徽省合肥市中学数学竞赛试题)　设 $n(n\geqslant 4)$ 个整数 $x_1,x_2,\cdots,x_n$ 中每一个数都等于 1 或 -1,且
$$\frac{x_1}{x_2}+\frac{x_2}{x_3}+\cdots+\frac{x_{n-1}}{x_n}+\frac{x_n}{x_1}=0,$$
试证:n 是 4 的倍数.

证明　因为 $x_1,x_2,\cdots,x_n$ 不是 1 就是 -1,所以 $\frac{x_1}{x_2},\frac{x_2}{x_3},\cdots,\frac{x_{n-1}}{x_n},\frac{x_n}{x_1}$ 也同样不是 1 就是 -1. 又因为其代数和为零,故其中的 1 与 -1 个数相同,因此 $n=2k$(k 为整数). 易见
$$\frac{x_1}{x_2}\cdot\frac{x_2}{x_3}\cdot\cdots\cdot\frac{x_{n-1}}{x_n}\cdot\frac{x_n}{x_1}=1>0,$$
故上式左边 -1 的个数必为偶数,即 $k=2m$(m 为整数). 由此 $n=2k=4m$,即 n 是 4 的倍数.

注　(1959 年苏联数学奥林匹克竞赛试题)若 n 个整数 $x_1,x_2,\cdots,x_n$ 中的每一个数要么是 1,要么是 -1,且 $x_1x_2+x_2x_3+\cdots+x_{n-1}x_n+x_nx_1=0$,证明:$4\mid n$.

例 13(1992 年"希望杯"全国数学邀请赛试题)　能否将 $1,2,\cdots,1992$ 这 1992 个数分成八组,使得第二组各数之和比第一组各数之和多 10,第三组各数之和比第二组各数之和多 10,$\cdots$,第八组各数之和比第七组各数之和多 10?请加以说明.

分析　分组的情况比较复杂,但不论怎样分组,各组的总和是不变的,因此可从分组后各组之和的关系出发考虑问题.

解　不能. 若能,假设第一组各数之和为 S,则第二组各数之和为 $S+10$,第三组各数之和为 $S+20,\cdots$,第八组各数之和是 $S+70$. 于是
$$S+(S+10)+\cdots+(S+70)=1+2+\cdots+1992,$$
即
$$2(S+35)=1993\times 249.$$
上式左端为偶数,而右端是奇数,矛盾!

例 14(1983 年全苏数学奥林匹克竞赛试题)　在黑板上写三个整数,然后擦去其中一

个,代之以其他两数的和减去 1 的差.这样继续下去,最后得到了数 17,1967,1983.问:黑板上原来写的三个数能否是 2,2,2?

分析 依题设规则变换有多种可能,尝试每一个方案不是好的选择,即使能够做到.不妨先从开始几步考虑,看看有无规律可循.

解 不能.事实上,由题设的变换,{2,2,2}首先应变成{2,2,3},其中有两个偶数、一个奇数.容易验证,接下去的每一次变换,擦去的如果是偶数,则代之的也是偶数;擦去的如果是奇数,则代之的也是奇数.因此,此后无论经过多少次这样的变换,黑板上总是两个偶数和一个奇数(数值会变化).所以,由 2,2,2 经题设规则变换永远不会变成 17,1967,1983.

注 原题第二问为:黑板上原来写的三个数能否是 3,3,3? 答案是肯定的.

例 15 设桌子上有七只茶杯,杯口全部朝上.每次"翻动"是指将其中的四只茶杯同时倒置(即杯口由朝上变为朝下,或杯口由朝下变为朝上).问:能否经过若干次"翻动",使杯口全部朝下.

分析 注意每次只"翻动"偶数个茶杯,因此,不论"翻动"多少次,"翻动"的总数为偶数.而要使七只茶杯杯口全部朝下总需奇数次"翻动".

解 不能.

方法 1 不妨用 1 表示杯口朝上,0 表示杯口朝下,则第一次"翻动"将{1,1,1,1,1,1,1}变成{1,1,1,0,0,0,0}.此后无论如何"翻动",{1,1,1,0,0,0,0}中总会有偶数个 0.这是因为,当把其中的 i ($i\leqslant 4$)个 1 变成 0 时,同时也要把其中的 $4-i$ 个 0 变成 1.因此,其中 0 的个数应为 $i+[k-(4-i)]=2i+k-4$ (k 为 0 的个数,开始时 $k=0$),是偶数.而七只茶杯杯口全部朝下时,其中应有七个 0,即奇数个 0.故不可能做到.

方法 2 事实上,每只茶杯都只有两个状态:杯口朝上和杯口朝下.我们用 1 表示茶杯的杯口朝上,-1 表示茶杯的杯口朝下.将表示七只茶杯杯口状态的七个数(1 或 -1)之积记做 S.开始时 $S=(1)^7=1$.注意到每次"翻动"都只有四个茶杯的状态发生变化,因此,每次"翻动"后 S 中有四个因数其符号要改变,即 S 中有四个因数要分别乘以 -1,但 $(-1)^4 S=S$.所以,无论经过多少次"翻动",S 的值始终为 1.而七只茶杯杯口全部朝下时将有 $S=(-1)^7=-1$,故不可能做到.

方法 3 假设经过 k 次"翻动"可使七只茶杯杯口全部朝下,不妨设此时七只茶杯被"翻动"的次数分别为 $t_1,t_2,t_3,t_4,t_5,t_6,t_7$.根据题设规则有

$$t_1+t_2+t_3+t_4+t_5+t_6+t_7 = 4k \quad (k\text{ 为整数}). \qquad ②$$

由于每只茶杯只有被"翻动"奇数次时,杯口才会朝下,因此,$t_1,t_2,\cdots,t_7$ 均为奇数.于是②式左边为奇数,矛盾! 所以,无论经过多少次"翻动",都不会使七只茶杯杯口全部朝下.

例 16 若去掉 8×8 国际象棋棋盘角上的一个小方格,问:能否用 21 个 1×3 的小矩形"▢▢▢"将其完全覆盖住?请说明理由.

分析 如果考虑用每一种可能的方法一一试验,显然是不足取的.因为放法实在太多,

难免不遗漏. 但直接说明又很难说得清楚, 最好的办法就是染色! 通过染色格来讨论, 十分简单而又一目了然.

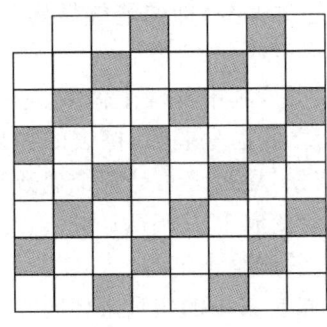

图 1.1

解 不能. 将题设的棋盘按图 1.1 染色, 易见, 1×3 的小矩形"▢▢▢"不论怎么放, 都能且只能盖住一个染色格. 由此可知, 21 个 1×3 的小矩形应盖住 21 个染色格. 但图中只有 20 个染色格, 所以 21 个 1×3 的小矩形无法完全覆盖住题设的棋盘.

注 本题的染色方法不唯一.

例 17(1986 年 CMO 试题) 能否把 $1,1,2,2,\cdots,1986,1986$ 这些数排成一行, 使得两个 1 之间夹 1 个数, 两个 2 之间夹 2 个数, $\cdots$, 两个 1986 之间夹 1986 个数?

解 不能. 假设能够排成, 将排好的数从左至右依次编号 $1,2,\cdots,3972$. 对于 $1,2,\cdots,1986$ 中的任一个数 k, 显然, k 在排好的数列中出现两次, 设其编号分别为 a_k 和 b_k, 且 $a_k < b_k$. 依题意, 两个数 k 之间夹 k 个数, 因此

$$b_k - a_k = k+1, \quad 1 \leqslant k \leqslant 1986.$$

对 k 求和, 有

$$\sum_{k=1}^{1986}(b_k - a_k) = \sum_{k=1}^{1986}(k+1).$$

而

$$\sum_{k=1}^{1986}(b_k - a_k) = \sum_{k=1}^{1986}(a_k + b_k) - 2\sum_{k=1}^{1986} a_k = (1+2+\cdots+3972) - 2\sum_{k=1}^{1986} a_k$$

$$= \frac{3972(1+3972)}{2} - 2\sum_{k=1}^{1986} a_k = 1986 \times 3973 - 2\sum_{k=1}^{1986} a_k, \quad (\text{偶数})$$

$$\sum_{k=1}^{1986}(k+1) = \frac{1986[(1+1)+(1986+1)]}{2} = 993 \times 1989, \quad (\text{奇数})$$

矛盾!

三、质数与合数

我们可以把全体正整数按其正约数的个数分为三类: 只有一个正约数的单位类(即 1); 只有两个正约数的质数类; 至少有三个正约数的合数类.

1. 基本概念

定义 6 大于 1 且没有**真约数**的正整数称为**质数**或**素数**(它们是最简单的数); 有真约数的正整数称为**合数**.

例如，2,3,5,7,11 等都是质数；而 4,6,8,9,10 等都是合数；1 既不是质数，也不是合数．易见，只有一个偶数质数（即 2，它也是最小的质数）．异于 2 的质数都是奇数．质数有无穷多个，不存在最大的质数．我们常用 p,q 等英文字母来表示质数．质数的分布有如下特点：

1～1000 之间有 168 个质数；

1001～2000 之间有 135 个质数；

2001～3000 之间有 127 个质数；

3001～4000 之间有 120 个质数；

4001～5000 之间有 119 个质数；

9999001～10000000 之间有 53 个质数．

正如我们所看到的，质数的分布越来越稀（虽然长度相同的区间内质数的个数并不一定严格递减）！尽管如此，质数仍有无限多个．

2. 基本性质

(1)（**算术基本定理**）任何大于 1 的正整数 m，都可唯一地分解成质因数的乘积：
$$m = p_1^{k_1} \cdot p_2^{k_2} \cdots \cdot p_n^{k_n}, \qquad ③$$
其中 k_i 是正整数，p_i $(i=1,2,\cdots,n)$ 是质数，且 $p_1 < p_2 < \cdots < p_n$．③式也叫做 m 的**标准分解式**．

例如，$888 = 2^3 \cdot 3 \cdot 37$，$1992 = 2^3 \cdot 3 \cdot 83$．

(2) 设 p 是质数，a,b 是任意整数．若 $p|ab$，则 $p|a$ 或 $p|b$．

特别地，若 $p|a^n$，则 $p^n|a^n$（n 为正整数）．

(3) 设 p 是质数，a 是任意整数，则 $p|a$ 或 $(p,a)=1$ 二者有且只有一个成立．

注 可利用此结论对整数进行分类．

(4)（**费马小定理**）设 p 是质数，a 是任意整数，则 $p|(a^p - a)$．

特别地，若 $(p,a)=1$，则 $p|(a^{p-1}-1)$．

3. 基本特征

设 k 为正整数．

(1) 所有异于 2 的质数都可表示成 $2k+1$（奇数）；

(2) 所有异于 3 的质数都可表示成 $3k+1$ 或 $3k-1$；

(3) 所有大于等于 3 的质数都可表示成 $4k+1$ 或 $4k-1$；

(4) 所有大于等于 5 的质数都可表示成 $6k+1$ 或 $6k-1$；

……

4. 判定方法

判定一个正整数是合数，基本原则就是证明其存在一个真约数．下面着重介绍怎样判断一个正整数是质数．

定理 4 设 n 是大于 1 的正整数. 如果不超过 $\sqrt{n}$ 的所有质数都不能整除 n, 则 n 是质数.

例如, 对于 191, 因 $\sqrt{191} < \sqrt{196} = 14$, 且 $2 \nmid 191, 3 \nmid 191, 5 \nmid 191, 7 \nmid 191, 11 \nmid 191, 13 \nmid 191$, 故 191 为质数.

上述定理告诉我们, 要判定一个正整数是质数, 理论上总可以做到. 但当一个正整数很大时, 通常并不容易. 因此, 人类找到的质数微乎其微. 进入 20 世纪 80 年代, 美国科学家在研究形如 $2^p - 1$ (p 为质数) 的质数, 即梅森 (Mersenne) 质数时, 利用巨型 Crary 计算机不断找到新的质数. 20 世纪 90 年代初, 人们利用互联网丰富的资源掀起了质数大搜索活动, 又找到三个新的梅森质数. 2008 年 9 月 16 日, 美国加州大学洛杉矶分校的计算机专家埃德森·史密斯 (Edson Smith) 参加了一个名为"梅森质数大搜索"(GIMPS) 的国际合作项目, 发现了第 46 个梅森质数 $M_{43112609}$ (计 12978189 位数, 如果用普通字号将这个巨数连续写下来, 其长度可超过 50 千米). 这一超级质数是人类迄今为止所认识的最大质数.

求小于某一正整数的全体质数, 即求 $1 \sim N$ (N 为正整数) 之间的所有质数, 可用**埃拉托色 (Eratosthenes) 筛选法**. 具体过程是:

(1) 将 $2 \sim N$ 的所有整数按序写出;

(2) 保留数 2, 向后划去所有其他 2 的倍数;

(3) 保留下一个未被划去的数 3, 向后划去所有其他 3 的倍数;

(4) 保留下一个未被划去的数 5, 向后划去所有其他 5 的倍数;

……

最后剩下的即是 $1 \sim N$ 之间的所有质数.

实践中, 记住一些较小的和常用的质数是非常必要的, 如 2, 3, 5, 7, 11, 13, 17, 19, 23, 29, 31, 37, 41, 43, 47, 53, 59, 61, 67, 71, 73, 83, 89, 97, 101, …, 1993, 1997, 1999, 2003, 2011, 2017, 2027, 2029 等都是质数.

5. 典型例题解析

例 18 设 p 是大于 3 的质数, 且对正整数 n, p^n 恰是一个 20 位数, 证明: p^n 中至少有三位数码相同.

证明 由于十进制只有 $0, 1, 2, \cdots, 9$ 这 10 个基本数码, 假设 p^n 中任何三位数码都不相同, 则每个基本数码在 20 位数 p^n 中应当恰好各出现两次. 由此, p^n 的各位数码之和为
$$S = 2(0 + 1 + 2 + \cdots + 9) = 90.$$
于是, 有 $3 \mid p^n$, 从而 $3 \mid p$ (因为 3 是质数), 与已知矛盾!

例 19(1993 年俄罗斯数学奥林匹克竞赛(九年级)试题) 已知 n 是正整数, 且 $2n+1$ 与 $3n+1$ 都是完全平方数, 对于此 n, $5n+3$ 能否是质数?

解 $5n+3$ 不是质数. 依题意, 不妨令 $2n+1 = a^2$, $3n+1 = b^2$ ($a, b \in \mathbf{N}^*$), 则

$$5n+3 = 4(2n+1)-(3n+1) = 4a^2-b^2 = (2a-b)(2a+b).$$

显然,$2a+b \neq 1$. 下证 $2a-b \neq 1$. 否则,若 $2a-b=1$,则 $5n+3=2a+b=2b+1$. 此时,有

$$(b-1)^2 = b^2-(2b+1)+2 = (3n+1)-(5n+3)+2 = -2n < 0,$$

矛盾!所以对于此 n,$5n+3$ 是合数.

例 20(1990 年北京市初二数学竞赛试题) 设 a,b,c,d 是正整数,并且 $a^2+b^2=c^2+d^2$,证明:$a+b+c+d$ 一定是合数.

分析 条件是平方式,可从 $(a+b+c+d)^2$ 入手.

证明 **方法 1** 因为 $(a+b+c+d)^2 = a^2+b^2+c^2+d^2+2(ab+bc+cd+da)$,又 $a^2+b^2=c^2+d^2$,所以

$$(a+b+c+d)^2 = 2(a^2+b^2)+2(ab+bc+cd+da).$$

由此知 $2 \mid (a+b+c+d)^2$. 但 2 是质数,所以 $2 \mid (a+b+c+d)$. 而 $a+b+c+d \geq 4 > 2$,因此 $a+b+c+d$ 是合数.

方法 2 易见,$a^2-a=a(a-1)$,$b^2-b=b(b-1)$,$c^2-c=c(c-1)$,$d^2-d=d(d-1)$ 都是偶数,因此,不妨令 $(a^2-a)+(b^2-b)+(c^2-c)+(d^2-d)=2k$ ($k \in \mathbf{N}^*$),即

$$(a^2+b^2+c^2+d^2)-(a+b+c+d)=2k.$$

而 $a^2+b^2=c^2+d^2$,所以

$$2(a^2+b^2)-(a+b+c+d)=2k,$$

从而 $a+b+c+d$ 必为偶数. 但 $a+b+c+d \geq 4 > 2$,于是 $a+b+c+d$ 是合数.

例 21(1986 年江苏省初中数学竞赛试题) 设 p,q 都是大于 5 的质数,证明:p^4-q^4 总能被 80 整除.

分析 易见,$80=5\times 16$,而 $(5,16)=1$,因此只需证明 $5 \mid (p^4-q^4)$ 且 $16 \mid (p^4-q^4)$.

欲证 $5 \mid (p^4-q^4)$,不难发现,这是一个与质数(即 5)有关的"大"指数整除问题,可首先考虑费马小定理. 事实上,$p^4-q^4=(p^4-1)-(q^4-1)$,至此,$5 \mid (p^4-q^4)$ 成立已属显然.

欲证 $16 \mid (p^4-q^4)$,容易看到,$p^4-q^4=(p^2-q^2)(p^2+q^2)$,而 p^2+q^2 是两个奇数的和,自然是 2 的倍数;p^2-q^2 是两个奇数的平方差,一定是 8 的倍数. 至此,$16 \mid (p^4-q^4)$ 也成立.

证明 因为 p,q 都是大于 5 的质数,所以 $(5,p)=1,(5,q)=1$. 而 5 是质数,由费马小定理有 $5 \mid (p^4-1)$,$5 \mid (q^4-1)$,于是 $5 \mid (p^4-q^4)$. 又 $p^4-q^4=(p^2-q^2)(p^2+q^2)$,而 p,q 均为奇数,所以 $8 \mid (p^2-q^2)$,$2 \mid (p^2+q^2)$. 由此有 $16 \mid (p^4-q^4)$. 因 $(5,16)=1$,$5\times 16=80$,故

$$80 \mid (p^4-q^4).$$

注 本题可进行引申:设 p,q 都是大于 5 的质数,证明 p^4-q^4 总能被 240 整除.

例 22(1984 年全苏数学奥林匹克竞赛试题) 一个质数,如果任意重排它的数码后,所得的数仍是质数,则称它是**绝对质数**. 证明:在绝对质数中,不相同的数码不能多于三个.

分析 显然,质数的个位数码不能是 0,2,4,5,6 和 8. 因此,绝对质数只能至多含 1,3,7,9 四个数码,从而只需证绝对质数不能同时含有 1,3,7,9 四个数码即可.

证明 易知,绝对质数中只能含有数字 $1,3,7,9$. 假设质数 p 含有 $1,3,7,9$ 全部四个数码,下证 p 一定不是绝对质数.

不难验证,由 $1,3,7,9$ 四个数码组成的下列七个数:
$$1379, 3179, 9137, 7913, 1397, 3197, 7139$$
关于模 7 的余数分别为 $0,1,2,3,4,5,6$. 因此,对于任一整数 k,下列七个数
$$k+1379, k+3179, k+9137, k+7913, k+1397, k+3197, k+7139$$
必有一个被 7 整除.

考查任意重排 p 的位数后,所有的只有后四位数不同,且后四位数是 $1,3,7,9$ 的所有数. 显然,这些数中必有七个数是上述形式的(k 可能为 0,当 p 为四位数时),因此,必有一个是 7 的倍数. 故 p 不是绝对质数.

例 23(1984 年 IMO 试题) 求一对正整数 a,b,使得满足:

(1) $ab(a+b)$ 不能被 7 整除;

(2) $(a+b)^7 - a^7 - b^7$ 能被 7^7 整除.

解 由于
$$(a+b)^7 - a^7 - b^7 = 7a^6 b + 21a^5 b^2 + 35a^4 b^3 + 35a^3 b^4 + 21a^2 b^5 + 7ab^6$$
$$= 7ab[a^5 + b^5 + 3ab(a^3 + b^3) + 5a^2 b^2 (a+b)]$$
$$= 7ab(a+b)(a^2 + ab + b^2)^2,$$
$$7 \nmid ab(a+b) \Longrightarrow 7^6 \mid (a^2 + ab + b^2)^2 \Longrightarrow 7^3 \mid (a^2 + ab + b^2),$$
因此 $a^2 + ab + b^2 = (a+b)^2 - ab = 7^3 m = 343m$($m$ 是正整数). 由此知
$$(a+b)^2 > 343m \Longrightarrow a+b \geqslant 19.$$
取 $a+b=19, m=1$,则 $ab = 19^2 - 343m = 18$. 所以 $\{a,b\} = \{18,1\}$.

例 24(1979 年 IMO 试题) 设 p 与 q 为正整数,满足
$$\frac{p}{q} = 1 - \frac{1}{2} + \frac{1}{3} - \frac{1}{4} + \cdots + \frac{1}{1317} - \frac{1}{1318} + \frac{1}{1319},$$
证明:p 可被 1979 整除.

证明 易知
$$\frac{p}{q} = \left(1 + \frac{1}{2} + \cdots + \frac{1}{1319}\right) - 2\left(\frac{1}{2} + \frac{1}{4} + \cdots + \frac{1}{1318}\right)$$
$$= \left(1 + \frac{1}{2} + \cdots + \frac{1}{1319}\right) - \left(1 + \frac{1}{2} + \cdots + \frac{1}{659}\right)$$
$$= \frac{1}{660} + \frac{1}{661} + \cdots + \frac{1}{1319}$$
$$= \left(\frac{1}{660} + \frac{1}{1319}\right) + \left(\frac{1}{661} + \frac{1}{1318}\right) + \cdots + \left(\frac{1}{989} + \frac{1}{990}\right)$$
$$= 1979 \left(\frac{1}{660 \times 1319} + \frac{1}{661 \times 1318} + \cdots + \frac{1}{989 \times 990}\right).$$

显然,$1319! \times \left(\dfrac{1}{660 \times 1319} + \dfrac{1}{661 \times 1318} + \cdots + \dfrac{1}{989 \times 990}\right)$ 是正整数. 因此
$$1979 \mid \left(1319! \times \dfrac{p}{q}\right), \quad 从而 \quad 1979 \mid (1319! \times p).$$
但 1979 是质数,又 $1319 < 1979$,所以 $(1979, 1319!) = 1$. 故 $1979 \mid p$.

四、完全平方数

完全平方数是一类重要的整数,有许多好的性质,利用这些性质能够巧妙地解决某些实际问题.

1. 基本概念

定义 7 若正整数 m 恰好等于某个整数的平方,则称 m 是**完全平方数**(简称**平方数**);否则,称 m 不是完全平方数,或称 m 是**非完全平方数**(简称**非平方数**).

例如,$1, 4, 9, 16, 25, \cdots$ 都是平方数;而 $2, 3, 5, 6, 7, \cdots$ 都是非平方数.

2. 基本性质

(1) 平方数与平方数的积仍是平方数;平方数与非平方数的积一定不是平方数.

(2) 相邻两个平方数(即两个相邻整数的平方)之间不存在其他平方数.

(3) 任意二(或四)个连续整数之积都不是平方数.

(4) 设正整数 $m\,(m>1)$ 的标准分解式为 $p_1^{k_1} \cdot p_2^{k_2} \cdot \cdots \cdot p_n^{k_n}$($p_1, p_2, \cdots, p_n$ 为互异的质数,$k_1, k_2, \cdots, k_n$ 为正整数),则当且仅当 $k_i\,(i=1, 2, \cdots, n)$ 皆为偶数时,m 是平方数,即任一大于 1 的平方数都可以分解成有限个质因数偶次幂的积.

(5) 平方数有且只有奇数个不同的真约数.

(6) 设 p 是质数,k 是正奇数,则能被 p^k 整除,但不能被 p^{k+1} 整除的正整数一定不是平方数.

特别地,各位数码之和是 3 的倍数,但不是 9 的倍数的正整数一定不是平方数.

3. 基本特征

(1) 平方数的个位数码只能是 $0, 1, 4, 5, 6$ 或 9,而不可能是 $2, 3, 7$ 和 8.

(2) 平方数的个位数码是 6 时,其十位数码必是奇数;否则,其十位数码必是偶数.

特别地,末两位数码都是奇数的正整数一定不是平方数.

(3) 平方数的个位数码是 5 时,其十位数码必是 2,其百位数码(若有的话)必是偶数,且不能为 4 和 8.

(4) 平方数的末两位数码只能是 $00, 01, 04, 09, 16, 21, 24, 25, 29, 36, 41, 44, 49, 56, 61, 64, 69, 76, 81, 84, 89$ 和 96.

(5) 平方数关于模 3,模 4 的余数一定是 0 或 1.

也就是说,形如 $3k+2,4k+2$ 和 $4k+3$(k 为整数)的正整数都不是平方数.

(6) 平方数关于模 5,模 8 的余数一定是 0,1 或 4.

特别地,奇平方数关于模 8 的余数是 1.

(7) 任何大于 10 的平方数,都至少含有两个不同的数码,即任何大于 10 的重码数都不是平方数.

……

4. 典型例题解析

例 25 试说明方程 $x^2-3y^2=2012$ 无整数解.

分析 方程左边是一个平方数与 3 的倍数之差,右边是一个常数,由此容易想到用平方数关于模 3 的余数来讨论.

解 原方程可化为
$$x^2=3y^2+2012=3(y^2+670)+2.$$
由于任一整数的平方(即平方数)关于模 3 的余数都不会是 2,所以原方程无整数解.

例 26 证明:不存在正整数 n,使得 n^5-5n^3+4n+3 是完全平方数.

证明 易得
$$n^5-5n^3+4n+3=(n-2)(n-1)n(n+1)(n+2)+3.$$
因为任意五个连续整数之积必是 5! 的倍数,所以 $10 \mid (n-2)(n-1)n(n+1)(n+2)$. 由此可知,对任意的 $n \in \mathbf{N}^*$,n^5-5n^3+4n+3 的个位数码都是 3,故它不可能是平方数.

例 27 已知正整数 m 是一个 2011 位数,其中有 2010 位数码都是 5,问:m 能否是平方数?

分析 数 m 除一位数码以外,其余数码都已确定,但这些数码的排列情况尚不明朗.由平方数的特征,讨论 m 的末二(或三)位数码再自然不过了.

解 m 不可能是平方数.事实上,假设 m 是平方数,只有两种情形:

(1) m 的个位数码是 5,则它的十位数码应是 2.此时,m 的百位数码必是 5.这与 m 是平方数矛盾!

(2) m 的个位数码不是 5,则它的十位数码必是奇数 5.因此,m 的个位数码只能是 6.此时,m 的各位数码之和为 $2010 \times 5+6$.由此可见 $3 \mid m$,但 $9 \nmid m$.这与 m 是平方数矛盾!

综上所述,m 不可能是平方数.

第二节 同 余

同余是初等数论的重要内容,也是讨论整除问题的重要工具.数学竞赛中的一些整除和关于末位数码的问题常常需用同余理论来解决.

一、基本概念

关于同余的概念在§4.1已有所涉及,下面给出同余概念的另一种表述,同时再补充一些内容.

定义 给定大于1的正整数m,对于整数a,b,若$m\mid(a-b)$,则称a,b关于模m **同余**,记做$a\equiv b\pmod{m}$(读做"a 同余 b 模 m");否则,称a,b关于模m **不同余**,记做$a\not\equiv b\pmod{m}$.

上述定义也可叙述为:给定大于1的正整数m,对于整数a,b,若用m去除a和b所得的余数(最小正剩余)相同,则称a,b关于模m 同余;否则,称a,b关于模m 不同余.

二、基本性质

(1)(**反身性**)$a\equiv a\pmod{m}$.

(2)(**对称性**)若$a\equiv b\pmod{m}$,则$b\equiv a\pmod{m}$.

(3)(**传递性**)若$a\equiv b\pmod{m}$,$b\equiv c\pmod{m}$,则$a\equiv c\pmod{m}$.

(4) 若$a_i\equiv b_i\pmod{m}$ $(i=1,2)$,则对任意整数x,y,有$xa_1+ya_2\equiv xb_1+yb_2\pmod{m}$.

进一步,若$a_i\equiv b_i\pmod{m}$ $(i=1,2,\cdots,n)$,则

$$\sum_{i=1}^{n}a_i\equiv\sum_{i=1}^{n}b_i\pmod{m},\quad\prod_{i=1}^{n}a_i\equiv\prod_{i=1}^{n}b_i\pmod{m}.$$

特别地,若$a\equiv b\pmod{m}$,则$a^n\equiv b^n\pmod{m}$.

(5) 若$a\equiv b\pmod{m_1}$,$a\equiv b\pmod{m_2}$,$\cdots$,$a\equiv b\pmod{m_n}$,则

$$a\equiv b\pmod{[m_1,m_2,\cdots,m_n]}.$$

(6) 若$ac\equiv bc\pmod{m}$,且$(c,m)=d>1$,则$a\equiv b\left(\bmod\dfrac{m}{d}\right)$.

三、典型例题解析

例1 设a为正整数,且$17\nmid a$,求证:a^8-1与a^8+1中有且仅有一个数能被17整除.

分析 注意到$(a^8-1)(a^8+1)=a^{16}-1$,而$16=17-1$,可利用费马小定理进行讨论.

证明 由于17是质数,且$17\nmid a$,由费马小定理有

$$a^{16}\equiv 1\pmod{17}\Longrightarrow a^{16}-1=(a^8-1)(a^8+1)\equiv 0\pmod{17},$$

即 $\quad a^8-1\equiv 0\pmod{17}$ 或 $a^8+1\equiv 0\pmod{17}$.

但$(a^8-1)-(a^8+1)\equiv 2\pmod{17}$,所以$a^8-1$与$a^8+1$中只有一个数能被17整除.

例2(1997年全国初中联赛试题.题型有变化) 若正整数x,y满足方程$x^2+y^2=1997$,试求$x+y$.

分析 显然,x,y必一奇一偶.不妨设x为奇数,y为偶数,则$x^2\equiv 1\pmod 8$.而$1997\equiv 5\pmod 8$,所以$y^2\equiv 4\pmod 8$,$y\equiv\pm 2\pmod 8$.又x^2+y^2的个位数码为7,因此,x^2的个位数

码必是 1,y^2 的个位数码必是 6.结合 $x^2<1997$,$y^2<1997$,不难求得结果.

解 依题意不妨设 x 为奇数,y 为偶数,由上述分析知 $y\equiv\pm2\pmod 8$,且 y 的个位数码应是 4 或 6.结合 $y^2<1997$,即 $1\leqslant y<45$ 知,y 的可能取值为 6,14,26,34.经检验,仅当 $x=29,y=34$ 时,$x^2+y^2=1997$.所以 $x+y=29+34=63$.

例 3 将集合 $\{1,2,3,\cdots,1998\}$ 分成 999 个彼此不交的二元子集 $\{a_i,b_i\}$,且有
$$|a_i-b_i|=1 \text{ 或 } 6 \quad (i=1,2,\cdots,999),$$
求证:和数 $\sum_{i=1}^{999}|a_i-b_i|$ 的末位数码是 9.

证明 依题意,对 $i=1,2,\cdots,999$,有 $|a_i-b_i|\equiv 1\pmod 5$.由此有
$$\sum_{i=1}^{999}|a_i-b_i|\equiv 999\equiv 4\pmod 5.$$
这说明和数 $\sum_{i=1}^{999}|a_i-b_i|$ 的末位数码是 4 或 9.

又 $\sum_{i=1}^{999}|a_i-b_i|$ 与 $\sum_{i=1}^{999}(a_i+b_i)$ 的奇偶性相同,而
$$\sum_{i=1}^{999}(a_i+b_i)=1+2+\cdots+1998=\frac{1998\times 1999}{2}\equiv 1\pmod 2,$$
因此和数 $\sum_{i=1}^{999}|a_i-b_i|$ 必为奇数,所以其末位数码一定是 9.

例 4(1993 年俄罗斯数学奥林匹克竞赛(九年级)试题) 设整数 x,y,z 满足等式
$$(x-y)(y-z)(z-x)=x+y+z,$$
证明:$x+y+z$ 能被 27 整除.

分析 可考虑证 $27\mid(x-y)(y-z)(z-x)$.由题设条件中 x,y,z 的对等性,证明 $3\mid(x-y),3\mid(y-z)$ 且 $3\mid(z-x)$ 似应可行.由此可归结为证明 x,y,z 关于模 3 的余数相同.事实上,若 x,y,z 关于模 3 的余数各异,则 $3\nmid(x-y)(y-z)(z-x)$.但此时 $3\mid x+y+z$,矛盾!所以,x,y,z 中至少有两个除以 3 时的余数相同.此时,必有 $3\mid(x-y)(y-z)(z-x)$,从而 $3\mid x+y+z$.因此,第三个数除以 3 时也有相同的余数.

证明 若 x,y,z 关于模 3 的余数各异,则已知等式中左边不是 3 的倍数,而右边是 3 的倍数,矛盾!若 x,y,z 关于模 3 的余数有只有两个相同,则已知等式中左边必为 3 的倍数,而右边不是 3 的倍数,矛盾!所以,x,y,z 关于模 3 的余数必相同.由此知
$$3\mid(x-y),\quad 3\mid(y-z)\quad\text{且}\quad 3\mid(z-x),$$
故 $27\mid(x-y)(y-z)(z-x)$,即 $27\mid(x+y+z)$.

例 5 设 $a_1,a_2,\cdots,a_{2011}$ 和 b 均为正整数,且满足 $a_1^2+a_2^2+\cdots+a_{2011}^2=b^2$,试证:$a_1,a_2,\cdots,a_{2011}$ 不可能同时为奇数.

分析 奇平方数关于模 8 的余数是 1.事实上,设 k 为整数,有 $(2k+1)^2=4k(k+1)+1$,

而 $8|4k(k+1)$. 若 $a_1,a_2,\cdots,a_{2011}$ 均为奇数,则 b 亦为奇数. 而 $a_1^2+a_2^2+\cdots+a_{2011}^2 \equiv 3(\bmod 8)$, 这是不可能的!

证明 用反证法. 若 $a_1,a_2,\cdots,a_{2011}$ 都是奇数,则 b 也是奇数. 由此知
$$a_i^2 \equiv 1(\bmod 8)\ (i=1,2,\cdots,2011),\quad b^2 \equiv 1(\bmod 8),$$
于是
$$a_1^2+a_2^2+\cdots+a_{2011}^2 \equiv 2011(\bmod 8) \equiv 3(\bmod 8).$$
这与 $a_1^2+a_2^2+\cdots+a_{2011}^2=b^2$ 矛盾!所以 $a_1,a_2,\cdots,a_{2011}$ 不能同时为奇数.

例6(1980年全苏数学奥林匹克竞赛试题. 题型有变化) 把从19到80的所有两位数接连写下来得到一个数 $n=192021\cdots80$. 求证:$1980|n$.

分析 注意到 $1980=20\times 99$,$(20,99)=1$,因此只需证明 $20|n$ 且 $99|n$.

证明 显然,$20|n$. 下证 $99|n$.

方法1 易知,$100^k=(99+1)^k=99m+1$ (m,k 为正整数). 由此
$$a\cdot 100^k = 99ma+a \quad (a\ \text{为任意整数}),$$
即 $a\cdot 100^k \equiv a(\bmod 99)$,于是
$$\begin{aligned}n &= 19\times 100^{61}+20\times 100^{60}+21\times 100^{59}+\cdots+79\times 100+80\\ &\equiv 19+20+21+\cdots+79+80\ (\bmod 99)\\ &\equiv \frac{(19+80)\times 62}{2}\ (\bmod 99) \equiv 0\ (\bmod 99).\end{aligned}$$
所以 $99|n$. 故 $1980|n$.

方法2 易知 n 的奇数位的数码之和为
$$9+(0+1+\cdots+9)\times 6+0=279;$$
n 的偶数位的数码之和为
$$1+2\times 10+3\times 10+\cdots+7\times 10+8=279.$$
由此可得 $9|n$,$11|n$. 而 $(9,11)=1$,所以 $99|n$. 故 $1980|n$.

例7(1975年IMO试题) 设 A 是十进数 4444^{4444} 的各位数码之和,B 是 A 的各位数码之和,求 B 的各位数码之和.

分析 可考虑运用结论"正整数 a 与它的各位数码之和关于模9同余"来求解. 事实上,对任一正整数 $a=\overline{a_n a_{n-1}\cdots a_2 a_1 a_0}$,有
$$\begin{aligned}a &= a_n(9+1)^n+a_{n-1}(9+1)^{n-1}+\cdots+a_2(9+1)^2+a_1(9+1)+a_0\\ &\equiv a_n+a_{n-1}+\cdots+a_2+a_1+a_0\ (\bmod 9).\end{aligned}$$

解 设 B 的各位数码之和为 C. 由于 $4444^{4444}<10000^{4444}$,而 10000^{4444}(即 $10^{4\times 4444}$)是 $4\times 4444+1=17777$ 位数,因此 4444^{4444} 至多是小于 10000^{4444} 的 17777 位数,其各位数码之和满足
$$A<17777\times 9<177770.$$

由此可知, A 至多是小于 177770 的六位数. 因此, A 的各位数码之和满足
$$B < 1 + 5 \times 9 = 46.$$
类似地, 有
$$C < 4 + 9 = 13.$$
又 $4444^{4444} = (9 \times 493 + 7)^{4444} \equiv 7^{4444} \pmod 9$, 而
$$7^{4444} = 7^{3 \times 1481 + 1} = (7^3)^{1481} \times 7 = 343^{1481} \times 7 = (9 \times 38 + 1)^{1481} \times 7 \equiv 7 \pmod 9,$$
于是
$$4444^{4444} \equiv 7 \pmod 9.$$
由一个数关于模 9 的余数与其各位数码之和关于模 9 的余数相等, 得
$$A \equiv 7 \pmod 9,$$
进而 $B \equiv 7 \pmod 9$, $C \equiv 7 \pmod 9$. 故 $C = 7$.

例 8 (1986 年全国初中数学联赛试题) 设 a, b, c 是互不相等的正整数, 求证: 在 $a^3b - ab^3$, $b^3c - bc^3$, $c^3a - ca^3$ 三个数中, 至少有一个数能被 10 整除.

分析 注意到 $10 = 2 \times 5$, 而 $(2, 5) = 1$, 因此, 只需证明 $a^3b - ab^3$, $b^3c - bc^3$, $c^3a - ca^3$ 三个数中, 至少有一个能同时被 2 和 5 整除. 但需说明的是: 即使证明了上述三个数中至少有一个能被 2 整除和至少有一个能被 5 整除, 也不能得到结论, 因为这样不能保证被 2 整除和被 5 整除的数是同一个数!

证明 因为
$$a^3b - ab^3 = a^3b - ab - ab^3 + ab = b(a-1)a(a+1) - a(b-1)b(b+1),$$
所以 $2 \mid (a^3b - ab^3)$. 同理, $2 \mid (b^3c - bc^3)$, $2 \mid (c^3a - ca^3)$.

若 a, b, c 中有一个数是 5 的倍数, 则结论显然成立. 不妨设 a, b, c 都不能被 5 整除. 此时, a^2, b^2, c^2 的个位数码只能是 1, 4, 6 或 9. 由此可知, a^2, b^2, c^2 关于模 5 的余数一定是 1 或 4. 所以, a^2, b^2, c^2 三个数中至少有两个数关于模 5 同余, 从而 $a^2 - b^2$, $b^2 - c^2$, $c^2 - a^2$ 三个数中至少有一个是 5 的倍数. 于是 $ab(a^2 - b^2)$, $bc(b^2 - c^2)$, $ca(c^2 - a^2)$ 三个数中至少有一个是 5 的倍数, 即 $a^3b - ab^3$, $b^3c - bc^3$, $c^3a - ca^3$ 三个数中至少有一个是 5 的倍数.

又 $(2, 5) = 1$, $2 \times 5 = 10$, 故在 $a^3b - ab^3$, $b^3c - bc^3$, $c^3a - ca^3$ 三个数中, 至少有一个数是 10 的倍数.

注 由本题的证明可见, 其结论可以加强, 即: 在 $a^3b - ab^3$, $b^3c - bc^3$, $c^3a - ca^3$ 三个数中, 至少有一个数能被 30 整除.

例 9 (1970 年 IMO 试题) 试确定具有下述性质的正整数 n: 集合 $M = \{n, n+1, \cdots, n+5\}$ 可以分成两个不相交的非空子集, 使得一个子集中所有元素的积等于另一个子集中所有元素的积.

分析 注意到 $n, n+1, \cdots, n+6$ 是七个连续整数, 恰有一个是 7 的倍数. 可依此探求.

解 假定满足题设条件的 n 存在, 用 m 表示将集合 M 分成两个非空子集后每个子集中所有元素的积, 则 $m^2 = n(n+1) \cdots (n+5)$. 分两种情形讨论:

(1) 若 $7\nmid(n+6)$，则必有一个 $n+i$ $(0\leqslant i\leqslant 5)$，使得 $7\mid(n+i)$，进而 $7\mid m^2$. 而 7 是质数，由此 $7^2\mid m^2$. 这说明，M 中必有另一个 $n+j$ $(0\leqslant j\leqslant 5, j\neq i)$，使得 $7\mid(n+j)$. 但这是不可能的！

(2) 若 $7\mid(n+6)$，则 $n,n+1,\cdots,n+5$ 关于模 7 的余数正好为 $\{1,2,3,4,5,6\}$（顺序不定）. 因此
$$m^2 = n(n+1)\cdots(n+5) \equiv 1\times 2\times 3\times 4\times 5\times 6 \pmod 7$$
$$\equiv 720 \equiv 6 \pmod 7.$$
但平方数关于模 7 的余数只能是 $0,1,2$ 或 4，矛盾！

综上所述，满足题设的 n 不存在.

例 10(1982 年 IMO 试题) 考虑方程 $x^3-3xy^2+y^3=n$，其中 n 为正整数. 试证明：

(1) 若方程有一组解 (x,y)，则它至少有三组解；

(2) 当 $n=2891$ 时，方程没有整数解.

分析 所给方程与立方公式相似，可由立方公式切入.

证明 (1) 假设 (x,y) 是原方程的一组整数解，则
$$x^3-3xy^2+y^3=n.$$
由于
$$(y-x)^3 = y^3-3y^2x+3yx^2-x^3 = x^3-3xy^2+y^3+3yx^2-3x^3+x^3$$
$$= n+3(y-x)x^2+x^3,$$
即
$$(y-x)^3-3(y-x)x^2-x^3=n,$$
因此 $(y-x,-x)$ 也是原方程的整数解. 仿此可得 $(-x-(y-x),-(y-x))=(-y,x-y)$ 也是原方程的整数解. 并且因 x,y 不同时为 0，它们互不相等.

(2) 假设当 $n=2891$ 时原方程有整数解 (x,y)，则
$$(x+y)^3 = 3xy(x+2y)+2891 = 3xy(x+2y)+9\times 321+2,$$
即
$$(x+y)^3 \equiv 2 \pmod 3 \implies x+y \equiv 2 \pmod 3.$$
由此知
$$(x+y)^3 \equiv 2^3 \equiv 8 \pmod 9.$$
若 $y\equiv 0\pmod 3$，则 $(x+y)^3\equiv 3xy(x+2y)+2\equiv 2\pmod 9$，矛盾！

若 $y\equiv 1\pmod 3$，则 $(x+2y)=(x+y)+y\equiv 0\pmod 3$. 于是 $(x+y)^3\equiv 3xy(x+2y)+2\equiv 2\pmod 9$，矛盾！

若 $y\equiv 2\pmod 3$，则 $x\equiv 0\pmod 3$. 于是 $(x+y)^3\equiv 3xy(x+2y)+2\equiv 2\pmod 9$，矛盾！

综上所述，当 $n=2891$ 时，原方程没有整数解.

第三节 高斯函数

高斯函数是数学竞赛中非常特殊的内容，它既可以与整数问题结合在一起，也可以与方

程或不等式联系,生成各种复杂多变的题目. 凡是与高斯函数有关的竞赛问题,大部分都需要灵活运用高斯函数的性质进行讨论.

一、基本概念

定义 对任意实数 x,记 $[x]$ 为不大于 x 的最大整数,即
$$[x] \leqslant x < [x]+1,$$
则称 $y=[x]$ 为**高斯函数**. 记 $\{x\}=x-[x]$,称之为 x 的**小数部分**.

例如,$[-2.1]=-3, [\pi]=3, [18]=18; \{3.14\}=0.14, \{-6.8\}=0.2, \{12\}=0.$

显然,函数 $y=[x]$ 的定义域为 $x \in \mathbf{R}$,值域为 $y \in \mathbf{Z}$; 函数 $y=\{x\}$ 的定义域为 $x \in \mathbf{R}$,值域为 $y \in [0,1)$.

二、基本性质

(1) 对 $\forall x \in \mathbf{R}$,有 $x-1 < [x] \leqslant x < [x]+1, 0 \leqslant \{x\} < 1$.

(2) 对 $\forall x \in \mathbf{R}$,有 $[x]+[-x]=\begin{cases} 0, & x \in \mathbf{Z}, \\ -1, & x \notin \mathbf{Z}, \end{cases}$ $\{x\}+\{-x\}=\begin{cases} 0, & x \in \mathbf{Z}, \\ 1, & x \notin \mathbf{Z}. \end{cases}$

(3) 对 $\forall x \in \mathbf{R}, \forall n \in \mathbf{Z}$,有 $[[x]]=[x], [-n]=-n, [x+n]=[x]+n, \{x+n\}=\{x\}$.

(4) 对 $\forall x, y \in \mathbf{R}$,有 $[x]+[y] \leqslant [x+y], \{x+y\} \leqslant \{x\}+\{y\}$.

证明 由定义,有
$$[x+y]=[[x]+\{x\}+[y]+\{y\}]=[x]+[y]+[\{x\}+\{y\}] \geqslant [x]+[y].$$
由此知
$$x+y-\{x+y\}=[x+y] \geqslant [x]+[y]=x-\{x\}+y-\{y\}=x+y-\{x\}-\{y\},$$
移项得
$$\{x+y\} \leqslant \{x\}+\{y\}.$$

(5) 对 $\forall x, y \in \mathbf{R}$,若 $x \leqslant y$,则 $[x] \leqslant [y]$.

证明 由性质(1)及 $x \leqslant y$,有
$$[x] \leqslant x \leqslant y < [y]+1,$$
再根据整数的序数性质,必有
$$[x] \leqslant ([y]+1)-1=[y].$$

(6) 对 $\forall x, y \in \mathbf{R}_+$,则 $[xy] \geqslant [x][y]$.

证明 对 $\forall x, y \in \mathbf{R}_+$,有
$$xy=([x]+\{x\})([y]+\{y\})=[x][y]+[x]\{y\}+[y]\{x\}+\{x\}\{y\} \geqslant [x][y];$$
再由性质(5),有
$$[xy] \geqslant [[x][y]]=[x][y].$$

(7) 对 $\forall x, y \in \mathbf{R}$,若 $[x]=[y]$,则 $|x-y|<1$.

(8) 对 $\forall x \in \mathbf{R}, \forall n \in \mathbf{N}^*$,有 $\left[\dfrac{[x]}{n}\right] = \left[\dfrac{x}{n}\right]$.

证明 由性质(1),有

$$\left[\dfrac{x}{n}\right] \leqslant \dfrac{x}{n} < \left[\dfrac{x}{n}\right] + 1, \quad 即 \quad n\left[\dfrac{x}{n}\right] \leqslant x < n\left(\left[\dfrac{x}{n}\right] + 1\right).$$

由此知

$$n\left[\dfrac{x}{n}\right] \leqslant [x] < n\left(\left[\dfrac{x}{n}\right] + 1\right), \quad \left[\dfrac{x}{n}\right] \leqslant \dfrac{[x]}{n} < \left[\dfrac{x}{n}\right] + 1,$$

所以

$$\left[\dfrac{[x]}{n}\right] = \left[\dfrac{x}{n}\right].$$

(9) 对 $\forall m, a, b \in \mathbf{N}^*$,有 $\left[\dfrac{m}{ab}\right] = \left[\dfrac{\left[\dfrac{m}{a}\right]}{b}\right]$.

证明 设 $m = aq + r$ (q, r 为非负整数,且 $0 \leqslant r < a$),则

$$\left[\dfrac{m}{a}\right] = q.$$

再设 $q = bq_1 + r_1$ (q_1, r_1 为非负整数,且 $0 \leqslant r_1 < b$),则

$$\left[\dfrac{\left[\dfrac{m}{a}\right]}{b}\right] = \left[\dfrac{q}{b}\right] = q_1.$$

又

$$m = aq + r = a(bq_1 + r_1) + r = abq_1 + ar_1 + r, \quad 且 \quad ar_1 + r \leqslant a(b-1) + a - 1 = ab - 1,$$

由此知

$$\dfrac{m}{ab} = q_1 + \dfrac{ar_1 + r}{ab} = q_1 + \dfrac{ab - 1}{ab} < q_1 + 1,$$

所以

$$\left[\dfrac{m}{ab}\right] = q_1 = \left[\dfrac{\left[\dfrac{m}{a}\right]}{b}\right].$$

三、基本结论

定理 1 对任意正实数 x 和正整数 n,不大于 x 的所有正实数中,是 n 的倍数的数共有 $\left[\dfrac{x}{n}\right]$ 个.

证明 由性质(1),有

$$\left[\dfrac{x}{n}\right] \leqslant \dfrac{x}{n}, \quad 即 \quad n\left[\dfrac{x}{n}\right] \leqslant x.$$

由此知,不大于 x 的所有正实数中,n 的倍数只有 $n, 2n, \cdots, \left[\dfrac{x}{n}\right]n$,共计 $\left[\dfrac{x}{n}\right]$ 个.

第一章 整除与同余

定理 2 对任意正整数 n, 在 $n!$ 的质因数分解式中, 质数 p 的指数等于
$$\left[\frac{n}{p}\right]+\left[\frac{n}{p^2}\right]+\left[\frac{n}{p^3}\right]+\cdots+\left[\frac{n}{p^k}\right] \quad (p^k \leqslant n < p^{k+1}).$$

证明 对于质数 p, 其在 $n!$ 的质因数分解式中的指数等于 $n!$ 的各因数 $1,2,\cdots,n$ 所含 p 的幂指数之和. 由定理 1, 在 $1,2,\cdots,n$ 中, 有 $\left[\frac{n}{p}\right]$ 个 p 的倍数, $\left[\frac{n}{p^2}\right]$ 个 p^2 的倍数, $\left[\frac{n}{p^3}\right]$ 个 p^3 的倍数……而当 $p^k \leqslant n < p^{k+1}$ 时,
$$\left[\frac{n}{p^{k+1}}\right]=\left[\frac{n}{p^{k+2}}\right]=\cdots=0.$$
所以, 结论成立.

四、典型例题解析

例 1 求 $2011!$ 中末尾 0 的个数.

分析 易知, 在 $2011!$ 中, 每一对因数 2 与 5 结合, 其末尾就会出现一个 0. 而在 $2011!$ 中, 因数 2 显然多于因数 5, 因此, $2011!$ 中末尾 0 的个数主要取决于它的因数 5 的个数.

解 由于 $(5^5 = 3125 > 2011)$
$$\left[\frac{2011}{5}\right]+\left[\frac{2011}{5^2}\right]+\left[\frac{2011}{5^3}\right]+\left[\frac{2011}{5^4}\right]=402+80+16+3=501,$$
所以 $2011!$ 中末尾 0 的个数为 501.

例 2 求 $\left[1+\frac{1}{1!}+\frac{1}{2!}+\cdots+\frac{1}{2011!}\right]$ 的值.

分析 此类问题一般可用估值法. 在估值时, 大于方向一般可以是非严格大于, 但小于方向一定是严格小于; 否则, 取值就可能不确定.

解 一方面, 有
$$1+\frac{1}{1!}+\frac{1}{2!}+\cdots+\frac{1}{2011!} > 2;$$
另一方面, 有
$$1+\frac{1}{1!}+\frac{1}{2!}+\cdots+\frac{1}{2011!} < 2+\frac{1}{2}+\frac{1}{2^2}+\cdots+\frac{1}{2^{2010}} = 2+\frac{1}{2} \cdot \frac{1-\left(\frac{1}{2}\right)^{2009}}{1-\frac{1}{2}} < 2+1 = 3.$$
所以原式 $= 2$.

注 由 $e = 1+\frac{1}{1!}+\frac{1}{2!}+\cdots+\frac{1}{n!}+\cdots$, 易知 $1+\frac{1}{1!}+\frac{1}{2!}+\cdots+\frac{1}{2011!} < e < 3$.

例 3(2000 年山西省太原市初中数学竞赛试题) 设
$$S=\sqrt{1+\frac{1}{1^2}+\frac{1}{2^2}}+\sqrt{1+\frac{1}{2^2}+\frac{1}{3^2}}+\cdots+\sqrt{1+\frac{1}{1999^2}+\frac{1}{2000^2}},$$

求不超过 S 的最大整数 $[S]$.

解 对任意正整数 k，有

$$\sqrt{1+\frac{1}{k^2}+\frac{1}{(k+1)^2}} = \frac{\sqrt{k^2(k+1)^2+(k+1)^2+k^2}}{k(k+1)} = \frac{k(k+1)+1}{k(k+1)} = 1+\frac{1}{k}-\frac{1}{k+1}.$$

由此知

$$S = \left(1+\frac{1}{1}-\frac{1}{2}\right)+\left(1+\frac{1}{2}-\frac{1}{3}\right)+\cdots+\left(1+\frac{1}{1999}-\frac{1}{2000}\right) = 2000-\frac{1}{2000},$$

所以 $[S]=1999$.

例4 试求 $[\sqrt{1}]+[\sqrt{2}]+\cdots+[\sqrt{2011}]$ 的值.

分析 式中每一项都是确定的正整数，可依完全平方数先对其进行估值.

解 易知

$$[\sqrt{1}]=[\sqrt{2}]=[\sqrt{3}]=1, \qquad (2\times 1+1 \text{ 个 } 1)$$
$$[\sqrt{4}]=[\sqrt{5}]=[\sqrt{6}]=[\sqrt{7}]=[\sqrt{8}]=2, \qquad (2\times 2+1 \text{ 个 } 2)$$
$$[\sqrt{9}]=[\sqrt{10}]=\cdots=[\sqrt{15}]=3, \qquad (2\times 3+1 \text{ 个 } 3)$$
$$\cdots\cdots\cdots\cdots$$
$$[\sqrt{1849}]=[\sqrt{1850}]=\cdots=[\sqrt{1935}]=43, \qquad (2\times 43+1 \text{ 个 } 43)$$
$$[\sqrt{1936}]=[\sqrt{1937}]=\cdots=[\sqrt{2011}]=44, \qquad (76 \text{ 个 } 44)$$

所以

$$\begin{aligned}
\text{原式} &= (2\times 1+1)\times 1+(2\times 2+1)\times 2+\cdots+(2\times 43+1)\times 43+76\times 44 \\
&= (1+2+\cdots+43)+2(1^2+2^2+\cdots+43^2)+76\times 44 \\
&= 22\times 43+2\times\frac{1}{6}\times 43\times 44\times(2\times 43+1)+76\times 44 \\
&= 59158.
\end{aligned}$$

例5 试求 $\underbrace{\sqrt{1991+\sqrt{1991+\sqrt{1991+\cdots+\sqrt{1991}}}}}_{1991 \text{ 个}}$ 的值.

分析 可考虑对根号内一层一层进行估值.

解 因为 $1936=44^2<1991<45^2=2025$，所以

$$44<\sqrt{1991}<45.$$

进一步，有

$$44+1991<1991+\sqrt{1991}<45+1991,$$

所以

$$45^2<1991+\sqrt{1991}<46^2, \quad \text{即} \quad 45<\sqrt{1991+\sqrt{1991}}<46.$$

于是
$$45+1991 < 1991+\sqrt{1991+\sqrt{1991}} < 46+1991,$$
从而
$$45^2 < 1991+\sqrt{1991+\sqrt{1991}} < 46^2, \quad 即 \quad 45 < \sqrt{1991+\sqrt{1991+\sqrt{1991}}} < 46.$$
重复上述步骤,可得原式 $=45$.

例6 求 $\left[1+\dfrac{1}{\sqrt{2}}+\dfrac{1}{\sqrt{3}}+\cdots+\dfrac{1}{\sqrt{100}}\right]$ 的值.

解 对任意正实数 k,易知
$$\frac{1}{\sqrt{k+1}} < \frac{2}{\sqrt{k+1}+\sqrt{k}} < \frac{1}{\sqrt{k}}, \quad 即 \quad \frac{1}{\sqrt{k+1}} < 2(\sqrt{k+1}-\sqrt{k}) < \frac{1}{\sqrt{k}}.$$
由此知
$$1+\frac{1}{\sqrt{2}}+\frac{1}{\sqrt{3}}+\cdots+\frac{1}{\sqrt{100}} < 1+2(\sqrt{2}-\sqrt{1})+2(\sqrt{3}-\sqrt{2})+\cdots+2(\sqrt{100}-\sqrt{99})$$
$$= 1+2(\sqrt{100}-1) = 19,$$
同时
$$1+\frac{1}{\sqrt{2}}+\frac{1}{\sqrt{3}}+\cdots+\frac{1}{\sqrt{100}} > 2(\sqrt{2}-\sqrt{1})+2(\sqrt{3}-\sqrt{2})+2(\sqrt{4}-\sqrt{3})+\cdots+2(\sqrt{101}-\sqrt{100})$$
$$= 2(\sqrt{101}-1) > 18,$$
所以原式 $=18$.

例7 对 $\forall x \in \mathbf{R}$,证明:$[x]+\left[x+\dfrac{1}{2}\right]=[2x]$.

证明 令 $\{x\}=r$,则 $0 \leqslant r < 1, x=[x]+r$. 由此有
$$2x = 2[x]+2r, \quad 所以 \quad [2x] = [2[x]+2r] = 2[x]+[2r].$$
又因为
$$[x]+\left[x+\frac{1}{2}\right] = [x]+\left[[x]+r+\frac{1}{2}\right] = 2[x]+\left[r+\frac{1}{2}\right],$$
所以只需证:对 $\forall r\ (0 \leqslant r < 1)$,有 $\left[r+\dfrac{1}{2}\right]=[2r]$.

若 $0 \leqslant r < \dfrac{1}{2}$,则 $0 < r+\dfrac{1}{2} < 1, 0 \leqslant 2r < 1$,从而 $\left[r+\dfrac{1}{2}\right]=[2r]=0$;

若 $\dfrac{1}{2} \leqslant r < 1$,则 $1 \leqslant r+\dfrac{1}{2} < 2, 1 \leqslant 2r < 2$,从而 $\left[r+\dfrac{1}{2}\right]=[2r]=1$.

故结论成立.

例8 设 $x \geqslant 0$,求证:$\left[\sqrt{[\sqrt{x}]}\right]=\left[\sqrt{\sqrt{x}}\right]$.

证明 易知,对任意 $x \geq 0$,存在 $m \in \mathbf{N}$,使得
$$m^4 \leq x < (m+1)^4.$$
由此有
$$m \leq \sqrt{\sqrt{x}} < m+1, \quad 从而 \quad [\sqrt{\sqrt{x}}] = m.$$
又有
$$m^2 \leq \sqrt{x} < (m+1)^2 \implies m^2 \leq [\sqrt{x}] < (m+1)^2,$$
于是
$$m \leq \sqrt{[\sqrt{x}]} < m+1, \quad 从而 \quad [\sqrt{[\sqrt{x}]}] = m.$$
故 $[\sqrt{[\sqrt{x}]}] = [\sqrt{\sqrt{x}}]$.

例 9 求不超过 $(\sqrt{7}+\sqrt{5})^6$ 的最大整数.

解 若令 $x = \sqrt{7}+\sqrt{5}, y = \sqrt{7}-\sqrt{5}$,则有
$$\begin{cases} x+y = 2\sqrt{7}, \\ xy = 2. \end{cases}$$
于是
$$x^2+y^2 = (x+y)^2 - 2xy = 24, \quad x^6+y^6 = (x^2+y^2)^3 - 3(xy)^2(x^2+y^2) = 13536,$$
即
$$(\sqrt{7}+\sqrt{5})^6 + (\sqrt{7}-\sqrt{5})^6 = 13536.$$
但 $0 < \sqrt{7}-\sqrt{5} < 1 \implies 0 < (\sqrt{7}-\sqrt{5})^6 < 1$,所以
$$[(\sqrt{7}+\sqrt{5})^6] = 13535.$$

例 10 试求 $\left[\dfrac{23 \times 1}{101}\right] + \left[\dfrac{23 \times 2}{101}\right] + \left[\dfrac{23 \times 3}{101}\right] + \cdots + \left[\dfrac{23 \times 100}{101}\right]$ 的值.

解 因为 $\dfrac{23 \times k}{101} + \dfrac{23 \times (101-k)}{101} = 23$,即
$$\left[\dfrac{23 \times k}{101}\right] + \left\{\dfrac{23 \times k}{101}\right\} + \left[\dfrac{23 \times (101-k)}{101}\right] + \left\{\dfrac{23 \times (101-k)}{101}\right\} = 23, \quad k=1,2,\cdots,50.$$
所以 $\left\{\dfrac{23 \times k}{101}\right\} + \left\{\dfrac{23 \times (101-k)}{101}\right\}$ 必为整数.

由于 101 是质数,因此 $\dfrac{23 \times k}{101}$ 与 $\dfrac{23 \times (101-k)}{101}$ ($1 \leq k \leq 50$) 都不是整数. 于是由
$$0 < \left\{\dfrac{23 \times k}{101}\right\} + \left\{\dfrac{23 \times (101-k)}{101}\right\} < 2$$
知
$$\left\{\dfrac{23 \times k}{101}\right\} + \left\{\dfrac{23 \times (101-k)}{101}\right\} = 1,$$

从而
$$\left[\frac{23\times k}{101}\right]+\left[\frac{23\times(101-k)}{101}\right]=22, \quad k=1,2,\cdots,50.$$

所以
$$\text{原式}=\left(\left[\frac{23\times 1}{101}\right]+\left[\frac{23\times 100}{101}\right]\right)+\left(\left[\frac{23\times 2}{101}\right]+\left[\frac{23\times 99}{101}\right]\right)+\cdots+\left(\left[\frac{23\times 50}{101}\right]+\left[\frac{23\times 51}{101}\right]\right)$$
$$=50\times 22=1100.$$

注 由例 10 可得如下结论：若任意两个非整数之和为整数，则它们的整数部分（高斯函数值）之和比它们自身之和小 1，即：对任意两个非整数 a,b，若 $a+b\in \mathbf{Z}$，则 $[a]+[b]=a+b-1$. 事实上，因为
$$a+b=[a]+\{a\}+[b]+\{b\}\in \mathbf{Z}, \quad \text{所以} \quad \{a\}+\{b\}\in \mathbf{Z}.$$
但 $0<\{a\}+\{b\}<2$，故 $\{a\}+\{b\}=1$. 由此知 $[a]+[b]=a+b-1$.

例 11（2000 年俄罗斯数学奥林匹克竞赛（十年级）试题） 求如下和式的值：
$$\left[\frac{1}{3}\right]+\left[\frac{2}{3}\right]+\left[\frac{2^2}{3}\right]+\cdots+\left[\frac{2^{1000}}{3}\right].$$

分析 易见，和式中各项取整的量均非整数，并且任意相邻两项之和都是整数. 事实上，
$$\frac{2^k}{3}+\frac{2^{k+1}}{3}=\frac{2^k(2+1)}{3}=2^k, \quad k=0,1,\cdots,1000.$$

受例 10 启发，应有
$$\left[\frac{2^k}{3}\right]+\left[\frac{2^{k+1}}{3}\right]=2^k-1=\frac{2^k}{3}+\frac{2^{k+1}}{3}-1, \quad k=0,1,\cdots,1000.$$

由此易求解.

解 令
$$S=\left[\frac{1}{3}\right]+\left[\frac{2}{3}\right]+\left[\frac{2^2}{3}\right]+\cdots+\left[\frac{2^{1000}}{3}\right],$$

显然，有
$$S=\left[\frac{2}{3}\right]+\left[\frac{2^2}{3}\right]+\cdots+\left[\frac{2^{1000}}{3}\right].$$

由上述分析有
$$S=\left(\frac{2}{3}+\frac{2^2}{3}-1\right)+\left(\frac{2^3}{3}+\frac{2^4}{3}-1\right)+\cdots+\left(\frac{2^{999}}{3}+\frac{2^{1000}}{3}-1\right)$$
$$=\left(\frac{2}{3}+\frac{2^2}{3}+\frac{2^3}{3}+\frac{2^4}{3}+\cdots+\frac{2^{999}}{3}+\frac{2^{1000}}{3}\right)-500$$
$$=\frac{2}{3}(2^{1000}-1)-500.$$

例 12（1990 年全国初中联赛试题）

(1) 找出一实数 x，满足 $\{x\}+\left\{\frac{1}{x}\right\}=1$；

(2) 证明：满足(1)中等式的 x 都不是有理数.

解 显然,x 不是整数.

(1) 由 $x+\dfrac{1}{x}=[x]+\{x\}+\left[\dfrac{1}{x}\right]+\left\{\dfrac{1}{x}\right\}=[x]+\left[\dfrac{1}{x}\right]+1\in\mathbf{Z}$,可令 $x+\dfrac{1}{x}=k(k\in\mathbf{Z})$,则

$$x^2-kx+1=0, \quad 解得 \quad x=\dfrac{k\pm\sqrt{k^2-4}}{2}.$$

易知,对于满足 $|k|>2$ 的整数 k,$x=\dfrac{k\pm\sqrt{k^2-4}}{2}$ 是满足题设条件的全部实数.

(2) 只需证 k^2-4 $(|k|>2)$ 不是平方数.事实上,若 $k^2-4=m^2(m\in\mathbf{Z})$,则 $k^2-m^2=4$. 而当 $|k|>2$ 时,任意两个互异的平方数之差（大减小）都不小于 5,矛盾！所以 $x=\dfrac{k\pm\sqrt{k^2-4}}{2}$ $(|k|>2)$ 一定是无理数.

第四节 复 数

复数是非常特殊的数.这主要表现在两个方面：其一是复数不能比较大小；其二是复数与复平面上的点或向量是一一对应的.复数有三种形式,它是沟通代数与几何的重要桥梁和手段.因此,数学竞赛中有关复数的问题大多数灵活多变,而且解法多样.

本章中常用 z 表示复数,而用 Z 表示复数 z 在复平面上对应的点.

一、基本概念

定义 形如 $z=x+y\mathrm{i}$ 的数称为**复数**,其中 i 满足 $\mathrm{i}^2=-1$,称为**虚数单位**;x,y 为任意实数,分别称为复数 z 的**实部**与**虚部**,记做 $x=\mathrm{Re}z,y=\mathrm{Im}z$.

虚部不为零的复数称为**虚数**;实部为零的虚数称为**纯虚数**.

复数 $x-y\mathrm{i}$ 称为复数 $x+y\mathrm{i}$ 的**共轭复数**.复数 $x+y\mathrm{i}$ 与 $x-y\mathrm{i}$ 互为共轭复数.复数 z 的共轭复数常常记做 $\bar{z}$,因此 $\overline{x+y\mathrm{i}}=x-y\mathrm{i}$.

复数 $z=x+y\mathrm{i}$ 本质上由一对有序实数 (x,y) 唯一确定.由此能够建立平面上的点与复数间的一一对应关系,即可以用点 $Z(x,y)$ 表示复数 $z=x+y\mathrm{i}$,这样的平面称为**复平面**或 z 平面.在复平面上,每个复数 z 与向量 $\overrightarrow{OZ}$ 一一对应,两个复数的和与差对应于两个向量构成的平行四边形的两条对角线；复数的乘法与除法对应于平面向量的伸缩与旋转.

在复平面中,向量 $\overrightarrow{OZ}$ 表示复数 $z=x+y\mathrm{i}$,向量 $\overrightarrow{OZ}$ 的长度称为复数 z 的**模**,记做 $|z|$ 或 r,即

$$r=|z|=\sqrt{x^2+y^2}\geqslant 0,$$

且 $|z|=0 \iff z=0$.

模为 1 的复数通常称为**单位复数**.

向量 $\overrightarrow{OZ}$ 与 x 轴正向所成的角 θ 称为复数 z 的**辐角**,记做 $\theta=\mathrm{Arg}z$. 介于区间 $(-\pi,\pi]$ 的辐角称为辐角 $\mathrm{Arg}z$ 的**主值**,或称为复数 z 的**主辐角**,记做 $\mathrm{arg}z$. 主辐角与辐角有如下关系:
$$\theta=\mathrm{Arg}z=\mathrm{arg}z+2k\pi \quad (k\in \mathbf{N}).$$

二、复数的三种形式

代数形式:$z=x+y\mathrm{i}\ (x,y\in \mathbf{R})$;

三角形式:$z=r(\cos\theta+\mathrm{i}\sin\theta)\ (r\geqslant 0,\theta\in \mathbf{R})$;

指数形式:$z=r\mathrm{e}^{\mathrm{i}\theta}\ (r\geqslant 0,\theta\in \mathbf{R})$.

复数的代数形式重在强调复数 z 在复平面上对应点 Z 的坐标;而复数的三角形式与指数形式则旨在强调复数 z 在复平面上对应向量 $\overrightarrow{OZ}$ 的大小与位置.

三、基本性质

(1) $x+y\mathrm{i}=a+b\mathrm{i} \iff x=a,y=b$;

(2) $-|z|\leqslant \mathrm{Re}z,\mathrm{Im}z\leqslant |z|$,$|z_1+z_2|\leqslant |z_1|+|z_2|$(三角不等式);

$|z_1z_2|=|z_1|\cdot|z_2|$,$\left|\dfrac{z_1}{z_2}\right|=\dfrac{|z_1|}{|z_2|}$ $(z_2\neq 0)$;

(3) $\overline{\overline{z}}=z$,$\overline{z_1\pm z_2}=\overline{z}_1\pm \overline{z}_2$;

(4) $\overline{z_1z_2}=\overline{z}_1\cdot \overline{z}_2$,$\overline{\left(\dfrac{z_1}{z_2}\right)}=\dfrac{\overline{z}_1}{\overline{z}_2}$ $(z_2\neq 0)$;

(5) $|z|^2=z\overline{z}$,$\mathrm{Re}z=\dfrac{z+\overline{z}}{2}$,$\mathrm{Im}z=\dfrac{z-\overline{z}}{2}$;

(6) 设 $R(z_1,z_2,z_3,\cdots)$ 表示关于复数 $z_1,z_2,z_3,\cdots$ 的任一有理函数,则
$$\overline{R(z_1,z_2,z_3,\cdots)}=R(\overline{z}_1,\overline{z}_2,\overline{z}_3,\cdots);$$

(7) $\mathrm{Arg}(z_1z_2)=\mathrm{Arg}z_1+\mathrm{Arg}z_2$,$\mathrm{Arg}\dfrac{z_1}{z_2}=\mathrm{Arg}z_1-\mathrm{Arg}z_2$,$\mathrm{Arg}z^n=n\mathrm{Arg}z$.

对任一非零复数 z,$z\mathrm{i}$ 相当于将 z 所对应的向量 $\overrightarrow{OZ}$ 逆时针方向旋转 $90°$,这里 i 也称为**旋转乘数**. 1 的 n 次方根(也称单位根)共有 n 个,通常记做 $1,\omega,\omega^2,\cdots,\omega^{n-1}$. 它们沿中心在原点、半径为 1 的圆周均匀地分布着,即它们是内接于该圆周的正 n 边形的 n 个顶点. 特别地,三次单位根为

$$1,\quad \omega=-\dfrac{1}{2}+\dfrac{\sqrt{3}}{2}\mathrm{i},\quad \omega^2=-\dfrac{1}{2}-\dfrac{\sqrt{3}}{2}\mathrm{i}=\overline{\omega}.$$

四、典型例题解析

例 1 设 z_1, z_2 是复数,证明:
$$|z_1+z_2|^2 = |z_1|^2 + |z_2|^2 + 2\mathrm{Re}(z_1\overline{z_2}).$$

分析 可利用共轭复数的运算性质入手.

证明 $|z_1+z_2|^2 = (z_1+z_2)\overline{(z_1+z_2)} = (z_1+z_2)(\overline{z_1}+\overline{z_2})$
$= z_1\overline{z_1}+z_2\overline{z_2}+z_1\overline{z_2}+z_2\overline{z_1} = |z_1|^2+|z_2|^2+z_1\overline{z_2}+\overline{z_1\overline{z_2}}$
$= |z_1|^2+|z_2|^2+2\mathrm{Re}(z_1\overline{z_2}).$

例 2 设集合 $M=\{a^2+b^2\,|\,a,b\in\mathbf{Z}\}$,证明集合 M 中任意两个数之积仍在 M 中,并把 $(7^2+8^2)(9^2+10^2)$ 表成两个整数的平方.

分析 两个数的平方和与复数的模有关联,可循此入手.

证明 对 $\forall x,y\in M$,令 $x=a^2+b^2$, $y=c^2+d^2$,并设 $z_1=a+bi$, $z_2=c+di$,则
$xy = |z_1|^2\cdot|z_2|^2 = (z_1\overline{z_1})\cdot(z_2\overline{z_2}) = (z_1z_2)(\overline{z_1}\,\overline{z_2}) = (z_1z_2)(\overline{z_1z_2}) = |z_1z_2|^2.$
而 $z_1z_2=(a+bi)(c+di)=(ac-bd)+(bc+ad)i$,所以
$$xy=(ac-bd)^2+(bc+ad)^2\in M.$$
进一步,有
$$(7^2+8^2)(9^2+10^2) = (7\times 9-8\times 10)^2+(8\times 9+7\times 10)^2 = 17^2+142^2.$$

例 3(1988 年全国高中联赛试题) 设复平面上动点 Z_1 的轨迹方程为 $|z_1-z_0|=|z_1|$,其中 Z_0 为定点,$z_0\neq 0$;另一动点 Z 满足 $z_1z=-1$.求点 Z 的轨迹,并指明它在复平面上的形状和位置.

解 由 $z_1z=-1$ 可知 $z\neq 0$,且 $z_1=-\dfrac{1}{z}$. 代入轨迹方程 $|z_1-z_0|=|z_1|$,得
$$\left|\frac{1}{z}+z_0\right|=\left|\frac{1}{z}\right| \Rightarrow |zz_0+1|=1.$$
进一步,有
$$\left|z-\left(-\frac{1}{z_0}\right)\right|=\left|\frac{1}{z_0}\right|.$$
这说明,点 Z 的轨迹是以 $-\dfrac{1}{z_0}$ 为中心,$\dfrac{1}{|z_0|}$ 为半径的圆周,且不含原点.

例 4(1993 年河北省数学竞赛试题) 设 $f(z)=z^2+az+b$ 是具有复系数 a,b 的关于复变量 z 的二次三项式,且对一切满足 $|z|=1$ 的 z 有 $|f(z)|=1$,求 a 和 b 的值.

解 分别令 $z=\pm 1,\pm i$ 可得
$$|1+a+b|=1, \quad |1-a+b|=1, \quad |-1+ai+b|=1, \quad |-1-ai+b|=1.$$
将它们相加得
$$|1+a+b|+|1-a+b|+|-1+ai+b|+|-1-ai+b|=4,$$

但
$$|1+a+b|+|1-a+b|+|-1-ai+b|+|-1-ai+b|$$
$$\geq |(1+a+b)+(1-a+b)+(1-ai-b)+(1+ai-b)|=4,$$
从而 $1+a+b, 1-a+b, 1-ai-b, 1+ai-b$ 四个复数作为向量必然方向相同,而它们的长又均为 1,由此 $a=0, b=0$.

例 5(1995 年美国数学邀请赛试题) 已知 a,b,c,d 取某些实数值时,方程 $x^4+ax^3+bx^2+cx+d=0$ 有四个非实数根,其中两个根的积为 $13+i$,另两个根的和为 $3+4i$,这里 i 为虚数单位,求 b.

解 依题意可设原方程的四个根分别 $z_1, \bar{z}_1, z_2, \bar{z}_2$,则有以下几种情形:

(1) $z_1 \cdot z_2 = 13+i$, $\bar{z}_1 + \bar{z}_2 = 3+4i$;
(2) $\bar{z}_1 \cdot \bar{z}_2 = 13+i$, $z_1 + z_2 = 3+4i$;
(3) $z_1 \cdot \bar{z}_2 = 13+i$, $\bar{z}_1 + z_2 = 3+4i$;
(4) $\bar{z}_1 \cdot z_2 = 13+i$, $z_1 + \bar{z}_2 = 3+4i$.

不妨假设 $z_1 \cdot z_2 = 13+i, \bar{z}_1 + \bar{z}_2 = 3+4i$(其他情形类似).由此,依韦达定理有
$$b = z_1\bar{z}_1 + z_1 z_2 + z_1\bar{z}_2 + \bar{z}_1 z_2 + \bar{z}_1 \bar{z}_2 + z_2 \bar{z}_2$$
$$= (z_1+z_2)(\bar{z}_1+\bar{z}_2) + (z_1 z_2 + \bar{z}_1 \bar{z}_2)$$
$$= (z_1+z_2)\overline{(z_1+z_2)} + 2\mathrm{Re}(z_1 z_2)$$
$$= |z_1+z_2|^2 + 2\mathrm{Re}(z_1 z_2) = |\bar{z}_1+\bar{z}_2|^2 + 2\mathrm{Re}(z_1 z_2)$$
$$= 3^2 + 4^2 + 2\times 13 = 51.$$

例 6(1986 年 CMO 试题) 设 $z_1, z_2, \cdots, z_n$ 为复数,满足 $|z_1|+|z_2|+\cdots+|z_n|=1$,求证:上述 n 个复数中,必存在若干个复数,它们之和的模不小于 $\dfrac{1}{6}$.

证明 设 $z_k = x_k + y_k i\ (x_k, y_k \in \mathbf{R}, k=1,2,\cdots,n)$,则依题意有
$$1 = \sum_{k=1}^n |z_k| \leq \sum_{k=1}^n |x_k| + \sum_{k=1}^n |y_k| = \sum_{x_k\geq 0} x_k - \sum_{x_k<0} x_k + \sum_{y_k\geq 0} y_k - \sum_{y_k<0} y_k.$$

由此知,$\sum_{x_k\geq 0} x_k, -\sum_{x_k<0} x_k, \sum_{y_k\geq 0} y_k, -\sum_{y_k<0} y_k$ 中至少有一个不小于 $\dfrac{1}{4}$.不妨设 $\sum_{x_k\geq 0} x_k \geq \dfrac{1}{4}$,则
$$\left|\sum_{x_k\geq 0} z_k\right| = \left|\sum_{x_k\geq 0} x_k + i\sum_{x_k\geq 0} y_k\right| \geq \left|\sum_{x_k\geq 0} x_k\right| = \sum_{x_k\geq 0} x_k \geq \dfrac{1}{4} > \dfrac{1}{6}.$$

结论得证.

注 该题结论中的 $1/6$ 可以加强为 $1/\pi$.

例 7(1987 年 CMO 试题) 设 n 为自然数,求证:方程 $z^{n+1} - z^n - 1 = 0$ 有模为 1 的复根的充分必要条件是 $n+2$ 能被 6 整除.

证明 设 z 为原方程的根,且 $|z|=1$,则

$$z^n(z-1)=1.$$

两边取模,得
$$|z|^n|z-1|=1, \quad 即 \quad |z-1|=1.$$

这说明,点 Z 为圆 $|z|=1$ 和圆 $|z-1|=1$ 的交点,或者说 $Z,O,(1,0)$ 三点构成等边三角形. 因此
$$z=\mathrm{e}^{\pm\frac{\pi}{3}\mathrm{i}}, \quad z^3=-1, \quad z^6=1,$$
且 $z^k=1$ 当且仅当 k 被 6 整除时成立. 又 $z^{n+2}=1$,从而 $n+2$ 能被 6 整除.

反之,若 $n+2$ 可被 6 整除,令 $z=\mathrm{e}^{\pm\frac{\pi}{3}\mathrm{i}}$,则易证 $z-1=z^2$, $z^{n+2}=1$,即 $z=\mathrm{e}^{\pm\frac{\pi}{3}\mathrm{i}}$ 满足原方程,且 $|z|=1$.

例 8 若 $(1+x+x^2)^{1000}$ 的展开式为 $a_0+a_1x+a_2x^2+\cdots+a_{2000}x^{2000}$,求 $a_0+a_3+a_6+a_9+\cdots+a_{1998}$ 的值.

分析 要求展开式中每间隔两项的系数和,不难联想到 1 的三次单位根,利用取特殊值法.

解 若取 $\omega=-\frac{1}{2}+\frac{\sqrt{3}}{2}\mathrm{i}$,则 $\omega^3=1, \omega^2+\omega+1=0$.

令 $x=1$,可得 $3^{1000}=a_0+a_1+a_2+\cdots+a_{2000}$;

令 $x=\omega$,可得 $0=a_0+a_1\omega+a_2\omega^2+\cdots+a_{2000}\omega^{2000}$;

令 $x=\omega^2$,可得 $0=a_0+a_1\omega^2+a_2\omega^4+\cdots+a_{2000}\omega^{4000}$.

将上述三式相加,得 $3^{1000}=3(a_0+a_1+a_2+\cdots+a_{1998})$,所以
$$a_0+a_3+a_6+a_9+\cdots+a_{1998}=3^{999}.$$

例 9 (1) 设 n 是大于 3 的质数,求下式的值:
$$\prod_{k=1}^{n}\left(1+2\cos\frac{2k\pi}{n}\right)=\left(1+2\cos\frac{2\pi}{n}\right)\left(1+2\cos\frac{4\pi}{n}\right)\left(1+2\cos\frac{6\pi}{n}\right)\cdots\left(1+2\cos\frac{2n\pi}{n}\right);$$

(2) 设 n 是大于 3 的自然数,求下式的值:
$$\prod_{k=1}^{n}\left(1+2\cos\frac{k\pi}{n}\right)=\left(1+2\cos\frac{\pi}{n}\right)\left(1+2\cos\frac{2\pi}{n}\right)\left(1+2\cos\frac{3\pi}{n}\right)\cdots\left(1+2\cos\frac{(n-1)\pi}{n}\right).$$

分析 由题中 $\cos\frac{2k\pi}{n}$, $\cos\frac{k\pi}{n}$ 可联想到 n 次单位根及 $2n$ 次单位根.

解 (1) 设 $\omega=\mathrm{e}^{\frac{2\pi}{n}\mathrm{i}}$,则
$$\omega^n=1, \quad \omega^{-\frac{n}{2}}=\mathrm{e}^{-\pi\mathrm{i}}=-1, \quad 2\cos\frac{2k\pi}{n}=\omega^k+\omega^{-k}.$$

由此有
$$\prod_{k=1}^{n}\left(1+2\cos\frac{2k\pi}{n}\right)=\prod_{k=1}^{n}(1+\omega^k+\omega^{-k})=\prod_{k=1}^{n}\omega^{-k}(\omega^k+\omega^{2k}+1)$$

$$= \omega^{-\frac{n(n+1)}{2}} \cdot 3 \prod_{k=1}^{n-1} \frac{1-\omega^{3k}}{1-\omega^k} = (-1)^{n(n+1)} \cdot 3 \prod_{k=1}^{n-1} \frac{1-\omega^{3k}}{1-\omega^k}.$$

因为 n 是大于 3 的质数, 所以 $(-1)^{n+1}=1$, 且当 $k=1,2,\cdots,n-1$ 时, $3k$ 取遍模 n 的剩余类, 从而

$$\prod_{k=1}^{n}(1-\omega^{3k}) = \prod_{k=1}^{n}(1-\omega^k).$$

于是

$$\prod_{k=1}^{n}\left(1+2\cos\frac{2k\pi}{n}\right) = 3.$$

(2) $z^{2n}=1$ 的 $2n$ 个根是 ± 1 和 $z_k = e^{\pm\frac{k\pi}{n}i}$ ($k=1,2,\cdots,n-1$), 所以

$$z^{2n}-1 = (z^2-1)\prod_{k=1}^{n-1}(z-e^{\frac{k\pi}{n}i})(z-e^{-\frac{k\pi}{n}i}) = (z^2-1)\prod_{k=1}^{n-1}\left(z^2+1-2z\cos\frac{k\pi}{n}\right).$$

取 $z=e^{\frac{2\pi}{3}i}$, 则 $z^2+1=-z$. 于是有

$$z^{2n}-1 = (z^2-1)(-z)^{n-1}\prod_{k=1}^{n-1}\left(1+2\cos\frac{k\pi}{n}\right).$$

所以

$$\prod_{k=1}^{n-1}\left(1+2\cos\frac{k\pi}{n}\right) = \frac{z^{2n}-1}{(z^2-1)(-z)^{n-1}}$$

$$= \begin{cases} 0, & n=3k, \\ \dfrac{z^2-1}{(z^2-1)(-z)^{3k}} = (-1)^{3k} = (-1)^{n-1}, & n=3k+1, \\ \dfrac{z-1}{(z^2-1)(-z)^{3k+1}} = \dfrac{(-1)^{3k+1}}{(z+1)z} = \dfrac{(-1)^{3k+1}}{-1} = (-1)^n, & n=3k+2. \end{cases}$$

例 10 设有 m 个男孩与 n 个女孩围坐在一个圆周上 ($m,n>0$ 且 $m+n\geq 3$). 将顺序相邻的三人中恰有一个男孩的组数记做 a, 顺序相邻的三人中恰有一个女孩的组数记做 b. 求证: $a-b$ 是 3 的倍数.

分析 由于问题与圆周大小没有关系, 不妨将其设为单位圆周, 并用三次单位根表示男孩和女孩, 把每个人数字化, 然后利用单位根的性质来讨论.

证明 用 a_i (i 为正整数) 表示小孩, 且假设

$$a_i = \begin{cases} \omega, & a_i \text{ 为女孩时}, \\ \overline{\omega}, & a_i \text{ 为男孩时}, \end{cases}$$

其中 $\omega = -\dfrac{1}{2}+\dfrac{\sqrt{3}}{2}i, \omega^3=1$, 则

$$a_i a_{i+1} a_{i+2} = \begin{cases} \omega, & a_i, a_{i+1}, a_{i+2} \text{ 中恰有一个男孩}, \\ \omega^{-1}, & a_i, a_{i+1}, a_{i+2} \text{ 中恰有一个女孩}, \\ 1, & a_i, a_{i+1}, a_{i+2} \text{ 同为男孩或女孩}. \end{cases}$$

由此知
$$1 = (a_1 a_2 \cdots a_{m+n})^3 = (a_1 a_2 a_3)(a_2 a_3 a_4)\cdots(a_{m+n} a_1 a_2) = \omega^{a-b},$$
所以 $a-b$ 是 3 的倍数.

例 11（**托勒密**(Ptolemy)**定理**[①]） 证明：如图 1.2 所示，凸四边形 $ABCD$ 内接于圆的充分必要条件是
$$AB \cdot CD + AD \cdot BC = AC \cdot BD.$$

证明 设 A, B, C, D 四点对应的复数分别为 z_1, z_2, z_3, z_4，我们知道 A, B, C, D 四点共圆当且仅当 $(z_1 - z_2)(z_3 - z_4)$ 与 $(z_1 - z_4)(z_2 - z_3)$ 的辐角相同，从而 A, B, C, D 四点共圆当且仅当

$$|(z_1 - z_2)(z_3 - z_4) + (z_1 - z_4)(z_2 - z_3)|$$
$$= |(z_1 - z_2)(z_3 - z_4)| + |(z_1 - z_4)(z_2 - z_3)|.$$

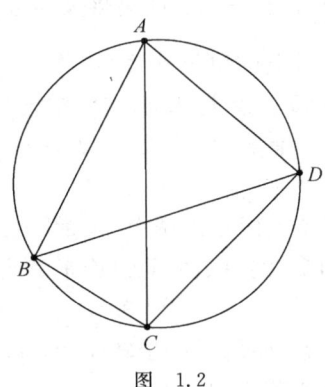

图 1.2

再利用恒等式
$$(z_1 - z_2)(z_3 - z_4) + (z_1 - z_4)(z_2 - z_3) + (z_1 - z_3)(z_2 - z_4) = 0$$
知，A, B, C, D 四点共圆的充分必要条件是
$$|(z_1 - z_2)(z_3 - z_4)| + |(z_1 - z_4)(z_2 - z_3)| = |(z_1 - z_3)(z_2 - z_4)|.$$
所以 A, B, C, D 四点共圆的充分必要条件是 $AB \cdot CD + AD \cdot BC = AC \cdot BD$.

注 托勒密定理的推广：在凸四边形 $ABCD$ 中，一定有
$$AB \cdot CD + AD \cdot BC \geqslant AC \cdot BD,$$
其中当且仅当 A, B, C, D 四点共圆时等号成立. 此不等式称为**托勒密不等式**.

例 12（1990 年 IMO 试题） 证明：存在具有以下性质的凸 1990 边形：

(1) 这个多边形的各内角相等；

(2) 这个多边形各边的长度是 $1^2, 2^2, \cdots, 1989^2, 1990^2$ 的某一排列.

证明 我们首先通过分析将问题转化成更易于处理的形式. 假设满足上述条件的 1990 边形存在. 沿逆时针方向给这个多边形的各边定向，再将各边的起点移到原点，这样得到 1990 个向量. 相邻的两边对应的两向量相邻，它们之间的夹角为 $\alpha = \dfrac{2\pi}{1990}$（这是因为凸多边形的每个内角均为 $\pi - \alpha$）. 以复数表示平面向量，原问题转化为：求证存在具有以下性质的 1990 个复数：

(i) 相邻两复数之间的夹角为 α；

(ii) 各复数的长度是 $1^2, 2^2, \cdots, 1989^2, 1990^2$ 的某一排列；

[①] 托勒密定理是平面几何中重要的定理之一，从这个定理可以推出正弦、余弦的和差公式及一系列三角恒等式. 托勒密定理实质上是关于共圆性的基本性质. 关于这个定理的应用我们将在第四、五章继续讨论，这里我们利用复数方法简洁地证明这个定理.

(iii) 这些复数之和等于 0.

这就是说，我们需要求得 $1^2, 2^2, \cdots, 1989^2, 1990^2$ 的一个排列 $n_0, n_1, \cdots, n_{1989}$，使得 $\sum_{s=0}^{1989} n_s \mathrm{e}^{\mathrm{i} s\alpha} = 0$. 如果将这些复数的长度 n_s 看成"重量"，那么问题又可转述为：给定了一个水平放置的单位圆，设法将 $1^2, 2^2, \cdots, 1989^2, 1990^2$ 这些"重量"按某种次序放到等分圆周的 1990 个点上，要求这个系统的重心落到圆心上. 下面，我们就来解决一问题.

首先，依次将 $1^2, 2^2, \cdots, 1989^2, 1990^2$ 这些"重量"每两个分成一组，这样得到 995 组，即
$$\{1^2, 2^2\}, \{3^2, 4^2\}, \cdots, \{1989^2, 1990^2\}.$$
将同一组中的两个"重量"放到单位圆周的某一对对径点上，至于哪一组放到哪一条直径的两端，则由下面的讨论来确定. 这样，各组中两复数之和的长度分别为
$$3, 7, 11, \cdots, 3979. \quad (首项为 3, 公差为 4 的等差数列)$$
于是，问题进一步转化为：将 $3, 7, 11, \cdots, 3979$ 这些"重量"放到等分圆周的 995 个点上，要求重心落到圆心上.

其次，我们注意到 $995 = 5 \times 199$，由此得到启发，再将 $3, 7, 11, \cdots, 3979$ 这些"重量"每五个分成一组，共分成 199 组，即
$$\{3, 7, 11, 15, 19\}, \{23, 27, 31, 35, 39\}, \{43, 47, 51, 55, 59\}, \cdots,$$
$$\{3963, 3967, 3971, 3975, 3979\}.$$
记 $\beta = \frac{2\pi}{199}, \gamma = \frac{2\pi}{5}$. 我们把顶点在 $1, \mathrm{e}^{\mathrm{i}\gamma}, \mathrm{e}^{2\mathrm{i}\gamma}, \mathrm{e}^{3\mathrm{i}\gamma}, \mathrm{e}^{4\mathrm{i}\gamma}$ 的正五边形记为 F_1，并把 F_1 旋转 $k\beta$ 角度后所得的图形记为 F_{k+1}. 依次将上述所列的 199 组"重量"放到 $F_1, F_2, \cdots, F_{199}$ 这些正五边形的顶点上，我们得到分成 199 组的 995 个复数，其中第 $k+1$ 组为
$$(20k+3)\mathrm{e}^{\mathrm{i}k\beta}, \quad (20k+7)\mathrm{e}^{\mathrm{i}(k\beta+\gamma)}, \quad (20k+11)\mathrm{e}^{\mathrm{i}(k\beta+2\gamma)},$$
$$(20k+15)\mathrm{e}^{\mathrm{i}(k\beta+3\gamma)}, \quad (20k+19)\mathrm{e}^{\mathrm{i}(k\beta+4\gamma)}.$$
五次单位根 $\mathrm{e}^{\mathrm{i}\gamma}$ 有这样的性质，即
$$1 + \mathrm{e}^{\mathrm{i}\gamma} + \mathrm{e}^{2\mathrm{i}\gamma} + \mathrm{e}^{3\mathrm{i}\gamma} + \mathrm{e}^{4\mathrm{i}\gamma} = 0,$$
因而第 $k+1$ 组中的五个复数之和可以化简为 $\eta \mathrm{e}^{\mathrm{i}k\beta}$，其中
$$\eta = 3 + 7\mathrm{e}^{\mathrm{i}\gamma} + 11\mathrm{e}^{2\mathrm{i}\gamma} + 15\mathrm{e}^{3\mathrm{i}\gamma} + 19\mathrm{e}^{4\mathrm{i}\gamma}.$$
于是，所有这 199 组共 995 个复数之总和为
$$\eta (1 + \mathrm{e}^{\beta\mathrm{i}} + \cdots + \mathrm{e}^{198\beta\mathrm{i}}) = 0.$$
这样，我们证明了：存在满足条件 (i), (ii) 和 (iii) 的 990 个复数. 因此，确实存在满足题目条件 (1) 和 (2) 的凸 1990 边形.

习 题 一

1. 求证：$7 \mid (2222^{5555} + 5555^{2222})$.

2. 证明：$991^{991}+993^{993}$ 能被 1984 整除.

3. 若四位数 $\overline{abcd}$ 满足 $1983|\overline{19abcd83}$，求 $\overline{abcd}$.

4. 试证：在任意 $n+1$ (n 为正整数)个不超过 $2n$ 的正整数中，至少有一个数是另一个数的倍数.

5. 证明：对任意整数 x，$x^9-6x^7+9x^5-4x^3$ 都能被 8640 整除.

6. (1994 年"祖冲之杯"全国数学邀请赛(初一)试题)在 999 张纸牌上分别写上号码 $001,002,\cdots,998,999$. 甲、乙两人分这些纸牌，分配办法是：凡纸牌上号码的三个数码都不大于 5 的纸牌属于甲；否则，属于乙. 例如，$512,304$ 等属于甲，而 $006,378,912$ 等属于乙. 试问：

(1) 甲分得多少张纸牌？

(2) 甲所得纸牌上的号码之和是多少？

7. 某展览会有如图 1.3 所示的 $7\times 7=49$ 间展厅，相邻两间都有门可通，参观者从图中 1 号展厅开始参观，希望依次不重复也不遗漏地参观每一个展厅，并且仍然回到 1 号展厅. 试问：参观者的愿望能否实现？

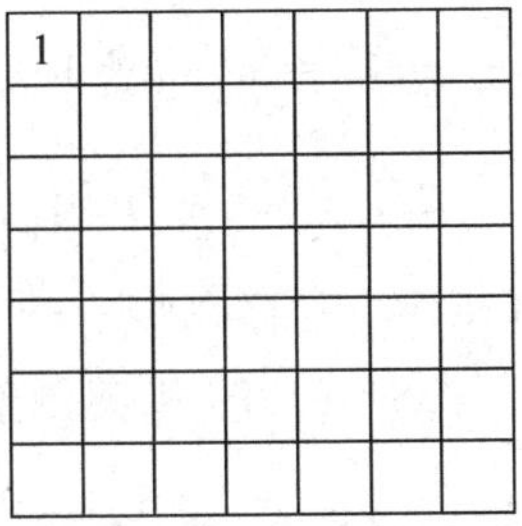

8. (1964 年波兰数学竞赛试题)求所有的质数 p，使得 $4p^2+1$ 和 $6p^2+1$ 也是质数.

图 1.3

9. 试求所有的质数 p 和 q，使得数 $p^{p+1}+q^{q+1}$ 也是质数.

10. 设 p 为奇质数，证明：一定存在整数 x 和 y，使得 $5x^2+11y^2-1$ 为 p 的倍数.

11. (2001 年 CMO 试题)设 $a,b,c,a+b-c,a+c-b,b+c-a,a+b+c$ 是七个两两不同的质数，a,b,c 中有两数之和是 800，d 是这七个质数中最大数与最小数之差，求 d 的最大可能值.

12. (1975 年乌克兰基辅市数学奥林匹克竞赛试题)证明：不存在这样的三位数 $\overline{abc}$，使得 $\overline{abc}+\overline{bca}+\overline{cab}$ 是完全平方数.

13. (1984 年加拿大数学竞赛试题)证明：1984 个连续正整数的平方和不是平方数.

14. 设 a_n (n 为正整数)表示 7^n 的末两位数，试求 $a_1+a_2+\cdots+a_{2010}$.

15. 证明：对任意自然数 n，$504|(n^9-n^3)$.

16. 设 p,q 均为质数，且 $p+q=1984$，求证：$6|(p-q)$.

17. 设 p 是大于 5 的质数，求证：在数列 $1,11,111,\cdots$ 中，有无限多个数是 p 的倍数.

18. 设 a,b,c 是三个互不相等的整数，求证：在 $ab(a-b)(a+b),bc(b-c)(b+c),ca(c-a)(c+a)$ 三个数中，至少有一个数能被 24 整除.

19. 证明：方程 $x_1^4+x_2^4+\cdots+x_{14}^4=1599$ 没有整数解.

20. 对 $\forall x,y\in\mathbf{R}$，证明：$[x]+[y]\leqslant[x+y]\leqslant[x]+[y]+1$.

第一章 整除与同余

21. 求 $\dfrac{1}{\sqrt{1}+\sqrt{2}}+\dfrac{1}{\sqrt{3}+\sqrt{4}}+\cdots+\dfrac{1}{\sqrt{99}+\sqrt{100}}$ 的整数部分.

22. 求 $\left[\sqrt{6-\sqrt{17-12\sqrt{2}}}\right]$ 的值.

23. 在数列 $\left[\dfrac{1^2}{1980}\right],\left[\dfrac{2^2}{1980}\right],\cdots,\left[\dfrac{1980^2}{1980}\right]$ 中,有多少个互不相同的自然数?

24. 求证:对任意复数 z_1,z_2,z_3,$(z_1-z_2)^2+(z_2-z_3)^2+(z_3-z_1)^2=0$ 的充分必要条件是
$$|z_1-z_2|=|z_2-z_3|=|z_3-z_1|.$$

25. 已知 $11z^{10}+10\mathrm{i}z^9+10\mathrm{i}z-11=0$,求证:$|z|=1$.

26. (1991年全国高中联赛试题.题型有变化)设复数 z_1,z_2 满足 $|z_1|=|z_1+z_2|=3$,$|z_1-z_2|=3\sqrt{3}$,求 $\log_3|(z_1\overline{z_2})^{2000}+(\overline{z_1}z_2)^{2000}|$ 的值.

27. 设 $S_n=\min\left\{\sum\limits_{k=1}^{n}\sqrt{(2k-1)^2+a_k^2}\right\}$,其中 n 为正整数,$a_1,a_2,\cdots,a_n$ 为正实数且其和等于17.若存在唯一的 n,使得 S_n 也为整数,求 n.

28. (1994年美国数学邀请赛试题.题型有变化)已知方程 $x^{10}+(13x-1)^{10}=0$ 有10个复根 $r_1,\overline{r_1},r_2,\overline{r_2},r_3,\overline{r_3},r_4,\overline{r_4},r_5,\overline{r_5}$,求 $\sum\limits_{k=1}^{5}\dfrac{1}{|r_k|^2}$ 的值.

本章参考文献

[1] 李复中.初等数论选讲.长春:东北师范大学出版社,1984.

[2] 数学奥林匹克题库编译小组.中国中学生数学竞赛题解.天津:新蕾出版社,1991.

[3] 数学奥林匹克题库编译小组.美国中学生数学竞赛题解.天津:新蕾出版社,1991.

[4] 数学奥林匹克题库编译小组.苏联中学生数学竞赛题解.天津:新蕾出版社,1991.

[5] 数学奥林匹克题库编译小组.加拿大中学生数学竞赛题解.天津:新蕾出版社,1991.

[6] 数学奥林匹克题库编译小组.国际中学生数学竞赛题解.天津:新蕾出版社,1991.

[7] 单墫.数学奥林匹克(初中版).北京:北京大学出版社,1991.

[8] 汤德祥.竞赛数学精编.杭州:浙江大学出版社,1992.

[9] 魏有德.数学奥林匹克中级读本.成都:四川大学出版社,1992.

[10] 杜锡录,严镇军,余红兵.初中数学竞赛教程.南京:江苏教育出版社,1992.

[11] 李炯生.中外数学竞赛——100个重要定理和竞赛题精解.上海:上海科学技术出版社,1992.

[12] 中国人民大学附中.华罗庚数学学校试题解析(中学部).北京:中国大百科全书出版社,1993.

[13] 沈文选.中学数学解题方法基础.哈尔滨:哈尔滨出版社,1997.

[14] 刘诗雄.竞赛辅导初中数学.西安:陕西师范大学出版社,2000.

[15] 罗增儒.初中数学奥林匹克.西安:陕西师范大学出版社,2001.

[16] 罗增儒.高中数学奥林匹克.西安：陕西师范大学出版社,2001.
[17] 裘宗沪.最新全国初中数学联赛试题详解.北京：开明出版社,2001.
[18] 张硕才,陈传理.初中数学奥林匹克竞赛讲座.武汉：华中师范大学出版社,2001.
[19] 潘承洞,潘承彪.初等数论(第二版).北京：北京大学出版社,2003.
[20] 陈传理,张同军.竞赛数学教程(第二版).北京：高等教育出版社,2005.
[21] 刘培杰.历届 IMO 试题集(1959—2005).哈尔滨：哈尔滨工业大学出版社,2006.
[22] 刘培杰.历届 CMO 中国数学奥林匹克试题集(1986—2008).哈尔滨：哈尔滨工业大学出版社,2008.
[23] 马兵.竞赛数学解题策略.杭州：浙江大学出版社,2008.
[24] 单增.初等数论的知识与问题.哈尔滨：哈尔滨工业大学出版社,2011.
[25] 柯召,孙琦.初等数论 100 例.哈尔滨：哈尔滨工业大学出版社,2011.
[26] 谢彦麟.计算方法与几何证题.哈尔滨：哈尔滨工业大学出版社,2011.

第二章 数列与不等式

> 数列与不等式是组成中学数学乃至现代数学的重要内容,融计算与推理于一体,常与函数迭代、初等数论、组合数学及实际问题交织在一起,其相关的问题具有很强的综合性、灵活性和技巧性.本章主要包括数列、不等式、条件最值等内容,侧重从竞赛的角度介绍基本知识、解题方法及应用.数学家波利亚(G. Polya)曾指出:"技巧是数学知识中最有价值的部分,比仅仅获得信息还要有价值得多.但是,我们应该怎样教技巧呢?学生只有通过模仿与实践才能学到技巧."因此,本章对竞赛中涉及的相关知识仅叙述内容,而不作证明,把重点放在例题讲解上,以使学生更好地掌握解题方法,提高解题能力.

第一节 数 列

数列的基础是等差数列与等比数列,热点是递推数列.数列问题一般都化归为两类特殊数列(等差、等比数列)来求解,主要涉及数列的通项、求和、性质(单调性、有界性等),还常与函数迭代、初等数论等其他知识交织成综合题.

一、等差数列与等比数列

1. 等差数列

定义 1 如果对于任意的正整数 n,都有 $a_{n+1}-a_n=d$(常数),则称 $\{a_n\}$ 为**等差数列**,其中 d 叫做**公差**.

若三个数 a,A,b 成等差数列,则 A 叫做 a 与 b 的**等差中项**,且 $A=\dfrac{a+b}{2}$.设公差为 d,则有 $a=A-d,b=A+d$.

等差数列的常用**性质**:

(1) 若 $\{a_n\}$ 为等差数列,则 $\{a_{n+k}\}$(k 为常数)仍为等差数列;

(2) 若 $\{a_n\}$,$\{b_n\}$ 为等差数列,则 $\{c_1a_n+c_2b_n\}$(c_1,c_2 为常数)仍为等差数列;

(3) $m+n=p+q \Longleftrightarrow a_m+a_n=a_p+a_q$ $(m,n,p,q\in \mathbf{N}^*)$.

2. 等比数列

定义 2 如果对于任意的正整数 n,都有 $\dfrac{a_{n+1}}{a_n}=q$(常数 $q\neq 0$),则称 $\{a_n\}$ 为**等比数列**,其中 q 叫做**公比**.

若三个数 a,G,b 成等比数列,则 G 叫做 a 与 b 的**等比中项**,且 $G^2=ab$. 设公比为 q $(q\neq 0)$,则有 $a=\dfrac{G}{q}, b=Gq$.

等比数列的常用**性质**:

(1) 若 $\{a_n\}$ 为等比数列,则 $\{a_{n+k}\}$(k 为常数)仍为等比数列;

(2) 若 $\{a_n\},\{b_n\}$ 为等比数列,则 $\{c_1 a_n \cdot c_2 b_n\}$($c_1,c_2$ 为常数)仍为等比数列;

(3) $m+n=p+q \Longleftrightarrow a_m \cdot a_n=a_p \cdot a_q$ $(m,n,p,q\in \mathbf{N}^*)$.

例 1(2005 年江西省数学竞赛试题) 两个等差数列 $3,10,17,\cdots,2005$ 与 $3,8,13,\cdots,2003$ 中值相同的有几项.

分析 已知两个数列,确定这两个数列中公共项的个数,解这类题的关键是确定这些公共项的特征.

解 将数列 $3,10,17,\cdots,2005$ 与 $3,8,13,\cdots,2003$ 的各项均减去 3 得 $0,7,14,\cdots,2002$ 与 $0,5,10,\cdots,2000$,于是观察可知前者是不大于 2002 的自然数中 7 的倍数,后者是不大于 2000 的自然数中 5 的倍数,从而公共项是 35 的倍数. 所以数列 $3,10,17,\cdots,2005$ 与 $3,8,13,\cdots,2003$ 中,值相同的有 $\left[\dfrac{2000}{35}\right]+1=58$ 项.

例 2 设 S_n 是数列 $\{a_n\}$ 的前 n 项和,并且 $S_{n+1}=4a_n+2$ $(n=1,2,\cdots),a_1=1.$

(1) 设数列 $b_n=a_{n+1}-2a_n$ $(n=1,2,\cdots)$,求证:数列 $\{b_n\}$ 是等比数列;

(2) 设数列 $c_n=\dfrac{a_n}{2^n}$ $(n=1,2,\cdots)$,求证:数列 $\{c_n\}$ 是等差数列;

(3) 求数列 $\{a_n\}$ 的通项公式及前 n 项和.

分析 由于 $\{b_n\}$ 和 $\{c_n\}$ 中的项都和 $\{a_n\}$ 中的项有关,$\{a_n\}$ 中又有 $S_{n+1}=4a_n+2$,可由 $S_{n+2}-S_{n+1}$ 作为切入点探索解题的途径.

解 (1) 由 $S_{n+1}=4a_n+2, S_{n+2}=4a_{n+1}+2$,两式相减得 $S_{n+2}-S_{n+1}=4(a_{n+1}-a_n)$,即
$$a_{n+2}=4a_{n+1}-4a_n, \quad \text{所以} \quad a_{n+2}-2a_{n+1}=2(a_{n+1}-2a_n).$$
而 $b_n=a_{n+1}-2a_n$,所以 $b_{n+1}=2b_n$. 又 $a_1=1, a_1+a_2=4a_1+2$,解得 $a_2=5, b_1=a_2-2a_1=3$. 于是数列 $\{b_n\}$ 是首项为 3,公比为 2 的等比数列,故 $b_n=3\cdot 2^{n-1}$.

(2) 因为 $c_n=\dfrac{a_n}{2^n}$ $(n=1,2,\cdots)$,所以

$$c_{n+1}-c_n=\frac{a_{n+1}}{2^{n+1}}-\frac{a_n}{2^n}=\frac{a_{n+1}-2a_n}{2^{n+1}}=\frac{b_n}{2^{n+1}}=\frac{3\cdot 2^{n-1}}{2^{n+1}}=\frac{3}{4}.$$

又 $c_1=\frac{a_1}{2}=\frac{1}{2}$,故数列 $\{c_n\}$ 是首项为 $\frac{1}{2}$,公差为 $\frac{3}{4}$ 的等差数列,从而 $c_n=\frac{3}{4}n-\frac{1}{4}$.

(3) 因为 $c_n=\frac{a_n}{2^n}$,又 $c_n=\frac{3}{4}n-\frac{1}{4}$,所以

$$\frac{a_n}{2^n}=\frac{3}{4}n-\frac{1}{4}, \quad 即 \quad a_n=(3n-1)\cdot 2^{n-2}.$$

当 $n\geqslant 2$ 时,$S_n=4a_{n-1}+2=2^{n-1}(3n-4)+2$;

当 $n=1$ 时,$S_1=a_1=1$,也适合上式.

综上所述,数列 $\{a_n\}$ 的前 n 项和为 $S_n=2^{n-1}(3n-4)+2$.

注 由条件 $S_{n+1}=4a_n+2$ 得出递推公式是解决本题的关键.另外,本题展示了如何用等差、等比数列的定义证明一个数列为等差、等比数列.

例 3(2001 年全国高中联赛试题) 设 $\{a_n\}$ 为等差数列,$\{b_n\}$ 为等比数列,且 $b_1=a_1^2$,$b_2=a_2^2$,$b_3=a_3^2$ $(a_1<a_2)$,又 $\lim\limits_{n\to+\infty}(b_1+b_2+\cdots+b_n)=\sqrt{2}+1$,试求 $\{a_n\}$ 的首项与公差.

解 设所求公差为 d.因为 $a_1<a_2$,所以 $d>0$.由已知条件得 $a_1^2(a_1+2d)^2=(a_1+d)^4$,化简得 $2a_1^2+4a_1d+d^2=0$,解得 $d=(-2\pm\sqrt{2})a_1$.而 $-2\pm\sqrt{2}<0$,故 $a_1<0$.

若 $d=(-2-\sqrt{2})a_1$,则 $q=\frac{a_2^2}{a_1^2}=(\sqrt{2}+1)^2$;若 $d=(-2+\sqrt{2})a_1$,则 $q=\frac{a_2^2}{a_1^2}=(\sqrt{2}-1)^2$.

但 $\lim\limits_{n\to\infty}(b_1+b_2+\cdots+b_n)=\sqrt{2}+1$,故 $|q|<1$,从而只能是 $q=(\sqrt{2}-1)^2$.于是

$$\frac{a_1^2}{1-(\sqrt{2}-1)^2}=\sqrt{2}+1 \Rightarrow a_1^2=(2\sqrt{2}-2)(\sqrt{2}+1)=2.$$

所以 $a_1=-\sqrt{2}$,$d=(-2+\sqrt{2})a_1=2\sqrt{2}-2$.

注 本题利用了方程的思想.函数的思想和化归思想在解决数列问题时也常会遇到.另外,我们常常利用等差、等比数列的性质以避免烦琐的计算.

二、高阶等差数列与等比数列

1. 高阶等差数列

定义 3 对于一个给定的数列 $\{a_n\}$,把它连续两项 a_{n+1} 与 a_n 的差 $a_{n+1}-a_n$ 记为 b_n,得到一个新数列 $\{b_n\}$.数列 $\{b_n\}$ 称为原数列 $\{a_n\}$ 的**一阶差数列**.如果 $c_n=b_{n+1}-b_n(n=1,2,\cdots)$,则数列 $\{c_n\}$ 是 $\{b_n\}$ 的一阶差数列.称 $\{c_n\}$ 为 $\{a_n\}$ 的**二阶差数列**.以此类推,可以得到数列 $\{a_n\}$ 的 p 阶差数列,其中 $p\in\mathbf{N}^*$.如果某一数列的 p 阶差数列是一个非零常数数列,则称此数列为 p 阶等差数列.

一阶等差数列就是我们通常所述的等差数列(非常数数列).二阶和二阶以上的等差数

列统称为**高阶等差数列**.

高阶等差数列的性质：

(1) 若数列 $\{a_n\}$ 是 p 阶等差数列,则它的一阶差数列是 $p-1$ 阶等差数列；

(2) 数列 $\{a_n\}$ 是 p 阶等差数列的充分必要条件是：数列 $\{a_n\}$ 的通项是关于 n 的 p 次多项式；

(3) 若数列是 p 阶等差数列,则其前 n 项和 S_n 是关于 n 的 $p+1$ 次多项式.

2. 高阶等比数列

定义 4　对于一个给定的数列 $\{a_n\}$,把它连续两项 a_{n+1} 与 a_n 的比值 $\dfrac{a_{n+1}}{a_n}$ 记为 b_n,得到一个新数列 $\{b_n\}$. 数列 $\{b_n\}$ 称为原数列 $\{a_n\}$ 的**一阶比数列**. 如果 $c_n = \dfrac{b_{n+1}}{b_n}$ ($n=1,2,\cdots$),则数列 $\{c_n\}$ 是 $\{b_n\}$ 的一阶比数列. 称 $\{c_n\}$ 是 $\{a_n\}$ 的**二阶比数列**. 以此类推,可以得到数列 $\{a_n\}$ 的 p **阶比数列**,其中 $p \in \mathbf{N}^*$. 如果某一数列的 p 阶比数列是一个非零常数数列,则称此数列为 p **阶等比数列**.

一阶等比数列就是我们通常所述的等比数列(非常数数列). 二阶和二阶以上的等比数列统称为**高阶等比数列**.

例 4　设二阶等差数列 $\{a_n\}$ 的前 3 项依次为 $42, 68, 100$,求其通项公式.

分析　根据高阶等差数列的定义及性质,本题可采用待定系数法或累加法来求解.

解　**方法 1**　由高阶等差数列的性质(2),a_n 是 n 的二次多项式,可设 $a_n = An^2 + Bn + C$. 由 $a_1 = 42, a_2 = 68, a_3 = 100$ 得

$$\begin{cases} A+B+C = 42, \\ 4A+2B+C = 68, \\ 9A+3B+C = 100, \end{cases} \quad 解得 \quad \begin{cases} A = 3, \\ B = 17, \\ C = 22, \end{cases}$$

从而 $a_n = 3n^2 + 17n + 22$.

方法 2　设 $\{a_n\}$ 的一阶差数列为 $\{b_n\}$,则 $\{b_n\}$ 是首项为 26,公差为 6 的等差数列,于是 $b_n = 26 + 6(n-1)$. 故

$$a_n = a_1 + \sum_{k=1}^{n-1}(a_{k+1} - a_k) = a_1 + \sum_{k=1}^{n-1} b_k = 42 + 26(n-1) + 3(n-1)(n-2)$$
$$= 3n^2 + 17n + 22.$$

三、递推数列与周期数列

1. 递推数列

定义 5　一个数列的若干连续项之间的关系叫做**递推关系**(如 $a_n = a_{n-1} + d, n \geqslant 2$；$a_n = q^{a_{n-1}}, n \geqslant 2$). 由递推关系和相应若干已知项所确定的数列称为**递推数列**.

例如,等差数列和等比数列都是特殊的递推数列.

按照递推关系的结构类型,递推数列可分为线性递推和非线性递推两类;按照相等与不等关系,递推数列可分为等量递推和不等量递推两类;在具体运用递推关系时,可按照下标由小到大或由大到小递推,故从递推方式方法上看,递推数列又可分为正向递推与反向递推两类.

一个数列的第 n 项与其前面 k 项的关系称为 k **阶递推关系**. 由 k 阶递推关系 $a_{n+k}=f(a_{n+k-1},a_{n+k-2},\cdots,a_n)$ 及给定的前 k 项 $a_1,a_2,\cdots,a_k$(称为**初始值**)所确定的数列叫做 k **阶递推数列**. 特别地,称由初始值 $a_1,a_2,\cdots,a_k$ 及递推关系

$$a_{n+k}=c_1a_{n+k-1}+c_2a_{n+k-2}+\cdots+c_ka_n \quad (c_1,c_2,\cdots,c_k \text{ 为常数}, c_k \neq 0) \quad \text{①}$$

所确定的数列为 k **阶线性递推数列**. 如由 $a_{n+2}=2a_{n+1}-a_n$ 所确定的数列是二阶线性递推数列,由 $a_{n+1}=qa_n$ 所确定的数列是一阶线性递推数列. 递推关系①称为数列 $\{a_n\}$ 的**递推方程**,而与递推方程相对应的代数方程

$$x^k=c_1x^{k-1}+c_2x^{k-2}+\cdots+c_k \quad (c_k \neq 0) \quad \text{②}$$

称为数列 $\{a_n\}$ 的**特征方程**,特征方程的根称为数列 $\{a_n\}$ 的**特征根**.

关于递推数列,有以下**性质**:

(1) k 阶等差数列 $\{a_n\}$ 是由递推方程①所确定的 $k+1$ 阶线性递推数列.

(2) 若特征方程②有 k 个相异根 $x_1,x_2,\cdots,x_k$,则对应递推方程①所确定的数列 $\{a_n\}$ 的通项公式为

$$a_n=c_1x_1^n+c_2x_2^n+\cdots+c_kx_k^n,$$

其中 $c_1,c_2,\cdots,c_k$ 是线性方程组

$$\begin{cases} c_1x_1+c_2x_2+\cdots+c_kx_k=a_1, \\ c_1x_1^2+c_2x_2^2+\cdots+c_kx_k^2=a_2, \\ \cdots\cdots\cdots\cdots \\ c_1x_1^k+c_2x_2^k+\cdots+c_kx_k^k=a_k \end{cases}$$

的唯一解.

例如,斐波那契(Fibonacci)数列 $\{a_n\}$ 对应的特征方程是 $x^2-x-1=0$,它有两相异根 $x_1=\frac{1}{2}(1+\sqrt{5})$ 和 $x_2=\frac{1}{2}(1-\sqrt{5})$,由性质(2)可求出 $a_n=\frac{1}{\sqrt{5}}\left[\left(\frac{1+\sqrt{5}}{2}\right)^n-\left(\frac{1-\sqrt{5}}{2}\right)^n\right]$.

(3) 若特征方程②有 k 重根 λ,则对应递推方程①所确定的数列 $\{a_n\}$ 的通项公式为

$$a_n=(c_1+c_2n+\cdots+c_kn^{k-1})\lambda^n,$$

其中 $c_1,c_2,\cdots,c_k$ 是线性方程组

$$\begin{cases} (c_1+c_2+\cdots+c_k)\lambda=a_1, \\ (c_1+2c_2+\cdots+2^{k-1}c_k)\lambda^2=a_2, \\ \cdots\cdots\cdots\cdots \\ (c_1+kc_2+\cdots+k^{k-1}c_k)\lambda^k=a_k \end{cases}$$

的唯一解.

例 5 设数列 $\{a_n\}$ 满足关系 $a_n = \dfrac{1}{n}(a_1 + a_2 + \cdots + a_{n-2})$ $(n > 2)$,且 $a_1 = 1, a_2 = \dfrac{1}{2}$,求证:

$$a_n = \frac{1}{2!} - \frac{1}{3!} + \frac{1}{4!} - \frac{1}{5!} + \cdots + \frac{(-1)^n}{n!} \quad (n \geq 2).$$

分析 将递推式两边同时乘以 n 后,想办法找到新的递推关系,是简化问题的切入点.

证明 由已知有

$$na_n = a_1 + a_2 + \cdots + a_{n-2} \quad (n \geq 3),$$
$$(n-1)a_{n-1} = a_1 + a_2 + \cdots + a_{n-3} \quad (n \geq 4).$$

上两式相减得 $na_n - (n-1)a_{n-1} = a_{n-2}(n \geq 4)$,整理得

$$n(a_n - a_{n-1}) = -(a_{n-1} - a_{n-2}) \quad (n \geq 4).$$

若存在自然数 $n \geq 4$,使得 $a_n - a_{n-1} = 0$,则通过有限次倒推得 $a_3 - a_2 = 0$. 但通过计算 $a_3 = \dfrac{1}{3}$,$a_3 - a_2 = -\dfrac{1}{6}$,矛盾. 故对一切自然数 $n \geq 4, a_n - a_{n-1} \neq 0$,从而

$$\frac{a_n - a_{n-1}}{a_{n-1} - a_{n-2}} = -\frac{1}{n} \quad (n \geq 4).$$

根据累积法得

$$a_n - a_{n-1} = \frac{a_n - a_{n-1}}{a_{n-1} - a_{n-2}} \cdot \frac{a_{n-1} - a_{n-2}}{a_{n-2} - a_{n-3}} \cdot \cdots \cdot \frac{a_4 - a_3}{a_3 - a_2} \cdot (a_3 - a_2)$$
$$= \left(-\frac{1}{n}\right)\left(-\frac{1}{n-1}\right) \cdots \left(-\frac{1}{4}\right)\left(-\frac{1}{6}\right) = \frac{(-1)^n}{n!} \quad (n \geq 4).$$

因为 $n = 3$ 时上式也成立,所以

$$a_n - a_{n-1} = \frac{(-1)^n}{n!} \quad (n \geq 3).$$

再由累加法得

$$a_n = (a_n - a_{n-1}) + (a_{n-1} - a_{n-2}) + \cdots + (a_3 - a_2) + a_2$$
$$= \frac{1}{2!} - \frac{1}{3!} + \frac{1}{4!} - \cdots + \frac{(-1)^n}{n!} \quad (n \geq 3).$$

显然 $n = 2$ 时上式也成立,故欲证的等式成立.

注 在求递推数列的通项时,经常会用到累积法与累加法.

一般地,由 $a_n = a_{n-1} + f(n)(n \geq 2)$ 所确定的递推数列的通项可用累加法求解. 事实上,因为 $a_n - a_{n-1} = f(n)$,所以 $a_2 - a_1 = f(2), a_3 - a_2 = f(3), \cdots, a_n - a_{n-1} = f(n)$. 将这 $n-1$ 个等式相加,得

$$a_n = f(2) + f(3) + \cdots + f(n) + a_1.$$

可见,累加法是利用递推关系中两项的差为一个已知函数,把 $n=2,3,\cdots$ 代入后得到 $n-1$ 个差式方程,然后相加得到所求的通项表达式.

类似地,由 $a_n=f(n)a_{n-1}(n\geqslant 2)$ 所确定的递推数列的通项可用累积法求解:因为 $\dfrac{a_n}{a_{n-1}}=f(n)$,所以 $\dfrac{a_2}{a_1}=f(2),\dfrac{a_3}{a_2}=f(3),\cdots,\dfrac{a_n}{a_{n-1}}=f(n)$.将以上 $n-1$ 个等式相乘,得
$$a_n=f(2)f(3)\cdots f(n)a_1.$$
累积法是利用递归关系中两项的商为一个已知函数,把 $n=2,3,\cdots$ 代入后得到 $n-1$ 个商式方程,然后相乘而得到所求的通项表达式.

例 6(2008 年全国高中数学联赛天津市预赛试题) 已知数列 $\{a_n\}$ 满足
$$a_1=1,\quad a_2=1,\quad a_{n+1}=\dfrac{n^2 a_n^2+5}{(n^2-1)a_{n-1}}\quad (n\geqslant 2),$$
求 a_n 的通项公式.

分析 将递推式两边同时乘以分母 $(n^2-1)a_{n-1}$ 后,想办法消去常数项即可化为齐次式,从而便于构造新数列来解决问题.

解 由已知得
$$(n^2-1)a_{n-1}a_{n+1}=n^2 a_n^2+5,\quad [(n-1)^2-1]a_{n-2}a_n=(n-1)^2 a_{n-1}^2+5,$$
两式相减得
$$(n^2-1)a_{n-1}a_{n+1}-n(n-2)a_{n-2}a_n=n^2 a_n^2-(n-1)^2 a_{n-1}^2\quad (n\geqslant 3),$$
即 $(n-1)a_{n-1}[(n+1)a_{n+1}+(n-1)a_{n-1}]=na_n[na_n+(n-2)a_{n-2}]\quad (n\geqslant 3)$.
设 $b_n=na_n(n\geqslant 3)$,则有 $b_{n-1}(b_{n+1}+b_{n-1})=b_n(b_n+b_{n-2})$,即
$$\dfrac{b_{n+1}+b_{n-1}}{b_n}=\dfrac{b_n+b_{n-2}}{b_{n-1}}\quad (n\geqslant 3).$$
再设 $c_n=\dfrac{b_n+b_{n-2}}{b_{n-1}}\ (n\geqslant 3)$.由 $a_1=1,a_2=1,a_3=3$,得 $b_1=1,b_2=2,b_3=9$,从而
$$c_n=c_{n-1}=\cdots=c_3=\dfrac{b_3+b_1}{b_2}=5,$$
故 $\qquad\qquad\qquad b_n-5b_{n-1}+b_{n-2}=0\quad (n\geqslant 3).$

此递推式的特征方程为 $x^2-5x+1=0$,特征根为 $x_{1,2}=\dfrac{5\pm\sqrt{21}}{2}$,从而可设
$$b_n=\lambda_1\left(\dfrac{5+\sqrt{21}}{2}\right)^n+\lambda_2\left(\dfrac{5-\sqrt{21}}{2}\right)^n.$$
我们补充定义 b_0 满足 $b_2-5b_1+b_0=0$,即 $b_0=5b_1-b_2=3$.由 $b_0=3,b_1=1$,代入得
$$\begin{cases}3=\lambda_1+\lambda_2,\\ 1=\lambda_1\left(\dfrac{5+\sqrt{21}}{2}\right)+\lambda_2\left(\dfrac{5-\sqrt{21}}{2}\right),\end{cases}\quad\text{解得}\quad \lambda_1=\dfrac{63-13\sqrt{21}}{42},\ \lambda_2=\dfrac{63+13\sqrt{21}}{42},$$

故 $$b_n = \frac{63-13\sqrt{21}}{42}\left(\frac{5+\sqrt{21}}{2}\right)^n + \frac{63+13\sqrt{21}}{42}\left(\frac{5-\sqrt{21}}{2}\right)^n \quad (n \geqslant 3),$$

所以 $$a_n = \frac{1}{n}\left[\frac{63-13\sqrt{21}}{42}\left(\frac{5+\sqrt{21}}{2}\right)^n + \frac{63+13\sqrt{21}}{42}\left(\frac{5-\sqrt{21}}{2}\right)^n\right] \quad (n \geqslant 3).$$

注 (1) 对于非线性的递推式,一般先考虑将其线性化.本题将递推式化为
$$(n^2-1)a_{n-1}a_{n+1} = n^2 a_n^2 + 5$$
后,通过取 n 和 $n-1$ 得到两式,再相减并进一步代换,最后得到二阶线性递推关系.

(2) 构造辅助元素解题是一种重要的数学方法(即代换法,如本题中设 $b_n = na_n$).在数列问题中,面对递推关系不甚明晰,带有根号等情况,我们可以通过代换构造辅助的数列来解决问题.

(3) 一般地,对于由递推关系 $a_n = pa_{n-1} + qa_{n-2}(q \neq 0, n=2,3,\cdots)$ 所确定的数列,可先求出方程 $x^2 - px + q = 0$(特征方程)的两根 x_1, x_2(特征根),再根据根的情况求出数列通项: 当 $x_1 \neq x_2$ 时,$a_n = \alpha_1 x_1^n + \alpha_2 x_2^n$; 当 $x_1 = x_2$ 时,$a_n = (\beta_1 + n\beta_2)x_1^n$,其中 $\alpha_i, \beta_i (i=1,2)$ 由初始值确定.利用这一方法求递推数列通项的方法称为**特征根法**.

2. 周期数列

定义6 对于数列 $\{a_n\}$,若存在正整数 T,使得从第 l 项起,有 $a_{n+T} = a_n$ 恒成立,则称 $\{a_n\}$ 为从第 l 项起周期是 T 的**周期数列**,其中 T 的最小值称为**最小正周期**,简称周期.当 $l=1$ 时,称 $\{a_n\}$ 为**纯周期数列**; 当 $l \geqslant 2$ 时,称 $\{a_n\}$ 为**混周期数列**.

周期数列主要有以下**性质**:

(1) 周期数列 $\{a_n\}$ 是无穷数列,其值域是有限集;

(2) 周期数列 $\{a_n\}$ 必有最小正周期(这一点与周期函数不同);

(3) 若 T 是数列 $\{a_n\}$ 的周期,则对于任意的 $k \in \mathbf{N}^*, kT$ 也是数列 $\{a_n\}$ 的周期;

(4) 若 T 是数列 $\{a_n\}$ 的最小正周期,M 是数列 $\{a_n\}$ 的任一周期,则必有 $T|M$,即
$$M = kT \quad (k \in \mathbf{N}^*).$$

定义7 设数列 $\{a_n\}$ 是整数数列,m 是某个取定大于1的整数.若 b_n 是 a_n 除以 m 后的余数,即 $b_n \equiv a_n \pmod{m}$,且 $b_n \in \{0,1,2,\cdots,m-1\}$,则称数列 $\{b_n\}$ 是 $\{a_n\}$ **关于 m 的模数列**,记做 $\{a_n \pmod{m}\}$.若模数列 $\{a_n \pmod{m}\}$ 是周期的,则称 $\{a_n\}$ **是关于模 m 的周期数列**.

例7(2005 年中国西部数学奥林匹克竞赛试题) 已知 $\alpha^{2005} + \beta^{2005}$ 可以表示成以 $\alpha+\beta, \alpha\beta$ 为变元的二元多项式,求这个多项式的系数之和.

分析 本题实质上是求当 $\alpha+\beta=1, \alpha\beta=1$ 时,$\alpha^{2005} + \beta^{2005}$ 的值.

解 在 $\alpha^k + \beta^k$ 的展开式中,令 $\alpha+\beta=1, \alpha\beta=1$,则其系数之和为 S_k,而所求系数之和为 S_{2005}. 由
$$(\alpha+\beta)(\alpha^{k-1} + \beta^{k-1}) = (\alpha^k + \beta^k) + \alpha\beta(\alpha^{k-2} + \beta^{k-2}),$$

有 $S_k = S_{k-1} - S_{k-2}$,从而
$$S_k = (S_{k-2} - S_{k-3}) - S_{k-2} = -S_{k-3}.$$
同理 $S_{k-3} = -S_{k-6}$. 所以 $S_k = S_{k-6}$. 于是数列 $\{S_k\}$ 是以 6 为周期的周期数列. 又 $2005 = 6 \times 334 + 1$,故 $S_{2005} = S_1 = 1$.

注 本题判断出数列 $\{S_k\}$ 为周期数列,再利用其周期性使问题简单化.

例 8(1992 年全国高中联赛试题) 设数列 $\{a_n\}$ 满足 $a_1 = a_2 = 1, a_3 = 2$,且对任何正整数 n 都有
$$a_{n+1} a_{n+2} a_{n+3} \neq 1, \quad a_n a_{n+1} a_{n+2} a_{n+3} = a_n + a_{n+1} + a_{n+2} + a_{n+3},$$
求 $a_1 + a_2 + \cdots + a_{100}$ 的值.

分析 可将所给数列递推关系中的标号变动,构造与之相应的等式,再利用二者的关系(相加或相减)消去一些项,得出数列中某两项的关系,使周期性显露出来,从而使问题得到解决.

解 由 $a_n a_{n+1} a_{n+2} a_{n+3} = a_n + a_{n+1} + a_{n+2} + a_{n+3}$,得
$$a_{n+1} a_{n+2} a_{n+3} a_{n+4} = a_{n+1} + a_{n+2} + a_{n+3} + a_{n+4}.$$
上两式相减得
$$a_{n+1} a_{n+2} a_{n+3} (a_n - a_{n+4}) = a_n - a_{n+4}.$$
因为 $a_{n+1} a_{n+2} a_{n+3} \neq 1$,所以 $a_n = a_{n+4}$,即 $\{a_n\}$ 是以 4 为周期的周期数列. 而 $a_1 = a_2 = 1, a_3 = 2, a_1 a_2 a_3 a_4 = a_1 + a_2 + a_3 + a_4$,所以 $a_4 = 4$. 故
$$a_1 + a_2 + \cdots + a_{100} = 25(a_1 + a_2 + a_3 + a_4) = 25(1 + 1 + 2 + 4) = 200.$$

注 由递推式可以求数列某些项之和、某个特定的项,或者确定数列项的某些特性(如整除性、有理性等),其一般的思路是由递推式作适当的变换导出周期,或者通过计算若干项,观察、猜想、归纳证明其周期性,然后利用周期性解决问题.

四、数列的求和

数列求和是数列研究的一个重要方面.

已知数列的通项 a_n 可求出数列的前 n 项和 S_n;反之,已知数列的前 n 项和 S_n 也可以求出这个数列的通项 a_n. 当 $n = 1$ 时,$a_1 = S_1$;当 $n \geq 2$ 时,$a_n = S_n - S_{n-1}$.

在对数列进行求和时,通常会用到如下一些重要公式:

(1) $1 + 2 + 3 + \cdots + n = \dfrac{1}{2} n(n+1)$;

(2) $1^2 + 2^2 + 3^2 + \cdots + n^2 = \dfrac{1}{6} n(n+1)(2n+1)$;

(3) $1^3 + 2^3 + 3^3 + \cdots + n^3 = (1 + 2 + 3 + \cdots + n)^2 = \dfrac{1}{4} n^2 (n+1)^2$;

(4) 等差数列中 $S_{m+n} = S_m + S_n + mnd$,其中 $m, n \in \mathbf{N}^*$,d 为公差;

(5) 等比数列中 $S_{m+n}=S_n+q^n S_m=S_m+q^m S_n$,其中 $m,n\in \mathbf{N}^*$,q 为公比.

除了上述一些公式外,直接求和法、转化求和法、倒序相加法、错位相减法、拆(裂)项相消法等也是数列求和的常用方法.

例9(2004 年全国高中数学联赛试题) 已知数列 $a_0,a_1,a_2,\cdots,a_n,\cdots$ 满足关系式
$$(3-a_{n+1})(6+a_n)=18,$$
且 $a_0=3$,求 $\sum_{i=0}^n \frac{1}{a_i}$ 的值.

分析 令 $b_n=\frac{1}{a_n}$,则本题转化为求数列 $\{b_n\}$ 的前 $n+1$ 项和 $\sum_{i=0}^n b_i$. 可先根据题意求出数列 $\{b_n\}$ 的通项公式,再求和.

解 设 $b_n=\frac{1}{a_n}$ $(n=0,1,2,\cdots)$,则 $\left(3-\frac{1}{b_{n+1}}\right)\left(6+\frac{1}{b_n}\right)=18$,即 $3b_{n+1}-6b_n-1=0$.于是
$$b_{n+1}=2b_n+\frac{1}{3}, \quad 即 \quad b_{n+1}+\frac{1}{3}=2\left(b_n+\frac{1}{3}\right),$$
故数列 $b_n+\frac{1}{3}$ 是公比为 2 的等比数列.因此
$$b_n+\frac{1}{3}=2^n\left(b_0+\frac{1}{3}\right)=2^n\left(\frac{1}{a_0}+\frac{1}{3}\right)=\frac{1}{3}\cdot 2^{n+1}, \quad 即 \quad b_n=\frac{1}{3}(2^{n+1}-1),$$
从而
$$\sum_{i=0}^n \frac{1}{a_i}=\sum_{i=0}^n b_i=\sum_{i=0}^n \frac{1}{3}(2^{i+1}-1)=\frac{1}{3}\left[\frac{2(2^{n+1}-1)}{2-1}-(n+1)\right]=\frac{1}{3}(2^{n+2}-n-3).$$

注 本题中 $\{b_n\}$ 的通项不是很明确,需先化归整理求出其通项,再将其表示为两个基本数列(等比数列与常数数列)之差,然后利用基本数列的求和公式求解.这种数列求和的方法称为**转化求和法**,它是数列求和的常用方法之一.

例10(2005 年湖南省数学竞赛试题) 设数列 $\{a_n\}$ 满足 $a_1=\frac{1}{2}$,$a_{n+1}=a_n^2+a_n$ $(n\in \mathbf{N}^*)$. 记 $b_n=\frac{1}{1+a_n}$,$S_n=b_1+b_2+\cdots+b_n$,$P_n=b_1 b_2\cdots b_n$,试求 $2P_n+S_n$ 的值.

分析 S_n 是数列 $\{b_n\}$ 的前 n 项和,P_n 是数列 $\{b_n\}$ 的前 n 项积,而数列 $\{b_n\}$ 又是由数列 $\{a_n\}$ 确定的,为此要求 $2P_n+S_n$ 的值必须先整理 $\{b_n\}$ 与 $\{a_n\}$ 的关系,使之更明确.

解 因为 $a_1=\frac{1}{2}$,$a_{n+1}=a_n^2+a_n$ $(n\in \mathbf{N}^*)$,所以
$$a_{n+1}>a_n>\cdots>a_1>0, \quad a_{n+1}=a_n(a_n+1),$$
于是
$$b_n=\frac{1}{1+a_n}=\frac{a_n}{a_{n+1}}=\frac{a_n^2}{a_n a_{n+1}}=\frac{a_{n+1}-a_n}{a_n a_{n+1}}=\frac{1}{a_n}-\frac{1}{a_{n+1}},$$

$$P_n = b_1 b_2 \cdots b_n = \frac{a_1}{a_2} \cdot \frac{a_2}{a_3} \cdot \cdots \cdot \frac{a_n}{a_{n+1}} = \frac{1}{2a_{n+1}},$$

$$S_n = b_1 + b_2 + \cdots + b_n = \left(\frac{1}{a_1} - \frac{1}{a_2}\right) + \left(\frac{1}{a_2} - \frac{1}{a_3}\right) + \cdots + \left(\frac{1}{a_n} - \frac{1}{a_{n+1}}\right)$$

$$= 2 - \frac{1}{a_{n+1}},$$

从而
$$2P_n + S_n = \frac{1}{a_{n+1}} + \left(2 - \frac{1}{a_{n+1}}\right) = 2.$$

注 本题求数列 $\{b_n\}$ 的前 n 项和 S_n 时,从数列 $\{b_n\}$ 的通项入手,把每一项"拆"成两式之差,从而使相邻两项的前面一项的减数与后面一项的被减数恰好抵消. 这一数列求和的方法称为**拆项相消法**,它也是数列求和的常用方法之一.

例 11(2009 年全国高中联赛试题) 已知 p,q ($q \neq 0$) 是实数,方程 $x^2 - px + q = 0$ 有两个实根 α, β,数列 $\{a_n\}$ 满足 $a_1 = p, a_2 = p^2 - q, a_n = pa_{n-1} - qa_{n-2}$ ($n = 3, 4, \cdots$).

(1) 求数列 $\{a_n\}$ 的通项公式(用 α, β 表示);

(2) 若 $p = 1, q = 1/4$,求 $\{a_n\}$ 的前 n 项和.

分析 先利用特征根法求出数列 $\{a_n\}$ 的通项公式,然后求其前 n 项和.

解 (1) 由韦达定理知 $\alpha\beta = q \neq 0$,又 $\alpha + \beta = p$,所以
$$a_1 = \alpha + \beta, \quad a_2 = \alpha^2 + \beta^2 + \alpha\beta.$$

特征方程 $\lambda^2 - p\lambda + q = 0$ 的两个根为 α, β.

当 $\alpha = \beta \neq 0$ 时,通项为
$$a_n = (A_1 + A_2 n)\alpha^n,$$

其中 A_1, A_2 是待定常数. 由 $a_1 = 2\alpha, a_2 = 3\alpha^2$ 得

$$\begin{cases} (A_1 + A_2)\alpha = 2\alpha, \\ (A_1 + 2A_2)\alpha^2 = 3\alpha^2, \end{cases} \quad 解得 \quad A_1 = A_2 = 1,$$

故 $a_n = (n+1)\alpha^n$.

当 $\alpha \neq \beta$ 时,通项为
$$a_n = B_1 \alpha^n + B_2 \beta^n,$$

其中 B_1, B_2 是待定常数. 由 $a_1 = \alpha + \beta, a_2 = \alpha^2 + \beta^2 + \alpha\beta$ 得

$$\begin{cases} B_1 \alpha + B_2 \beta = \alpha + \beta, \\ B_1 \alpha^2 + B_2 \beta^2 = \alpha^2 + \beta^2 + \alpha\beta, \end{cases} \quad 解得 \quad B_1 = \frac{-\alpha}{\beta - \alpha}, B_2 = \frac{\beta}{\beta - \alpha},$$

故 $a_n = \dfrac{\beta^{n+1} - \alpha^{n+1}}{\beta - \alpha}$.

(2) 若 $p = 1, q = 1/4$,则 $\Delta = p^2 - 4q = 0$. 由(1)的结果得数列 $\{a_n\}$ 的通项为 $a_n = (n+1)\left(\dfrac{1}{2}\right)^n = \dfrac{n+1}{2^n}$,所以 $\{a_n\}$ 的前 n 项和为

$$S_n = \frac{2}{2} + \frac{3}{2^2} + \frac{4}{2^3} + \cdots + \frac{n}{2^{n-1}} + \frac{n+1}{2^n},$$

从而
$$\frac{1}{2}S_n = \frac{2}{2^2} + \frac{3}{2^3} + \frac{4}{2^4} + \cdots + \frac{n}{2^n} + \frac{n+1}{2^{n+1}}.$$

以上两式相减,整理得 $\frac{1}{2}S_n = \frac{3}{2} - \frac{n+3}{2^{n+1}}$,所以 $S_n = 3 - \frac{n+3}{2^n}$.

注 本题(2)中求数列 $\{a_n\}$ 前 n 项和的方法称为**错位相减法**.

例 12 设非负数等差数列 $\{a_n\}$ 的公差 $d>0$,记 S_n 为数列 $\{a_n\}$ 的前 n 项和,证明:

(1) 若 $m, n, p \in \mathbf{N}^*$,且 $m+n=2p$,则 $\frac{1}{S_m} + \frac{1}{S_n} \geqslant \frac{2}{S_p}$;

(2) 若 $a_{503} = \frac{1}{1005}$,则 $\sum_{n=1}^{2007} \frac{1}{S_n} > 2008$.

分析 对于(1),注意到 $m+n=2p$ 时,$a_m + a_n = 2a_p$,这是一个有用的等式. 同时,本题是一道不等式题,所以要注重一些不等式,特别是基本不等式的运用. 在(2)的证明中可以利用(1)的结论.

解 (1) 已知 $\{a_n\}$ 的首项 $a_1 \geqslant 0$,公差 $d>0$. 因为 $m+n=2p$,所以有
$$m^2 + n^2 \geqslant 2p^2, \quad p^2 \geqslant mn, \quad a_m + a_n = 2a_p,$$
从而 $(a_p)^2 \geqslant a_m a_n$. 因此
$$S_m + S_n = (m+n)a_1 + \frac{m(m-1)+n(n-1)}{2} \cdot d = 2pa_1 + \frac{m^2+n^2-2p}{2} \cdot d$$
$$\geqslant 2pa_1 + \frac{2p^2 - 2p}{2} \cdot d = 2S_p,$$
$$S_m \cdot S_n = \frac{m(a_1+a_m)}{2} \cdot \frac{n(a_1+a_n)}{2} = \frac{mn}{4}[a_1^2 + a_1(a_m+a_n) + a_m a_n]$$
$$\leqslant \frac{p^2}{4}(a_1^2 + 2a_1 a_p + a_p^2) = \frac{p^2}{4}(a_1+a_p)^2 = (S_p)^2.$$

故
$$\frac{1}{S_m} + \frac{1}{S_n} = \frac{S_m + S_n}{S_m \cdot S_n} \geqslant \frac{2S_p}{(S_p)^2} = \frac{2}{S_p}.$$

(2) 由(1)中的结论得
$$\sum_{n=1}^{2007} \frac{1}{S_n} = \left(\frac{1}{S_1} + \frac{1}{S_{2007}}\right) + \left(\frac{1}{S_2} + \frac{1}{S_{2006}}\right) + \cdots + \left(\frac{1}{S_{1003}} + \frac{1}{S_{1005}}\right) + \frac{1}{S_{1004}}$$
$$\geqslant 1003 \cdot \frac{2}{S_{1004}} + \frac{1}{S_{1004}} = \frac{2007}{S_{1004}}.$$

又因为
$$S_{1004} = 1004a_1 + \frac{1004 \cdot 1003}{2} \cdot d < 1004(a_1 + 502d) = 1004 \cdot a_{503} = \frac{1004}{1005},$$

所以
$$\sum_{n=1}^{2007} \frac{1}{S_n} \geq \frac{2007}{S_{1004}} > 2007 \cdot \frac{1005}{1004} > 2008.$$

注 在(2)中求和式 $\sum_{n=1}^{2007} \frac{1}{S_n}$ 时,将和式分成 1004 组:第 1 项和第 2007 项,第 2 项和第 2006 项,…,第 1003 项和第 1005 项,第 1004 项;然后再相加. 这种方法称为**倒序求和法**.

五、数列的性质

数列的性质反应了数列的本质属性. 数列是一类特殊的函数,是一个定义域为正整数(或它的有限子集)的函数(离散函数). 因此,研究数列是函数研究的继续,可通过函数的观点研究数列的有关性质及其在解题中的应用.

1. 数列的单调性

与单调函数相仿,若数列 $\{a_n\}$ 对任意的 $n \in \mathbf{N}^*$ 满足关系式 $a_n \leq a_{n+1}$(或 $a_n \geq a_{n+1}$),则 $\{a_n\}$ 称为**递增**(或**递减**)**数列**. 例如,$\left\{\frac{1}{n}\right\}$ 为递减数列,$\left\{\frac{n}{n+1}\right\}$ 与 n^2 则是递增数列. 递增数列与递减数列统称为**单调数列**. 数列的递增、递减性质,称为数列的**单调性**.

2. 数列的有界性

与函数的有界性一样,若存在某常数 M(或 m),对一切 n,有 $a_n \leq M$(或 $a_n \geq m$),称 M(或 m)为数列的**上**(或**下**)**界**. 若数列 $\{a_n\}$ 既有上界,又有下界,则称数列 $\{a_n\}$ 为**有界数列**. 若对任意正数 $M>0$,都存在 $n \in \mathbf{N}^*$,使得 $|a_n|>M$,则称数列 $\{a_n\}$ 为**无界数列**.

显然,数列 $\{a_n\}$ 为有界数列的充分必要条件是:存在 $M>0$,使得对一切 $n \in \mathbf{N}^*$,都有
$$|a_n| < M.$$

在数学竞赛中,对数列性质的研究要求是多方面的,除上述性质外,还常常讨论不等问题、整数问题等.

3. 典型例题解析

例 13 已知数列 $\{a_n\}$ 中,$a_0 = \frac{1}{3}$,$a_n = \sqrt{\frac{1+a_{n-1}}{2}}$ $(n \in \mathbf{N}^*)$,证明数列 $\{a_n\}$ 是单调的.

分析 为考查数列的单调性,可通过作差并变形来考查 $a_{n+1} - a_n$ 与 0 的关系.

证明 由于
$$a_{n+1} - a_n = \sqrt{\frac{1+a_n}{2}} - \sqrt{\frac{1+a_{n-1}}{2}} = \frac{1}{2} \cdot \frac{a_n - a_{n-1}}{\sqrt{\frac{1+a_n}{2}} + \sqrt{\frac{1+a_{n-1}}{2}}},$$

可见 $a_{n+1} - a_n$ 与 $a_n - a_{n-1}$ 的符号是一致的. 继续下去,$a_{n+1} - a_n$ 与 $a_n - a_{n-1}$,…,$a_1 - a_0$ 的符号一致.

因 $a_0=\frac{1}{3}$,故 $a_1=\sqrt{\frac{1+a_0}{2}}=\sqrt{\frac{2}{3}}>\sqrt{\frac{1}{9}}=\frac{1}{3}=a_0$,从而有 $a_{n+1}-a_n>0$ $(n\in\mathbf{N}^*)$.这表明数列 $\{a_n\}$ 是递增的.

注 证明数列的单调性时,既可通过作差 $a_{n+1}-a_n$,考查其与 0 的关系来判断,也可以通过作商 $\frac{a_{n+1}}{a_n}(a_n\neq 0)$,考查其与 1 的关系来判断.但在数学竞赛中,直接证明数列单调性的题目不多,其单调性主要体现在工具上.

例 14(2003 年中国女子数学奥林匹克试题) 数列 $\{a_n\}$ 定义如下:
$$a_1=2, \quad a_{n+1}=a_n^2-a_n+1 \ (n=1,2,\cdots).$$
证明:$1-\frac{1}{2003^{2003}}<\frac{1}{a_1}+\frac{1}{a_2}+\cdots+\frac{1}{a_{2003}}<1.$

分析 要证明和式 $\frac{1}{a_1}+\frac{1}{a_2}+\cdots+\frac{1}{a_{2003}}$ 既有上界又有下界,需先化简得出 $\frac{1}{a_n}$ 的通项表达式.

证明 由题设得 $a_{n+1}-1=a_n(a_n-1)$,所以 $\frac{1}{a_{n+1}-1}=\frac{1}{a_n-1}-\frac{1}{a_n}$.因此
$$\frac{1}{a_1}+\frac{1}{a_2}+\cdots+\frac{1}{a_{2003}}$$
$$=\left(\frac{1}{a_1-1}-\frac{1}{a_2-1}\right)+\left(\frac{1}{a_2-1}-\frac{1}{a_3-1}\right)+\cdots+\left(\frac{1}{a_{2003}-1}-\frac{1}{a_{2004}-1}\right)$$
$$=\frac{1}{a_1-1}-\frac{1}{a_{2004}-1}=1-\frac{1}{a_{2004}-1}.$$

由于 $a_{n+1}-a_n=(a_n-1)^2\geq 0$,故数列 $\{a_n\}$ 是递增的,从而 $a_{2004}\geq a_1>1$.所以
$$\frac{1}{a_1}+\frac{1}{a_2}+\cdots+\frac{1}{a_{2003}}<1.$$

为了证明左边不等式,只要证 $a_{2004}-1>2003^{2003}$.由已知,用数学归纳法得
$$a_{n+1}=a_n a_{n-1}\cdots a_1+1 \quad \text{及} \quad a_n\cdots a_1>n^n \ (n\geq 1),$$
从而结论成立.

注 拆项相消法的运用是本题的关键,而数列的单调性用于处理数列的项 $a_n>1$ 的性质.

例 15(2004 年环球城市数学竞赛试题) 设 $a_1,a_2,a_3,a_4,\cdots$ 为一个等差数列,又已知 a_1^2,a_2^2,a_3^2 也是这个等差数列中的某些项,试证:这个等差数列中的每一项都是整数.

分析 对于等差数列来说,只要能说明首项 a_1,公差 d 是整数,则这个等差数列的每一项必都是整数.

解 令 $a_1=a,a_2=a+d,a_3=a+2d$,其中 d 为公差($d\neq 0$,否则不符合题意).设 $a_1^2=a+kd,a_2^2=a+md,a_3^2=a+nd$,其中 k,m,n 为正整数,则

$$\begin{cases} a+kd = a_1^2 = a^2, \\ a+md = a_2^2 = (a+d)^2 = a^2+2ad+d^2, \\ a+nd = a_3^2 = (a+2d)^2 = a^2+4ad+4d^2, \end{cases}$$

化简得

$$\begin{cases} md-kd = 2ad+d^2, \\ nd-kd = 4ad+4d^2, \end{cases} \quad 即 \quad \begin{cases} m-k = 2a+d, \\ n-k = 4a+4d. \end{cases}$$

消去 d,得 $a = \dfrac{4m-n-3k}{4}$,所以 a 为 $\dfrac{1}{4}$ 的整数倍;消去 a,得 $d = \dfrac{n+k-2m}{2}$,所以 d 为 $\dfrac{1}{2}$ 的整数倍. 令 $\{x\}$ 表示 x 的分数部分.

(1) 若 $\{a\} = \dfrac{1}{2}$,则这个等差数列中的每一项都是 $\dfrac{1}{2}$ 的整数倍,但 $a_1^2 = a^2$ 不是 $\dfrac{1}{2}$ 的整数倍,矛盾;

(2) 若 $\{a\} = \dfrac{1}{4}$ 或 $\dfrac{3}{4}$,则这个等差数列中的每一项都是 $\dfrac{1}{4}$ 的整数倍,但 $a_1^2 = a^2$ 不是 $\dfrac{1}{4}$ 的整数倍,矛盾;

由 (1),(2) 知,a 为整数.

若 $\{d\} = \dfrac{1}{2}$,则由 $\{a\} = 0$,这个等差数列中的每一项都是 $\dfrac{1}{2}$ 的整数倍,但 $a_2^2 = a^2+2ad+d^2$ 不是 $\dfrac{1}{2}$ 的整数倍,矛盾. 因此 d 为整数.

所以 a,d 均为整数,从而这个等差数列中的每一项都是整数.

第二节 不 等 式

不等式是中学数学的重要组成部分. 由于它在方法和技巧上的高度灵活性,使之长期成为数学竞赛的热点. 几何、数论、函数或组合数学中的许多问题,都可能与不等式有关,这就使得不等式的问题(特别是有关不等式的证明)在数学竞赛中显得尤为重要.

一、不等式的解集

设有不等式 $f(x) > g(x)$,其中 $f(x)$ 的定义域为 D_1,$g(x)$ 的定义域为 D_2,则 $D = D_1 \bigcap D_2$ 为不等式 $f(x) > g(x)$ 的定义域. 若 $x_0 \in D$,使得 $f(x_0) > g(x_0)$ 成立,则我们称 x_0 满足不等式 $f(x) > g(x)$. 在 D 中,满足不等式 $f(x) > g(x)$ 的所有 x 组成的集合,叫做不等式 $f(x) > g(x)$ 的**解集**.

解不等式的基本思想是依据不等式的基本性质,进行等价转化,化归为一元一次不等式或一元二次不等式(组)来解. 所以,解不等式就是一个同解变形的过程,常常运用分类讨论、数形结合的思想方法.

二、基本性质

(1) $a>b \iff a-b>0$；$a<b \iff a-b<0$.

(2) $a>b \iff b<a$.

(3) $a>b \iff a+c>b+c$.

(4) $a>b$ 且 a,b 同号 $\implies \dfrac{1}{a}<\dfrac{1}{b}$.

(5) $a>b,c>0 \implies ac>bc$；$a>b,c<0 \implies ac<bc$.

(6) $a>b>0 \implies a^n>b^n,\sqrt[n]{a}>\sqrt[n]{b}$ $(n\in \mathbf{N}^*)$.

(7) $a>b,b>c \implies a>c$.

(8) $a>b,c>d \implies a+c>b+d$；$a>b,c<d \implies a-c>b-d$.

(9) $a>b>0,d>c>0 \implies \dfrac{a}{c}>\dfrac{b}{d},ad>bc$.

(10) $|x|\leqslant a(a>0) \iff x^2\leqslant a^2 \iff -a\leqslant x\leqslant a$；
    $|x|\geqslant a(a>0) \iff x^2\geqslant a^2 \iff x\geqslant a$ 或 $x\leqslant -a$.

(11) $||a|-|b||\leqslant |a\pm b|\leqslant |a|+|b|$.

三、不等式的常用解法

1. 有理不等式

有理不等式主要是指一元一次不等式、一元二次不等式、一元高次不等式和分式不等式.

(1) 一元一次不等式 $ax>b$ 的解法：当 $a>0$ 时，其解集为 $\left\{x\,\middle|\, x>\dfrac{b}{a}\right\}$. 当 $a<0$ 时，其解集为 $\left\{x\,\middle|\, x<\dfrac{b}{a}\right\}$. 当 $a=0$ 时，若 $b\geqslant 0$，则其解集为空集；若 $b<0$，则其解集为 $\mathbf{R}$.

对于一元一次不等式 $ax\geqslant b,ax<b,ax\leqslant b$，类似进行分类讨论可得到相应的解集.

(2) 一元二次不等式 $ax^2+bx+c>0$(或 $<0,\geqslant 0,\leqslant 0$)的解法：设 $a>0$，记方程 $ax^2+bx+c=0$ 的两个实根(若存在的话)为 x_1,x_2，且 $x_1\leqslant x_2$，则一元二次不等式的解集如表 2.1 所示.

表 2.1

判别式 \ 解集 \ 不等式类型	$ax^2+bx+c>0$	$ax^2+bx+c\geqslant 0$	$ax^2+bx+c<0$	$ax^2+bx+c\leqslant 0$
$\Delta>0$	$\{x\,|\,x<x_1$ 或 $x>x_2\}$	$\{x\,|\,x\leqslant x_1$ 或 $x\geqslant x_2\}$	$\{x\,|\,x_1<x<x_2\}$	$\{x\,|\,x_1\leqslant x\leqslant x_2\}$
$\Delta=0$	$\left\{x\,\middle|\, x\neq -\dfrac{b}{2a},x\in \mathbf{R}\right\}$	$\mathbf{R}$	$\varnothing$	$\left\{x\,\middle|\, x=-\dfrac{b}{2a}\right\}$
$\Delta<0$	$\mathbf{R}$	$\mathbf{R}$	$\varnothing$	$\varnothing$

(3) 解简单的一元高次不等式 $f(x)>0$(或<0)常用的方法是数轴标根法:

(i) 将 $f(x)$ 在实数集内分解为一次因式的乘积,并使每一个因式中一次项的系数为正;

(ii) 将每一个一次因式的根标在数轴上,从最大根的右上方依次通过所标的每一点画曲线,并注意"奇穿过,偶弹回"(即当有重根时,若重数为奇数,则曲线穿过数轴;若重数为偶数,则曲线不穿过数轴,仍在数轴的同侧折回);

(iii) 根据曲线显现 $f(x)$ 的符号变化规律,写出原不等式的解集.

(4) 解分式不等式的一般思路是:先移项使右边为 0,再通分并将分子、分母分解因式,并使每一个因式中最高次项的系数为正,最后用数轴标根法求解.解分式不等式时,一般不能去分母,但分母恒正或恒负时可去分母.

有时,也将分式不等式化为高次不等式(组)求解.例如,设 $f(x),g(x)$ 是关于 x 的多项式函数,则有

$$\frac{f(x)}{g(x)}>0(<0) \Leftrightarrow \begin{cases} f(x)g(x)>0\ (<0), \\ g(x)\neq 0; \end{cases}$$

$$\frac{f(x)}{g(x)}\geqslant 0(\leqslant 0) \Leftrightarrow \begin{cases} f(x)g(x)\geqslant 0\ (\leqslant 0), \\ g(x)\neq 0. \end{cases}$$

2. 无理不等式

解无理不等式,一般是通过移项、对不等式两边乘方等变形为有理不等式(组)来解.为保持变形的等价性,应注意未知数的取值范围和不等式两边乘方的条件,如:

$$\sqrt{f(x)}<g(x) \Leftrightarrow \begin{cases} f(x)\geqslant 0, \\ g(x)>0, \\ f(x)<g^2(x); \end{cases}$$

$$\sqrt{f(x)}>g(x) \Leftrightarrow \begin{cases} f(x)\geqslant 0, \\ g(x)<0 \end{cases} 或 \begin{cases} g(x)\geqslant 0, \\ f(x)>g^2(x); \end{cases}$$

$$\sqrt{f(x)}>\sqrt{g(x)} \Leftrightarrow f(x)>g(x)\geqslant 0.$$

3. 指数不等式和对数不等式

对于指数不等式与对数不等式,一般是将其转化为代数不等式来解.主要方法是通过指数函数与对数函数的性质及定义域进行等价变形,如:

(1) 不等式 $a^{f(x)}>a^{g(x)}$ ($a>0$ 且 $a\neq 1$)的同解不等式是:当 $0<a<1$ 时,$f(x)<g(x)$;当 $a>1$ 时,$f(x)>g(x)$;

(2) 不等式 $\log_a f(x)>\log_a g(x)$ ($a>0$ 且 $a\neq 1$)的同解不等式组是:当 $0<a<1$ 时,

$$\begin{cases} f(x)>0, \\ g(x)>0, \\ f(x)<g(x); \end{cases} 当 a>1 时, \begin{cases} g(x)>0, \\ f(x)>g(x). \end{cases}$$

4. 绝对值不等式

解绝对值不等式的关键是化为等价的不含绝对值符号的不等式(组),如:

(1) $|f(x)|>g(x) \Leftrightarrow f(x)>g(x)$ 或 $f(x)<-g(x)$;

(2) $|f(x)|<g(x) \Leftrightarrow -g(x)<f(x)<g(x)$;

(3) $|f(x)|<|g(x)| \Leftrightarrow f^2(x)<g^2(x) \Leftrightarrow [f(x)+g(x)][f(x)-g(x)]<0.$

5. 含参不等式

含参数的不等式的成立普遍地与参数的取值相关联,所以有关含参不等式问题的解决常常需要综合运用特殊到一般、数形结合、逻辑分类等思想,灵活使用函数的性质、不等式的基本性质及重要不等式和各种变化技巧,去判断、猜测结论,再进行论证.

6. 典型例题解析

例 1 解不等式 $\lg\left(x-\dfrac{1}{x}\right) \leqslant 0.$

分析 初看本题是求解一个对数不等式,但利用对数函数的性质,我们可将之转化为一个分式不等式,通过数轴标根法来求解.

解 原不等式等价于

$$0 < \dfrac{x^2-1}{x} \leqslant 1 \Leftrightarrow \begin{cases} x \neq \pm 1, \\ \dfrac{x^2-1}{x}\left(\dfrac{x^2-1}{x}-1\right) \leqslant 0 \end{cases}$$

$$\Leftrightarrow \begin{cases} x \neq \pm 1, \\ \dfrac{(x^2-1)(x^2-1-x)}{x^2} \leqslant 0 \end{cases}$$

$$\Leftrightarrow \begin{cases} x \neq 0, x \neq \pm 1, \\ (x+1)(x-1)\left(x-\dfrac{1+\sqrt{5}}{2}\right)\left(x-\dfrac{1-\sqrt{5}}{2}\right) \leqslant 0. \end{cases}$$

由数轴标根法,如图 2.1 所示,得所给不等式的解为

$$-1 < x \leqslant \dfrac{1-\sqrt{5}}{2} \quad \text{或} \quad 1 < x \leqslant \dfrac{1+\sqrt{5}}{2}.$$

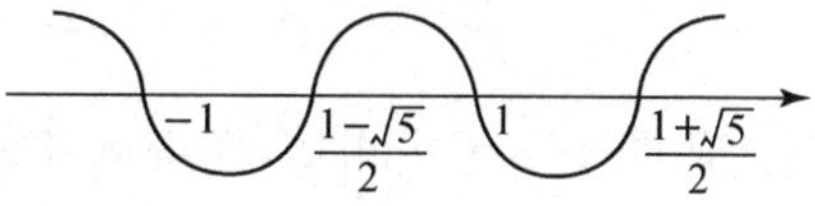

注 本题求解过程中运用了如下结论:当 $a<b$ 时,

$a \leqslant f(x) \leqslant b \Leftrightarrow (f(x)-a)(f(x)-b) \leqslant 0.$

图 2.1

事实上,对于二次不等式,当 $a<b$ 时,有 $(x-a)(x-b) \leqslant 0 \Leftrightarrow a \leqslant x \leqslant b$,那么以 $f(x)$ 代替 x,就有 $(f(x)-a)(f(x)-b) \leqslant 0 \Leftrightarrow a \leqslant f(x) \leqslant b.$ 利用这一结论,可以将双链不等式转化为单项不等式.解题中我们若能注意利用这种转化关系,不少双链不等式的问题将会出奇制胜地得到解决,从而可以避免解不等式组或分项证明等复杂的运算过程.

例 2(2003 年全国高中联赛试题) 求不等式 $|x|^3 - 2x^2 - 4|x| + 3 < 0$ 的解集.

分析 本题是一个绝对值不等式与高次不等式相结合的问题. 由于 $x^2=|x|^2$,因此可认为这是一个关于 $|x|$ 的高次不等式. 利用因式分解,求出 $|x|$ 的取值范围,然后再求解关于 x 的绝对值不等式.

解 注意到,$|x|=3$ 是 $|x|^3-2x^2-4|x|+3=0$ 的解,依此可知原不等式等价于 $(|x|-3)(|x|^2+|x|-1)<0$,即 $(|x|-3)\left(|x|-\dfrac{-1+\sqrt{5}}{2}\right)\left(|x|-\dfrac{-1-\sqrt{5}}{2}\right)<0.$

由于 $|x|-\dfrac{-1-\sqrt{5}}{2}>0$,因此有 $\dfrac{-1+\sqrt{5}}{2}<|x|<3$. 所以原不等式的解集是
$$\left(-3,-\dfrac{\sqrt{5}-1}{2}\right)\cup\left(\dfrac{\sqrt{5}-1}{2},3\right).$$

例 3(2004 年中国西部数学奥林匹克竞赛试题) 求所有的实数 k,使得不等式
$$a^3+b^3+c^3+d^3+1\geqslant k(a+b+c+d)$$
对任意 $a,b,c,d\in[-1,+\infty)$ 都成立.

分析 先采用特殊化的方法,确定实数 k 的具体值,再"化求为证",将问题转化为不等式的证明问题.

解 当 $a=b=c=d=-1$ 时,有 $-3\geqslant k\cdot(-4)$,所以 $k\geqslant\dfrac{3}{4}$;

当 $a=b=c=d=\dfrac{1}{2}$ 时,有 $4\cdot\dfrac{1}{8}+1\geqslant k\cdot\left(4\cdot\dfrac{1}{2}\right)$,所以 $k\leqslant\dfrac{3}{4}$.

故 $k=\dfrac{3}{4}$. 下面证明不等式
$$a^3+b^3+c^3+d^3+1\geqslant\dfrac{3}{4}(a+b+c+d) \qquad ①$$
对任意 $a,b,c,d\in[-1,+\infty)$ 都成立.

首先证明 $4x^3+1\geqslant 3x,x\in[-1,+\infty)$. 事实上,由 $(x+1)(2x-1)^2\geqslant 0$,便得 $4x^3+1\geqslant 3x,x\in[-1,+\infty)$. 所以,对任意 $a,b,c,d\in[-1,+\infty)$,有
$$4a^3+1\geqslant 3a, \quad 4b^3+1\geqslant 3b, \quad 4c^3+1\geqslant 3c, \quad 4d^3+1\geqslant 3d.$$

将上面四个不等式相加,便得欲证的不等式①. 所以,所求的实数 $k=\dfrac{3}{4}$.

注 对于本题这种具有多个变量的不等式,将其拆成若干个不等式相加是自然的事情.

四、不等式的证明

有一类不等式是在定义域中恒成立的,这类不等式叫做**恒不等式**. 确认一个不等式为恒不等式的过程,称为证明不等式. 不等式的证明没有固定的模式,证法因题而异,而且灵活多样,技巧性强. 有时,一个不等式的证法不止一种,而一种证法又可能用到几个技巧. 但基本

第二节 不等式

思想是一样的,都是把原来的不等式转化为明显成立的不等式.

1. 证明不等式的基本出发点

不等式证明的基本出发点是实数的符号性质,主要有:

(1) 实数的三歧性:两个实数有且只有三种关系,即 $a>b, a=b, a<b$ 这三种关系必有其一成立.

(2) 正数大于 0,也大于负数;负数小于 0,也小于正数.

(3) 两个正数,绝对值大的较大;两个负数,绝对值小的较大.

(4) 正数的相反数是负数,负数的相反数是正数.

(5) 两个正数的和仍是正数,两个负数的和仍是负数.

(6) 两个实数的积是正数当且仅当两个数同号,两个实数的积是负数当且仅当两个数异号.

(7) 除了 0 以外,任何数与它的倒数同号;两个正数,较大的倒数较小.

(8) 任何一个实数的平方都不小于 0.

(9) 正数的全量大于它的任一部分.

由这些,可以顺利地推出不等式的基本性质和一些重要的不等式.

2. 证明不等式的方法

在不等式证明中,有五种最基本的方法:比较法,分析法,综合法,反证法,归纳法. 只有熟练掌握这些基本方法,并了解各种方法的特点和实用性,才能证明各种各样的不等式.

(1) **比较法**:要证明不等式 $A>B$,可以作差 $A-B$,并通过变形证明 $A-B>0$;当 $B>0$ 时,也可以作商 $\frac{A}{B}$,证明 $\frac{A}{B}>1$.

(2) **分析法**:从所求证的不等式出发,逐步推求能使它成立的条件,直至已知的事实为止. 其特点和思路是"执果索因",实质是寻求不等式成立的充分条件,叙述的格式是"要证……,只要证……".

(3) **综合法**:从已知条件和一些显然成立的不等式出发,灵活运用不等式的性质,并巧妙地变形,从而推出所证的不等式. 其特点和思路是"执因索果",与分析法的特点和思路正好相反.

(4) **反证法**:当直接证明不等式有困难时,可以先否定结论,寻找矛盾,从而间接证明要证的结论. 如果需证明的不等式为否定命题,唯一性命题或含有"至多"、"至少"、"不存在"、"不可能"等词语,可以考虑用此法.

(5) **归纳法**:涉及正整数 n 的不等式,可视为一个关于正整数 n 的命题,考虑用数学归纳法证明.

3. 证明不等式的技巧

在运用上述五种基本方法证明不等式时,关键均是适当地对原不等式中的代数式进行

第二章 数列与不等式

变形,而代数式变形的方法和技巧是极为丰富的,如凑项、拆项、配方、分解等,这些都是不等式证明中的常用技巧;除此之外,不等式证明的常用技巧还有放缩、代换、构造等.

(1) **放缩**:它是不等式证明中最重要的变形技巧之一,在不等式的证明中无处不在. 它的依据是不等式的传递性,一般可考虑添项、舍项、已知不等式以及函数的单调性等将欲证不等式的一边或两边进行放大或缩小.

(2) **代换**:把一些元素换成另一些元素,从而使条件之间的数量关系明朗化,以促使问题的转化,便于不等式的证明. 常用的代换有:三角代换、均值代换、增量代换、局部代换、整体代换、真分式代换等.

(3) **构造**:依据欲证不等式的特点,采用构造手法,构造相关的恒等式、函数、图形、数列等辅助模型,促使不等式中各种关系的转换,以简化不等式的证明.

4. 典型例题解析

例 4(1974 年美国数学奥林匹克竞赛试题) 设 $a,b,c>0$,求证:
$$a^a b^b c^c \geqslant (abc)^{\frac{a+b+c}{3}}.$$

分析 显然,不等式两边为正,且是指数式,故尝试用作商比较法.

证明 不等式关于 a,b,c 对称,不妨设 $a \geqslant b \geqslant c$,则 $a-b, b-c, a-c \in \mathbf{R}_+$,且 $\frac{a}{b}, \frac{b}{c}, \frac{a}{c}$ 都大于等于 1. 所以
$$\frac{a^a b^b c^c}{(abc)^{\frac{a+b+c}{3}}} = a^{\frac{2a-b-c}{3}} \cdot b^{\frac{2b-a-c}{3}} \cdot c^{\frac{2c-a-b}{3}}$$
$$= a^{\frac{a-b}{3}} \cdot a^{\frac{a-c}{3}} \cdot b^{\frac{b-a}{3}} \cdot b^{\frac{b-c}{3}} \cdot c^{\frac{c-a}{3}} \cdot c^{\frac{c-b}{3}}$$
$$= \left(\frac{a}{b}\right)^{\frac{a-b}{3}} \cdot \left(\frac{b}{c}\right)^{\frac{b-c}{3}} \cdot \left(\frac{a}{c}\right)^{\frac{a-c}{3}} \geqslant 1,$$

即 $a^a b^b c^c \geqslant (abc)^{\frac{a+b+c}{3}}$.

注 (1) 证明对称不等式时,不妨假设各个字母的大小顺序,以方便解题;

(2) 本题可作如下推广:若 $a_i > 0$ $(i=1,2,\cdots,n)$,则
$$a_1^{a_1} a_2^{a_2} \cdots a_n^{a_n} \geqslant (a_1 a_2 \cdots a_n)^{\frac{a_1+a_2+\cdots+a_n}{n}}.$$

例 5(2004 年美国数学奥林匹克竞赛试题) 设 a,b,c 为正实数,证明:
$$(a^5 - a^2 + 3)(b^5 - b^2 + 3)(c^5 - c^2 + 3) \geqslant (a+b+c)^3.$$

分析 通过观察并利用分析法,将原不等式的证明转化为证明
$$(a^3 + 2)(b^3 + 2)(c^3 + 2) \geqslant (a+b+c)^3,$$
然后用综合法来证明之,从而降低了难度.

证明 注意到当 $a>0$ 时,有
$$(a^5 - a^2 + 3) - (a^3 + 2) = a^5 - a^3 - a^2 + 1 = (a^3 - 1)(a^2 - 1)$$

$$= (a-1)^2(a+1)(a^2+a+1) \geqslant 0,$$

所以 $a^5-a^2+3 \geqslant a^3+2$. 同理有

$$b^5-b^2+3 \geqslant b^3+2, \quad c^5-c^2+3 \geqslant c^3+2.$$

所以 $\quad (a^5-a^2+3)(b^5-b^2+3)(c^5-c^2+3) \geqslant (a^3+2)(b^3+2)(c^3+2),$

从而要证 $(a^5-a^2+3)(b^5-b^2+3)(c^5-c^2+3) \geqslant (a+b+c)^3$,只需证明

$$(a^3+2)(b^3+2)(c^3+2) \geqslant (a+b+c)^3.$$

而

$$\frac{a}{\sqrt[3]{(a^3+2)(b^3+2)(c^3+2)}} = \frac{a}{\sqrt[3]{a^3+2}} \frac{1}{\sqrt[3]{b^3+2}} \frac{1}{\sqrt[3]{c^3+2}}$$

$$\leqslant \frac{1}{3}\left(\frac{a^3}{a^3+2} + \frac{1}{b^3+2} + \frac{1}{c^3+2}\right),$$

同理有

$$\frac{b}{\sqrt[3]{(a^3+2)(b^3+2)(c^3+2)}} \leqslant \frac{1}{3}\left(\frac{1}{a^3+2} + \frac{b^3}{b^3+2} + \frac{1}{c^3+2}\right),$$

$$\frac{c}{\sqrt[3]{(a^3+2)(b^3+2)(c^3+2)}} \leqslant \frac{1}{3}\left(\frac{1}{a^3+2} + \frac{1}{b^3+2} + \frac{c^3}{c^3+2}\right).$$

将这三个不等式相加得

$$\frac{a+b+c}{\sqrt[3]{(a^3+2)(b^3+2)(c^3+2)}} \leqslant 1, \quad 即 \quad (a^3+2)(b^3+2)(c^3+2) \geqslant (a+b+c)^3,$$

所以 $\quad (a^5-a^2+3)(b^5-b^2+3)(c^5-c^2+3) \geqslant (a+b+c)^3.$

注 将证明原不等式成立转化为证明

$$(a^3+2)(b^3+2)(c^3+2) \geqslant (a+b+c)^3$$

是得出本题结论的关键.

例 6(2004 年 IMO 试题) 设 $n \geqslant 3$ 为整数,$t_1, t_2, \cdots, t_n$ 为正实数,满足

$$n^2+1 > (t_1+t_2+\cdots+t_n)\left(\frac{1}{t_1}+\frac{1}{t_2}+\cdots+\frac{1}{t_n}\right),$$

证明:对满足 $1 \leqslant i < j < k \leqslant n$ 的所有整数 i, j, k,正实数 t_i, t_j, t_k 总能构成三角形的三边长.

分析 由于结论中出现"总能"一词,故考虑用反证法.

证明 用反证法. 假设 $t_1, t_2, \cdots, t_n$ 中有三个构不成三角形的三边长,不妨设 t_1, t_2, t_3 且 $t_1+t_2 \leqslant t_3$. 我们有

$$(t_1+t_2+\cdots+t_n)\left(\frac{1}{t_1}+\frac{1}{t_2}+\cdots+\frac{1}{t_n}\right)$$

$$= \sum_{1 \leqslant i < j \leqslant n}\left(\frac{t_i}{t_j}+\frac{t_j}{t_i}\right)+n = \frac{t_1}{t_3}+\frac{t_3}{t_1}+\frac{t_2}{t_3}+\frac{t_3}{t_2}+\sum_{\substack{1 \leqslant i < j \leqslant n \\ (i,j) \neq (1,3),(2,3)}}\left(\frac{t_i}{t_j}+\frac{t_j}{t_i}\right)+n$$

第二章 数列与不等式

$$\geqslant \frac{t_1+t_2}{t_3}+\frac{4t_3}{t_1+t_2}+2(C_n^2-2)+n=4\frac{t_3}{t_1+t_2}+\frac{t_1+t_2}{t_3}+n^2-4. \quad ②$$

令 $x=\frac{t_3}{t_1+t_2}$,则 $x\geqslant 1$,且 $4x+\frac{1}{x}-5=\frac{(x-1)(4x-1)}{x}\geqslant 0$. 于是由②式得

$$(t_1+t_2+\cdots+t_n)\left(\frac{1}{t_1}+\frac{1}{t_2}+\cdots+\frac{1}{t_n}\right)\geqslant 5+n^2-4=n^2+1,$$

矛盾. 所以假设不成立,原命题成立.

注 由平均值不等式有 $\left(\frac{1}{t_1}+\frac{1}{t_2}\right)(t_1+t_2)\geqslant 2\sqrt{\frac{1}{t_1 t_2}}\cdot 2\sqrt{t_1 t_2}=4$,故

$$\frac{1}{t_1}+\frac{1}{t_2}\geqslant \frac{4}{t_1+t_2}.$$

例 7(2006 年中国东南地区数学奥林匹克竞赛试题) 对任意正整数 n,设 a_n 是方程 $x^3+\frac{x}{n}=1$ 的实数根,求证:$\sum_{i=1}^{n}\frac{1}{(i+1)^2 a_i}<a_n$.

分析 通过对条件的仔细分析,应先证明 $0<a_n<1$,再由 $a_n\left(a_n^2+\frac{1}{n}\right)=1$ 通过放缩技巧得 $a_n=\frac{1}{a_n^2+\frac{1}{n}}>\frac{1}{1+\frac{1}{n}}=\frac{n}{n+1}$,然后采用裂项求和来证明不等式成立.

证明 由 $a_n^3+\frac{a_n}{n}=1$,得 $0<a_n<1$. 因为 $a_n\left(a_n^2+\frac{1}{n}\right)=1$,所以

$$a_n=\frac{1}{a_n^2+\frac{1}{n}}>\frac{1}{1+\frac{1}{n}}=\frac{n}{n+1}, \quad \text{从而} \quad \frac{1}{(n+1)^2 a_n}<\frac{1}{n(n+1)}.$$

故 $\sum_{i=1}^{n}\frac{1}{(i+1)^2 a_i}<\sum_{i=1}^{n}\frac{1}{i(i+1)}=\sum_{i=1}^{n}\left(\frac{1}{i}-\frac{1}{i+1}\right)=1-\frac{1}{n+1}=\frac{n}{n+1}<a_n.$

例 8(2006 年中国东南地区数学奥林匹克竞赛试题) 设 $0<\alpha,\beta,\gamma<\pi/2$,且 $\sin^3\alpha+\sin^3\beta+\sin^3\gamma=1$,求证:$\tan^2\alpha+\tan^2\beta+\tan^2\gamma\geqslant \frac{3\sqrt{3}}{2}$.

分析 通过三角代换,将 $\sin^3\alpha+\sin^3\beta+\sin^3\gamma=1$ 转化为 $a^3+b^3+c^3=1$,而将三角不等式 $\tan^2\alpha+\tan^2\beta+\tan^2\gamma\geqslant \frac{3\sqrt{3}}{2}$ 转化为代数不等式

$$\frac{a^2}{1-a^2}+\frac{b^2}{1-b^2}+\frac{c^2}{1-c^2}\geqslant \frac{3\sqrt{3}}{2},$$

然后利用代数知识来证明.

证明 令 $a=\sin\alpha,b=\sin\beta,c=\sin\gamma$,则 $a,b,c\in(0,1)$,$a^3+b^3+c^3=1$,且

$$a - a^3 = \frac{1}{\sqrt{2}}\sqrt{2a^2(1-a^2)^2} \leqslant \frac{1}{\sqrt{2}}\sqrt{\left(\frac{2a^2+1-a^2+1-a^2}{3}\right)^3} = \frac{2}{3\sqrt{3}},$$

同理
$$b - b^3 \leqslant \frac{2}{3\sqrt{3}}, \quad c - c^3 \leqslant \frac{2}{3\sqrt{3}}.$$

因此
$$\frac{a^2}{1-a^2} + \frac{b^2}{1-b^2} + \frac{c^2}{1-c^2} = \frac{a^3}{a-a^3} + \frac{b^3}{b-b^3} + \frac{c^3}{c-c^3}$$
$$\geqslant \frac{3\sqrt{3}}{2}(a^3+b^3+c^3) = \frac{3\sqrt{3}}{2}.$$

又
$$\tan^2\alpha = \frac{\sin^2\alpha}{1-\sin^2\alpha} = \frac{a^2}{1-a^2}, \quad \tan^2\beta = \frac{\sin^2\beta}{1-\sin^2\beta} = \frac{b^2}{1-b^2},$$
$$\tan^2\gamma = \frac{\sin^2\gamma}{1-\sin^2\gamma} = \frac{c^2}{1-c^2},$$

所以
$$\tan^2\alpha + \tan^2\beta + \tan^2\gamma \geqslant \frac{3\sqrt{3}}{2}.$$

注 对结构较为复杂,变量较多或变量之间关系不甚明了的不等式,可适当引入新变量,简化原有结构,给证明的成功带来转机.

例 9 设 $a_1, a_2, a_3, b_1, b_2, b_3$ 为正数,求证:
$$(a_1b_2 + a_2b_1 + a_2b_3 + a_3b_2 + a_3b_1 + a_1b_3)^2 \geqslant 4(a_1a_2 + a_2a_3 + a_3a_1)(b_1b_2 + b_2b_3 + b_3b_1).$$

分析 从欲证不等式的结构形式来看,它与一元二次方程的判别式相似.因此,考虑构造一个二次函数,使它的判别式和欲证不等式的结构形式一致,再从考查函数的性质入手进行论证.

证明 构造二次函数
$$f(x) = (a_1a_2 + a_2a_3 + a_3a_1)x^2 - (a_1b_2 + a_2b_1 + a_2b_3 + a_3b_2 + a_3b_1 + a_1b_3)x$$
$$+ (b_1b_2 + b_2b_3 + b_3b_1)$$
$$= (a_1x - b_1)(a_2x - b_2) + (a_2x - b_2)(a_3x - b_3) + (a_3x - b_3)(a_1x - b_1).$$

不妨设 $\frac{b_1}{a_1} \geqslant \frac{b_2}{a_2} \geqslant \frac{b_3}{a_3}$,则 $f\left(\frac{b_2}{a_2}\right) \leqslant 0$. 又 $f(x)$ 的二次项系数为正,因而 $f(x)$ 与 x 轴有交点,即 $f(x) = 0$ 有实根,所以判别式的值非负,即结论成立.

注 这里是通过构造二次函数,借助其判别式来证明不等式.主要依据有两条:

(1) 若二次方程 $ax^2 + bx + c = 0$ 有实根,则判别式 $\Delta = b^2 - 4ac \geqslant 0$;

(2) 对于二次函数 $f(x) = ax^2 + bx + c$,若 $a > 0$,则
$$\text{存在 } x_0, \text{使得 } f(x_0) = 0 \Leftrightarrow \Delta = b^2 - 4ac \geqslant 0.$$

五、一些重要的不等式

1. 平均值不等式

定理 1（平均值不等式） 设 $a_1,a_2,\cdots,a_n \in \mathbf{R}_+$，记

$$A_n = \frac{a_1+a_2+\cdots+a_n}{n}, \quad G_n = \sqrt[n]{a_1a_2\cdots a_n},$$

$$H_n = \frac{n}{\frac{1}{a_1}+\frac{1}{a_2}+\cdots+\frac{1}{a_n}}, \quad Q_n = \sqrt{\frac{a_1^2+a_2^2+\cdots+a_n^2}{n}}$$

（它们分别叫做 $a_1,a_2,\cdots,a_n$ 这 n 个正数的**算术平均数**、**几何平均数**、**调和平均数**、**平方平均数**），则四个平均值有以下关系：

$$H_n \leqslant G_n \leqslant A_n \leqslant Q_n,$$

其中等号成立的充分必要条件是 $a_1 = a_2 = \cdots = a_n$.

例 10（2002 年加拿大数学奥林匹克竞赛试题） 设 $a,b,c \in \mathbf{R}_+$，证明：

$$\frac{a^3}{bc}+\frac{b^3}{ac}+\frac{c^3}{ab} \geqslant a+b+c.$$

证明 两边同时乘以 abc，原不等式可化为

$$a^4+b^4+c^4 \geqslant a^2bc+ab^2c+abc^2.$$

因为
$$a^2bc+ab^2c+abc^2 = \frac{1}{4}(4a^2bc+4ab^2c+4abc^2)$$
$$= \frac{1}{4}(4\sqrt[4]{a^4a^4b^4c^4}+4\sqrt[4]{a^4b^4b^4c^4}+4\sqrt[4]{a^4b^4c^4c^4})$$
$$\leqslant \frac{1}{4}(a^4+a^4+b^4+c^4+a^4+b^4+b^4+c^4+a^4+b^4+c^4+c^4)$$
$$= a^4+b^4+c^4,$$

所以原不等式成立.

例 11（2003 年普特南数学竞赛试题） 设 $a_1,a_2,\cdots,a_n$ 和 $b_1,b_2,\cdots,b_n$ 是非负实数，证明：

$$(a_1a_2\cdots a_n)^{\frac{1}{n}}+(b_1b_2\cdots b_n)^{\frac{1}{n}} \leqslant [(a_1+b_1)(a_2+b_2)\cdots(a_n+b_n)]^{\frac{1}{n}}.$$

分析 此题直接证明不好入手. 若将不等式一边变成 1，再观察新的不等式结构的特点，易得证明思路.

证明 当 $a_i=0$ 或 $b_j=0$ $(i,j=1,2,\cdots,n)$ 时，不等式显然成立. 不妨设对每个 i，都有 $a_i+b_i > 0$，此时，由平均值不等式可知

$$\left[\frac{a_1a_2\cdots a_n}{(a_1+b_1)(a_2+b_2)\cdots(a_n+b_n)}\right]^{\frac{1}{n}} \leqslant \frac{1}{n}\left[\frac{a_1}{a_1+b_1}+\frac{a_2}{a_2+b_2}+\cdots+\frac{a_n}{a_n+b_n}\right],$$

$$\left[\frac{b_1 b_2 \cdots b_n}{(a_1+b_1)(a_2+b_2)\cdots(a_n+b_n)}\right]^{\frac{1}{n}} \leqslant \frac{1}{n}\left[\frac{b_1}{a_1+b_1}+\frac{b_2}{a_2+b_2}+\cdots+\frac{b_n}{a_n+b_n}\right].$$

上两式相加得

$$\left[\frac{a_1 a_2 \cdots a_n}{(a_1+b_1)(a_2+b_2)\cdots(a_n+b_n)}\right]^{\frac{1}{n}} + \left[\frac{b_1 b_2 \cdots b_n}{(a_1+b_1)(a_2+b_2)\cdots(a_n+b_n)}\right]^{\frac{1}{n}}$$

$$\leqslant \frac{1}{n}\underbrace{(1+1+\cdots+1)}_{n\text{个}} = 1,$$

再去分母即可得欲证的不等式.

注 (1) 用数学归纳法可将本题的不等式推广到更一般情形:

设 $a_{ij}>0 (i=1,2,\cdots,n; j=1,2,\cdots,m)$, 则

$$(a_{11}+a_{21}+\cdots+a_{n1})(a_{12}+a_{22}+\cdots+a_{n2})\cdots(a_{1m}+a_{2m}+\cdots+a_{nm})$$

$$\geqslant \left[(a_{11}a_{12}\cdots a_{1m})^{\frac{1}{m}}+(a_{21}a_{22}\cdots a_{2m})^{\frac{1}{m}}+\cdots+(a_{n1}a_{n2}\cdots a_{nm})^{\frac{1}{m}}\right]^m,$$

其中当且仅当 $a_{11}:a_{12}:\cdots:a_{1m}=a_{21}:a_{22}:\cdots:a_{2m}=\cdots=a_{n1}:a_{n2}:\cdots:a_{nm}$ 时等号成立.

(2) 令 $m=2, a_{i1}, a_{i2}$ 分别用 $a_i^2, b_i^2 (1 \leqslant i \leqslant n)$ 替换, 则 (1) 中的不等式变为著名的柯西不等式: $\sum_{i=1}^{n} a_i^2 \sum_{i=1}^{n} b_i^2 \geqslant \left(\sum_{i=1}^{n} a_i b_i\right)^2$.

2. 柯西不等式

定理 2(柯西(Cauchy)不等式) 设 $a_1, a_2, a_3, \cdots, a_n$ 是任意实数, 则

$$(a_1^2+a_2^2+\cdots+a_n^2)(b_1^2+b_2^2+\cdots+b_n^2) \geqslant (a_1 b_1+a_2 b_2+\cdots+a_n b_n)^2,$$

其中等号当且仅当 $b_i=k a_i$ (k 为常数, $i=1,2,\cdots,n$) 时成立.

推论 1 设 $c_i>0 (i=1,2,\cdots,n, n \geqslant 2)$, 则

$$\frac{x_1^2}{c_1}+\frac{x_2^2}{c_2}+\cdots+\frac{x_n^2}{c_n} \geqslant \frac{(x_1+x_2+\cdots+x_n)^2}{c_1+c_2+\cdots+c_n},$$

其中等号当且仅当 $\frac{x_1}{c_1}=\frac{x_2}{c_2}=\cdots=\frac{x_n}{c_n}$ 时成立.

推论 2 设 $a_i, b_i \in \mathbf{R}_+ (i=1,2,\cdots,n)$, 则

$$(a_1+a_2+\cdots+a_n)(b_1+b_2+\cdots+b_n) \geqslant (\sqrt{a_1 b_1}+\sqrt{a_2 b_2}+\cdots+\sqrt{a_n b_n})^2,$$

其中等号当且仅当 $\frac{b_1}{a_1}=\frac{b_2}{a_2}=\cdots=\frac{b_n}{a_n}$ 时成立.

推论 3 设 $a_i>0, x_i>0 (i=1,2,\cdots,n)$, 则

$$\frac{x_1}{a_1}+\frac{x_2}{a_2}+\cdots+\frac{x_n}{a_n} \geqslant \frac{(x_1+x_2+\cdots+x_n)^2}{a_1 x_1+a_2 x_2+\cdots+a_n x_n},$$

其中等号当且仅当 $a_1=a_2=\cdots=a_n$ 时成立.

例 12(2004 年中国东南地区数学奥林匹克试题) 设实数 a,b,c 满足 $a^2+2b^2+3c^2=3/2$,

求证：$3^{-a}+9^{-b}+27^{-c} \geqslant 1$.

分析 本题表面看起来与柯西不等式没有关联，但若对原不等式作适当的变形后便可以用柯西不等式加以解决.

证明 由柯西不等式，有
$$(a+2b+3c)^2 \leqslant [(\sqrt{1})^2+(\sqrt{2})^2+(\sqrt{3})^2][(\sqrt{1}a)^2+(\sqrt{2}b)^2+(\sqrt{3}c)^2]=9,$$
即 $a+2b+3c \leqslant 3$，所以
$$3^{-a}+9^{-b}+27^{-c} \geqslant 3\sqrt[3]{3^{-(a+2b+3c)}} \geqslant 3\sqrt[3]{3^{-3}}=1.$$

注 柯西不等式是处理不等式问题的重要工具. 在利用柯西不等式前常常要对原不等式作变形，这是关键，也是难点，往往需要经过观察、直觉、猜测、推理等.

例 13（2003 年 CMO 试题） 设 a,b,c,d 为正实数，满足 $ab+cd=1$，点 $P_i(x_i, y_i)$ $(i=1,2,3,4)$ 是以原点为圆心的单位圆周上的四个点，求证：
$$(ay_1+by_2+cy_3+dy_4)^2+(ax_4+bx_3+cx_2+dx_1)^2 \leqslant 2\left(\frac{a^2+b^2}{ab}+\frac{c^2+d^2}{cd}\right).$$

分析 利用柯西不等式从 $(ay_1+by_2+cy_3+dy_4)^2$ 和 $(ax_4+bx_3+cx_2+dx_1)^2$ 分离出因式 $ab+cd$，从而便于结论的证明.

证明 由柯西不等式可知
$$\begin{aligned}
&(ay_1+by_2+cy_3+dy_4)^2\\
&=\left(\frac{ay_1+by_2}{\sqrt{ab}}\sqrt{ab}+\frac{cy_3+dy_4}{\sqrt{cd}}\sqrt{cd}\right)^2\\
&\leqslant (ab+cd)\left[\frac{(ay_1+by_2)^2}{ab}+\frac{(cy_3+dy_4)^2}{cd}\right]\\
&=\frac{a}{b}y_1^2+\frac{b}{a}y_2^2+\frac{c}{d}y_3^2+\frac{d}{c}y_4^2+2(y_1y_2+y_3y_4),
\end{aligned}$$

同理
$$(ax_4+bx_3+cx_2+dx_1)^2 \leqslant \frac{a}{b}x_4^2+\frac{b}{a}x_3^2+\frac{c}{d}x_2^2+\frac{d}{c}x_1^2+2(x_1x_2+x_3x_4).$$

由于点 $P_i(x_i,y_i)$ $(i=1,2,3,4)$ 是以原点为圆心的单位圆周上的四个点，满足 $x_i^2+y_i^2=1$ $(i=1,2,3,4)$，因此
$$\begin{aligned}
&(ay_1+by_2+cy_3+dy_4)^2+(ax_4+bx_3+cx_2+dx_1)^2-2\left(\frac{a^2+b^2}{ab}+\frac{c^2+d^2}{cd}\right)\\
&\leqslant \frac{a}{b}y_1^2+\frac{b}{a}y_2^2+\frac{c}{d}y_3^2+\frac{d}{c}y_4^2+2(y_1y_2+y_3y_4)+\frac{a}{b}x_4^2+\frac{b}{a}x_3^2+\frac{c}{d}x_2^2+\frac{d}{c}x_1^2\\
&\quad +2(x_1x_2+x_3x_4)-2\left(\frac{a}{b}+\frac{b}{a}+\frac{c}{d}+\frac{d}{c}\right)\\
&=-\frac{a}{b}x_1^2-\frac{b}{a}x_2^2-\frac{c}{d}x_3^2-\frac{d}{c}x_4^2-\frac{a}{b}y_4^2-\frac{b}{a}y_3^2-\frac{c}{d}y_2^2-\frac{d}{c}y_1^2
\end{aligned}$$

$$+ 2(x_1 x_2 + x_3 x_4 + y_1 y_2 + y_3 y_4)$$
$$\leqslant -2x_1 x_2 - 2x_3 x_4 - 2y_1 y_2 - 2y_3 y_4 + 2(x_1 x_2 + x_3 x_4 + y_1 y_2 + y_3 y_4) = 0.$$

于是原不等式成立.

注 本题除了上述证法,还有别的证法. 另一证法如下:

令 $u = ay_1 + by_2, v = cy_3 + dy_4, u_1 = ax_4 + bx_3, v_1 = cx_2 + dx_1$,则
$$u^2 \leqslant (ay_1 + by_2)^2 + (ax_1 - bx_2)^2 = a^2 + b^2 + 2ab(y_1 y_2 - x_1 x_2),$$
$$v_1^2 \leqslant (cx_2 + dx_1)^2 + (cy_2 - dy_1)^2 = c^2 + d^2 + 2cd(x_1 x_2 - y_1 y_2),$$

即
$$x_1 x_2 - y_1 y_2 \leqslant \frac{a^2 + b^2 - u^2}{2ab}, \qquad \text{③}$$
$$y_1 y_2 - x_1 x_2 \leqslant \frac{c^2 + d^2 - v_1^2}{2cd}. \qquad \text{④}$$

③,④ 两式相加得
$$0 \leqslant \frac{a^2 + b^2 - u^2}{2ab} + \frac{c^2 + d^2 - v_1^2}{2cd}, \quad \text{即} \quad \frac{u^2}{ab} + \frac{v_1^2}{cd} \leqslant \frac{a^2 + b^2}{ab} + \frac{c^2 + d^2}{cd}.$$

同理
$$\frac{u_1^2}{ab} + \frac{v^2}{cd} \leqslant \frac{a^2 + b^2}{ab} + \frac{c^2 + d^2}{cd}.$$

由柯西不等式,有
$$(u+v)^2 + (u_1 + v_1)^2 = \left(\frac{u}{\sqrt{ab}}\sqrt{ab} + \frac{v}{\sqrt{cd}}\sqrt{cd}\right)^2 + \left(\frac{u_1}{\sqrt{ab}}\sqrt{ab} + \frac{v_1}{\sqrt{cd}}\sqrt{cd}\right)^2$$
$$\leqslant (ab+cd)\left(\frac{u^2}{ab} + \frac{v^2}{cd}\right) + (ab+cd)\left(\frac{u_1^2}{ab} + \frac{v_1^2}{cd}\right)$$
$$= \frac{u^2}{ab} + \frac{v^2}{cd} + \frac{u_1^2}{ab} + \frac{v_1^2}{cd} \leqslant 2\left(\frac{a^2+b^2}{ab} + \frac{c^2+d^2}{cd}\right).$$

3. 排序不等式

定理 3(排序不等式) 设有两个有序数组 $a_1 \leqslant a_2 \leqslant \cdots \leqslant a_n$ 和 $b_1 \leqslant b_2 \leqslant \cdots \leqslant b_n$,$j_1, j_2, \cdots, j_n$ 是 $1, 2, \cdots, n$ 的任一排列,则
$$a_1 b_1 + a_2 b_2 + \cdots + a_n b_n \quad (\text{同序和})$$
$$\geqslant a_1 b_{j_1} + a_2 b_{j_2} + \cdots + a_n b_{j_n} \quad (\text{乱序和})$$
$$\geqslant a_1 b_n + a_2 b_{n-1} + \cdots + a_n b_1, \quad (\text{逆序和})$$

其中等号当且仅当 $a_1 = a_2 = \cdots = a_n$ 或 $b_1 = b_2 = \cdots = b_n$ 时(对任一排列 $j_1, j_2, \cdots, j_n$)成立.

例 14(1978 年 IMO 试题) 已知 $a_1, a_2, \cdots, a_n$ 是 n 个两两互不相等的正整数,求证:
$$a_1 + \frac{a_2}{2^2} + \frac{a_3}{3^2} + \cdots + \frac{a_n}{n^2} \geqslant 1 + \frac{1}{2} + \frac{1}{3} + \cdots + \frac{1}{n}.$$

分析 注意到 $\frac{1}{1^2} \geqslant \frac{1}{2^2} \geqslant \frac{1}{3^2} \geqslant \cdots \geqslant \frac{1}{n^2}$,所以 $a_1 + \frac{a_2}{2^2} + \frac{a_3}{3^2} + \cdots + \frac{a_n}{n^2}$ 可以看做一个乱序和,

将 $a_1, a_2, \cdots, a_n$ 排序后就可以利用排序不等式.

证明 因为 $a_1, a_2, \cdots, a_n$ 是 n 个两两互不相等的正整数,所以可以将它们从小到大排列,不妨设为 $b_1 < b_2 < \cdots < b_n$,从而 $b_k \geqslant k$ (k 为正整数). 由排序不等式可得

$$a_1 + \frac{a_2}{2^2} + \frac{a_3}{3^2} + \cdots + \frac{a_n}{n^2} \geqslant b_1 + \frac{b_2}{2^2} + \frac{b_3}{3^2} + \cdots + \frac{b_n}{n^2}$$

$$\geqslant 1 + \frac{2}{2^2} + \frac{3}{3^2} + \cdots + \frac{n}{n^2}$$

$$\geqslant 1 + \frac{1}{2} + \frac{1}{3} + \cdots + \frac{1}{n}.$$

例 15(1998 年江苏省数学夏令营试题) 设 a, b, c 为正数,求证:

$$\frac{a^2}{b+c} + \frac{b^2}{c+a} + \frac{c^2}{a+b} \geqslant \frac{1}{2}(a+b+c).$$

分析 可以利用对称性构造两组数,然后使用排序不等式.

证明 不妨设 $a \leqslant b \leqslant c$,则

$$a^2 \leqslant b^2 \leqslant c^2, \quad \frac{1}{b+c} \leqslant \frac{1}{c+a} \leqslant \frac{1}{a+b}.$$

由排序不等式得

$$\frac{a^2}{b+c} + \frac{b^2}{c+a} + \frac{c^2}{a+b} \geqslant \frac{b^2}{b+c} + \frac{c^2}{c+a} + \frac{a^2}{a+b},$$

$$\frac{a^2}{b+c} + \frac{b^2}{c+a} + \frac{c^2}{a+b} \geqslant \frac{c^2}{b+c} + \frac{a^2}{c+a} + \frac{b^2}{a+b},$$

两式相加得

$$2\left(\frac{a^2}{b+c} + \frac{b^2}{c+a} + \frac{c^2}{a+b}\right) \geqslant \frac{b^2+c^2}{b+c} + \frac{c^2+a^2}{c+a} + \frac{a^2+b^2}{a+b}.$$

又 $2(b^2+c^2) \geqslant (b+c)^2$,所以 $\frac{b^2+c^2}{b+c} \geqslant \frac{b+c}{2}$. 同理

$$\frac{c^2+a^2}{c+a} \geqslant \frac{c+a}{2}, \quad \frac{a^2+b^2}{a+b} \geqslant \frac{a+b}{2}.$$

所以

$$2\left(\frac{a^2}{b+c} + \frac{b^2}{c+a} + \frac{c^2}{a+b}\right) \geqslant \frac{b+c}{2} + \frac{c+a}{2} + \frac{a+b}{2} = a+b+c,$$

从而有

$$\frac{a^2}{b+c} + \frac{b^2}{c+a} + \frac{c^2}{a+b} \geqslant \frac{1}{2}(a+b+c).$$

4. 切比雪夫不等式

定理 4(切比雪夫(Chebyshev)**不等式**) 设 $\{a_n\}$,$\{b_n\}$ 是两个有序数组,满足 $a_1 \leqslant a_2 \leqslant \cdots \leqslant a_n$,$b_1 \leqslant b_2 \leqslant \cdots \leqslant b_n$,则

$$\frac{a_1 b_1 + a_2 b_2 + \cdots + a_n b_n}{n} \geqslant \frac{a_1 + a_2 + \cdots + a_n}{n} \cdot \frac{b_1 + b_2 + \cdots + b_n}{n}$$

$$\geq \frac{a_1 b_n + a_2 b_{n-1} + \cdots + a_n b_1}{n},$$

其中等号当且仅当 $a_1 = a_2 = \cdots = a_n$ 或 $b_1 = b_2 = \cdots = b_n$ 时成立.

例 16(1995 年 IMO 试题) 设 a, b, c 为正实数,且满足 $abc = 1$,试证:

$$\frac{1}{a^3(b+c)} + \frac{1}{b^3(a+c)} + \frac{1}{c^3(a+b)} \geq \frac{3}{2}.$$

证明 不妨设 $0 < a \leq b \leq c$,则

$$\frac{1}{a^2} \geq \frac{1}{b^2} \geq \frac{1}{c^2}, \quad 0 < a(b+c) \leq b(a+c) \leq c(a+b),$$

$$\frac{1}{a(b+c)} \geq \frac{1}{b(a+c)} \geq \frac{1}{c(a+b)}.$$

由切比雪夫不等式可得

$$\frac{1}{a^3(b+c)} + \frac{1}{b^3(a+c)} + \frac{1}{c^3(a+b)}$$

$$\geq \frac{1}{3}\left(\frac{1}{a^2} + \frac{1}{b^2} + \frac{1}{c^2}\right)\left[\frac{1}{a(b+c)} + \frac{1}{b(a+c)} + \frac{1}{c(a+b)}\right]$$

$$\geq \frac{1}{3^2}\left(\frac{1}{a} + \frac{1}{b} + \frac{1}{c}\right)\left(\frac{1}{a} + \frac{1}{b} + \frac{1}{c}\right)\left[\frac{1}{a(b+c)} + \frac{1}{b(a+c)} + \frac{1}{c(a+b)}\right]$$

$$= \frac{1}{3^2}\left(\frac{1}{a} + \frac{1}{b} + \frac{1}{c}\right)\left(\frac{abc}{a} + \frac{abc}{b} + \frac{abc}{c}\right)\left[\frac{1}{a(b+c)} + \frac{1}{b(a+c)} + \frac{1}{c(a+b)}\right]$$

$$= \frac{1}{3^2 \times 2}\left(\frac{1}{a} + \frac{1}{b} + \frac{1}{c}\right)[a(b+c) + b(a+c) + c(a+b)]\left[\frac{1}{a(b+c)} + \frac{1}{b(a+c)} + \frac{1}{c(a+b)}\right]$$

$$\geq \frac{1}{3^2 \times 2} \times 3^2 \left(\frac{1}{a} + \frac{1}{b} + \frac{1}{c}\right) \geq \frac{3}{2}\sqrt[3]{\frac{1}{abc}} = \frac{3}{2}.$$

注 本题通过创造条件使得满足切比雪夫不等式成立的要求,并多次利用切比雪夫不等式及条件 $abc = 1$ 来证明结论.

第三节 条 件 最 值

在生产实践、科学实验和社会生活中,经常会遇到各种要求"最好"、"最大"、"最省"、"最小"的问题.这类问题可归结为数学中的最大值和最小值问题.最大值和最小值统称为最值.求函数在一个或多个条件限制下的最值,称为函数的条件最值.若限定于初等数学方法,则解题时需要较强的技巧,一般原则是将条件最值问题转化为无条件最值问题来求解.

一、利用不等式求条件最值

例 1(1988 年全苏数学奥林匹克竞赛试题) 设正数 x, y, z 满足 $x^2 + y^2 + z^2 = 1$,求

$s = \dfrac{xy}{z} + \dfrac{yz}{x} + \dfrac{zx}{y}$ 的最小值.

分析 本题直接求解不太容易,故将 $s = \dfrac{xy}{z} + \dfrac{yz}{x} + \dfrac{zx}{y}$ 两边平方,然后利用基本不等式 $a^2 + b^2 \geqslant 2ab$ 及约束条件 $x^2 + y^2 + z^2 = 1$ 求最小值.

解 由于
$$s^2 = \dfrac{x^2 y^2}{z^2} + \dfrac{y^2 z^2}{x^2} + \dfrac{z^2 x^2}{y^2} + 2x^2 + 2y^2 + 2z^2$$
$$= \dfrac{1}{2}\left(\dfrac{x^2 y^2}{z^2} + \dfrac{z^2 x^2}{y^2}\right) + \dfrac{1}{2}\left(\dfrac{y^2 z^2}{x^2} + \dfrac{x^2 y^2}{z^2}\right) + \dfrac{1}{2}\left(\dfrac{z^2 x^2}{y^2} + \dfrac{y^2 z^2}{x^2}\right) + 2$$
$$\geqslant x^2 + y^2 + z^2 + 2 = 3,$$

所以 $s \geqslant \sqrt{3}$ ($s \leqslant -\sqrt{3}$ 舍去),其中当且仅当 $x = y = z = \dfrac{\sqrt{3}}{3}$ 时,s 取最小值,为 $\sqrt{3}$.

例 2 设 $x_1, x_2, \cdots, x_n \in \mathbf{R}_+$,定义
$$S_n = \sum_{i=1}^{n}\left(x_i + \dfrac{n-1}{n^2} \cdot \dfrac{1}{x_i}\right)^2.$$

(1) 求 S_n 的最小值;

(2) 在条件 $x_1^2 + x_2^2 + \cdots + x_n^2 = 1$ 下,求 S_n 的最小值;

(3) 在条件 $x_1 + x_2 + \cdots + x_n = 1$ 下,求 S_n 的最小值,并加以证明.

解 (1) $S_n \geqslant \sum_{i=1}^{n}\left(2\sqrt{\dfrac{n-1}{n^2}}\right)^2 = 4\sum_{i=1}^{n}\dfrac{n-1}{n^2} = \dfrac{4(n-1)}{n}$. 当 $x_i = \dfrac{\sqrt{n-1}}{n}$ 时,S_n 取到最小值 $\dfrac{4(n-1)}{n}$.

(2) $S_n = \sum_{i=1}^{n}\left(x_i^2 + 2\dfrac{n-1}{n^2} + \dfrac{(n-1)^2}{n^4} \cdot \dfrac{1}{x_i^2}\right) = 1 + 2\dfrac{n-1}{n} + \dfrac{(n-1)^2}{n^4}\sum_{i=1}^{n}\dfrac{1}{x_i^2}$
$$\geqslant 1 + 2\dfrac{n-1}{n} + \dfrac{(n-1)^2}{n^2} = \left(1 + \dfrac{n-1}{n}\right)^2.$$

当 $x_1 = x_2 = \cdots = x_n = \dfrac{1}{\sqrt{n}}$ 时,S_n 取到最小值 $\left(1 + \dfrac{n-1}{n}\right)^2$.

(3) 根据柯西不等式有
$$\left[\sum_{i=1}^{n} 1 \cdot \left(x_i + \dfrac{n-1}{n^2} \cdot \dfrac{1}{x_i}\right)\right]^2 \leqslant \left(\sum_{i=1}^{n} 1^2\right) \cdot \sum_{i=1}^{n}\left(x_i + \dfrac{n-1}{n^2} \cdot \dfrac{1}{x_i}\right)^2,$$

所以
$$S_n = \sum_{i=1}^{n}\left(x_i + \dfrac{n-1}{n^2} \cdot \dfrac{1}{x_i}\right)^2 \geqslant \dfrac{1}{n}\left[\sum_{i=1}^{n}\left(x_i + \dfrac{n-1}{n^2} \cdot \dfrac{1}{x_i}\right)\right]^2 \geqslant \dfrac{1}{n}\left(1 + \dfrac{n-1}{n^2} \cdot n^2\right)^2 = n.$$

当 $x_1 = x_2 = \cdots = x_n = \dfrac{1}{n}$ 时,S_n 取到最小值 n.

二、利用换元法求条件最值

有些条件最值问题,约束方程比较复杂,不易代入函数式中,或者代入后的函数不易求最值,这时可以引进新的自变量,将所求的条件最值转化为新变量函数的普通最值. 常用的换元法有整体代换、三角代换、比值代换、局部代换等.

例 3(2004 年中国女子数学奥林匹克竞赛试题) 设 a,b,c 为正实数,求

$$\frac{a+3c}{a+2b+c} + \frac{4b}{a+b+2c} - \frac{8c}{a+b+3c}$$

的最小值.

解 令 $x=a+2b+c, y=a+b+2c, z=a+b+3c$,则有 $x-y=b-c, z-y=c$. 由此可得 $a+3c=2y-x, b=z+x-2y, c=z-y$,从而

$$\frac{a+3c}{a+2b+c} + \frac{4b}{a+b+2c} - \frac{8c}{a+b+3c} = \frac{2y-x}{x} + \frac{4(z+x-2y)}{y} - \frac{8(z-y)}{z}$$

$$= -17 + \frac{2y}{x} + \frac{4x}{y} + \frac{4z}{y} + \frac{8y}{z}$$

$$\geqslant -17 + 2\sqrt{8} + 2\sqrt{32} = -17 + 12\sqrt{2}.$$

由上述推导过程知,等号成立当且仅当平均不等式中的等号成立,这等价于

$$\frac{2y}{x} = \frac{4x}{y}, \frac{4z}{y} = \frac{8y}{z}, \quad 即 \quad y = \sqrt{2}x, z = 2x,$$

亦即 $$b = (1+\sqrt{2})a, \quad c = (4+3\sqrt{2})a.$$

于是对任何正实数 a,只要 $b=(1+\sqrt{2})a, c=(4+3\sqrt{2})a$,就有

$$\frac{a+3c}{a+2b+c} + \frac{4b}{a+b+2c} - \frac{8c}{a+b+3c} = -17 + 12\sqrt{2}.$$

所以所求的最小值为 $-17+12\sqrt{2}$.

例 4(1999 年越南数学奥林匹克竞赛试题) 设 a,b,c 为正实数,且 $abc+a+c=b$,试确定 $p = \dfrac{2}{a^2+1} - \dfrac{2}{b^2+1} + \dfrac{3}{c^2+1}$ 的最大值.

分析 由题设有 $a+c=b(1-ac)$. 易知 $1-ac\neq 0$,于是有 $b=\dfrac{a+c}{1-ac}$. 由此结构联想到两角和的正切公式,因而作正切代换.

解 令 $a=\tan\alpha, b=\tan\beta, c=\tan\gamma$,其中 $\alpha,\beta,\gamma\in(0,\pi/2)$. 由于 $abc+a+c=b$,于是 $1-ac\neq 0, b=\dfrac{a+c}{1-ac}$,从而有

$$\tan\beta = \frac{\tan\alpha+\tan\gamma}{1-\tan\alpha\cdot\tan\gamma} = \tan(\alpha+\gamma).$$

又 $\beta, \alpha+\gamma \in (0,\pi)$,则 $\beta = \alpha+\gamma$,从而

$$p = \frac{2}{1+\tan^2\alpha} - \frac{2}{1+\tan^2\beta} + \frac{3}{1+\tan^2\gamma} = 2\cos^2\alpha - 2\cos^2(\alpha+\gamma) + 3\cos^2\gamma$$

$$= (\cos 2\alpha + 1) - [\cos(2\alpha+2\gamma)+1] + 3\cos^2\gamma = 2\sin\gamma\sin(2\alpha+\gamma) + 3\cos^2\gamma$$

$$= 2\sin\gamma\sin(\alpha+\beta) + 3\cos^2\gamma \leqslant 2\sin\gamma + 3(1-\sin^2\gamma)$$

$$= \frac{10}{3} - 3\left(\sin\gamma - \frac{1}{3}\right)^2 \leqslant \frac{10}{3}.$$

当且仅当 $\alpha+\beta=\frac{\pi}{2}$,$\sin\gamma=\frac{1}{3}$,即 $a=\frac{\sqrt{2}}{2}$,$b=\sqrt{2}$,$c=\frac{\sqrt{2}}{4}$ 时,$p_{\max}=\frac{10}{3}$.

例5(1999年上海市中学生数学竞赛试题) 设 a,b,c,d 是四个不同的实数,使得 $\frac{a}{b}+\frac{b}{c}+\frac{c}{d}+\frac{d}{a}=4$,且 $ac=bd$,求 $\frac{a}{c}+\frac{b}{d}+\frac{c}{a}+\frac{d}{b}$ 的最大值.

分析 可通过比值代换 $x=\frac{a}{b}$,$y=\frac{b}{c}$,将原问题转化成较易解决的问题.

解 设 $x=\frac{a}{b}$,$y=\frac{b}{c}$. 由 $ac=bd$,得 $\frac{c}{d}=\frac{b}{a}=\frac{1}{x}$,$\frac{d}{a}=\frac{c}{b}=\frac{1}{y}$,于是问题转化成在约束条件 $x\neq 1,y\neq 1,x+y+\frac{1}{x}+\frac{1}{y}=4$ 下,求 $xy+\frac{y}{x}+\frac{1}{xy}+\frac{x}{y}$ 的最大值.

当 $x>0,y>0$ 时,$x+y+\frac{1}{x}+\frac{1}{y}=\left(x+\frac{1}{x}\right)+\left(y+\frac{1}{y}\right)\geqslant 2+2=4$,其中等号成立时,$x=y=1$,$a=b=c$,不合题意;

当 $x<0,y<0$ 时,$x+y+\frac{1}{x}+\frac{1}{y}=\left(x+\frac{1}{x}\right)+\left(y+\frac{1}{y}\right)\leqslant -2-2=-4$,其中等号成立时 $x=y=-1$,$a=-b=c$,不合题意.

故 x,y 必不同号,不妨设 $x>0,y<0$,又设 $x+\frac{1}{x}=e$,$y+\frac{1}{y}=f$,则

$$e+f=4, \quad ef=\left(x+\frac{1}{x}\right)\left(y+\frac{1}{y}\right)=xy+\frac{y}{x}+\frac{1}{xy}+\frac{x}{y}.$$

于是 $f\leqslant -2$,$e=4-f\geqslant 6$,$ef\leqslant -12$,其中当且仅当 $y=-1$,$x=3\pm 2\sqrt{2}$ 时等号成立. 特别地,当 $a=3+2\sqrt{2}$,$b=1$,$c=-1$,$d=-3-2\sqrt{2}$ 时等号成立. 故所求的最大值为 -12.

注 本题除了比值代换之外,还用到了局部代换. 在求条件最值时,运用何种代换,应视问题的特点灵活选取.

三、利用函数的知识求条件最值

(1) **配方法**:先将所给函数表达式(或隐函数方程)配成若干个平方式及一些常数的代数和的形式,然后求最值;

(2) **利用函数的单调性**：先将多元函数化成一元函数,然后利用函数的单调性求最值;

(3) **判别式法**：根据一元二次方程有实根(无实根)判别式 $\Delta \geqslant 0 (\Delta < 0)$,得到关于要求最值的变量 y 的不等式,解出 y 的范围,从而得到 y 的最大值和最小值.

例 6 求所有的正整数对 (x,y),使得 $f(x,y) = \dfrac{x^4}{y^4} + \dfrac{y^4}{x^4} - \dfrac{x^2}{y^2} - \dfrac{y^2}{x^2} + \dfrac{x}{y} + \dfrac{y}{x}$ 在 (x,y) 处达到最小,并求这个最小值.

解 $f(x,y)$ 可化为
$$f(x,y) = \left(\dfrac{x^2}{y^2} - 1\right)^2 + \left(\dfrac{y^2}{x^2} - 1\right)^2 + \left(\dfrac{x}{y} - \dfrac{y}{x}\right)^2 + \left(\sqrt{\dfrac{x}{y}} - \sqrt{\dfrac{y}{x}}\right)^2 + 2.$$

显然,当 $x=y$ 时,$f(x,y)$ 取得最小值 2.

注 把 $f(x,y)$ 配成若干个完全平方式及常数项的和是解题的关键.

例 7(1957 年美国数学竞赛试题) 已知 a,b,c,d,e 是满足
$$a+b+c+d+e = 8, \quad a^2+b^2+c^2+d^2+e^2 = 16$$
的实数,试确定 e 的最大值.

分析 若由已知设 $f(x) = (x+a)^2 + (x+b)^2 + (x+c)^2 + (x+d)^2$,则 $f(x) \geqslant 0 \Leftrightarrow \Delta \leqslant 0$ 即可确定 e 的最大值.

解 设
$$\begin{aligned}f(x) &= (x+a)^2 + (x+b)^2 + (x+c)^2 + (x+d)^2 \\ &= 4x^2 + 2(a+b+c+d)x + a^2+b^2+c^2+d^2 \\ &= 4x^2 + 2(8-e)x + 16 - e^2.\end{aligned}$$

由于 $f(x)$ 的二次项系数为正且 $f(x) \geqslant 0$,可知 $\Delta = 4(8-e)^2 - 4 \cdot 4(16-e^2) \leqslant 0$,解之得 $0 \leqslant e \leqslant \dfrac{16}{5}$,即 e 的最大值为 $\dfrac{16}{5}$.

四、利用数形结合思想求条件最值

例 8(2005 年越南数学奥林匹克竞赛试题) 已知实数 x,y 满足等式
$$x - 3\sqrt{x+1} = 3\sqrt{y+2} - y,$$
求 $p = x+y$ 的最大值和最小值.

分析 注意到,若令 $m = \sqrt{x+1}, n = \sqrt{y+2}$,利用数形结合思想,所求即可转化为直线与圆弧的关系问题,从而使问题直观化,易于求解.

解 设 $m = \sqrt{x+1}, n = \sqrt{y+2}$,则 $x - 3\sqrt{x+1} = 3\sqrt{y+2} - y$ 可化为
$$\left(m - \dfrac{3}{2}\right)^2 + \left(n - \dfrac{3}{2}\right)^2 = \dfrac{15}{2} \quad (m,n \geqslant 0).$$

它的几何意义是落在第一象限内的圆弧.

又根据 $x-3\sqrt{x+1}=3\sqrt{y+2}-y$ 可知
$$x+y=3\sqrt{x+1}+3\sqrt{y+2},$$
于是 $p=x+y$ 可化为 $p=3(m+n)$,且 $p>0$. 它的几何意义是斜率为 -1 的直线.

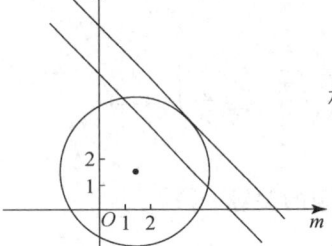

图 2.2

结合图像可知直线 $p=3(m+n)$ 与圆弧
$$\left(m-\frac{3}{2}\right)^2+\left(n-\frac{3}{2}\right)^2=\frac{15}{2}\quad(m,n\geqslant 0)$$
相切时,p 取得最大值(如图 2.2). 联立两方程得
$$\begin{cases}\left(m-\dfrac{3}{2}\right)^2+\left(n-\dfrac{3}{2}\right)^2=\dfrac{15}{2}\ (m,n\geqslant 0),\\ p=3(m+n),\end{cases}$$
于是可知 $2m^2-\dfrac{2p}{3}m+\dfrac{p^2}{9}-p-3=0$,从而 $\Delta=p^2-18p-54=0$,
得 $p_{\max}=9+3\sqrt{15}$.

直线 $p=3(m+n)$ 与圆弧 $\left(m-\dfrac{3}{2}\right)^2+\left(n-\dfrac{3}{2}\right)^2=\dfrac{15}{2}$ $(m,n\geqslant 0)$ 和 n 轴的交点重合时,p 取得最小值. 令 $m=0$,计算出 $n=\dfrac{3+\sqrt{21}}{2}$,于是 $p_{\min}=\dfrac{9+3\sqrt{21}}{2}$.

五、离散型条件最值问题

离散型条件最值问题指的是在整数集或其子集上变化的量的最值问题,它们在各类竞赛中经常出现. 由于这类问题往往不能用一个函数解析式表示,而且形式活泼,题型新颖,运用基础知识较少,蕴含丰富的思想方法,所以学生面对它们往往难以入手,感到困难. 另外,值得注意的是,一些熟知的关于函数最值的结论在离散情形会有所改变. 例如,函数 $f(n)=an^2+bn+c$ $(a>0, n\in \mathbf{Z})$,当 $-\dfrac{b}{2a}$ 不是整数时,最小值为 $f_{\min}=\min\{f(n_0),f(n_0+1)\}$,其中 $n_0=\left[-\dfrac{b}{2a}\right]$(这里 $[x]$ 表示不超过 x 的最大整数).

例 9(2005 年俄罗斯数学奥林匹克竞赛试题) 试找出不能表示为 $\dfrac{2^a-2^b}{2^c-2^d}$ 的形式的最小正整数,其中 a,b,c,d 都是正整数.

分析 可试着找出符合条件的所有正整数,直至找到第一个不符合条件的正整数为止,并以此为突破口,给出证明.

解 我们有

$$1 = \frac{4-2}{4-2}, \quad 3 = \frac{8-2}{4-2}, \quad 5 = \frac{16-1}{4-1} = \frac{2^5-2}{2^3-2},$$

$$7 = \frac{16-2}{4-2} = \frac{2^5-2}{2^2-2}, \quad 9 = 2^3+1 = \frac{2^6-1}{2^3-1} = \frac{2^7-2}{2^4-2},$$

$$2 = 2 \cdot 1 = \frac{2^3-2^2}{2^2-2}, \quad \cdots, \quad 10 = 2 \cdot 5 = \frac{2^6-2^2}{2^3-2}.$$

假设 $11 = \frac{2^a - 2^b}{2^c - 2^d}$,不失一般性,可设 $a > b, c > d$. 记 $m = a-b, n = c-d, k = b-d$,于是得到

$$11(2^n - 1) = 2^k(2^m - 1).$$

该式左端为奇数,因此 $k = 0$. 易知 $m = 1$ 或 $n = 1$ 不能使该式成立. 如果 $m, n > 1$,则 $2^n - 1$ 与 $2^m - 1$ 被 4 除的余数都是 3,从而该式左边被 4 除的余数为 1,而右边却为 3,矛盾.

综上所述,所求的最小正整数是 11.

例 10 设 a, b, c 是正整数,关于 x 的一元二次方程 $ax^2 + bx + c = 0$ 的两实根的绝对值均小于 $\frac{1}{3}$,求 $a+b+c$ 的最小值.

分析 可先根据条件确定 b 的取值范围,然后一一列举各种可能的情形,采用穷举法比较大小.

解 设方程 $ax^2 + bx + c = 0$ 的两实根为 x_1, x_2. 由韦达定理知 $x_1 < 0, x_2 < 0$. 又由 $\frac{c}{a} = x_1 x_2 < \frac{1}{9}$,得 $\frac{a}{c} > 9$,故 $b^2 \geq 4ac = 4 \cdot \frac{a}{c} \cdot c^2 > 4 \cdot 9 \cdot 1^2 = 36$,从而 $b \geq 7$.

又 $\frac{b}{a} = (-x_1) + (-x_2) < \frac{1}{3} + \frac{1}{3} = \frac{2}{3}$,故 $a > \frac{3}{2}b \geq \frac{21}{2}$,即 $a \geq 11$.

(1) 当 $b = 7$ 时,由 $4a \leq 4ac \leq b^2$ 及 $a \geq 11$ 知 $a = 11$ 或 $12, c = 1$. 但方程 $11x^2 + 7x + 1 = 0$ 有根 $-\frac{7+\sqrt{5}}{22} < -\frac{1}{3}$,不合题意;方程 $12x^2 + 7x + 1 = 0$ 的两根为 $-\frac{1}{3}, -\frac{1}{4}$,也不合题意.

(2) 当 $b = 8$ 时,由 $4ac \leq b^2 = 64$ 及 $a \geq 11$ 知 $a = 11, 12, 13, 14, 15, 16$,而 $c = 1$. 由 $x_2 = \frac{-b - \sqrt{b^2 - 4ac}}{2a} > -\frac{1}{3}$ 得 $4 + \sqrt{16-a} < \frac{a}{3}$. 令 $f(a) = \frac{a}{3} - \sqrt{16-a} - 4$ $(a \leq 16)$,则 $f(a) > 0$,且 $f(a)$ 为单调递增函数,故 $f(a) \leq f(16) = \frac{4}{3}$. 而 $f(15) = 0$,因此 $a = 16$. 此时 $a+b+c = 25$,$16x^2 + 8x + 1 = 0$ 的两根为 $x_1 = x_2 = -\frac{1}{4}$,符合题意.

(3) 当 $b \geq 9$ 时,$a > \frac{3}{2}b \geq \frac{27}{2}$,所以 $a \geq 14$. 于是 $a+b+c \geq 24$. 若 $a+b+c = 24$,则只能是 $a = 14, b = 9, c = 1$. 此时方程 $14x^2 + 9x + 1 = 0$ 的两根为 $-\frac{1}{2}, -\frac{1}{7}$,不合题意. 故 $a+b+c \geq 25$.

综上知,$a+b+c$ 的最小值为 25.

例 11(2003 年中国西部数学奥林匹克竞赛试题) 将 $1,2,3,4,5,6,7,8$ 分别放在正方体的八个顶点上,使得每一个面上的任意三个数之和均不小于 10,求每一面上四个数之和的最小值.

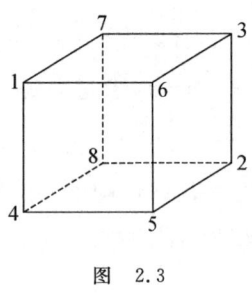

图 2.3

分析 可先根据题意求出和的取值范围,然后通过构造实例说明其中的最小值是可以取到的.

解 设某个面上的四个数 a_1,a_2,a_3,a_4 之和达到最小值,且 $a_1<a_2<a_3<a_4$.由于小于 5 的三个数之和最大为 9,故 $a_4\geqslant 6$.因此
$$a_1+a_2+a_3+a_4\geqslant 16.$$
如图 2.3 所示,我们取正方形的上面依次为 $1,7,3,6$,下面依次为 $4,8,2,5$,则右侧面为 $6+3+2+5=16$.这表明最小值 16 是可以达到的.

习 题 二

1. 将等差数列 $\{a_n\}:a_n=4n-1$ $(n\in \mathbf{N}^*)$ 中所有能被 3 或 5 整除的数删去后,剩下的数自小到大排成一个数列 $\{b_n\}$,求 b_{2006} 的值.

2. (2008 年全国高中数学联赛试题)设数列 $\{a_n\}$ 的前 n 项和 S_n 满足
$$S_n+a_n=\frac{n-1}{n+1}, \quad n=1,2,\cdots,$$
求通项公式 a_n.

3. (2006 年全国高中数学联赛试题)已知数列 $\{a_n\}$ 满足
$$a_0=x, \quad a_1=y, \quad a_{n+1}=\frac{a_n a_{n-1}+1}{a_n+a_{n-1}} \ (n=1,2,\cdots).$$
(1) 对于怎样的实数 x 与 y,总存在正整数 n_0,使得当 $n\geqslant n_0$ 时,a_n 恒为常数?

(2) 求通项 a_n.

4. 设 a 是一个自然数,$f(a)$ 是 a 的各位数码的平方和.定义数列 $\{a_n\}:a_1$ 是不超过三位的自然数,$a_n=f(a_{n-1})$ $(n\geqslant 2)$.求证:$\{a_n\}$ 是周期数列.

5. 设数列 $\{a_n\}$ 满足
$$a_1=2, \quad a_{m+n}+a_{m-n}-m+n=\frac{1}{2}(a_{2m}+a_{2n}), \text{ 其中 } m,n\in \mathbf{N}^*,m\geqslant n.$$
(1) 证明:对一切 $n\in \mathbf{N}^*$,有 $a_{n+2}=2a_{n+1}-a_n+2$;

(2) 证明:$\dfrac{1}{a_1}+\dfrac{1}{a_2}+\cdots+\dfrac{1}{a_{2009}}<1$.

6. (2000 年全国高中数学联赛试题)设数列 $\{a_n\}$ 和 $\{b_n\}$ 满足 $a_0=1,b_0=0$ 且

$$\begin{cases} a_{n+1} = 7a_n + 6b_n - 3, \\ b_{n+1} = 8a_n + 7b_n - 4, \end{cases} n = 1, 2, \cdots.$$

求证：a_n 是完全平方数.

7. (2006年"希望杯"全国数学邀请赛试题)已知函数 $y = f(x) = \sqrt{1 + \sqrt{1-x^2}} - \sqrt{1+x}$.

(1) 求 y 的定义域和值域,并证明 y 是单调递减函数;

(2) 解不等式 $\sqrt{1+\sqrt{1-x^2}} - \sqrt{1+x} > \dfrac{1}{2}$.

8. (2004年中国东南地区数学奥林匹克竞赛试题)已知不等式

$$\sqrt{2}(2a+3)\cos\left(\theta - \dfrac{\pi}{4}\right) + \dfrac{6}{\sin\theta + \cos\theta} - 2\sin 2\theta < 3a + 6,$$

对于 $\theta \in [0, \pi/2]$ 恒成立,求 a 的取值范围.

9. (2003年中国西部数学奥林匹克竞赛试题)设非负实数 $x_1, x_2, \cdots, x_5$ 满足 $\sum\limits_{i=1}^{5} \dfrac{1}{1+x_i} = 1$,

求证:$\sum\limits_{i=1}^{5} \dfrac{x_i}{4+x_i^2} \leqslant 1$.

10. (2003年IMO试题) 设 n 为正整数,实数 $x_1, x_2, \cdots, x_n$ 满足 $x_1 \leqslant x_2 \leqslant \cdots \leqslant x_n$.

(1) 证明:$\left(\sum\limits_{i=1}^{n} \sum\limits_{j=1}^{n} |x_i - x_j|\right)^2 \leqslant \dfrac{2(n^2-1)}{3} \sum\limits_{i=1}^{n} \sum\limits_{j=1}^{n} (x_i - x_j)^2$;

(2) 证明:(1)中等号成立的充分必要条件是 $x_1, x_2, \cdots, x_n$ 成等差数列.

11. (2006年中国女子数学奥林匹克竞赛试题)设 $x_i > 0$ ($i = 1, 2, \cdots, n$),$k \geqslant 1$,求证:

$$\sum_{i=1}^{n} \dfrac{1}{1+x_i} \cdot \sum_{i=1}^{n} x_i \leqslant \sum_{i=1}^{n} \dfrac{x_i^{k+1}}{1+x_i} \cdot \sum_{i=1}^{n} \dfrac{1}{x_i^k}.$$

12. (2006年CMO试题)设实数 $a_1, a_2, \cdots, a_n$ 满足 $a_1 + a_2 + \cdots + a_n = 0$,求证:

$$\max_{1 \leqslant k \leqslant n} \{a_k^2\} \leqslant \dfrac{n}{3} \sum_{i=1}^{n-1} (a_i - a_{i+1})^2.$$

13. (2005年全国高中数学联赛试题)设正数 a, b, c, x, y, z 满足 $cy + bz = a, az + cx = b$, $bx + ay = c$,求函数 $f(x, y, z) = \dfrac{x^2}{1+x} + \dfrac{y^2}{1+y} + \dfrac{z^2}{1+z}$ 的最小值.

14. (2002年全国高中数学联赛试题)设二次函数 $f(x) = ax^2 + bx + c$ ($a, b, c \in \mathbf{R}, a \neq 0$) 满足下列条件:

(1) 当 $x \in \mathbf{R}$ 时,$f(x-4) = f(2-x)$ 且 $f(x) \geqslant x$;

(2) 当 $x \in (0, 2)$ 时,$f(x) \leqslant \left(\dfrac{x+1}{2}\right)^2$;

(3) $f(x)$ 在 $\mathbf{R}$ 上的最小值为 0.

求最大的 m ($m > 1$),使得存在 $t \in \mathbf{R}$,只要 $x \in [1, m]$,就有 $f(x+t) \leqslant x$.

第二章 数列与不等式

15. 证明：$(u-v)^2+\left(\sqrt{2-u^2}-\dfrac{9}{v}\right)^2$ 在条件 $0<u<\sqrt{2},v>0$ 下的最小值为 8.

16. 设平面上有 $n(n\geqslant 5)$ 个互不相同的点，每点恰好与其他 4 个点的距离为 1，求这样的 n 的最小值.

本章参考文献

[1] 李世杰.高中数学竞赛专题讲座——递推与递推方法.杭州：浙江大学出版社,2008.

[2] 陶平生.高中数学竞赛专题讲座——数列与归纳法.杭州：浙江大学出版社,2007.

[3] 李世杰.高中数学竞赛专题讲座——周期函数和周期数列.杭州：浙江大学出版社,2008.

[4] 伍家德.金牌奥校数学奥林匹克教程(高中).北京：中国少年儿童出版社,2000.

[5] 刘诗雄.奥数教程(高二年级).上海：华东师范大学,2000.

[6] 黄琪锋.备战全国高中数学联赛.杭州：浙江大学出版社,2009.

[7] 陈永明.递推式.上海：上海科学技术出版社,1989.

[8] 单墫.数学竞赛教程.南京：江苏教育出版社,2009.

[9] 李胜宏,李明德.高中数学竞赛培优教程：专题讲座.杭州：浙江大学出版社,2003.

[10] 罗增儒.高中数学奥林匹克(二年级).西安：陕西师范大学出版社,2001.

[11] 周国镇."希望杯"数学能力培训教程(高二).北京：气象出版社,2005.

[12] 陶平生.高中数学竞赛专题讲座——不等式.杭州：浙江大学出版社,2007.

[13] 常庚哲,李炯生.高中数学竞赛教程.南京：江苏教育出版社,1989.

[14] 张同君,陈传理.竞赛数学解题研究.北京：高等教育出版社,2000.

[15] 2003 年 IMO 中国国家集训队教练组,选拔考试命题组.走向 IMO 数学奥林匹克试题集锦(2003).上海：华东师范大学出版社,2003.

[16] 2004 年 IMO 中国国家集训队教练组,选拔考试命题组.走向 IMO 数学奥林匹克试题集锦(2004).上海：华东师范大学出版社,2004.

[17] 2005 年 IMO 中国国家集训队教练组,选拔考试命题组.走向 IMO 数学奥林匹克试题集锦(2005).上海：华东师范大学出版社,2005.

[18] 2006 年 IMO 中国国家集训队教练组,选拔考试命题组.走向 IMO 数学奥林匹克试题集锦(2006).上海：华东师范大学出版社,2006.

[19] 2007 年 IMO 中国国家集训队教练组,选拔考试命题组.走向 IMO 数学奥林匹克试题集锦(2007).上海：华东师范大学出版社,2007.

[20] 蔡小雄,孙慧华.新课标高中数学竞赛通用教材(综合分册).杭州：浙江大学出版社,2007.

[21] 王佩瑾.条件极值的初等求法.中学数学教学,1980,1：18-23.

[22] 王佩瑾.条件极值的初等求法(续).中学数学教学,1980,2：12-15.

[23] 江厚利.数学竞赛中的条件最值问题.中等数学,2006,12：10-17.

[24] 崔金兴,孙炳宇.数学竞赛中条件最值的求法.数学通讯,2001,15：42-44.

第三章 多项式与方程

> 多项式与方程是代数学研究的主要内容之一,也是中学代数学习的重要内容.本章内容包括多项式、函数方程和不定方程.与上述内容有关的数学问题在国内外的各级各类数学竞赛中屡见不鲜,它们与函数、不等式、三角、复数、数论等知识相结合可以构成各种难度的综合题.本章侧重从数学竞赛的角度研究多项式、函数方程与不定方程的基本知识和常用解题方法.我们对本章中有关定理大部分都不给出证明,而将重点放在应用上述内容的基本知识和方法解决有关的数学竞赛问题,从而达到提高分析、解决数学竞赛问题能力的目的.

第一节 多 项 式

一、基本知识

1. 一元多项式

定义 1 设 $n \in \mathbf{N}, a_0, a_1, \cdots, a_n$ 是常数,且 $a_n \neq 0$,x 是未定元,则表达式

$$f(x) = a_n x^n + a_{n-1} x^{n-1} + \cdots + a_1 x + a_0 = \sum_{i=0}^{n} a_i x^i$$

称为关于 x 的**一元 n 次多项式**,其中 $a_0, a_1, \cdots, a_n$ 称为多项式 $f(x)$ 的**系数**.若多项式 $f(x)$ 的次数为 n,则记为 $\deg f(x) = n$.

单独的一个非零常数,约定为零次多项式;系数都是零的多项式,称为**零多项式**.零多项式不定义次数.

我们用 $\mathbf{Z}[x], \mathbf{Q}[x], \mathbf{R}[x], \mathbf{C}[x]$ 分别表示整系数、有理系数、实系数、复系数的一元多项式的集合.

定义 2 若多项式 $f(x) = \sum_{i=0}^{n} a_i x^i$ 与 $g(x) = \sum_{i=0}^{m} b_i x^i$ 的次数相同,而且同次项的系数相等,即 $n = m$,且 $a_i = b_i (i = 0, 1, 2, \cdots, n)$,则称 $f(x)$ 与 $g(x)$ **恒等**.

定理 1 如果多项式 $f(x)\neq 0, g(x)\neq 0$，那么
$$\deg(f(x)+g(x))\leqslant \max\{\deg f(x),\deg g(x)\},\quad \text{其中}\quad f(x)+g(x)\neq 0;$$
$$\deg(f(x)\cdot g(x))=\deg f(x)+\deg g(x).$$

2. 多项式的整除性

多项式的整除性在多项式理论中占有重要地位．带余除法定理是多项式整除性理论的基础．

定理 2（带余除法定理） 对于多项式 $f(x)$ 与 $g(x), g(x)\neq 0$，必存在唯一一对多项式 $q(x)$ 与 $r(x)$，使得 $f(x)=g(x)q(x)+r(x)$，这里 $r(x)=0$ 或者 $\deg r(x)<\deg g(x)$．

通常将定理 2 中的 $q(x)$ 叫做以 $g(x)$ 除 $f(x)$ 所得的**商式**，$r(x)$ 叫做**余式**．

若 $r(x)=0$，则称 $g(x)$ **整除** $f(x)$，记为 $g(x)|f(x)$，也称 $g(x)$ 为 $f(x)$ 的**因式**．

定理 3（余数定理） 多项式 $f(x)$ 除以 $x-a$ 的余式（数）为 $f(a)$．

定理 4（因式定理） 多项式 $f(x)$ 有因式 $x-a$ 的充分必要条件是 $f(a)=0$．

多项式整除的基本**性质**：

(1) 若 $f(x)|g(x), g(x)|h(x)$，则 $f(x)|h(x)$；

(2) 若 $h(x)|f(x), h(x)|g(x)$，则 $h(x)|(f(x)\pm g(x))$；

(3) 若 $h(x)|f(x)$，则 $h(x)|f(x)g(x)$，其中 $g(x)$ 为任意多项式；

(4) 若 $f(x)|g(x), g(x)|f(x)$，则 $f(x)=cg(x)$，这里 c 是不等于零的数．

3. 最大公因式

定义 3 如果两个多项式 $f(x)$ 与 $g(x)$ 同时被 $d(x)$ 整除，那么 $d(x)$ 叫做 $f(x)$ 与 $g(x)$ 的**公因式**．若 $d(x)$ 是 $f(x)$ 与 $g(x)$ 的公因式，并且 $f(x)$ 与 $g(x)$ 的所有公因式都整除 $d(x)$，则 $d(x)$ 叫做 $f(x)$ 与 $g(x)$ 的**最大公因式**．

两个不全为零的多项式的最大公因式是不唯一的，它们之间只相差一个常数因子．约定最大公因式的首项系数为 1，这样两个多项式 $f(x)$ 与 $g(x)$ 的最大公因式就是唯一的，记为 $(f(x),g(x))$．

定理 5 设多项式 $f(x)$ 与 $g(x)$ 的最大公因式为 $d(x)$，那么存在多项式 $u(x)$ 与 $v(x)$，使得以下等式成立：$f(x)u(x)+g(x)v(x)=d(x)$．

如果两个多项式除零次多项式外无其他的公因式，那么称这两个多项式**互素**．显然，有
$$f(x) \text{ 与 } g(x) \text{ 互素} \iff (f(x),g(x))=1.$$

定理 6 两个多项式 $f(x)$ 与 $g(x)$ 互素的充分必要条件是：存在多项式 $u(x)$ 与 $v(x)$，使得
$$f(x)u(x)+g(x)v(x)=1.$$

互素多项式的一些重要**性质**：

(1) 若 $(f(x),h(x))=1, (g(x),h(x))=1$，则 $(f(x)g(x),h(x))=1$；

(2) 若 $h(x)|g(x)f(x), (h(x), f(x))=1$,则 $h(x)|g(x)$;

(3) 若 $g(x)|f(x), h(x)|f(x), (g(x), h(x))=1$,则 $g(x)h(x)|f(x)$.

4. 多项式的同余

在解决整除问题时,同余起着重要的作用. 为此,对整系数多项式我们也引进同余的概念.

定义 4 设 m 是给定整数,$f(x), g(x) \in \mathbf{Z}[x]$. 如果 m 整除 $f(x)-g(x)$ 的所有系数,则称 $f(x)$ 与 $g(x)$ 对模 m **同余**,记为 $f(x) \equiv g(x) \pmod{m}$;否则,称 $f(x)$ 与 $g(x)$ 对模 m **不同余**,记为 $f(x) \not\equiv g(x) \pmod{m}$.

多项式的同余具有下述性质:

(1) 若 $f_1(x) \equiv g_1(x) \pmod{m}, f_2(x) \equiv g_2(x) \pmod{m}$,则
$$f_1(x) \pm f_2(x) \equiv g_1(x) \pm g_2(x) \pmod{m}, \quad f_1(x)f_2(x) \equiv g_1(x)g_2(x) \pmod{m};$$

(2) 对任意素数 p 和正整数 m,有 $(x+y)^{p^m} \equiv x^{p^m} + y^{p^m} \pmod{m}$.

5. 多项式的因式分解

定义 5 设 $f(x)$ 是一个次数大于零的多项式. 若 $f(x)$ 在数域 F 内除形如 λ 和 $\mu f(x)$ (λ, μ 为非零数)的因式(称为 $f(x)$ 的**平凡因式**)外,无其他因式,则称 $f(x)$ 在 F 内**不可约**;若 $f(x)$ 在 F 内除平凡因式外,还有其他因式,则称 $f(x)$ 在 F 内**可约**.

不可约多项式的一些重要**性质**:

(1) 如果多项式 $p(x)$ 不可约,而 $f(x)$ 是任一多项式,那么或者 $(p(x), f(x))=1$,或者 $p(x)|f(x)$.

(2) 如果多项式 $f(x)$ 与 $g(x)$ 的乘积能被不可约多项式 $p(x)$ 整除,那么 $f(x)$ 与 $g(x)$ 中至少有一个被 $p(x)$ 整除.

定理 7(唯一因式分解定理) 设 $f(x)$ 是数域 F 上次数大于零的多项式. 如果不计零次因式的差异,那么 $f(x)$ 可以唯一地分解为以下形式:
$$f(x) = a p_1^{k_1}(x) p_2^{k_2}(x) \cdots p_t^{k_t}(x),$$
其中 a 是 $f(x)$ 的最高次项的系数,$p_1(x), p_2(x), \cdots, p_t(x)$ 是首项系数为 1 的互不相等的不可约多项式,并且 $p_i(x) (i=1, 2, \cdots, t)$ 是 $f(x)$ 的 k_i 重因式.

对于整系数多项式在有理数域上的可约性,有以下两个定理:

定理 8(高斯(Gauss)定理) 如果整系数 $n (n>0)$ 次多项式 $f(x)$ 在有理数域上可约,那么 $f(x)$ 总可以分解成次数都小于 n 的两个整系数多项式的乘积.

定理 9(艾森斯坦(Aisensiton)判别法) 设多项式
$$f(x) = a_n x^n + a_{n-1} x^{n-1} + \cdots + a_1 x + a_0 \in \mathbf{Z}[x].$$
如果能找到一个素数 p,使得 $p \nmid a_n, p | a_i\ (i=0, 1, 2, \cdots, n-1)$,但 $p^2 \nmid a_0$,那么 $f(x)$ 在有理数域上不可约.

6. 多项式的根

定理 10（多项式恒等定理） 设 $f(x)$ 与 $g(x)$ 是两个次数不大于 n 的多项式. 若有 $n+1$ 个不同的数 $x_0, x_1, x_2 \cdots, x_n$, 使得 $f(x_i) = g(x_i)(i=0,1,2,\cdots,n)$, 则 $f(x) \equiv g(x)$.

推论 1 多项式 $f(x)$ 与 $g(x)$ 恒等的充分必要条件是: $f(x) = g(x)$ 对 x 的无穷多个值成立.

推论 2 若多项式 $f(x)$ 有无穷多个不同的根, 则 $f(x)$ 是零多项式.

定理 11（代数学基本定理） 任何一元 n $(n>0)$ 次多项式在复数集中至少有一个根.

定理 12（根的个数定理） 任何一元 n $(n>0)$ 次多项式在复数集中恰有 n 个根（重根按重数计算）.

关于实系数多项式的根有以下重要定理:

定理 13（实系数多项式虚根成对定理） 若实系数多项式 $f(x)$ 有一个非实的复根 α, 则 α 的共轭 $\bar{\alpha}$ 也是 $f(x)$ 的根, 并且 α 与 $\bar{\alpha}$ 有同一重数, 即实系数多项式 $f(x)$ 的虚根成对出现.

由定理 12 和定理 13 知, 实数域上的不可约多项式仅仅只有一次多项式和只含有非实共轭复根的二次多项式.

关于整系数多项式的有理根有以下重要定理:

定理 14 设 $f(x) = a_n x^n + a_{n-1} x^{n-1} + \cdots + a_1 x + a_0 \, (a_n \neq 0)$ 是整系数多项式. 若有理数 $\dfrac{n}{m}$（既约分数）是 $f(x)$ 的一个根, 则

(1) $m \mid a_n, n \mid a_0$;

(2) $f(x) = \left(x - \dfrac{n}{m}\right) q(x)$, 其中 $q(x) \in \mathbf{Z}[x]$.

推论 1 如果整系数多项式的首项系数为 1, 那么它的有理根只能是整数.

推论 2 整系数多项式的整数根一定是常数项的约数.

定理 15（韦达（Vieta）定理） 如果一元 n $(n>0)$ 次多项式
$$f(x) = a_n x^n + a_{n-1} x^{n-1} + \cdots + a_1 x + a_0 \quad (a_n \neq 0)$$
的根是 $x_1, x_2 \cdots, x_n$, 那么

$$x_1 + x_2 + \cdots + x_n = -\frac{a_{n-1}}{a_n},$$

$$x_1 x_2 + x_1 x_3 + \cdots + x_1 x_n + x_2 x_3 + \cdots + x_{n-1} x_n = \frac{a_{n-2}}{a_n},$$

$$\cdots\cdots\cdots\cdots$$

$$x_1 x_2 \cdots x_{n-1} x_n = (-1)^n \frac{a_0}{a_n}.$$

7. 拉格朗日插值多项式

定理 16 任何一个次数不超过 $n-1$ 次的复系数一元多项式 $f(x)$ 都可以唯一地表示为

$$f(x) = \sum_{i=1}^{n} \Big(\prod_{\substack{j=1 \\ j \neq i}}^{n} \frac{x - x_j}{x_i - x_j}\Big) f(x_i),$$

其中 $x_1, x_2, \cdots, x_n$ 为互异复数. 此多项式称为**拉格朗日**(Lagrange)**插值多项式**.

二、常用方法

(1) 有关多项式的因式分解、整除、求值等问题，常常可利用带余除法定理、余数定理、因式定理、多项式恒等定理、1 的 n 次单位根等进行求解. 而有关多项式的根的问题，可以利用代数学基本定理、根的个数定理、实系数多项式虚根成对定理、整系数多项式的有理根判别定理、韦达定理等来求解. 另外，上述各种问题的解决应结合赋值法和待定系数法.

(2) 对于条件多项式问题的求解，既需要灵活运用多项式的知识，也需要灵活运用有关代数技巧. 条件多项式问题的求解可以从下面几方面入手：分析多项式根的情况，分析多项式的系数，注意余式定理和因式定理的灵活运用.

(3) 拉格朗日插值多项式的应用非常广泛，如可以用于求多项式的值，讨论多项式值的范围，讨论多项式某点的值的范围，求多项式的次数，求解满足某些条件的多项式，等等.

(4) 在解决多项式的问题时，应注意充分结合其他知识，如基本不等式、复数、整数的奇偶性、整除性等知识；还应注意充分运用反证法、数学归纳法、构造法等其他方法.

三、典型例题解析

例 1 设 $f(x) = a_n x^n + a_{n-1} x^{n-1} + \cdots + a_0$, $g(x) = c_{n+1} x^{n+1} + c_n x^n + \cdots + c_0$ 是两个实系数非零多项式，且存在实数 r，使得 $g(x) = (x-r) f(x)$. 记 $a = \max\{|a_n|, |a_{n-1}|, \cdots, |a_0|\}$, $c = \max\{|c_n|, |c_{n-1}|, \cdots, |c_0|\}$. 求证：$\dfrac{a}{c} \leqslant n+1$.

证明 因为
$$c_{n+1} x^{n+1} + c_n x^n + \cdots + c_0 = (x - r)(a_n x^n + a_{n-1} x^{n-1} + \cdots + a_1 x + a_0),\quad ①$$
所以 $c_{n+1} = a_n, c_n = a_{n-1} - r a_n, c_{n-1} = a_{n-2} - r a_{n-1}, \cdots, c_1 = a_0 - r a_1, c_0 = -r a_0$. 于是
$$a_n = c_{n+1}, \quad a_{n-1} = c_n + r c_{n+1}, \quad a_{n-2} = c_{n-1} + r c_n + r^2 c_{n+1}, \quad \cdots,$$
$$a_0 = c_1 + r c_2 + r^2 c_3 + \cdots + r^n c_{n+1}.$$

若 $|r| \leqslant 1$，则
$$|a_n| = |c_{n+1}| \leqslant c, \quad |a_{n-1}| \leqslant |c_n| + |r||c_{n+1}| \leqslant 2c, \quad \cdots,$$
$$|a_0| \leqslant |c_1| + |r||c_2| + |r|^2 |c_3| + \cdots + |r|^n |c_{n+1}| \leqslant (n+1) c.$$
由此可见，$a \leqslant (n+1) c$.

若 $|r| > 1$，则在①式两边同除以 $-r x^{n+1}$，并令 $y = 1/x$，得
$$-\frac{c_0}{r} y^{n+1} - \frac{c_1}{r} y^n - \cdots - \frac{c_{n+1}}{r} = \Big(y - \frac{1}{r}\Big)(a_0 y^n + a_1 y^{n-1} + \cdots + a_n).$$

和前面一样,有
$$a \leqslant (n+1)\frac{c}{|r|} < (n+1)c.$$

综上所述,命题得证.

注 本题是证明两个多项式系数的不等关系. 我们先利用待定系数法,得到关于第一个多项式系数的方程组,再用第二个多项式的系数表示第一个多项式的每一个系数,最后利用绝对值不等式,通过分类讨论加以证明. 本题中的分类讨论,将第二种情形的证明归结为第一种情形的做法,在数学证明中比较常见.

例 2 设 $f(x), g(x) \in \mathbf{Z}[x]$, $f(x)g(x)$ 是偶系数多项式,但不是所有系数都是 4 的倍数,求证:$f(x)$ 和 $g(x)$ 中有一个的系数全为偶数,另一个至少有一个系数是奇数.

证明 设 $f(x)$ 和 $g(x)$ 的系数中都有奇数,用 $f_1(x)$ 和 $g_1(x)$ 分别表示由 $f(x)$ 和 $g(x)$ 中所有系数为奇数的单项组成的多项式,则
$$f(x) \equiv f_1(x) \pmod 2, \quad g(x) \equiv g_1(x) \pmod 2.$$
由已知有 $f(x)g(x) \equiv 0 \pmod 2$,所以
$$f(x)g(x) \equiv f_1(x)g_1(x) \equiv 0 \pmod 2.$$
由此可知,$f_1(x)g_1(x)$ 的所有系数均为偶数. 但由假设可得 $f_1(x)g_1(x)$ 的最高次项的系数必为奇数,矛盾. 故 $f(x)$ 和 $g(x)$ 中有一个的系数全是偶数.

假设 $f(x)$ 和 $g(x)$ 都是偶系数,则可得 $f(x)g(x) \equiv 0 \pmod 4$,即 $f(x)g(x)$ 的所有系数均是 4 的倍数,与已知矛盾. 这就证明了 $f(x)$ 和 $g(x)$ 中有一个,其至少一个系数是奇数.

注 本题用反证法证明. 当 $f(x)$ 和 $g(x)$ 的系数中都有奇数时,可得"$f_1(x)g_1(x)$ 的所有系数均为偶数"与"$f_1(x)g_1(x)$ 的最高次项的系数必为奇数"的自相矛盾结果;当 $f(x)$ 和 $g(x)$ 都是偶系数时,可得 $f(x)g(x)$ 的所有系数均是 4 的倍数,与已知矛盾.

例 3 设 a, b, c, d 是 4 个不同实数,$p(x)$ 是实系数多项式. 已知 $p(x)$ 除以 $x-a, x-b, x-c, x-d$ 的余数依次为 a, b, c, d,求 $p(x)$ 除以 $(x-a)(x-b)(x-c)(x-d)$ 的余式.

解 根据余数定理,$p(x)$ 被 $x-a$ 除,余数为 $p(a)$,知 $p(a) = a$. 同理,$p(b) = b$, $p(c) = c$, $p(d) = d$.

考查多项式 $T(x) = p(x) - x$,则有 $T(a) = 0, T(b) = 0, T(c) = 0, T(d) = 0$. 由因式定理知多项式 $T(x)$ 含有因式 $(x-a)(x-b)(x-c)(x-d)$,而 $p(x) = T(x) + x$,故 $p(x)$ 除以 $(x-a)(x-b)(x-c)(x-d)$ 的余式为 x.

注 本题利用余数定理和因式定理,通过构造多项式的方法获得问题的解.

例 4(2003 年俄罗斯数学竞赛试题) 若有二次三项式 $p(x) = x^2 + ax + b$ 和 $q(x) = x^2 + cx + d$,使得方程 $p(q(x)) = q(p(x))$ 没有实根,证明:$b \neq d$.

证明 若不然,设
$$p(x) = x^2 + ax + b, \quad q(x) = x^2 + cx + d.$$

代入 $p(q(x))=q(p(x))$,展开并化简,得
$$(a-c)[2x^3+(a+c-1)x^2+2bx-b]=0.$$

若 $a=c$,则 x 取任意实数时,x 都是 $p(q(x))=q(p(x))$ 的根,矛盾.

若 $a\neq c$,则 $p(q(x))=q(p(x))$ 化为三次方程,一定有实根,矛盾.

因此,有 $b\neq d$.

注 本题涉及具体多项式的根,利用反证法,假设 $b=d$,将已知方程化简为一个恒等式或三次方程,从而获得矛盾.

例5(2003年斯洛文尼亚数学竞赛试题) 设 $p(x)=x^n+a_1x^{n-1}+\cdots+a_{n-1}x+1$ 为一个具有非负实系数的多项式,且 $p(x)$ 有 n 个实根,证明:对任意的 x($x\geqslant 0$),有
$$p(x)\geqslant x^n+C_n^1 x^{n-1}+\cdots+C_n^{n-1}x+1.$$

证明 由于多项式 $p(x)$ 具有非负的实系数,且 $p(0)=1$,因此它的所有实根都是负的. 由于该多项式有 n 个实根,可设 $p(x)=(x+x_1)(x+x_2)\cdots(x+x_n)$,其中 $x_1,x_2,\cdots,x_n$ 都是正实数.

由韦达定理有
$$a_1=x_1+x_2+\cdots+x_n,\quad a_2=x_1x_2+x_1x_3+\cdots+x_{n-1}x_n,\quad \cdots,$$
$$a_n=x_1x_2\cdots x_{n-1}+x_1\cdots x_{n-2}x_n+\cdots+x_2x_3\cdots x_n.$$

再由 $p(0)=1$ 可导出 $x_1x_2\cdots x_n=1$. 应用算术-几何平均不等式,可得
$$\frac{a_1}{A_1}\geqslant\sqrt[A_1]{x_1x_2\cdots x_n}=1,\quad \frac{a_2}{A_2}\geqslant\sqrt[A_2]{x_1^2x_2^2\cdots x_n^2}=1,\quad \cdots,\quad \frac{a_{n-1}}{A_{n-1}}\geqslant\sqrt[A_{n-1}]{x_1^{n-1}x_2^{n-1}\cdots x_n^{n-1}}=1,$$
其中 $A_k=C_n^k$ ($k=1,2,\cdots,n-1$).

记 $q(x)=\sum\limits_{k=0}^{n}C_n^k x^k$. 由于多项式 $p(x)$ 的系数都大于或等于多项式 $q(x)$ 的对应的系数,因此对所有的 $x\geqslant 0$,都有 $p(x)\geqslant q(x)$.

注 本题欲证的不等式其右边是一个系数为组合数 C_n^k 的多项式,因此只要证明 $p(x)$ 的对应系数不小于 C_n^k 即可. 注意到题设条件涉及多项式的实根,于是考虑用韦达定理与算术-几何平均不等式来证明.

例6(2000年克罗地亚数学竞赛试题) 求证:存在整系数多项式 $f(x)$,使得当 $0.09\leqslant x\leqslant 0.11$ 时,均有 $|f(x)-0.1|<0.0001$.

证明 因为 $0.09\leqslant x\leqslant 0.11$,所以 $0.9\leqslant 10x\leqslant 1.1$,即 $|10x-1|\leqslant 0.1$. 故只需设
$$f(x)=\frac{1}{10}[(10x-1)^k+1],$$
则当 k 足够大时,有
$$|f(x)-0.1|=\left|\frac{1}{10}(10x-1)^k\right|<0.0001.$$

由于同时必须保证 $f(x)$ 是整系数多项式,所以 k 必须为奇数,比如可选择 $k=5$.

注 本题是存在性问题的证明,一般采用构造法,即构造一个满足条件的多项式.注意到 $0.09 \leqslant x \leqslant 0.11$,即为 $|10x-1| \leqslant 0.1$,从而想到如何构造多项式,使问题获证.

例7(2003年普特南数学竞赛试题) 是否存在多项式 $a(x), b(x), c(y), d(y)$,使得
$$1 + xy + x^2 y^2 = a(x)c(y) + b(x)d(y)$$
恒成立?

解 如果存在满足条件的多项式,我们可设
$$a(x) = a_2 x^2 + a_1 x + a_0, \quad b(x) = b_2 x^2 + b_1 x + b_0,$$
$$c(y) = c_2 y^2 + c_1 y + c_0, \quad d(y) = d_2 y^2 + d_1 y + d_0.$$
代入已知等式,比较两边各项的系数,得
$$1 = a_i c_i + b_i d_i \ (i=0,1,2), \quad 0 = a_i c_j + b_i d_j \ (i \neq j).$$
由前面的方程可知,对于 $i = 0,1,2, a_i$ 和 b_i 不全为零,c_i 和 d_i 也不全为零,从而结合后面的方程,可得 $\dfrac{a_i}{b_i} = -\dfrac{d_j}{c_j} \ (i \neq j)$,这里若 $b_i = 0$,则 $c_j = 0$.因此我们有
$$\frac{a_0}{b_0} = -\frac{d_1}{c_1} = \frac{a_2}{b_2} = -\frac{d_0}{c_0}.$$
这表明 $a_0 c_0 + b_0 d_0 = 0$,矛盾.所以不存在满足条件的多项式.

注 本题用反证法求解.由条件等式可知多项式 $a(x), b(x), c(y), d(y)$ 的次数不超过 2,因此可用待定系数法得到所设多项式某些系数的自相矛盾的等式.

例8 已知 $f_1(x), f_2(x), f_3(x), f_4(x)$ 均为多项式,并且
$$f_1(x^k) + x f_2(x^k) + x^2 f_3(x^k) = (1 + x + x^2 + \cdots + x^{k-1}) f_4(x^k)$$
(k 为一个确定的正整数,且 $k \geqslant 4$),求证:$x - 1$ 是 $f_1(x), f_2(x), f_3(x), f_4(x)$ 的公因式.

证明 1的 k 次单位根为 $\omega_j = \cos\dfrac{2\pi j}{k} + i\sin\dfrac{2\pi j}{k} \ (j=1,2,\cdots,k)$.令 $\omega_1 = \omega, \omega_2 = \omega^2, \omega_3 = \omega^3$,代入已知等式,得
$$f_1(1) + \omega f_2(1) + \omega^2 f_3(1) = 0,$$
$$f_1(1) + \omega^2 f_2(1) + \omega^4 f_3(1) = 0,$$
$$f_1(1) + \omega^3 f_2(1) + \omega^6 f_3(1) = 0.$$
考查关于 x 的二次方程 $f_1(1) + x f_2(1) + x^2 f_3(1) = 0$,由以上三式知,此方程至少有三个根 $\omega_1, \omega_2, \omega_3$ 且互不相等,但此方程的最高次数为 2,故
$$f_1(1) = f_2(1) = f_3(1) = 0.$$
再取 $x = 1$ 代入已知等式,得 $f_4(1) = 0$.因此 $x - 1$ 是 $f_1(x), f_2(x), f_3(x), f_4(x)$ 的公因式.

注 由本题的题设等式知,可以利用1的 k 次单位根,由赋值法得到 $f_1(1) = f_2(1) = f_3(1) = f_4(1) = 0$,再由因式定理便获得命题结论.

例9(2000年葡萄牙数学竞赛试题) 设 $f(x) = a_0 x^n + a_1 x^{n-1} + \cdots + a_{n-1} x + p a_n$ 是整

系数多项式,$a_0 a_n \neq 0$,p 为质数,且 $p > \sum_{i=0}^{n-1} |a_i| |a_n|^{n-1-i}$,证明:$f(x)$ 在整系数范围内不可约.

证明 先证:若 α 是 $f(x)=0$ 的任一根,则 $|\alpha| > |a_n|$. 用反证法. 否则,设 $|\alpha| \leq |a_n|$,则 $f(\alpha)=0$,故
$$|pa_n| = |a_0 \alpha^n + a_1 \alpha^{n-1} + \cdots + a_{n-1} \alpha| \leq |a_n| \sum_{i=0}^{n-1} |a_i| |a_n|^{n-1-i} < |a_n| p,$$
矛盾. 所以 $|\alpha| > |a_n|$.

再证:$f(x)$ 不可约. 同样用反证法. 否则,因 p 是质数,故可设
$$f(x) = (b_0 x^r + b_1 x^{r-1} + \cdots + b_{r-1} x + b_r p)(c_0 x^s + c_1 x^{s-1} + \cdots + c_{s-1} x + c_s).$$
因此 $a_0 = b_0 c_0$,$a_n = b_r c_s$.

设 $\alpha_1, \alpha_2, \cdots, \alpha_s$ 是 $c_0 x^s + c_1 x^{s-1} + \cdots + c_{s-1} x + c_s = 0$ 的根,则
$$|\alpha_1 \alpha_2 \cdots \alpha_s| = \left|\frac{c_s}{c_0}\right| \leq |c_s|,$$
从而 $|a_n| = |b_r c_s| \geq |c_s| \geq |\alpha_1 \alpha_2 \cdots \alpha_s| > |a_n|^s$,即 $|a_n| > |a_n|^s$,矛盾.

因此,$f(x)$ 在整系数范围内不可约.

注 证明多项式不可约常采用反证法. 若 $f(x)$ 在整系数范围内可约,可设 $f(x)$ 是两个整系数多项式的积,再用待定系数法得到有关系数的等式,然后利用韦达定理联系根与这些系数的等量关系. 于是先用反证法结合题设条件证明 $|\alpha| > |a_n|$,这样便可获得矛盾.

例 10(2008 年中国女子数学奥林匹克竞赛试题) 已知实系数多项式
$$\varphi(x) = ax^3 + bx^2 + cx + d$$
有三个正根,且 $\varphi(0) < 0$,求证:
$$2b^3 + 9a^2 d - 7abc \leq 0. \qquad ②$$

证明 设实系数多项式 $\varphi(x) = ax^3 + bx^2 + cx + d$ 的三个正根分别为 x_1, x_2, x_3. 由韦达定理,有
$$x_1 + x_2 + x_3 = -\frac{b}{a}, \quad x_1 x_2 x_3 = -\frac{d}{a}, \quad x_1 x_2 + x_2 x_3 + x_3 x_1 = \frac{c}{a}.$$

由 $\varphi(0) < 0$,得 $d < 0$,故 $a > 0$. 于是不等式 ② 的两边同除以 a^3 得
$$7\left(-\frac{b}{a}\right)\frac{c}{a} \leq 2\left(-\frac{b}{a}\right)^3 + 9\left(-\frac{d}{a}\right)$$
$$\Leftrightarrow 7(x_1 + x_2 + x_3)(x_1 x_2 + x_2 x_3 + x_3 x_1) \leq 2(x_1 + x_2 + x_3)^3 + 9 x_1 x_2 x_3$$
$$\Leftrightarrow x_1^2 x_2 + x_1^2 x_3 + x_2^2 x_1 + x_2^2 x_3 + x_3^2 x_1 + x_3^2 x_2 \leq 2(x_1^3 + x_2^3 + x_3^3). \qquad ③$$

因为 x_1, x_2, x_3 均大于 0,所以 $(x_1 - x_2)(x_1^2 - x_2^2) \geq 0$,即
$$x_1^2 x_2 + x_2^2 x_1 \leq x_1^3 + x_2^3.$$
同理 $\qquad x_2^2 x_3 + x_3^2 x_2 \leq x_2^3 + x_3^3, \quad x_3^2 x_1 + x_1^2 x_3 \leq x_3^3 + x_1^3.$

三个不等式相加即得不等式③,其中当且仅当 $x_1=x_2=x_3$ 时,等号成立.

注 本题欲证的是与已知三次实系数多项式系数有关的不等式,而该多项式有三个正根,因此可以利用韦达定理,将欲证不等式转化为关于三个正根的不等式,然后再加以证明.

例 11(2002 年美国数学竞赛试题) 证明:任一首项系数为 1 的一元 n 次实系数多项式是两个有 n 个实根且首项系数为 1 的一元 n 次多项式的平均.

证明 由拉格朗日插值公式,对任意两组实数 $a_1<a_2<\cdots<a_n$ 和 $b_1,b_2,\cdots,b_n$,有一个 $n-1$ 次多项式 $h(x)$ 存在,使得 $h(a_i)=b_i(i=1,2,\cdots,n)$,其中

$$h(x)=\sum_{i=1}^n\prod_{i\neq j}\frac{x-a_j}{a_i-a_j}\cdot b_i.$$

以下对 n 为偶数的情形给出证明,当 n 为奇数时,略作调整即可.

设 $f(x)$ 为任一首项系数为 1 的 n 次实系数多项式,记 $T=\max\{2|f(1)|,2|f(2)|,\cdots,2|f(n)|\}$. 取 $a_i=i\,(i=1,2,\cdots,n)$, $b_1=b_3=\cdots=b_{n-1}=-M$, $b_2=b_4=\cdots=b_n=M$(其中 M 为大于 T 的正实数),则

$$h(x)=\sum_{i=1}^n\prod_{i\neq j}\frac{x-a_j}{a_i-a_j}\cdot b_i,$$

且满足 $h(a_i)=b_i\,(i=1,2,\cdots,n)$. 取

$$g(x)=(x-1)(x-2)\cdots(x-n)+h(x),$$

则 $g(x)$ 为首项系数为 1 的 n 次多项式,且

$$g(1)=g(3)=\cdots=g(n-1)=-M,\quad g(2)=g(4)=\cdots=g(n)=M,$$

从而 $g(x)$ 在 $(-\infty,1),(1,2),\cdots,(n-2,n-1),(n-1,n)$ 上各有一个根,即 $g(x)$ 有 n 个实根.

记 $\varphi(x)=2f(x)-g(x)$,则 $\varphi(x)$ 为首项系数为 1 的 n 次多项式,且 $\varphi(x)$ 在 $x=1,3,\cdots,n-1$ 处的值大于 0,在 $x=2,4,\cdots,n$ 处的值小于 0,从而 $\varphi(x)$ 在 $(1,2),(2,3),\cdots,(n-1,n)$, $(n,+\infty)$ 上各有一个根,即 $\varphi(x)$ 有 n 个实根.

注意到 $\dfrac{g(x)+\varphi(x)}{2}=\dfrac{2f(x)}{2}=f(x)$,也即 $f(x)$ 是 $g(x)$ 与 $\varphi(x)$ 的平均,故命题得证.

注 本题中对于任一多项式 $f(x)$,利用拉格朗日插值公式,先构造一个有 n 个实根且首项系数为 1 的多项式 $g(x)$,再构造多项式 $\varphi(x)=2f(x)-g(x)$,并证明 $\varphi(x)$ 也是有 n 个实根且首项系数为 1 的多项式,从而命题获证.

例 12(2005 年 IMO 预选试题) 求所有首项系数为 1 的二次整系数多项式 $p(x)$,使得存在多项式 $q(x)$,满足:$p(x)q(x)$ 的所有系数全是 ± 1.

解 显然 $p(x)=x^2+ax\pm 1$(a 为整数).

当 $a=\pm 1$ 时,取 $q(x)=1$ 便符合要求;当 $a=0$ 时,取 $q(x)=x+1$ 可符合要求.

若 $|a|\geqslant 2$,$p(x)$ 有两个实根 x_1,x_2,它们也是 $p(x)q(x)=x^n+a_{n-1}x^{n-1}+\cdots+a_1x+a_0$

的根($a_i = \pm 1, i = 0, 1, \cdots, n-1$). 由 $|x_1| \cdot |x_2| = 1$ 可设 $|x_1| \leqslant 1$. 若 $|x_2| \geqslant 2$, 由

$$1 = \left| \frac{a_{n-1}}{x_2} + \cdots + \frac{a_1}{x_2^{n-1}} + \frac{a_0}{x_2^n} \right| \leqslant \frac{1}{|x_2|} + \cdots + \frac{1}{|x_2|^n} < \frac{1}{|x_2|-1},$$

推出 $|x_2| < 2$, 矛盾. 故 $|x_2| < 2$, $|a| = |x_1 + x_2| < 3$.

对于 $p(x) = x^2 \pm 2x - 1$, 有一根的绝对值大于 2, 不符合要求. 对于 $p(x) = x^2 \pm 2x + 1$, 分别取 $q(x) = x \mp 1$ 可符合要求.

因此, 满足本题条件的 $p(x)$ 共 8 个: $x^2 \pm 1$, $x^2 \pm x \pm 1$ 和 $x^2 \pm 2x + 1$.

注 本题中满足条件的 $p(x)$ 为 $x^2 + ax \pm 1$ (a 为整数), 当 $a = 0, \pm 1$ 时, 可获得符合要求的多项式 $q(x)$; 当 $|a| \geqslant 2$ 时, 用反证法证明 $p(x)$ 的两实根 x_1 和 x_2 满足 $|x_1| \leqslant 1$, $|x_2| < 2$, 从而 $|a| < 3$; 再对 $a = \pm 2$ 情形进行验证便可获得答案.

例 13(2004 年瑞典数学竞赛试题) 求满足下列条件的所有实系数多项式 $p(x)$: 对于所有实数 x, 有

$$1 + p(x) = \frac{1}{2}[p(x-1) + p(x+1)].$$

解 若 $p(x)$ 的次数大于或等于 3, 令 $r(x) = p'(x)$. 将已知等式两边求导数, 得

$$p'(x) = \frac{1}{2}[p'(x-1) + p'(x+1)], \quad 即 \quad r(x) = \frac{1}{2}[r(x-1) + r(x+1)]. \quad ④$$

若 $r''(x)$ 为一常数, 设 $r''(x) = a$. 因为 $r(x)$ 的次数大于或等于 2, 所以 $a \neq 0$. 因此 $R(x)$ 在实数域 **R** 内为凸函数或凹函数. 不妨设 $r(x)$ 在 **R** 上为凸函数, 则有

$$r(x) < \frac{1}{2}[r(x-1) + r(x+1)] \quad (x \in \mathbf{R}),$$

与④式矛盾.

若 $r''(x)$ 的次数大于或等于 1, 令 $r''(x)$ 的首项为 $a_n x^n$, 于是有

$$\lim_{x \to \infty} \frac{r''(x)}{x^n} = a_n.$$

不妨设 $a_n > 0$, 则存在 x_0, 当 $x \geqslant x_0$ 时, $\left| \frac{r''(x)}{x^n} - a_n \right| < a_n$. 故 $\frac{r''(x)}{x^n} > 0$, 从而当 $x \geqslant x_0$ 时, $r''(x)$ 恒大于 0. 因此在 $[x_0, x_0+2]$ 上有

$$r(x_0 + 1) < \frac{1}{2}[r(x_0) + r(x_0 + 2)].$$

这与④式在 **R** 上恒成立矛盾.

所以 $p(x)$ 的次数小于 3. 设 $p(x) = ax^2 + bx + c$ ($a, b, c \in \mathbf{R}$), 则有

$$1 + ax^2 + bx + c = ax^2 + a + bx + c,$$

从而 $a = 1$. 所以 $p(x) = x^2 + bx + c$ ($b, c \in \mathbf{R}$).

注 对本题的已知等式两边求导数后, 联想到函数凹凸性的定义, 因此本题用导数求解. 假设 $p(x)$ 的次数大于或等于 3, 则它的三阶导数的次数大于或等于 0. 然后用反证法证

明它的三阶导数的次数等于 0,且 $p(x)$ 是凹函数即可. 在证明过程中运用了函数极限的性质.

例 14(2003 年越南数学竞赛试题) 求满足以下关系的全部实系数多项式 $p(x)$：
$$(x^3+3x^2+3x+2) \cdot p(x-1) = (x^3-3x^2+3x-2) \cdot p(x) \quad (x \in \mathbf{R}). \quad ⑤$$

解 ⑤式成立当且仅当
$$(x+2)(x^2+x+1)p(x-1) = (x-2)(x^2-x+1)p(x). \quad ⑥$$

分别将 $x=-2, x=2$ 代入⑥式,得 $p(-2)=0, p(1)=0$；再分别将 $x=-1, x=1$ 代入⑤式,并利用前面得到的结果,得 $p(-1)=0, p(0)=0$. 利用这些结果,易知
$$p(x) = (x-1)x(x+1)(x+2)q(x), \quad ⑦$$
其中 $q(x)$ 是关于 x 的实系数多项式,从而
$$p(x-1) = (x-2)(x-1)x(x+1)q(x-1). \quad ⑧$$
利用⑥,⑦,⑧三式,可得
$$(x-2)(x-1)x(x+1)(x+2)(x^2+x+1)q(x-1)$$
$$= (x-2)(x-1)x(x+1)(x+2)(x^2-x+1)q(x).$$
由于上式两边都是关于 x 的多项式,则
$$(x^2+x+1)q(x-1) = (x^2-x+1)q(x). \quad ⑨$$
因为 $(x^2+x+1, x^2-x+1) = 1$,所以
$$q(x) = (x^2+x+1)r(x), \quad ⑩$$
其中 $r(x)$ 是关于 x 的实系数多项式；同时可得
$$q(x-1) = (x^2-x+1)r(x-1). \quad ⑪$$
利用⑨,⑩,⑪三式可得
$$(x^2+x+1)(x^2-x+1)r(x-1) = (x^2+x+1)(x^2-x+1)r(x).$$
但 $(x^2+x+1)(x^2-x+1) \neq 0$,于是 $r(x-1) = r(x)$. 因此 $r(x)$ 是常数. 再由⑩,⑦两式得
$$p(x) = c(x-1)x(x+1)(x+2)(x^2+x+1),$$
其中 c 是任意实常数. 直接验证表明,这一多项式满足给定条件,因而就是所求的多项式.

注 本题先用赋值法得到 $p(-2), p(1), p(-1), p(0)$ 的值都为 0,再由因式定理得到 $p(x)$ 所含的相应因式,接着用待定多项式的方法,经过连续几次代换求出其他因式,从而使问题获解.

第二节 函 数 方 程

一、基本知识

含有未知函数的等式叫做**函数方程**,例如 $f(x) = f(-x), f(x+T) = f(x)$(常数 $T \neq 0$),

$f(x+y)=f(x)+f(y)+1$ 等都是函数方程,其中 $f(x)$ 是未知函数. 如果函数 $f(x)$ 在其定义域内的一切值均满足所给函数方程,那么称 $f(x)$ 是该函数方程的**解**. 函数方程的解是一个或几个,甚至无限多个函数. 例如,上述第一个和第二个函数方程的解分别是一切偶函数和一切以 T 为周期的函数. 寻求函数方程的解或证明函数方程无解的过程,叫做**解函数方程**.

有关函数方程方面的题目大致可分为三类:
(1) 确定函数的表达式;
(2) 确定满足函数方程的函数的性质;
(3) 确定函数的值.

二、常用方法

在国内外高中数学竞赛中经常会遇到与函数方程有关的问题,这类问题一般不给出具体的函数表达式,而只给出函数的一些性质和一些关系式或函数方程. 许多数学家都曾对函数方程进行过研究,可是至今还没有完整的理论和解法. 在具体函数方程问题中涉及的主要解法如下:

(1) **柯西法**:1769 年,法国数学家、物理学家达朗贝尔(d'Alembert)在论证力的合成时,就导出了函数方程

$$f(x+y)+f(x-y)=2f(x)f(y).$$

法国数学家柯西给出了这个方程的解,并创造了一种非常美妙的解法. 这种方法被后人称为**柯西法**. 这是一种逐步逼近的方法,其基本步骤是:依次求出对于自变量的所有正整数值、整数值、有理数值,直至所有实数值的函数方程的解. 因此它要求函数方程中所涉及的函数是连续和单调的函数. 另外,某些函数方程作适当变换可以转化为这类函数方程,从而达到求解函数方程的目的.

(2) **代换法**:将函数方程中的变量进行适当的换元,得到一个或几个新的函数方程,再与原函数方程构成一个方程组,然后解此方程组就可求出原函数方程的解. 由于在换元时函数的定义域可能发生变化,所以通过换元所得到的解是否是原函数方程的解需要检验.

(3) **赋值法**:在函数方程的定义域内取变量的一个或几个特殊值,使原函数方程简化,从而使问题获解.

(4) **数学归纳法**:对于定义在非负整数集上的函数方程的求解,有时可以先通过赋值法猜测函数方程解的形式,再用数学归纳法加以证明.

(5) **递推法**:对于定义在非负整数集上的函数方程的求解,有时可以将函数方程转化为数列的递推关系,再利用求递推数列通项的方法求出原函数方程的解.

(6) **函数迭代法**:对于定义在非负整数集上函数方程的某些性质的证明或求某些函数值,当已知条件中存在或通过变换可以得到一个递推关系时,便可利用迭代法来证明或

求解.

（7）**反证法**：在求解函数方程或证明函数方程无解时,若不易从正面直接求解或证明,一般可以采用反证法.

（8）**不动点法**：我们把方程 $f(x)=x$ 的根叫做 $f(x)$ 的**不动点**. 可以利用不动点解决有关函数方程问题.

三、典型例题解析

例 1 设 $f(x)$ 为定义在实数集 $\mathbf{R}$ 上的连续函数,试解函数方程
$$f(x+y) = f(x) + f(y).$$

解 由 $f(x+y)=f(x)+f(y)$,用数学归纳法,得
$$f(x_1 + x_2 + \cdots + x_n) = f(x_1) + f(x_2) + \cdots + f(x_n),$$
其中 $x_i \in \mathbf{R}$ $(i=1,2,\cdots,n)$. 令 $x_1=x_2=\cdots=x_n=x$,则有
$$f(nx) = nf(x) \quad (n \in \mathbf{N}^*, x \in \mathbf{R}).$$
在上式中令 $x=1$,得 $f(n)=nf(1)$. 令 $f(1)=a$,于是得 $f(n)=an$ $(n \in \mathbf{N}^*)$.

由 $f(x)=f(x+0)=f(x)+f(0)$,得 $f(0)=0$,又
$$0 = f(0) = f(n+(-n)) = f(n) + f(-n) \quad (n \in \mathbf{N}^*),$$
于是 $f(-n)=-f(n)=a(-n)(n \in \mathbf{N}^*)$,所以 $f(n)=an$ $(n \in \mathbf{Z})$.

令 $r=\dfrac{m}{n}$ $(n \in \mathbf{N}^*, m \in \mathbf{Z})$,则有
$$f(m) = f\left(n \cdot \frac{m}{n}\right) = nf\left(\frac{m}{n}\right), \quad 即 \quad f\left(\frac{m}{n}\right) = \frac{1}{n}f(m) = \frac{1}{n}am = a \cdot \frac{m}{n},$$
于是 $f(r)=ar$ $(r \in \mathbf{Q})$.

因 $f(x)$ 为定义在实数集 $\mathbf{R}$ 上的连续函数,所以对于任意 $x \in \mathbf{R}$,存在 $\{x_n\}$ $(x_n \in \mathbf{Q}, n=1,2,\cdots)$,使得 $\lim\limits_{n \to \infty} x_n = x$,且
$$f(x) = f(\lim_{n \to \infty} x_n) = \lim_{n \to \infty} f(x_n) = \lim_{n \to \infty} ax_n = ax,$$
故 $f(x)=ax$ $(x \in \mathbf{R})$.

注 本题中的函数方程是由数学家柯西首先研究的,故称为**柯西函数方程**. 上述解法体现了柯西法分若干步逼近最后结果的过程,其中每一步都成为后面推理的基础. 它可形象地叫做"爬坡式"的推理方法.

例 2 求所有函数 $f: \mathbf{R}_+ \cup \{0\} \to \mathbf{R}_+ \cup \{0\}$,使得对所有的非负实数 x, y, z $(x+y \geq z)$,都有 $f(x+y-z)+f(2\sqrt{xz})+f(2\sqrt{yz})=f(x+y+z)$.

解 令 $x=y=z=0$,得 $3f(0)=f(0) \Rightarrow f(0)=0$. 再令 $y=0$,有
$$f(x-z) + f(2\sqrt{xz}) = f(x+z) \quad (x \geq z).$$
易知,对任意 a, b $(a, b \geq 0)$,存在 x, z,满足 $x-z=a, 2\sqrt{xz}=b$. 对这样的 x, z,有 $x+z=$

$\sqrt{a^2+b^2}$, 因此
$$f(a)+f(b)=f(\sqrt{a^2+b^2}).$$
令 $g(x)=f(\sqrt{x})$, 则 $g(a)+g(b)=g(a+b)$. 于是由柯西函数方程的解得 $g(x)=cx$ (c 为常数, 且 $c\geqslant 0$). 所以, 所求满足题意的函数为 $f(x)=cx^2$ ($c\geqslant 0$).

注 本题利用赋值法及代换法将原函数方程转化为柯西函数方程. 因函数的定义域和值域都是非负实数集, 因此题中的常数 c 应满足 $c\geqslant 0$.

例 3 (1971 年美国普特南数学竞赛试题) 设 $f(x)$ 是对除 $x=0$ 和 $x=1$ 以外的一切实数有定义的实值函数, 并且
$$f(x)+f\left(\frac{x-1}{x}\right)=1+x, \qquad ①$$
求 $f(x)$ 的表达式.

解 在①式中以 $\frac{x-1}{x}$ 代 x, 得
$$f\left(\frac{x-1}{x}\right)+f\left(\frac{1}{1-x}\right)=\frac{2x-1}{x}; \qquad ②$$
再在①式中以 $\frac{1}{1-x}$ 代 x, 得
$$f\left(\frac{1}{1-x}\right)+f(x)=\frac{2-x}{1-x}. \qquad ③$$
由①,②,③三式消去 $f\left(\frac{x-1}{x}\right), f\left(\frac{1}{1-x}\right)$, 得
$$f(x)=\frac{x^3-x^2-1}{2x(x-1)} \quad (x\neq 0,1).$$

注 本题利用代换法求解. 因在原方程中含有变量 $\frac{x-1}{x}$, 故想到以 $\frac{x-1}{x}$ 代 x. 此时 x 变为 $\frac{1}{1-x}$, 故又想到以 $\frac{1}{1-x}$ 代 x. 另外, 对所求得的函数 $f(x)$, 必须注明其定义域.

例 4 (2006 年意大利数学竞赛试题) 求所有函数 $f: \mathbf{Z}\to\mathbf{Z}$, 使得对所有整数 m,n, 有
$$f(m-n+f(n))=f(m)+f(n).$$

解 设 $m=n$, 则有
$$f(f(n))=2f(n). \qquad ④$$
用 $n+f(m)$ 代原函数方程中的 m, 则有
$$f(f(m)+f(n))=f(n+f(m))+f(n); \qquad ⑤$$
用 $m+n$ 代原函数方程中的 m, 再互换 m,n, 得
$$f(n+f(m))=f(m+n)+f(m). \qquad ⑥$$
又因为 $f(m)+f(n)=f(m-n+f(n))$ 是 f 值域中的数, 所以由④式得

$$f(f(m)+f(n))=2(f(m)+f(n)).\qquad ⑦$$

由⑤,⑥,⑦三式可得
$$f(m+n)=f(m)+f(n),$$
于是由柯西函数方程得 $f(n)=an\ (a=f(1))$.

在原函数方程中设 $m=n=1$,得 $a^2=2a$,解得 $a=0$ 或 $a=2$. 因此,$f(n)=0$ 或 $2n$.

注 本题先对原函数方程通过多次代换、消元得到柯西函数方程,再利用赋值法求得 $f(1)$,从而获得原函数方程的解.

例 5 已知 $f(x)$ 是定义在正整数集 $\mathbf{N}^*$ 上的函数,满足 $f(1)=3/2$,且对任意 $x,y\in\mathbf{N}^*$,有 $f(x+y)=\left(1+\dfrac{y}{x+1}\right)f(x)+\left(1+\dfrac{x}{y+1}\right)f(y)+x^2y+xy+xy^2$,求 $f(x)$.

解 在原函数方程中令 $y=1$,并利用 $f(1)=3/2$,得
$$f(x+1)=\left(1+\dfrac{1}{x+1}\right)f(x)+\left(1+\dfrac{x}{2}\right)\cdot\dfrac{3}{2}+x^2+2x,$$
整理后,可得
$$\dfrac{f(x+1)}{x+2}-\dfrac{f(x)}{x+1}=x+\dfrac{3}{4}.$$
令 $x=1,2,\cdots,n-1$,得
$$\dfrac{f(2)}{3}-\dfrac{f(1)}{2}=1+\dfrac{3}{4},$$
$$\dfrac{f(3)}{4}-\dfrac{f(2)}{3}=2+\dfrac{3}{4},$$
$$\cdots\cdots\cdots\cdots$$
$$\dfrac{f(n)}{n+1}-\dfrac{f(n-1)}{n}=(n-1)+\dfrac{3}{4}.$$
将上述各式相加,得
$$\dfrac{f(n)}{n+1}-\dfrac{f(1)}{2}=[1+2+\cdots+(n-1)]+\dfrac{3}{4}(n-1)=\dfrac{1}{2}(n-1)n+\dfrac{3}{4}(n-1)$$
$$=\dfrac{1}{4}(n-1)(2n+3).$$
以 $f(1)=3/2$ 代入后,经过整理得
$$f(n)=\dfrac{1}{4}n(n+1)(2n+1).$$
于是,所求的函数应为
$$f(x)=\dfrac{1}{4}x(x+1)(2x+1).$$
经验证它满足原函数方程.

注 本题采用递推法求解. 在函数方程中, 令 $y=1$ 后, 得到一个关于 x 的递推关系, 再利用累加法求出 $f(x)$. 由于 $f(x)$ 是在附加了 $y=1$ 的条件下求得的, 所以最后结果应验证.

例 6(1990 年 CMO 试题) 设 $\mathbf{N}^*$ 为正整数集, $k \in \mathbf{N}^*$, 如果有一个函数 $f: \mathbf{N}^* \to \mathbf{N}^*$ 是严格递增的, 且对每一个 $n \in \mathbf{N}^*$, 都有 $f(f(n))=kn$, 求证: 对每一个 $n \in \mathbf{N}^*$, 都有
$$\frac{2k}{k+1}n \leqslant f(n) \leqslant \frac{k+1}{2}n.$$

证明 对 $n \in \mathbf{N}^*$, 设 $f(n)=a\ (a \in \mathbf{N}^*)$, 则
$$f(a)=f(f(n))=kn,\quad f(kn)=f(f(a))=ka,\quad f(ka)=f(f(kn))=k^2n.$$
因为 $f(n) \in \mathbf{N}^*$, 且 $f(n)$ 严格递增, 所以
$$f(n) \geqslant f(n-1)+1 \geqslant f(n-2)+2 \geqslant \cdots \geqslant f(1)+(n-1) \geqslant n. \qquad ⑧$$
又由于 $f(n)=a$, 所以由⑧式得 $a \geqslant n$. 于是
$$k^2 n = f(ka) \geqslant f(ka-1)+1 \geqslant \cdots \geqslant f(kn)+ka-kn = ka+ka-kn = 2ka-kn,$$
从而 $k^2 n+kn \geqslant 2ka$, 即 $a \leqslant \dfrac{k+1}{2}n$, 亦即 $f(n) \leqslant \dfrac{k+1}{2}n$.

又由⑧式得 $f(f(n)) \geqslant f(n)$, 即 $kn \geqslant a$, 于是
$$ka = f(kn) \geqslant f(kn-1)+1 \geqslant \cdots \geqslant f(a)+kn-a = 2kn-a,$$
从而 $(k+1)a \geqslant 2kn$, 即 $a \geqslant \dfrac{2kn}{k+1}$, 亦即 $f(n) \geqslant \dfrac{2kn}{k+1}$.

综上所述, 得 $\dfrac{2k}{k+1}n \leqslant f(n) \leqslant \dfrac{k+1}{2}n$.

注 本题是函数不等式的证明, 所采用的方法是函数迭代法. 利用多次的函数迭代及函数的严格递增性, 获得欲证的不等式.

例 7 设 $f(n)$ 是定义在正整数集 $\mathbf{N}^*$ 上且取正整数值的严格递增函数, $f(2)=2$, 且对任意 $m, n \in \mathbf{N}^*$, 有 $f(mn)=f(m)f(n)$, 证明: 对一切正整数 $n, f(n)=n$.

证明 用第二数学归纳法.

(1) 因为 $f(2)=f(2 \cdot 1)=f(2)f(1)$, 所以 $f(1)=1$, 即 $n=1$ 时命题成立.

(2) 假设当 $n=1, 2, \cdots, k$ 时, 命题成立. 当 $n=k+1$ 时, 分两种情形讨论:

若 $k+1=2s\ (1 \leqslant s \leqslant k)$, 则 $f(k+1)=f(2s)=f(2)f(s)=2s=k+1$.

若 $k+1=2t+1\ (1 \leqslant t < k)$, 则 $2t=f(2t)<f(2t+1)<f(2t+2)=2t+2$. 所以
$$f(2t+1)=2t+1,\quad 即 \quad f(k+1)=k+1.$$

于是, 当 $n=k+1$ 时, 命题成立.

因此, 对一切正整数 n, 有 $f(n)=n$.

注 本题利用第二数学归纳法证明, 在实现归纳假设时, 偶数情形直接利用条件 $f(mn)=f(m)f(n)$, 而奇数情形利用 $f(n)$ 的单调性转化为偶数的情形. 另外, 本题也可以利用反向数学归纳法证明.

例 8(2005 年斯洛文尼亚数学竞赛试题)　求所有函数 $f: \mathbf{R}_+ \to \mathbf{R}_+$,使得对所有 $x, y > 0$,有

$$x^2(f(x)+f(y)) = (x+y)f(f(x)y). \qquad ⑨$$

解　将 $x = y = t$ 代入⑨式得

$$2t^2 f(t) = 2tf(f(t)t), \quad 即 \quad tf(t) = f(tf(t)) \quad (t \in \mathbf{R}_+). \qquad ⑩$$

若存在 $x_1 \neq x_2$,使得 $f(x_1) = f(x_2)$,则将 $x = x_1, y = x_2$ 代入⑨式得

$$x_1^2(f(x_1)+f(x_2)) = (x_1+x_2)f(f(x_1)x_2).$$

由 $f(x_1) = f(x_2)$ 及⑩式,得

$$2x_1^2 f(x_2) = (x_1+x_2)f(f(x_2)x_2) = (x_1+x_2)x_2 f(x_2),$$

故 $2x_1^2 = (x_1+x_2)x_2$,即 $(2x_1+x_2)(x_1-x_2) = 0$,得 $x_1 = x_2$,矛盾.所以对任意的 $x_1 \neq x_2$,有

$$f(x_1) \neq f(x_2). \qquad ⑪$$

将 $t = 1$ 代入⑩式,得 $f(1) = f(f(1))$.由⑪式,得 $f(1) = 1$.

将 $x = 1$ 代入⑨式,得 $1 + f(y) = (y+1)f(y)$,即 $f(y) = 1/y$.

经检验,$f(x) = 1/x$ 满足题目要求.

注　若 $f(1) = 1$,则在原函数方程中,令 $x = 1$,即可求得方程的解.因此先利用赋值法和反证法证明所求的函数 f 是单射,从而可利用赋值法得 $f(1) = 1$.另外,所求的解应检验.

例 9(2005 年土耳其数学竞赛试题)　求所有函数 $f: [0, +\infty) \to [0, +\infty)$,使得对所有的 $x \in [0, +\infty)$,有 $4f(x) \geqslant 3x$,且 $f(4f(x)-3x) = x$.

解　经检验,$f(x) = x$ 是满足题设要求的函数.

下面证明 $f(x) = x$ 是唯一的解.用反证法证明.

假设 $f(x)$ 满足题意,且存在 $a \in [0, +\infty)$,使得 $f(a) \neq a$.设

$$a_0 = f(a), \quad a_1 = a, \quad a_{n+2} = 4a_n - 3a_{n+1} \quad (n = 0, 1, \cdots).$$

由题设知 $f(a_{n+1}) = a_n$ 且 $a_n \geqslant 0$ $(n = 0, 1, 2, \cdots)$.注意到数列 $\{a_n\}$ 的特征方程是 $t^2 + 3t - 4 = 0$,其两根为 $1, -4$,故可设

$$a_n = c_1 + c_2(-4)^n \quad (n = 0, 1, 2, \cdots).$$

将 $a_0 = f(a), a_1 = a$ 代入上式,可解得 $c_1 = \dfrac{4f(a)+a}{5}, c_2 = \dfrac{f(a)-a}{5} \neq 0$.

若 $c_2 > 0$,由 $a_{2k+1} = c_1 - c_2 4^{2k+1}$,则

$$\lim_{k \to +\infty} \frac{a_{2k+1}}{4^{2k+1}} = \lim_{k \to +\infty} \left(\frac{c_1}{4^{2k+1}} - c_2\right) = -c_2 < 0.$$

所以必存在一个 k 值,使得 $\dfrac{a_{2k+1}}{4^{2k+1}} < 0$,与 $a_n \geqslant 0$ 矛盾.

若 $c_2 < 0$,同理,由 $\lim\limits_{k \to +\infty} \dfrac{a_{2k}}{4^{2k}} = c_2 < 0$ 推出矛盾.

综上所述,满足题设要求的所有函数为 $f(x) = x$.

注 本题在用反证法证明时,注意到原函数方程的特点,引入二阶线性递推数列,利用数列的通项及数列极限的性质得出矛盾.

例 10(2008 年德国数学竞赛试题) 求定义在非负实数集上的所有的函数 f,使得

(1) 对所有的非负实数 $x, f(x) \geqslant 0$;

(2) $f(1) = 1/2$;

(3) 对所有的非负实数 x, y,有
$$f(yf(x))f(x) = f(x+y). \qquad ⑫$$

解 在⑫式中令 $x = 1$,并用 $2y$ 代换 y,有
$$f(2y+1) = \frac{1}{2}f(y). \qquad ⑬$$

由数学归纳法易证
$$f(2^n - 1) = \frac{1}{2^n} \quad (n \in \mathbf{N}). \qquad ⑭$$

若存在 $c \geqslant 0$,使得 $f(c) = 0$,则在⑫式中令 $x = c$,有 $f(y+c) = 0$,即 $f(y) = 0$ $(y \geqslant c)$. 这与⑭式矛盾. 故 $f(x) > 0$ $(x \geqslant 0)$.

若存在 $a \geqslant 0$,使得 $f(a) > 1$,则在⑫式中令 $x = a, y = \dfrac{a}{f(a)-1}$,有
$$f\left(\frac{af(a)}{f(a)-1}\right)f(a) = f\left(\frac{af(a)}{f(a)-1}\right).$$

显然,由 $f\left(\dfrac{af(a)}{f(a)-1}\right) > 0$,得 $f(a) = 1$,矛盾. 故 $f(x) \leqslant 1$ $(x \geqslant 0)$.

于是,由⑫式易知,$f(x)$ 是单调不增的.

若存在 $a > b$,使得 $f(a) = f(b)$,则在⑫式中令 $x = b, y = a-b$,有
$$f((a-b)f(b))f(a) = f(b).$$

故 $f((a-b)f(b)) = 1$. 又在⑫式中令 $x = (a-b)f(b)$,有
$$f(y) = f(y + (a-b)f(b)),$$

故 $f(x)$ 是周期函数. 而已证 $f(x)$ 单调不增,于是 $f(x)$ 是常数函数. 因此,$f(x) = f(1) = 1/2$. 代入⑫式得到矛盾. 于是,f 是单射.

再在⑫式中令 $y = \dfrac{1}{f(x)}$,有 $\dfrac{1}{2}f(x) = f\left(x + \dfrac{1}{f(x)}\right)$. 由 f 是单射及⑬式,得
$$x + \frac{1}{f(x)} = 2x+1, \quad 从而 \quad f(x) = \frac{1}{x+1} \quad (x \geqslant 0).$$

经检验,$f(x) = \dfrac{1}{x+1}$ $(x \geqslant 0)$ 是所求的函数.

注 本题的关键是证明 f 是单射. 先用反证法证明 $0 < f(x) \leqslant 1$ $(x \geqslant 0)$,于是得 f 单调不增;再用反证法证明 f 是单射,然后结合代换法求得方程的解. 这其中要充分运用赋

值法.

例 11(1983 年 IMO 试题)　求所有函数 f,使其定义域为一切正实数,函数值为正实数,且满足下述条件:

(1) 对任意 $x,y\in \mathbf{R}_+$,有 $f(xf(y))=yf(x)$;

(2) 当 $x\to\infty$ 时,$f(x)\to 0$.

解　对任意正实数 a,x_0,因为 $f(x_0)>0$,所以 $y_0=\dfrac{a}{f(x_0)}>0$. 故

$$f(x_0 f(y_0)) = y_0 f(x_0) = a.$$

这表明任意正实数都在 f 的值域内. 特别地,存在 $y>0$,使得 $f(y)=1$,则 $f(1f(y))=f(1)=yf(1)$. 因为 $f(1)>0$,所以 $y=1$,即 $f(1)=1$. 因此 1 是 f 的一个不动点.

若 a,b 是 f 的不动点,则有 $f(a)=a,f(b)=b$. 于是

$$1 = f(1) = f\left(\dfrac{1}{a}\cdot a\right) = f\left(\dfrac{1}{a}f(a)\right) = af\left(\dfrac{1}{a}\right),$$

即 $f\left(\dfrac{1}{a}\right)=\dfrac{1}{a}$,从而 $\dfrac{1}{a}$ 是 f 的不动点. 又 $f(ab)=f(af(b))=bf(a)=ab$,即 ab 也是 f 的不动点.

若 f 有不动点 $a\neq 1$,则 $\dfrac{1}{a}$ 也是 f 的不动点. 不妨设 $a>1$. 用数学归纳法可得,对任意 $n\in \mathbf{N}^*$,都有 $f(a^n)=a^n$. 依题设条件(2)有 $0=\lim\limits_{n\to\infty}f(a^n)=\lim\limits_{n\to\infty}a^n=\infty$,矛盾. 故 f 有唯一的不动点 1.

根据条件(1),对任意的 $x>0$,有 $f(xf(x))=xf(x)$,即 $xf(x)$ 为 f 的不动点,从而只能有 $xf(x)=1$,所以 $f(x)=\dfrac{1}{x}$.

注　本题的解法是不动点法. 主要分两步进行求解:先证明 f 有唯一的不动点 1;再证明 $xf(x)$ 为 f 的不动点,从而得原方程的解. 不动点法是竞赛数学中的一种常用方法,例如还可以用不动点法解代数方程,讨论周期问题,求递推数列的通项,等等.

第三节　不定方程

一、基本知识

未知数的个数多于方程个数的方程称为**不定方程**. 不定方程的解受到某种限制,通常是指求不定方程的正整数解、整数解、有理数解等. 不定方程也称为丢番图方程,是数论的重要分支学科,是历史上最活跃的数学领域之一. 有关不定方程的问题通常有三个方面:

(1) 求出不定方程在某数域内的几个解或所有解;

(2) 判定不定方程在某数域内是否有解;

(3) 判定不定方程在某数域内的解的个数(有限或无限).

求解不定方程的问题通常会用到如下的一些数学知识:

(1) 代数方面的知识:代数式的恒等变形,一元二次方程根的判别式与韦达定理,求解方程的某些方法与技巧,不等式的基本性质,递推数列,等等.

(2) 数论方面的知识:整数的整除与同余的基本性质,整数的奇偶性,素因数分解定理,完全平方数,费马小定理,某些特殊类型不定方程的求解公式,等等.

(3) 组合数学方面的知识:用组合计数的方法判定某些不定方程的解的个数,如枚举法、配对原理、母函数法.

二、几个特殊类型不定方程的求解定理

1. 二元一次不定方程

定义 1 形如 $ax+by=c$ ($a,b,c\in \mathbf{Z}$,且 a,b 不同时为零)的方程称为**二元一次不定方程**.

定理 1 不定方程 $ax+by=c$ 有整数解的充分必要条件是 $(a,b)|c$.

证明 必要性是显然的,下证充分性.

设 $(a,b)=d, a=a_1 d, b=b_1 d, c=c_1 d$,于是原方程化为
$$a_1 x+b_1 y=c_1, \quad (a_1,b_1)=1.$$
因为 $(a_1,b_1)=1$,所以存在整数 x_1, y_1,使得 $a_1 x_1+b_1 y_1=1$. 因此
$$a_1(c_1 x_1)+b_1(c_1 y_1)=c_1,$$
从而 $x_0=c_1 x_1, y_0=c_1 y_1$ 就是原方程的整数解.

定理 2 设 x_0, y_0 是不定方程 $ax+by=c$ 的一组整数解,则此方程的一切整数解可表示为

$$\begin{cases} x=x_0+\dfrac{b}{(a,b)}t, \\ y=y_0-\dfrac{a}{(a,b)}t, \end{cases} \quad t\in \mathbf{Z}. \qquad \text{①}$$

证明 因为 x_0, y_0 是原不定方程的一组解,所以 $ax_0+by_0=c$,从而
$$a\left(x_0+\dfrac{b}{(a,b)}t\right)+b\left(y_0-\dfrac{a}{(a,b)}t\right)=ax_0+by_0=c.$$
这表明①式是原不定方程的解.

设 x_1, y_1 是原不定方程的任一整数解,则有 $ax_1+by_1=c$. 又 $ax_0+by_0=c$,以上两式相减,得
$$a(x_1-x_0)=-b(y_1-y_0), \quad \text{所以} \quad \dfrac{a}{(a,b)}\bigg|(y_1-y_0).$$

令 $y_1 - y_0 = -\dfrac{a}{(a,b)}t$，得 $x_1 - x_0 = \dfrac{b}{(a,b)}t$，所以 $x_1 = x_0 + \dfrac{b}{(a,b)}t$，$y_1 = y_0 - \dfrac{a}{(a,b)}t$．因此 x_1，y_1 可表示为①式的形式，从而命题得证．

2. 勾股数方程

定义 2 形如 $x^2 + y^2 = z^2$ 的方程称为**勾股数方程**，其中 x,y,z 为正整数，并称满足条件 $(x,y) = 1$ 的解为勾股数方程的**基本解**．

定理 3 勾股数方程 $x^2 + y^2 = z^2$ 满足条件 $2 \mid y$ 的一切基本解可表示为
$$x = a^2 - b^2, \quad y = 2ab, \quad z = a^2 + b^2, \qquad ②$$
其中 $a > b > 0$，$(a,b) = 1$，且 a,b 为一奇一偶．

证明 定理包含两部分内容：其一，当 a,b 满足条件时，由②式给出的 x,y,z 是勾股数方程的解；其二，对于勾股数方程的任一解 x,y,z，必可找到满足要求的 a,b，使得 x,y,z 可表示为②式的形式．前者是明显的，下证后者．

由②式知 $x,y,z > 0$，且 $2 \mid y$．若 $(x,z) = d$，则 $d \mid x, d \mid z$，即
$$d \mid (a^2 - b^2), \quad d \mid (a^2 + b^2),$$
从而 $d \mid 2a^2, d \mid 2b^2$．故 $d \mid 2(a^2, b^2)$．由 $(a,b) = 1$ 知 $(a^2, b^2) = 1$，从而 $d \mid 2$，但 a,b 为一奇一偶，故 x 为奇数，所以 $d = 1$，即 $(x,z) = 1$．

另外，设 x,y,z 是勾股数方程的任意一组满足 $2 \mid y$ 的基本解．因 y 为偶数，故 x,z 为奇数，且 $(x,z) = 1$．此时 $\dfrac{z-x}{2}, \dfrac{z+x}{2}$ 均为整数，且
$$\left(\dfrac{z-x}{2}, \dfrac{z+x}{2}\right) = \left(\dfrac{z-x}{2} + \dfrac{z+x}{2}, 2 \cdot \dfrac{z+x}{2}\right) = (z, z+x) = (z,x) = 1.$$
又 $\dfrac{z-x}{2} \cdot \dfrac{z+x}{2} = \left(\dfrac{y}{2}\right)^2$，所以 $\dfrac{z-x}{2}, \dfrac{z+x}{2}$ 都是完全平方数，即存在整数 a,b ($a > b > 0$)，使得
$$\dfrac{z+x}{2} = a^2, \quad \dfrac{z-x}{2} = b^2, \quad \dfrac{y}{2} = ab.$$
所以 $\qquad x = a^2 - b^2, \quad y = 2ab, \quad z = a^2 + b^2.$

又由于 z 是奇数，故 a,b 为一奇一偶，且 $(a^2, b^2) = \left(\dfrac{z+x}{2}, \dfrac{z-x}{2}\right) = 1$，从而 $(a,b) = 1$．

推论 勾股数方程 $x^2 + y^2 = z^2$ 的全部正整数解(x,y 的顺序不加区别)可表示为
$$x = (a^2 - b^2)d, \quad y = 2abd, \quad z = (a^2 + b^2)d,$$
其中 $a > b > 0$ 是互素的奇偶性不同的一对正整数，d 是一个正整数．

3. 佩尔方程

定义 3 通常佩尔(Pell)方程是指下面四个不定方程：
$$x^2 - dy^2 = \pm 1, \pm 4 \quad (x,y \in \mathbf{Z}, d \in \mathbf{N}^* \text{ 且不是平方数}).$$

如果上述佩尔方程有正整数解 (x,y)，则称使 $x + \sqrt{d}y$ 最小的正整数解 (x_1, y_1) 为它的

最小解.

定理 4 佩尔方程 $x^2-dy^2=1$ ($d\in \mathbf{N}^*$ 且不是平方数)必有正整数解 (x,y),且若它的最小解为 (x_1,y_1),则它的全部解可表示成

$$\begin{cases} x_n = \dfrac{1}{2}[(x_1+\sqrt{d}y_1)^n + (x_1-\sqrt{d}y_1)^n], \\ y_n = \dfrac{1}{2\sqrt{d}}[(x_1+\sqrt{d}y_1)^n - (x_1-\sqrt{d}y_1)^n] \end{cases} (n\in \mathbf{N}^*).$$

关于定理 4 中佩尔方程的全部解,有如下几种常用形式:

(1) $x_n + y_n\sqrt{d} = (x_1+\sqrt{d}y_1)^n$;

(2) $\begin{cases} x_{n+1} = x_1 x_n + d y_1 y_n, \\ y_{n+1} = x_1 y_n + y_1 x_n; \end{cases}$

(3) $\begin{cases} x_{n+1} = 2x_1 x_n - x_{n-1}, \\ y_{n+1} = 2x_1 y_n - y_{n-1}. \end{cases}$

定理 5 佩尔方程 $x^2-dy^2=-1$ ($d\in \mathbf{N}^*$ 且不是平方数)要么无正整数解,要么有无穷多组正整数解 (x,y). 在后一种情况下,设它的最小解为 (x_1,y_1),则它的全部解可表示成

$$\begin{cases} x_n = \dfrac{1}{2}[(x_1+\sqrt{d}y_1)^{2n-1} + (x_1-\sqrt{d}y_1)^{2n-1}], \\ y_n = \dfrac{1}{2\sqrt{d}}[(x_1+\sqrt{d}y_1)^{2n-1} - (x_1-\sqrt{d}y_1)^{2n-1}] \end{cases} (n\in \mathbf{N}^*).$$

三、常用方法

1. 利用代数恒等变形的方法

(1) **分离整数法**:将不定方程中的一个未知数用另一个未知数的假分式来表示,再用多项式的除法将这个假分式化为真分式,最后对真分式运用因数分析,获得不定方程的解.

(2) **因式分解法**:将不定方程的一边化为整数,把这个整数作素因数分解,而不定方程的另一边是含未知数的多项式,把此多项式作因式分解,再考虑各因式的取值,得到若干个方程组,从而获得不定方程的解.

(3) **配方法**:将不定方程的一边化为平方和的形式,而另一边是正整数,再利用整数的某些性质获得不定方程的解.

2. 不等式估计法

这种不定方程的求解法是利用不等式的有关性质或一元二次方程根的判别式,确定出不定方程中某些未知数的取值范围,进而求出不定方程的解.

3. 构造法

构造法是通过某些恒等式来证明不定方程有解,或构造一个递推式证明不定方程有无

穷多组解.

4. 同余方法

若不定方程 $F(x_1,x_2,\cdots,x_n)=0$ 有整数解,则对任意 $m\in \mathbf{N}^*$,其整数解 $(x_1,x_2,\cdots,x_n)$ 均满足同余方程 $F(x_1,x_2,\cdots,x_n)=0(\bmod m)$,即上述同余方程有解是原不定方程有解的一个必要条件. 另外,还可以运用同余的方法排除一些情形,使不定方程的求解得以简化.

5. 无穷递降法

无穷递降法是一种用反证法表现的特殊形式的数学归纳法,它首先由费马创立并运用来证明方程 $x^4+y^4=z^4$ 没有非零整数解. 其主要依据是正整数的最小数原理. 一般地,设 $p(n)$ 是一个与正整数 n 有关的命题,我们从相反的结论出发,设法构造出一个无穷的严格递减的正整数序列,而这显然与最小数原理相矛盾,从而 $p(n)$ 得证.

四、典型例题解析

例 1 已知 $9n^2+5n+26$ 的值是两个相邻整数的乘积,求所有的整数 n.

解 设 $9n^2+5n+26=(3n+k)(3n+k+1)$,其中 $k\in \mathbf{Z}$. 用含 k 的分式表示 n 得 $n=\dfrac{-k^2-k+26}{6k-2}$,分离整数得 $18n=-3k-4+\dfrac{230}{3k-1}$,于是 $3k-1$ 是 230 的约数. 注意到 $3k-1$ 是被 3 除余 2 的整数,所以

$$3k-1=-1,2,5,23,-10,-46,-115,230, \quad k=0,1,2,8,-3,-15,-38,77,$$

从而整数 $n=-13,6,2,-1$.

注 在运用分离整数法时,为了避免出现分数,可以在方程两边乘以一个适当的整数. 分离整数后的方程可化为 $18n(3k-1)+(3k+4)(3k-1)=230$,即 $(18n+3k+4)(3k-1)=230$,所以本题还可以用因式分解法求解.

例 2(2003 年香港数学竞赛试题) 求如下不定方程的整数解:

$$\frac{1}{2}(x+y)(y+z)(z+x)+(x+y+z)^3=1-xyz.$$

解 作代换,设 $x+y=u,y+z=v,z+x=w$,则原方程变形为

$$4uvw+(u+v+w)^3=8-(u+v-w)(u-v+w)(-u+v+w),$$

化简整理,得

$$u^2v+v^2w+w^2u+uv^2+vw^2+wu^2+2uvw=2.$$

对上式左边因式分解,得

$$(u+v)(v+w)(w+u)=2.$$

于是 $(u+v,v+w,w+u)=(1,1,2),(-1,-1,2),(-2,-1,1)$ 及对称的情形. 对前三者分别求解,可得

$(u,v,w)=(1,0,1),(1,-2,1),(-1,0,2)$, 从而 $(x,y,z)=(1,0,0),(2,-1,-1)$.

所以结合对称性可知,原方程的整数解为$(x,y,z)=(1,0,0),(0,1,0),(0,0,1),(2,-1,-1)$,$(-1,2,-1),(-1,-1,2)$,共 6 组解.

注 本题可不作上述代换,而将方程的左边化为关于 x,y,z 的多项式,方程的右边化为整数,此时方程左边的多项式可以先利用因式定理确定其因式,再进行因式分解.

例 3(2006 年意大利数学竞赛试题) 求所有的三元数组(m,n,p),使得 $p^n+144=m^2$,其中 m,n 是正整数,p 是素数.

解 原方程可化为$(m+12)(m-12)=p^n$.

设 $m+12=p^a, m-12=p^b$,其中 $a>b, a+b=n$,则 $p^b(p^{a-b}-1)=24$.

若 $p^b=1$,则 $b=0, a=n, p^n-1=24, p=5, n=2, m=13$;

若 $p=2$,则 $b=3, 2^{a-3}-1=3, a=5, n=8, m=20$;

若 $p=3$,则 $b=1, a=3, n=4, m=15$.

综上所述,得$(m,n,p)=(13,2,5),(20,8,2),(15,4,3)$.

注 在对方程一边因式分解后,再通过换元消去未知数 m,是本题解题的关键. 另外,在分类讨论时,应注意不要遗漏正整数 24 的平凡因数 1 的情形.

例 4(2007 年白俄罗斯数学竞赛试题) 求所有的正整数 n,m,使得 $n^5+n^4=7^m-1$.

解 原方程可化为$(n^3-n+1)(n^2+n+1)=7^m$.

显然,$n\neq 1$. 当 $n=2$ 时,$m=2$.

当 $n\geqslant 3$ 时,$n^3-n+1=n(n^2-1)+1>7, n^2+n+1>7$. 于是可设
$$n^3-n+1=7^a, \quad n^2+n+1=7^b,$$
其中 a,b 为正整数,从而
$$(n-1)(7^b-1)=7^a-1, \quad 即 \quad (7^b-1)\mid(7^a-1).$$
设 $a=bq+r$,且 q 为正整数,r 为非负整数,$0\leqslant r<b$. 若 $r\neq 0$,则
$$7^a-1=7^{bq+r}-1=7^r(7^{bq}-1)+7^r-1.$$
因为 $7^{bq}-1=(7^b-1)[7^{b(q-1)}+7^{b(q-2)}+\cdots+7^b+1]$,所以$(7^b-1)\mid(7^r-1)$,矛盾. 故 $r=0$. 因此
$$n^3-n+1=7^a=7^{bq}=(n^2+n+1)^q.$$

当 $q=1$ 时,有$(n^3-n+1)-(n^2+n+1)=n[n(n-1)-2]>0$,矛盾;

当 $q\geqslant 2$ 时,有$(n^3-n+1)-(n^2+n+1)^q\leqslant(n^3-n+1)-(n^2+n+1)^2=-n^4-n^3-3n^2-3n<0$,矛盾.

综上所述,$n=2, m=2$ 是原方程的唯一一组正整数解.

注 对于本题中的因式分解,可以先利用因式定理判断其有因式(n^2+n+1);在换元后,显然不能消去未知数 n,但使未知数 n 的次数降为一次,得到$(n-1)(7^b-1)=7^a-1$,这也是解题的很关键一步;而设 $a=bq+r$ 是解决有关整数问题的常用手段.

例 5 试求不定方程 $x^2+x=y^4+y^3+y^2+y$ 的整数解.

解 原方程两边乘以 4,并对左边配方,得

$$(2x+1)^2 = 4(y^4+y^3+y^2+y)+1.$$
而上式右边 $=(2y^2+y+1)^2-y^2+2y=(2y^2+y)^2+3y^2+4y+1$,从而当 $y>2$ 或 $y<-1$ 时,有
$$(2y^2+y)^2 < (2x+1)^2 < (2y^2+y+1)^2.$$
由于两个连续整数的平方之间不可能含有完全平方数,故上式不成立.因此 $-1 \leqslant y \leqslant 2$.由此得原方程的全部整数解是 $(x,y)=(0,-1),(-1,-1),(0,0),(-1,0),(-6,2),(5,2)$.

注 本题用配方法求解,解题的关键是利用两个连续整数的平方之间不可能含有完全平方数(此法也可称之为**夹值法**).

例 6 证明:不定方程 $x^2+y^2+z^2+3(x+y+z)+5=0$ 没有有理数解.

证明 将原方程两边乘以 4,并配方,得
$$(2x+3)^2+(2y+3)^2+(2z+3)^2=7.$$
此方程有有理数解的充分必要条件是:方程
$$a^2+b^2+c^2=7m^2 \qquad\qquad ③$$
有整数解 (a,b,c,m),并且其中 $m \in \mathbf{N}^*$.

如果方程③有整数解 (a,b,c,m),$m \in \mathbf{N}^*$,我们不妨设 m 是所有这样的解中最小的正整数.

若 m 为偶数,则 $a^2+b^2+c^2 \equiv 0 \pmod 4$.注意到,完全平方数 $\equiv 0$ 或 $1 \pmod 4$,故 a,b,c 都是偶数.这表明 $\left(\dfrac{a}{2},\dfrac{b}{2},\dfrac{c}{2},\dfrac{m}{2}\right)$ 也是方程③的满足条件的解,与 m 的最小性矛盾.

若 m 为奇数,则 $a^2+b^2+c^2=7m^2 \equiv 7 \pmod 8$.但是,完全平方数 $\equiv 0$ 或 $1 \pmod 4$,从而由 $a^2+b^2+c^2 \equiv 3 \pmod 4$,可知 a,b,c 都是奇数.这导致 $a^2+b^2+c^2 \equiv 3 \pmod 8$,矛盾.

所以,方程③没有满足条件的整数解,从而原方程没有有理数解.

注 本题通过配方后,解决问题的关键是给出原方程有有理数解的充分必要条件.另外,解题利用了正整数的最小数原理.

例 7(2005 年日本数学竞赛试题) 设 x,y,z 为三个不同的正整数,且满足
$$xyz=12(x+y+z),$$
试求由 x,y,z 组成的集合的个数.

解 不妨设 $x>y>z>0$.由原方程,得 $\dfrac{1}{12}=\dfrac{1}{xy}+\dfrac{1}{yz}+\dfrac{1}{zx}<\dfrac{3}{z^2}$,故 $z<6$.

当 $z=1$ 时,$x=\dfrac{12(y+1)}{y-12}=12+\dfrac{156}{y-12}$,则 $y-12$ 是 156 的正约数.又由 $x>y$,有
$$y^2-24y-12<0, \quad 即 \quad y<12+\sqrt{12 \times 13},$$
故 $y-12 \leqslant 12$.所以 $y-12$ 可取为 $1,2,3,4,6,12$.相应地,有
$$(x,y)=(168,13),(90,14),(64,15),(51,16),(38,18),(25,24).$$

同理,可得

当 $z=2$ 时,$(x,y)=(54,7),(30,8),(22,9),(18,10),(14,12)$;

当 $z=3$ 时,$(x,y)=(32,5),(18,6),(11,8)$;

当 $z=4$ 时,$(x,y)=(10,6)$;

当 $z=5$ 时,原方程无正整数解.

因此,共有 15 个满足题设要求的集合.

注 由于本题的不定方程是关于未知数 x,y,z 对称式的方程,因此可先设 $x>y>z>0$,再利用不等式的性质得到某个未知数的取值范围,然后分类讨论求出方程所有的正整数解.在分类求每个方程的正整数解时,采用了分离整数法,这里也可以采用因式分解法.

例 8 求所有的整数 a,使得方程
$$x^2+axy+y^2=1 \qquad \text{④}$$
有无穷多组整数解 (x,y).

解 当 $a=0$ 时,方程④为 $x^2+y^2=1$,仅有 4 组整数解.

当 $a\neq 0$ 时,(x,y) 为方程④的解的充分必要条件是:$(x,-y)$ 为方程 $x^2-axy+y^2=1$ 的解.所以,只需讨论 $a<0$ 情形.

如果 $a=-1$,则方程④为 $x^2-xy+y^2=1$.两边乘以 4,再配方得 $(2x-y)^2+3y^2=4$,它仅有 6 组整数解:$(x,y)=(0,-1),(1,-1),(-1,0),(1,0),(0,1),(1,1)$.

当 $a<-1$ 时,注意到 $(-a,1)$ 为方程④的一组正整数解.一般地,设 (x,y) 为方程④的正整数解,且 $x>y$,注意到原方程可化为 $x^2+ax(-ax-y)+(-ax-y)^2=1$,于是 $(x,-ax-y)$ 是方程④的正整数解,当然 $(-ax-y,x)$ 也是方程④的正整数解.以此类推,可知方程④有无穷多组正整数解.

综上所述,当 $|a|>1$ 且 $a\in \mathbf{Z}$ 时,方程④有无穷多组正整数解;而当 $|a|\leqslant 1$ 且 $a\in \mathbf{Z}$ 时,方程④仅有有限组整数解.

注 本题首先找到原方程的一个正整数解,再利用恒等式由这个解构造出另一个与它不相等的正整数解,从而以此类推,证明原方程有无穷多组正整数解.

例 9(2009 年加拿大数学竞赛试题) 求所有的有序整数组 (a,b),使得 3^a+7^b 为完全平方数.

解 显然,a,b 均为非负整数.设 $3^a+7^b=n^2$(n 为正整数).首先两边模 4,得
$$n^2=3^a+7^b\equiv (-1)^a+(-1)^b \pmod 4.$$

注意到 $n^2\not\equiv 2\pmod 4$,则 a,b 必为一奇一偶.

当 a 为奇数,b 为偶数时,设 $b=2c$,则
$$3^a=n^2-7^b=(n+7^c)(n-7^c).$$

注意到 $n+7^c-(n-7^c)=2\cdot 7^c$ 不是 3 的倍数,则 $n+7^c$ 和 $n-7^c$ 不可能均为 3 的倍数,故必有 $n-7^c=1$,从而 $3^a=2\cdot 7^c+1$.

若 $c=0$，则 $a=1$，从而 $(a,b)=(1,0)$ 为一组解．

若 $c\geq 1$，则 $3^a\equiv 1 \pmod 7$．易知，使得 $3^a\equiv 1 \pmod 7$ 的最小正整数为 $a=6$，从而满足上式的 a 均为 6 的倍数．这与 a 为奇数矛盾．

当 a 为偶数时，b 为奇数．设 $a=2c$，则
$$7^b = n^2 - 3^a = (n+3^c)(n-3^c).$$

注意到 $n+3^c-(n-3^c)=2\cdot 3^c$ 不是 7 的倍数，则 $n+3^c$ 和 $n-3^c$ 不可能均为 7 的倍数，故必有 $n-3^c=1$，从而 $7^b=2\cdot 3^c+1$．

若 $c=1$，则 $b=1$，从而 $(a,b)=(2,1)$ 为一组解．

若 $c\geq 2$，则 $7^b\equiv 1 \pmod 9$．而使得 $7^b\equiv 1 \pmod 9$ 的最小正整数为 $b=3$，从而满足上式的 b 均为 3 的倍数．设 $b=3d$，注意到 d 为大于或等于 1 的奇数，并记 $y=7^d$，则 $y^3-1=2\cdot 3^c$，从而 $2\cdot 3^c=(y-1)(y^2+y+1)$．而 y^2+y+1 是奇数，则
$$y-1 = 2\cdot 3^u, \quad y^2+y+1 = 3^v,$$
其中 u,v 为正整数，且 $v\geq 2$．又由 $3y=y^2+y+1-(y-1)^2$，知 $9\mid 3y$，从而 $3\mid y$．这与 $3\mid(y-1)$ 矛盾．

综上所述，$(a,b)=(1,0),(2,1)$．

注 本题可转化为求不定方程 $3^a+7^b=n^2$ 的非负整数解．先通过余数分析得 a,b 为一奇一偶，再分类讨论，利用因式分解法和同余法求解．

例10 证明：方程 $x^3+3y^3+9z^3-9xyz=0$ 只有唯一的有理数解 $x=y=z=0$．

证明 若 (x_0,y_0,z_0) 是原方程的非零有理数解，则 $(tx_0,ty_0,tz_0)(t\in \mathbf{Q})$ 也是它的解．所以，若非零有理数组 $x_0=\dfrac{m}{n}$，$y_0=\dfrac{l}{k}$，$z_0=\dfrac{q}{p}$（其中 $m,l,q\in \mathbf{Z}$，$n,k,p\in \mathbf{N}^*$）满足原方程，则非零整数组 $x_1=t_1x_0$，$y_1=t_1y_0$，$z_1=t_1z_0$（其中 $t_1=nkp$）也满足原方程，即
$$x_1^3+3y_1^3+9z_1^3-9x_1y_1z_1=0, \qquad ⑤$$
其中 $x_1,y_1,z_1\in \mathbf{Z}$．

由 $x_1^3=3(-y_1^3-3z_1^3+3x_1y_1z_1)$ 知 x_1 是 3 的倍数．记 $x_1=3x_2(x_2\in \mathbf{Z})$，将其代入⑤式并整理得
$$y_1^3 = 3(-z_1^3-3x_2^3+3x_2y_1z_1). \qquad ⑥$$

由⑥式知 y_1 是 3 的倍数．记 $y_1=3y_2(y_2\in \mathbf{Z})$，将其代入⑥式并整理得
$$z_1^3 = 3(-x_2^3-3y_2^3+3x_2y_2z_1). \qquad ⑦$$

由⑦式知 z_1 是 3 的倍数．记 $z_1=3z_2(z_2\in \mathbf{Z})$．

由 $x_2=\dfrac{1}{3}x_1$，$y_2=\dfrac{1}{3}y_1$，$z_2=\dfrac{1}{3}z_1$，易知 (x_2,y_2,z_2) 也是原方程的一组非零整数解，即
$$x_2^3+3y_2^3+9z_2^3-9x_2y_2z_2 = 0.$$

重复上述过程，便得三个无穷整数序列：

$$x_1, x_2, x_3, \cdots; \quad y_1, y_2, y_3, \cdots; \quad z_1, z_2, z_3, \cdots.$$

由于(x_0, y_0, z_0)是非零数组,若设$x_0 \neq 0$,则有无穷递减正整数序列$|x_1| > |x_2| > |x_3| > \cdots$. 这显然是不可能的,故原方程只有唯一的有理数解$x = y = z = 0$.

注 本题所采用的方法是无穷递减法. 运用此法的关键是,在做出一个无穷递减正整数序列的过程中,必须是可以通过一个形式相同的关系式来达到完全类似的步骤并得到一个更小的正整数,而且做法可以继续下去.

习 题 三

1. 若$p(x)$为n次多项式,适合$p(k) = \dfrac{k}{k+1}$ $(k = 0, 1, 2, \cdots, n)$,求$p(n+1)$的值.

2. (1995年澳大利亚数学竞赛试题)试确定所有的实系数多项式$p(x)$,使得$tp(t-1) = (t-2)p(t)$对所有实数t均成立.

3. (1999年俄罗斯数学竞赛试题)设整数a, b, c使得$\dfrac{a}{b} + \dfrac{b}{c} + \dfrac{c}{a}$与$\dfrac{a}{c} + \dfrac{c}{b} + \dfrac{b}{a}$均为整数,证明:$|a| = |b| = |c|$.

4. (2000年爱尔兰数学竞赛试题)设$p(x) = x^4 + ax^3 + bx^2 + cx + d$,其中$a, b, c, d$为常数,且$p(1) = 2000, p(2) = 4000, p(3) = 6000$,求$p(9) + p(-5)$的值.

5. 设$f(x) = a_n x^n + a_{n-1} x^{n-1} + \cdots + a_1 x + a_0 \in \mathbf{R}[x]$,满足$0 \leqslant a_i \leqslant a_0$ $(i = 1, 2, \cdots, n)$,又设b_i $(i = 0, 1, \cdots, 2n)$满足$f^2(x) = b_{2n} x^{2n} + b_{2n-1} x^{2n-1} + \cdots + b_1 x + b_0$,求证:$b_{n+1} \leqslant \dfrac{1}{2} f^2(1)$.

6. (2001年罗马尼亚数学竞赛试题)求所有实系数多项式$f(x)$与$g(x)$,使得对所有$x \in \mathbf{R}$,有$(x^2 + x + 1)f(x^2 - x + 1) = (x^2 - x + 1)g(x^2 + x + 1)$.

7. 设$f(x) = a_n x^n + a_{n-1} x^{n-1} + \cdots + a_1 x + a_0 \in \mathbf{R}[x]$ $(a_n \neq 0)$,$x_0, x_1, \cdots, x_n$两两不同,证明:$n+1$个数$|f(x_0)|, |f(x_1)|, \cdots, |f(x_n)|$中,至少有一个不小于$\dfrac{|a_n|}{\sum\limits_{i=0}^{n} |\alpha_i|}$,其中

$$\alpha_i = \prod_{\substack{0 \leqslant j \leqslant n \\ j \neq i}} (x_j - x_i)^{-1} \quad (i = 0, 1, 2, \cdots, n).$$

8. (2008年日本数学竞赛试题)设整系数多项式$p(x)$对于某个非零整数n,满足$p(n^2) = 0$,证明:对于任意的非零有理数a,有$p(a^2) \neq 1$.

9. 设函数$f(x)$在$\mathbf{R}$上单调,且$f\left(\dfrac{x+y}{2}\right) = \dfrac{f(x) + f(y)}{2}$,求$f(x)$.

10. 解函数方程$f(x+y) + f(x-y) = 2f(x)\cos y$.

11. 已知函数$f(x)$定义在正整数集$\mathbf{N}^*$上,$f(1) = 1$,且对任意的$m, n \in \mathbf{N}^*$,都满足

$f(m+n)=f(m)+f(n)+mn$,求 $f(x)$.

12. (1982 年 IMO 试题)设函数 $f(n)$ 的定义域为正整数集,值域为非负整数集,满足 $f(1+1)-f(1)-f(1)=0$ 或 1,且 $f(2)=0, f(3)>0, f(9999)=3333$,求 $f(1982)$.

13. 设函数 f 定义在正整数有序对的集合上,并且满足 $f(x,x)=x, f(x,y)=f(y,x)$, $(x+y)f(x,y)=yf(x,x+y)$,求 $f(14,52)$.

14. (2006 年意大利数学竞赛试题)求所有函数 $f: \mathbf{Z} \to \mathbf{Z}$,使得对所有整数 m,n,有
$$f(m-n+f(n)) = f(m)+f(n).$$

15. (2003 年中国国家队训练题)求所有函数 $f: \mathbf{R} \to \mathbf{R}$,使得对于任意 x,y,有
$$f(f(x)+y) = 2x+f(f(y)-x).$$

16. (2004 年罗马尼亚数学竞赛试题)找出所有的一一映射 $f: \mathbf{N}^* \to \mathbf{N}^*$,使得对所有的正整数 n,都有 $f(f(n)) \leqslant \dfrac{n+f(n)}{2}$.

17. 证明:$x^2+y^2=z^2$ 且 $(x,y,z)=1$ 的整数解可以写成 $x=\pm(a^2-2b^2), y=2ab$, $z=a^2+2b^2$ 的形式.

18. 求所有的有理数 r,使得方程 $rx^2+(r+1)x+(r-1)=0$ 的所有解都是整数.

19. (2006 年澳大利亚数学竞赛试题)求所有的正整数 m,n,使得 $1+5 \cdot 2^m = n^2$.

20. (2004 年斯洛文尼亚数学竞赛试题)求方程 $a^b=ab+2$ 的全部整数解.

21. (2004 年韩国数学竞赛试题)证明:不存在一对正整数 x,y,满足 $3y^2=x^4+x$.

22. (2009 年中国女子数学竞赛试题)求证:不定方程 $abc=2009(a+b+c)$ 只有有限组正整数解 (a,b,c).

23. (2008 年新加坡数学竞赛试题)找出满足 $(n+1)^k-1=n!$ 的正整数对 (n,k).

24. 证明:不定方程 $x^2+y^2+z^2=2xyz$ 没有非零整数解.

本章参考文献

[1] 陈传理,张同君.竞赛数学教程(第一版).北京:高等教育出版社,1996.
[2] 陈传理,张同君.竞赛数学教程(第二版).北京:高等教育出版社,2005.
[3] 沈文选,张垚,冷岗松.奥林匹克数学中的代数问题.长沙:湖南师范大学出版社,2004.
[4] 沈文选,张垚,冷岗松,唐立华.奥林匹克数学中的数论问题.长沙:湖南师范大学出版社,2009.
[5] 张利民.全国高中数学竞赛备考手册.杭州:浙江大学出版社,2010.
[6] 马传渔,晁洪.国际国内数学奥林匹克竞赛优化解题题典.长春:吉林教育出版社,2010.
[7] 南秀全.高中数学奥林匹克竞赛全真试题.武汉:湖北长江出版集团,2011.
[8] 马传渔,陈传理,吴建平.高中数学奥林匹克竞赛教程.长春:吉林教育出版社,2008.
[9] 徐学文.竞赛数学原理与方法.北京:科学出版社,2011.
[10] 项昭义.国际奥赛试题全解——数学.北京:京华出版社,2010.

[11]《数学竞赛之窗》编辑部.国外高中数学竞赛真题库.杭州:浙江大学出版社,2007.
[12]《美国数学奥林匹克题解》编委会.美国数学奥林匹克题解.杭州:浙江大学出版社,2010.
[13]《加拿大数学奥林匹克题解》编委会.加拿大数学奥林匹克题解.杭州:浙江大学出版社,2010.
[14] 何国樑,肖振纲.初等数论.海口:海南出版社,1992.
[15] 岑爱国.复数与多项式.杭州:浙江大学出版社,2007.

第四章 平面几何与立体几何

初等几何以内容丰富、结构精巧而著称.一些几何题目的证明思路非常奇特,技巧性很强.有的题目的解决方法也多种多样,除了纯粹的几何方法之外还可以利用代数法、向量法等多种方法.正是由于几何问题解决方法的多样性、灵活性以及在培养中学生严密推理能力中的重要作用,几何试题也就成为国内外数学竞赛的必考内容,在各种竞赛试题中频繁出现.本章主要介绍平面几何知识的应用以及立体几何中直线与平面、空间角与距离、多面体、旋转体等知识相联系的问题的解题方法和技巧.

第一节 平面几何

一、几个著名定理及其应用

下面介绍几个数学竞赛中常用的著名定理及其应用.对这些定理的掌握与熟练运用是十分必要的.限于篇幅,对于本章中涉及的未加以证明的定理,其证明请参阅本章后的相关文献.

1. 梅涅劳斯定理

梅涅劳斯(Menelaus)定理 如果一条不经过 $\triangle ABC$ 任一顶点的直线和三角形三边 BC,CA,AB 或它们的延长线分别交于点 P,Q,R,且 P,Q,R 中一点或三点在边的延长线上,则

$$\frac{AR}{RB} \cdot \frac{BP}{PC} \cdot \frac{CQ}{QA} = 1.$$

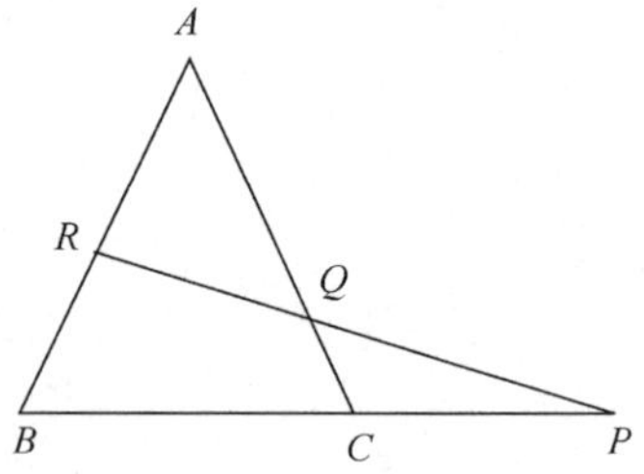

证明 此定理的证明方法较多,我们采用面积证明方法.

如图 4.1 所示,由三角形面积的性质有

$$\frac{AR}{RB} = \frac{S_{\triangle ARP}}{S_{\triangle BRP}}, \quad \frac{BP}{PC} = \frac{S_{\triangle BRP}}{S_{\triangle CPR}},$$

图 4.1

$$\frac{CQ}{QA} = \frac{S_{\triangle CQP}}{S_{\triangle AQP}} = \frac{S_{\triangle CRQ}}{S_{\triangle ARQ}} = \frac{S_{\triangle CQP} + S_{\triangle CRQ}}{S_{\triangle AQP} + S_{\triangle ARQ}} = \frac{S_{\triangle CRP}}{S_{\triangle ARP}}.$$

将以上三式左右两端分别相乘,得

$$\frac{AR}{RB} \cdot \frac{BP}{PC} \cdot \frac{CQ}{QA} = 1.$$

梅涅劳斯定理的逆定理 设 P,Q,R 分别是 $\triangle ABC$ 的三边 BC, CA, AB 或它们延长线上的三点,且 P,Q,R 中一点或三点在边的延长线上.若 $\frac{BP}{PC} \cdot \frac{CQ}{QA} \cdot \frac{AR}{RB} = 1$,则 P,Q,R 三点共线.

注 (1) 梅涅劳斯定理及其逆定理中的 P,Q,R 三点,要有奇数个点在边的延长线上,否则的话,定理不成立;

(2) 恰当地选择三角形的截线或做出截线,是应用梅涅劳斯定理的关键.梅涅劳斯定理的逆定理常用来证明三点共线.

例1(1996年全国高中数学联赛试题) 如图 4.2 所示,设 $\odot O_1$ 与 $\odot O_2$ 和 $\triangle ABC$ 的三边所在的三条直线都相切,切点为 E,F,G,H,直线 EG 与 FH 交于点 P,求证:

$$PA \perp BC.$$

证明 过点 A 作 $AD \perp BC$ 于点 D,延长 DA 交直线 HF 于点 P',对于 $\triangle ABD$,由梅涅劳斯定理有

$$\frac{AH}{HB} \cdot \frac{BF}{FD} \cdot \frac{DP'}{P'A} = 1.$$

因为 $BF = BH$,所以

$$\frac{AH}{DF} \cdot \frac{DP'}{AP'} = 1.$$

注意到 O_1, A, O_2 三点共线,结合圆的内公切线的性质,可得

$O_1E // AD // O_2F$, $\triangle AGO_1 \sim \triangle AHO_2$,

从而 $\frac{DE}{DF} = \frac{AO_1}{AO_2} = \frac{AG}{AH}$, 即 $\frac{AH}{DF} = \frac{AG}{DE}$.

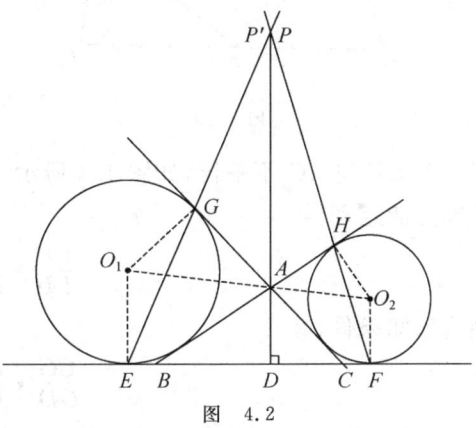

图 4.2

又 $CE = CG$,于是

$$1 = \frac{AH}{DF} \cdot \frac{DP'}{AP'} = \frac{AG}{DE} \cdot \frac{DP'}{AP'} = \frac{DP'}{AP'} \cdot \frac{AG}{CG} \cdot \frac{CE}{DE}.$$

由梅涅劳斯定理的逆定理知 P', G, E 三点共线,即 P' 为直线 EG 与 FH 的交点,因此点 P' 与点 P 重合,从而 $PA \perp BC$.

注 本题难度较大,证明方法也比较多.此处我们采用同一法结合梅涅劳斯定理得到相对比较简单的解答.

例 2（2004 年 CMO 试题） 设凸四边形 $EFGH$ 的顶点 E,F,G,H 分别在凸四边形 $ABCD$ 的边 AB,BC,CD,DA 上，且满足 $\dfrac{AE}{EB} \cdot \dfrac{BF}{FC} \cdot \dfrac{CG}{GD} \cdot \dfrac{DH}{HA} = 1$；而点 A,B,C,D 分别在凸四边形 $E_1F_1G_1H_1$ 的边 $H_1E_1, E_1F_1, F_1G_1, G_1H_1$ 上，且满足 $E_1F_1 /\!/ EF, F_1G_1 /\!/ FG, G_1H_1 /\!/ GH, H_1E_1 /\!/ HE$. 已知 $\dfrac{E_1A}{AH_1} = \lambda$，求 $\dfrac{F_1C}{CG_1}$ 的值.

解 如图 4.3 所示，若 $EF /\!/ AC$，则 $\dfrac{BE}{EA} = \dfrac{BF}{FC}$. 代入已知条件得 $\dfrac{DH}{HA} = \dfrac{DG}{GC}$，所以 $HG /\!/ AC$，从而 $E_1F_1 /\!/ AC /\!/ H_1G_1$. 于是

$$\dfrac{F_1C}{CG_1} = \dfrac{E_1A}{AH_1} = \lambda.$$

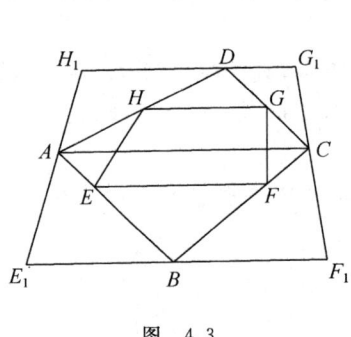
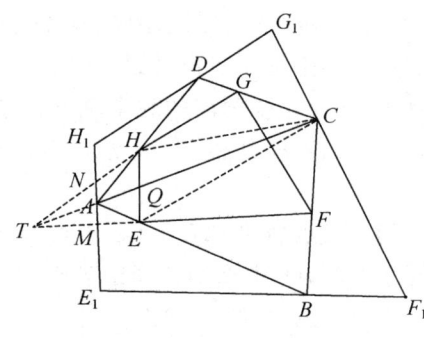

图 4.3　　　　　　　　图 4.4

若 EF 与 AC 不平行，如图 4.4 所示，设 FE 的延长线与 CA 的延长线相交于点 T，则由梅涅劳斯定理得

$$\dfrac{CF}{FB} \cdot \dfrac{BE}{EA} \cdot \dfrac{AT}{TC} = 1.$$

结合已知条件，有

$$\dfrac{CG}{GD} \cdot \dfrac{DH}{HA} \cdot \dfrac{AT}{TC} = 1.$$

由梅涅劳斯定理的逆定理知，T,H,G 三点共线.

设 TF, TG 与 E_1H_1 分别交于点 M,N. 由 $E_1B /\!/ EF$，得 $E_1A = \dfrac{BA}{EA} \cdot AM$. 同理，$H_1A = \dfrac{AD}{AH} \cdot AN$. 所以

$$\dfrac{E_1A}{AH_1} = \dfrac{AM}{AN} \cdot \dfrac{AB}{AE} \cdot \dfrac{AH}{AD}.$$

由 $H_1E_1 /\!/ HE$，得 $\dfrac{AM}{AN} = \dfrac{EQ}{QH}$. 又因为 $\dfrac{EQ}{QH} = \dfrac{S_{\triangle AEC}}{S_{\triangle AHC}}$，而

$$S_{\triangle AEC} = S_{\triangle ABC} \cdot \frac{AE}{AB}, \quad S_{\triangle AHC} = S_{\triangle ADC} \cdot \frac{AH}{AD},$$

所以
$$\frac{EQ}{QH} = \frac{S_{\triangle ABC} \cdot AE \cdot AD}{S_{\triangle ADC} \cdot AB \cdot AH},$$

故
$$\frac{E_1 A}{AH_1} = \frac{EQ}{QH} \cdot \frac{AB}{AE} \cdot \frac{AH}{AD} = \frac{S_{\triangle ABC}}{S_{\triangle ADC}}.$$

同理,$\frac{F_1 C}{CG_1} = \frac{S_{\triangle ABC}}{S_{\triangle ADC}}$. 所以 $\frac{F_1 C}{CG_1} = \frac{E_1 A}{AH_1} = \lambda$.

注 本题在求解过程中应用了梅涅劳斯定理,这需要选择合适的三角形将已知条件进行转化. 证明过程中巧妙地采用了类比的方法,先分析容易确定结论的情形,再分析另外的情形.

2. 塞瓦定理

塞瓦(Ceva)定理 设 P, Q, R 分别是 $\triangle ABC$ 的边 BC, CA, AB 上的点. 若 AP, BQ, CR 相交于一点,则 $\frac{BP}{PC} \cdot \frac{CQ}{QA} \cdot \frac{AR}{RB} = 1$.

证明 如图 4.5 所示,由三角形面积的性质有

$$\frac{AR}{RB} = \frac{S_{\triangle AMR}}{S_{\triangle BMR}} = \frac{S_{\triangle AMC}}{S_{\triangle BMC}},$$

$$\frac{BP}{PC} = \frac{S_{\triangle AMB}}{S_{\triangle AMC}}, \quad \frac{CQ}{QA} = \frac{S_{\triangle BMC}}{S_{\triangle AMB}}.$$

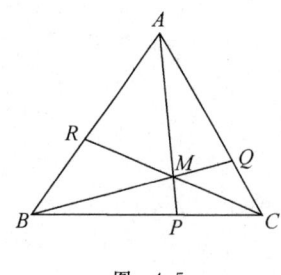

图 4.5

以上三式左、右两边分别相乘,得

$$\frac{BP}{PC} \cdot \frac{CQ}{QA} \cdot \frac{AR}{RB} = 1.$$

塞瓦定理的逆定理 设 P, Q, R 分别是 $\triangle ABC$ 的边 BC, CA, AB 上的点. 若

$$\frac{BP}{PC} \cdot \frac{CQ}{QA} \cdot \frac{AR}{RB} = 1,$$

则 AP, BQ, CR 交于一点.

角度形式的塞瓦定理 设 P, Q, R 分别是 $\triangle ABC$ 的边 BC, CA, AB 上的点,则直线 AP, BQ, CR 相交于一点的充分必要条件是

$$\frac{\sin \angle BAP}{\sin \angle PAC} \cdot \frac{\sin \angle ACR}{\sin \angle RCB} \cdot \frac{\sin \angle CBQ}{\sin \angle QBA} = 1.$$

注 应用塞瓦定理的关键是恰当地选择三角形中的交点. 利用其逆定理可以证明三条直线共点.

例3(2003年保加利亚数学奥林匹克竞赛试题) 如图 4.6 所示,设 H 是锐角 $\triangle ABC$ 的

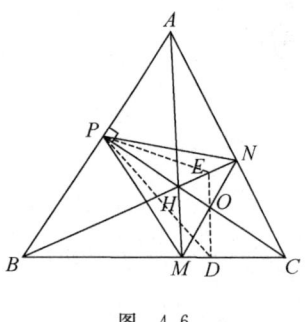

图 4.6

高线 CP 上任一点,直线 AH,BH 分别交 BC,AC 于点 M,N.

(1) 证明:$\angle MPC=\angle NPC$;

(2) 设 O 是 MN 与 CP 的交点,一条通过点 O 的任意直线交四边形 $CNHM$ 的边于 D,E 两点,证明:$\angle EPC=\angle DPC$.

证明 (1) 记 $\angle NPC=\varphi_1$,$\angle MPC=\varphi_2$,则

$$\frac{S_{\triangle NBC}}{S_{\triangle NBA}}=\frac{CN}{AN}=\frac{CP\cdot PN\cdot \sin\varphi_1}{AP\cdot PN\cdot \cos\varphi_1}=\frac{CP\cdot \sin\varphi_1}{AP\cdot \cos\varphi_1}.$$

所以 $\tan\varphi_1=\dfrac{CN}{AN}\cdot\dfrac{AP}{CP}$. 同理 $\tan\varphi_2=\dfrac{CM}{BM}\cdot\dfrac{BP}{CP}$.

在 $\triangle ABC$ 中,取直线 AM,BN,CP,由塞瓦定理得

$$\frac{CN}{NA}\cdot\frac{AP}{PB}\cdot\frac{BM}{MC}=1,$$

于是 $\dfrac{\tan\varphi_1}{\tan\varphi_2}=1$,即 $\tan\varphi_1=\tan\varphi_2$,从而

$$\angle NPC=\varphi_1=\varphi_2=\angle MPC.$$

(2) 记 $\angle NPC=\angle MPC=\varphi$,$\angle EPC=\alpha$,$\angle DPC=\beta$. 要证明 $\alpha=\beta$,只需证明

$$\cot\alpha=\frac{\cos\alpha}{\sin\alpha}=\cot\beta=\frac{\cos\beta}{\sin\beta},$$

即

$$\frac{\sin\varphi\cdot\cos\alpha-\cos\varphi\cdot\sin\alpha}{\sin\alpha}=\frac{\sin\varphi\cdot\cos\beta-\cos\varphi\cdot\sin\beta}{\sin\beta},$$

亦即

$$\frac{\sin(\varphi-\alpha)}{\sin\alpha}=\frac{\sin(\varphi-\beta)}{\sin\beta}.$$

设 D 在 CM 上,E 在 NH 上,则 $\dfrac{NE}{EH}=\dfrac{S_{\triangle NEP}}{S_{\triangle EHP}}=\dfrac{NP\cdot\sin(\varphi-\alpha)}{PH\cdot\sin\alpha}$. 因此

$$\frac{\sin(\varphi-\alpha)}{\sin\alpha}=\frac{NE}{EH}\cdot\frac{PH}{NP}.$$

同理,

$$\frac{\sin(\varphi-\beta)}{\sin\beta}=\frac{DM}{CD}\cdot\frac{CP}{MP}.$$

上面两式相除,得

$$\frac{\sin(\varphi-\alpha)}{\sin\alpha}\bigg/\frac{\sin(\varphi-\beta)}{\sin\beta}=\frac{NE}{EH}\cdot\frac{CD}{DM}\cdot\frac{PH}{CP}\cdot\frac{MP}{NP}. \quad ①$$

因为 PO 是 $\triangle NPM$ 的角平分线,所以

$$\frac{PM}{PN}=\frac{MO}{NO}. \quad ②$$

注意到

$$\frac{NE}{EH} = \frac{S_{\triangle NEO}}{S_{\triangle EHO}} = \frac{ON \cdot \sin\angle MOD}{OH \cdot \sin\angle EOP}, \qquad ③$$

$$\frac{CD}{DM} = \frac{S_{\triangle CDO}}{S_{\triangle DMO}} = \frac{OC \cdot \sin\angle EOP}{OM \cdot \sin\angle MOD}, \qquad ④$$

将②,③,④三式代入①式右边,得

$$\frac{\sin(\varphi-\alpha)}{\sin\alpha} \Big/ \frac{\sin(\varphi-\beta)}{\sin\beta} = \frac{OC}{OH} \cdot \frac{PH}{CP}.$$

分别对 $\triangle BHC$ 和直线 MN, $\triangle CHM$ 和直线 AB, $\triangle BHM$ 和直线 AC 应用梅涅劳斯定理得

$$\frac{BN}{NH} \cdot \frac{HO}{OC} \cdot \frac{CM}{MB} = 1, \quad \frac{CP}{PH} \cdot \frac{HA}{AM} \cdot \frac{MB}{BC} = 1, \quad \frac{HN}{NB} \cdot \frac{BC}{CM} \cdot \frac{MA}{AH} = 1.$$

以上三式相乘得 $\dfrac{OC}{OH} \cdot \dfrac{PH}{PC} = 1$,于是

$$\frac{\sin(\varphi-\alpha)}{\sin\alpha} \Big/ \frac{\sin(\varphi-\beta)}{\sin\beta} = 1, \quad 即 \quad \frac{\sin(\varphi-\alpha)}{\sin\alpha} = \frac{\sin(\varphi-\beta)}{\sin\beta},$$

从而结论得证.

注 本题的思路是将要证明的角度相等转化为对应的三角函数相等,即利用正弦定理、塞瓦定理和梅涅劳斯定理将对应的三角函数利用线段比例相关的形式表示出来,再进行比较分析. 这也是这类问题常用的证明方法.

3. 斯德瓦特定理

斯德瓦特(Stewart)定理 设 P 是 $\triangle ABC$ 的边 BC 上一点,则
$$BP \cdot AC^2 + PC \cdot AB^2 = BC \cdot AP^2 + BP \cdot PC \cdot BC.$$

证明 如图 4.7 所示. 利用余弦定理有
$$AB^2 = AP^2 + BP^2 - 2AP \cdot BP \cdot \cos\angle APB,$$
$$AC^2 = AP^2 + CP^2 + 2AP \cdot CP \cdot \cos\angle APB,$$

所以
$$BP \cdot AC^2 + PC \cdot AB^2$$
$$= (BP + PC)AP^2 + BP \cdot PC \cdot (BP + PC)$$
$$= BC \cdot AP^2 + BP \cdot PC \cdot BC.$$

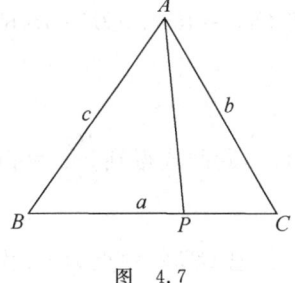

图 4.7

注 如果 $BP : PC = m : n$,则斯德瓦特定理可改写为
$$mAC^2 + nAB^2 = (m+n)AP^2 + \frac{mn}{m+n}BC^2.$$

记 $\triangle ABC$ 的三边 BC, CA, AB 的长分别为 a, b, c. 特别地,有

(1) 令 $m = n$,则 AP 为 $\triangle ABC$ 的中线,由此可得

$$AP = \frac{1}{2}\sqrt{2(AB^2+AC^2)-BC^2} = \frac{1}{2}\sqrt{2(b^2+c^2)-a^2}.$$

这就是三角形的中线公式.

(2) 当 AP 为 $\triangle ABC$ 的 $\angle A$ 平分线时,$\dfrac{m}{n}=\dfrac{AB}{AC}=\dfrac{c}{b}$,此时有

$$cb^2+bc^2=(b+c)AP^2+\frac{bc}{b+c}a^2,$$

从而
$$AP^2 = AB \cdot AC - BP \cdot PC,$$

继续整理得
$$AP = \frac{2}{b+c}\sqrt{bcp(p-a)}, \quad 其中 \quad p=\frac{1}{2}(a+b+c).$$

这就是三角形的内角平分线公式.

例 4(1993 年 IMO 预选试题) 如图 4.8 所示,已知 $\triangle ABC$ 的外接圆圆心为 O,半径为 R,内切圆圆心为 I,半径为 r.另有一个圆 O_1 与边 CA,CB 分别切于点 D,E,且与外接圆 O 内切. 求证:I 是线段 DE 的中点.

证明 设圆 O_1 的半径为 ρ,于是

$$CI = \frac{r}{\sin\dfrac{\angle C}{2}}, \quad CO_1 = \frac{\rho}{\sin\dfrac{\angle C}{2}}, \quad IO_1 = \frac{\rho-r}{\sin\dfrac{\angle C}{2}},$$

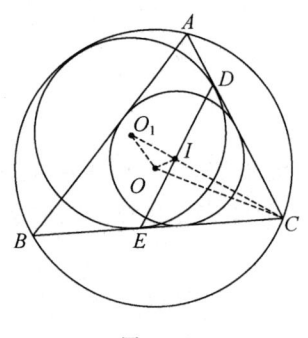

图 4.8

因而有

$$\frac{IO_1}{CO_1} = \frac{\rho-r}{\rho} = 1 - \frac{r}{\rho}. \tag{5}$$

在 $\triangle COO_1$ 中,应用斯德瓦特定理,有

$$OO_1^2 \cdot CI + OC^2 \cdot IO_1 = OI^2 \cdot CO_1 + CI \cdot CO_1 \cdot IO_1.$$

将 $OO_1=R-\rho, OI^2=R(R-2r), OC=R$ 代入上式,得

$$\sin^2\frac{\angle C}{2} = \frac{\rho-r}{\rho} = 1 - \frac{r}{\rho}. \tag{6}$$

由⑤,⑥两式得到 $\dfrac{IO_1}{CO_1}=\sin^2\dfrac{\angle C}{2}=\left(\dfrac{\rho}{CO_1}\right)^2$,即

$$IO_1 \cdot CO_1 = \rho^2 = O_1 E^2. \tag{7}$$

记 DE 的中点为 I'. 由于 $O_1E \perp CE, CO_1 \perp DE$ 且平分 DE,由射影定理有

$$I'O_1 \cdot CO_1 = O_1 E^2. \tag{8}$$

比较⑦式和⑧式,得 I 与 I' 重合. 于是 I 是线段 DE 的中点.

注 本题条件比较多,需将已知条件中相关线段用数值形式表示出来,再结合斯德瓦特定理、射影定理来证明.

4. 西姆松定理

西姆松(Simson)定理　从 $\triangle ABC$ 的外接圆上任意一点 P 向三边 BC, CA, AB 或它们的延长线上引垂线，垂足分别为 D, E, F，则 D, E, F 三点共线.

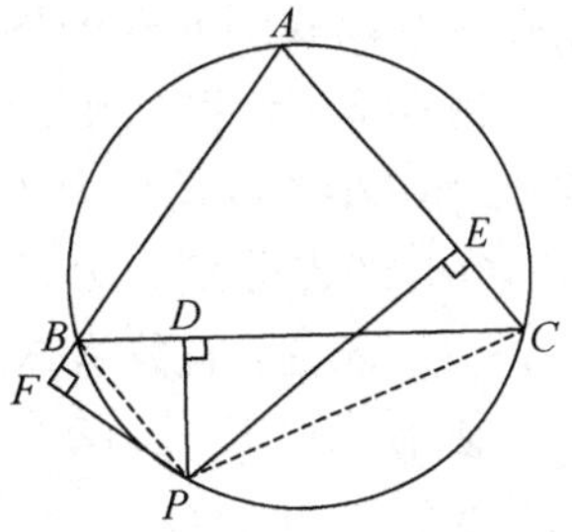

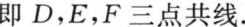

证明　如图 4.9 所示，分别连结 BP, CP，则 P, B, F, D 四点共圆，P, D, C, E 四点共圆，且 A, B, P, C 四点共圆，于是
$$\angle FDP = \angle ACP, \quad 且 \quad \angle PDE = \angle PBA.$$
而 $\angle ACP + \angle PBA = 180°$，所以
$$\angle FDP + \angle PDE = 180°,$$
即 D, E, F 三点共线.

图 4.9

将上面的证明过程倒过来分析，我们就可以得到下面的逆定理：

西姆松定理的逆定理　从一点 P 向 $\triangle ABC$ 的三边或它们的延长线上作垂线，若垂足 D, E, F 在同一条直线上，则 P 在 $\triangle ABC$ 的外接圆上，即 P, A, B, C 四点共圆.

注　(1) 过点 D, E, F 的直线叫做 $\triangle ABC$ 关于点 P 的**西姆松线**.

(2) 利用西姆松定理可以证明三点共线. 寻找恰当的三角形，使得要证明的点可以看做三角形外接圆上的某点在该三角形三边所在直线上的射影，这是应用西姆松定理的关键.

例 5（2003 年 IMO 试题）　设四边形 $ABCD$ 是一个圆内接四边形，从点 D 向直线 BC，CA 和 AB 作垂线，其垂足分别为 P, Q 和 R，证明：$PQ = QR$ 的充分必要条件是 $\angle ABC$ 的平分线，$\angle ADC$ 的平分线和 AC 这三条直线相交于一点.

证明　如图 4.10 所示，由西姆松定理知，P, Q, R 三点共线. 由于 $\angle DPC = \angle DQC = 90°$，则 D, P, Q, C 四点共圆. 于是
$$\angle DCA = \angle DPQ = \angle DPR.$$
由于 D, Q, R, A 四点共圆，则
$$\angle DAC = \angle DRP, \quad 从而 \quad \triangle DCA \sim \triangle DPR.$$
同理，$\triangle DAB \sim \triangle DQP, \triangle DBC \sim \triangle DRQ$. 因此
$$\frac{DA}{DC} = \frac{DR}{DP} = \frac{DB \cdot \dfrac{QR}{BC}}{DB \cdot \dfrac{PQ}{BA}} = \frac{QR}{PQ} \cdot \frac{BA}{BC}.$$

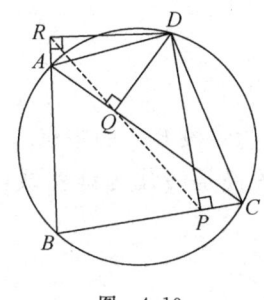

图 4.10

于是
$$PQ = QR \Longleftrightarrow \frac{DA}{DC} = \frac{BA}{BC}.$$

由于 $\angle ABC$ 的平分线和 $\angle ADC$ 的平分线分别将 AC 分成 $\dfrac{BA}{BC}$ 和 $\dfrac{DA}{DC}$，结合上面的分析，命题成立.

注　本题条件很明显，联系要证明的结论，利用西姆松定理并结合四点共圆和三角形的

相似便可以找到问题的解答.

例 6(2005 年中国东南地区数学奥林匹克竞赛试题) 如图 4.11 所示,设 $\odot O$ 与直线 l 相离.作 $OP \perp l$,垂足为 P.点 Q 是直线 l 上不同于 P 的任一点.过点 Q 作 $\odot O$ 的两条切线 QA,QB,切点分别为 A,B. AB 与 OP 相交于点 K,过点 P 作 $PM \perp QB$, $PN \perp QA$,垂足分别为 M,N. 求证:直线 MN 平分线段 KP.

证明 作 $PI \perp AB$, I 为垂足,并记 J 为直线 MN 与线段 KP 的交点,则只要证明 J 是 KP 的中点. 由 $\angle QAO = \angle QBO = \angle QPO = 90°$ 知,O,B,Q,P,A 均在以线段 OQ 为直径的圆周上.

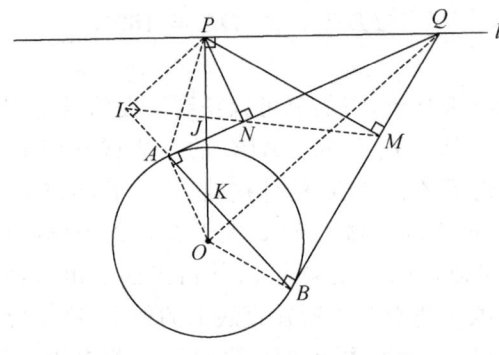

图 4.11

由 $PN \perp QA$, $PM \perp QB$, $PI \perp AB$,利用西姆松定理知 $\triangle QAB$ 的外接圆上一点 P 在其三边上的垂足 N,M,I 三点共线,即 N,M,J,I 四点共线. 因为 $OQ \perp AB$, $PI \perp AB$,所以
$$OQ /\!/ PI, \quad \angle POQ = \angle IPO.$$
又因为 P,I,A,N 和 P,A,O,Q 分别四点共圆,所以
$$\angle PIJ = \angle PAN = \angle PAQ = \angle POQ = \angle IPJ.$$
于是,在 Rt$\triangle PIK$ 中,有 $\angle PIJ = \angle JPI$,从而 $PJ = JI = JK$,所以 J 为线段 KP 的中点.

注 根据题目的已知条件,很容易想到使用西姆松定理. 本题关键是转化为证明线段 IM 与 KP 的交点正好就是线段 KP 的中点.

5. 托勒密定理

第一章我们用复数方法证明了托勒密定理,下面看一个应用的例子.

例 7(1998 年 IMO 预选赛试题) 如图 4.12 所示,设 M,N 是 $\triangle ABC$ 内部的两个点,且满足 $\angle MAB = \angle NAC$, $\angle MBA = \angle NBC$,证明:
$$\frac{AM \cdot AN}{AB \cdot AC} + \frac{BM \cdot BN}{BA \cdot BC} + \frac{CM \cdot CN}{CA \cdot CB} = 1.$$

证明 设 T 是射线 BN 上的点,使得
$$\angle BCT = \angle BMA.$$

因为 $\angle BMA > \angle ACB$,所以 T 在 $\triangle ABC$ 的外部. 又因为 $\angle MBA = \angle CBT$,所以 $\triangle ABM \sim \triangle TBC$,从而
$$\frac{AB}{BT} = \frac{BM}{BC} = \frac{AM}{CT}.$$

由于 $\angle MBC = \angle ABT$,$\dfrac{AB}{BT} = \dfrac{BM}{BC}$,所以 $\triangle ABT \sim \triangle MBC$. 于是
$$\frac{AB}{BM} = \frac{BT}{BC} = \frac{AT}{CM}. \qquad ⑨$$

因为 $\angle CTN = \angle MAB = \angle NAC$,所以 A,N,C,T 四点共圆. 由托勒密定理有
$$AC \cdot NT = AN \cdot CT + CN \cdot AT.$$

将 $CT = \dfrac{AM \cdot BC}{BM}$, $AT = \dfrac{AB \cdot CM}{BM}$, $BT = \dfrac{AB \cdot BC}{BM}$ 代入⑨式得
$$AC \cdot \left(\frac{AB \cdot BC}{BM} - BN\right) = \frac{AN \cdot AM \cdot BC}{BM} + \frac{CN \cdot AB \cdot CM}{BM},$$

即
$$\frac{AM \cdot AN}{AB \cdot AC} + \frac{BM \cdot BN}{BA \cdot BC} + \frac{CM \cdot CN}{CA \cdot CB} = 1.$$

注 本题证明的关键是构造相似三角形. 将对应边的相似比代入到托勒密定理中化简便可得到结论.

6. 圆幂定理与根轴定理

设 P 为 $\odot O$ 所在平面上任一点,$PO = d$,$\odot O$ 的半径为 r,称 $d^2 - r^2$ 为点 P 到 $\odot O$ 的**幂**.

圆幂定理 设 P 为 $\odot O$ 所在平面上任一点,过点 P 作 $\odot O$ 的任一割线与 $\odot O$ 交于 A,B 两点,则 P 与 A,B 两点连线的乘积为定值,等于点 P 到 $\odot O$ 的幂的绝对值,即
$$PA \cdot PB = |d^2 - r^2|.$$

在圆中,利用圆幂定理我们可以推得已经学过的相交弦定理、切割线定理、割线定理. 有时我们也将相交弦定理、切割线定理、割线定理统称为圆幂定理.

在平面上任给两不同心圆,则到两圆的幂相等的点的集合是一条直线. 这条线称为这两个圆的**根轴**.

根轴定理 根轴是一条垂直于两圆连心线的直线.

证明 如图 4.13 所示,这里我们只证明 P 在两圆外,且 $PO_1 < PO_2$,$r_1 < r_2$ 的情形,其他情形类似可证. 设点 P 到 $\odot O_1$ 和 $\odot O_2$ 的幂相等,$\odot O_1$ 的半径为 r_1,$\odot O_2$ 的半径为 r_2. 由圆幂的定义有
$$PO_1^2 - r_1^2 = PO_2^2 - r_2^2,$$
即
$$PO_1^2 - PO_2^2 = r_1^2 - r_2^2 = 常数.$$

设 O_1O_2 的中点为 D,$PH \perp O_1O_2$ 于点 H,则

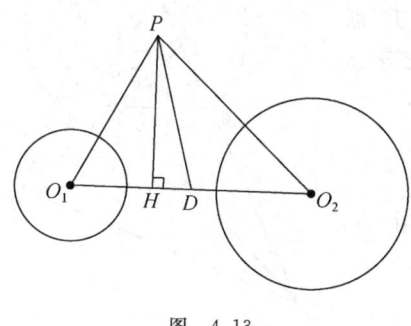

图 4.13

$$PO_1^2 - PO_2^2 = -2O_1O_2 \cdot DH = r_1^2 - r_2^2.$$

所以
$$DH = \frac{r_2^2 - r_1^2}{2O_1O_2} = 常数,$$

即点 H 是一个定点. 故过 H 的垂线 PH 就是两圆的根轴.

由上面的证明我们可以看出:

(1) 若两圆相交,则根轴就是公共弦所在的直线;

(2) 若两圆相切,则其根轴就是两圆公切线所在的直线.

例8 如图 4.14 所示,在 $\triangle ABC$ 的边 BC 上任取一点 A',线段 $A'B$ 的中垂线与边 AB 交于 M 点,线段 $A'C$ 的中垂线与边 AC 交于 N 点,求证: 点 A' 关于直线 MN 的对称点在 $\triangle ABC$ 的外接圆上.

证明 如图 4.14 所示,过 A 作 BC 的平行线,且与 $A'M$ 的延长线交于 B',与 $A'N$ 的延长线交于 C'. 设 $\triangle ABC$ 的外接圆为 $\odot O$,$\triangle A'B'C'$ 的外接圆为 $\odot O'$. 因为 $\triangle MBA'$ 和 $\triangle NA'C$ 是等腰三角形,$B'C' \parallel BC$,所以,在 $\triangle MAB'$ 和 $\triangle NAC'$ 中,有

$$\angle MBA' = \angle MA'B = \angle MB'A = \angle MAB',$$
$$\angle NA'C = \angle NCA' = \angle NAC' = \angle NC'A.$$

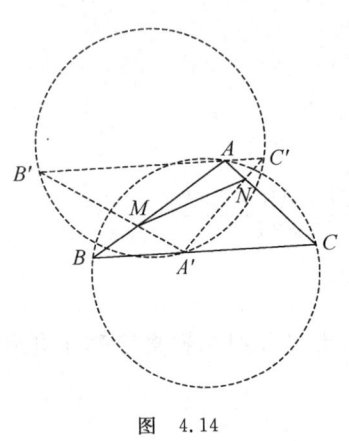

图 4.14

于是 $\triangle MAB'$ 和 $\triangle NAC'$ 都是等腰三角形,从而 $AB = A'B'$,$AC = A'C'$. 所以 $\triangle ABC \cong \triangle A'B'C'$. 因为

$$AM \cdot BM = A'M \cdot B'M, \quad AN \cdot CN = A'N \cdot C'N,$$

所以 M,N 是 $\odot O$ 和 $\odot O'$ 的等幂点,于是直线 MN 是 $\odot O$ 和 $\odot O'$ 的根轴. 因为 $\odot O$ 和 $\odot O'$ 是等圆,所以直线 MN 是 $\odot O$ 和 $\odot O'$ 的对称轴. 由于点 A' 在 $\odot O'$ 上,所以它的对称点在 $\odot O$ 上.

注 本题证明的是点的对称问题,关键是确定对称轴. 通过构造点和圆找到了两圆的根轴,证明根轴就是所求的点对应的对称轴.

例9(2001年全国高中数学联赛加试试题) 如图 4.15 所示,已知在 $\triangle ABC$ 中,O 为外心,三条高线 AD,BE,CF 交于点 H,直线 ED 和 AB 交于点 M,FD 和 AC 交于点 N,求证:

(1) $OB \perp DF$,$OC \perp DE$;

(2) $OH \perp MN$.

证明 (1) 过点 B 作 $\triangle ABC$ 的外接圆的切线 BT. 由 A,F,D,C 四点共圆知

$$\angle TBA = \angle ACB = \angle BFD,$$

从而有 $DF \parallel BT$. 而 $OB \perp BT$,故 $OB \perp DF$. 同理,$OC \perp DE$.

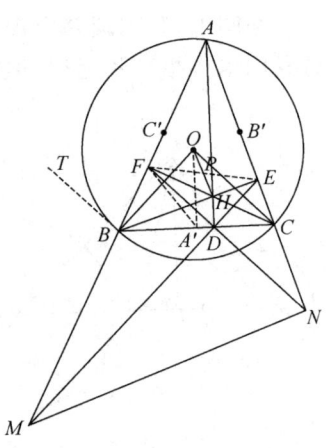

图 4.15

(2) 取 OH 的中点 P,下证 P 为 $\triangle DEF$ 的外心. 设 A',B',C' 分别为边 BC,CA,AB 的中点,由 A,B,D,E 四点共圆知

$$\angle BED = \angle BAD = 90° - \angle ABC.$$

同理, $\angle BEF = \angle BCF = 90° - \angle ABC.$
所以 $\angle DEF = 180° - 2\angle ABC.$

因为 A' 为 $\text{Rt}\triangle BFC$ 斜边 BC 的中点,故 $\angle FA'B = 2\angle FCB = 180° - 2\angle ABC$. 于是 F,A',D,E 四点共圆. 同理, D,F,B',E 及 C',F,D,E 分别四点共圆. 故 A',B',C',D,E,F 六点共圆.

由 $OA' \perp BC, DH \perp BC, P$ 为 OH 的中点知, P 在 $A'D$ 的垂直平分线上. 同理, P 在 $B'E$ 和 FC' 的垂直平分线上. 因此, P 为 $\triangle DEF$ 的外心.

由 D,E,A,B 及 D,F,A,C 分别四点共圆得

$$MD \cdot ME = MB \cdot MA, \quad ND \cdot NF = NC \cdot NA.$$

因此, M,N 对 $\triangle ABC$ 的外接圆和 $\triangle DEF$ 的外接圆的幂相等,从而 M,N 在这两个外接圆的根轴上. 所以 $MN \perp OP$,从而 $MN \perp OH$.

注 本题的证明方法有多种,但多数比较烦琐. 利用圆的根轴来证明垂直关系,简化了证明的过程.

利用上面的定理和平面几何中常用的证明方法和技巧,我们还可以得到如下一些著名的定理:

莱莫恩(Lemoine)定理 过 $\triangle ABC$ 的三个顶点 A,B,C 作它的外接圆的切线,分别和 BC,CA,AB 的延长线交于点 P,Q,R,则 P,Q,R 三点共线. 这条线称为 $\triangle ABC$ 的**莱莫恩线**.

笛沙格(Desargues)定理 在 $\triangle ABC$ 和 $\triangle A'B'C'$ 中,若 AA',BB',CC' 相交于点 S,则 AB 与 $A'B',BC$ 与 $B'C',AC$ 与 $A'C'$ 的交点 F,D,E 三点共线.

卡诺(Carnot)定理 过 $\triangle ABC$ 的外接圆上一点 P 引直线 PD,PE,PF 满足 $\angle PDB = \angle PEC = \angle PFB$,与三角形三边或其所在直线的交点分别为 D,E,F,则 D,E,F 三点共线.

奥倍尔(Opial)定理 过 $\triangle ABC$ 的三个顶点 A,B,C 引三条互相平行的直线,与 $\triangle ABC$ 的外接圆的交点分别为 A',B',C'. 在 $\triangle ABC$ 的外接圆上取一点 P,设 PA',PB',PC' 与 $\triangle ABC$ 的三边 BC,CA,AB 或其延长线的交点分别为 D,E,F,则 D,E,F 三点共线.

清宫(Toshio Seimiya)定理 设 P,Q 为 $\triangle ABC$ 的外接圆上异于 A,B,C 的两点, P 关于三边 BC,CA,AB 的对称点分别是 U,V,W,且 QU,QV,QW 分别交三边 BC,CA,AB 或其延长线于点 D,E,F,则 D,E,F 在同一直线上.

牛顿(Newton)定理 圆外切四边形两条对角线的中点及该圆的圆心,三点共线;圆外切四边形对角线的交点和以切点为顶点的四边形对角线交点重合.

帕斯卡(Pascal)定理 设圆内接六边形 $ABCDEF$ 的边 AB 与 DE,CD 与 FA,BC 与 EF 所在直线分别相交于点 H,I,K,则 H,I,K 三点共线.

第四章 平面几何与立体几何

蝴蝶定理 设 M 为 $\odot O$ 的弦 PQ 的中点,过点 M 任作 $\odot O$ 的两条弦 AB,CD. 若弦 AD 与 BC 分别交 PQ 于点 X,Y,则 M 为线段 XY 的中点.

莱姆斯-斯坦纳(Lehmus-Steiner)**定理** 有两条内角平分线相等的三角形是等腰三角形.

二、三角形的"五心"

1. 外心

三角形外接圆的圆心,叫做三角形的**外心**.

外心是三角形三边垂直平分线的交点. 外心到三角形三个顶点的距离相等.

与外心关系密切的是初中平面几何中的圆心角定理和圆周角定理.

2. 重心

三角形三条中线的交点,叫做三角形的**重心**.

三角形的重心具有以下**性质**:

(1) 重心到顶点的距离是重心到对边中点的距离的 2 倍.

(2) 重心和三角形任意两个顶点组成的三个三角形面积相等.

(3) 重心到三角形三个顶点距离的平方和最小.

(4) 如图 4.16,设 G 是 $\triangle ABC$ 的重心,AG 的延长线交 BC 于点 D,则

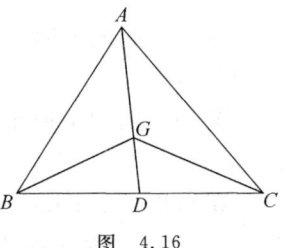

图 4.16

(i) $AD^2 = \dfrac{1}{4}(2AB^2 + 2AC^2 - BC^2)$;

(ii) $\dfrac{AG}{AD} = \dfrac{2}{3}$;

(iii) $S_{\triangle GBC} = \dfrac{1}{3} S_{\triangle ABC}$.

3. 垂心

三角形的三条高(所在直线)交于一点,该点叫做三角形的**垂心**.

三角形的垂心具有如下**性质**:

(1) 三角形三个顶点、三个垂足、垂心这七个点可以得到六个四点圆.

(2) 垂心分每条高线的两部分乘积相等.

(3) 如图 4.17 所示,设 H 是垂心,AH 的延长线与外接圆交于点 D,则 BC 垂直平分 HD.

(4) 三角形外心 O,重心 G 和垂心 H 三点共线,且 $\dfrac{OG}{GH} = \dfrac{1}{2}$,如图 4.18 所示. 此直线称为三角形的**欧拉线**.

(5) 垂心到三角形一个顶点的距离为此三角形外心到此顶点对边距离的 2 倍.

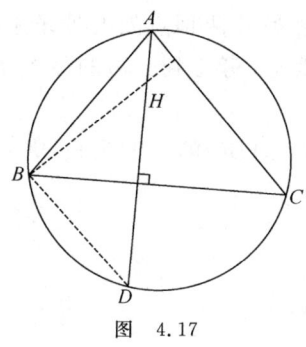

图 4.17

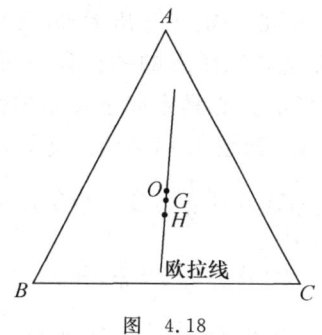

图 4.18

4. 内心

三角形内切圆的圆心,叫做三角形的**内心**.

内心是三角形的三条内角平分线的交点.

三角形内心具有以下**性质**:

如图 4.19 所示,设 $\triangle ABC$ 三边长分别为 a,b,c,内切圆 $\odot I$ 的半径为 r,$\odot I$ 切边 AB 于点 P,AI 的延长线交 BC 于点 N,交外接圆于点 D,则

(1) $\angle BIC = 90° + \dfrac{\angle A}{2}$;

(2) $DB = DI = DC$;

(3) $S_{\triangle ABC} = r \cdot \dfrac{a+b+c}{2}$;

(4) $\dfrac{AB}{BN} = \dfrac{AI}{IN} = \dfrac{AC}{CN}$;

(5) $AP = r \cdot \cot \dfrac{\angle A}{2} = \dfrac{b+c-a}{2}$.

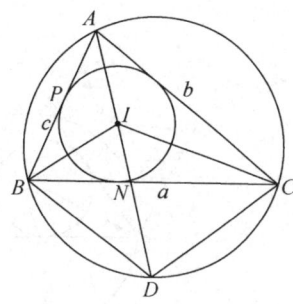

图 4.19

5. 旁心

三角形的旁切圆(与三角形的一边和其他两边的延长线相切的圆)的圆心,叫做三角形的**旁心**.如图 4.20 所示,I_a,I_b,I_c 就是 $\triangle ABC$ 的旁心.

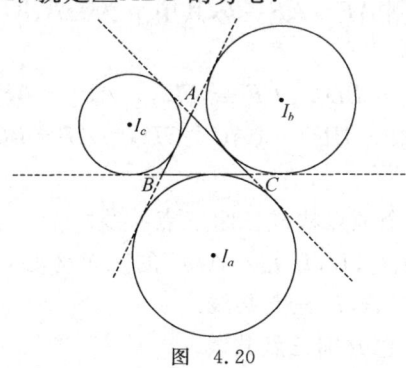

图 4.20

显然,旁心一定在三角形外.三角形一个内角平分线和另外两顶点处的外角平分线交于一点,该点就是三角形的一个旁心.每个三角形都有三个旁心.旁心到三边的距离相等.

三角形的旁心具有如下重要的性质:

性质 1 如图 4.21 所示,设 I 为 $\triangle ABC$ 的内心,I_c 是 $\triangle ABC$ 的一个旁心,则

(1) $\angle CI_cA = \dfrac{1}{2}\angle B$,$\angle CI_cB = \dfrac{1}{2}\angle A$;

(2) $\angle BI_cA = 90° - \dfrac{1}{2}\angle C$.

证明 由内心、旁心的定义有
$$\angle I_cAI = \angle I_cBI = 90°,$$
则 I_c,A,I,B 四点共圆. 故
$$\angle CI_cA = \dfrac{1}{2}\angle B, \quad \angle CI_cB = \dfrac{1}{2}\angle A,$$
$$\angle BI_cA = 90° - \dfrac{1}{2}\angle BCA.$$

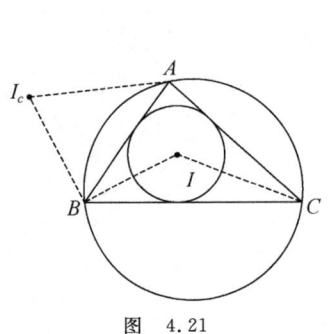

图 4.21

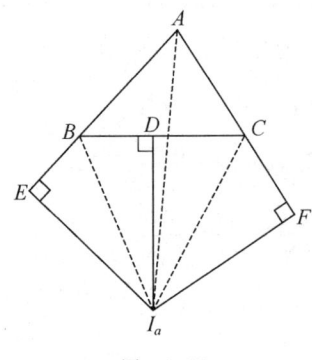

图 4.22

性质 2 如图 4.22 所示,设 I_a 是 $\triangle ABC$ 的旁心,作 I_aD 垂直 BC 于点 D,I_aE 垂直 AB 于点 E,I_aF 垂直 AC 于点 F,则 $AE=AF=p$,其中 p 为 $\triangle ABC$ 周长的一半.

证明 由旁心的性质易得
$$BE = BD, \quad CF = CD, \quad AE = AF,$$
从而
$$AE + AF = (AB + BD) + (AC + CD) = AB + BC + AC = 2p,$$
故 $AE = AF = p$.

性质 3 旁心与三角形三个顶点构成三组三点共线.

证明 如图 4.23 所示,设 I_a,I_b,I_c 是 $\triangle ABC$ 的三个旁心,由于 AI_b,AI_c 是对顶角的角平分线,亦为反向延长线,故 I_b,A,I_c 三点共线.

同理,I_c,B,I_a 和 I_a,C,I_b 也分别三点共线.

6. 典型例题解析

例 10（1996 年俄罗斯数学奥林匹克竞赛试题） 如图 4.24 所示,已知在等腰 $\triangle ABC$ 中,$AB = BC$,CD 是 $\angle BCA$ 的角平分线,O 是它的外心.过 O 作 CD 的垂线交 BC 于点 E,再过 E 作 CD 的平行线交 AB 于点 F.证明:$BE = FD$.

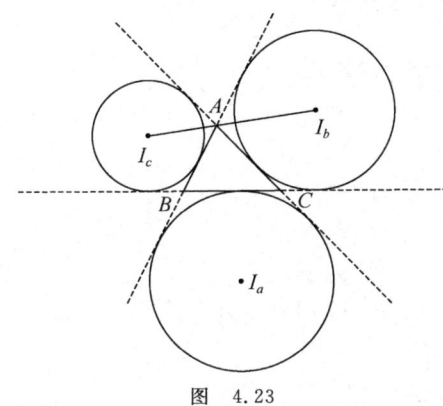

图 4.23

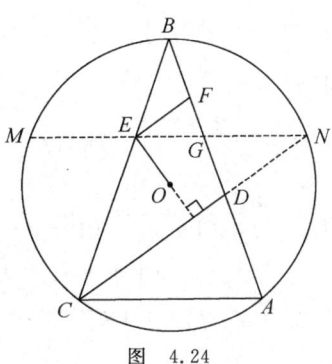

图 4.24

证明 如图 4.24 所示,延长 CD 交外接圆 $\odot O$ 于点 N,连结 EN 交 $\odot O$ 于点 M,交 AB 于点 G.由 OE 垂直平分弦 CN 知
$$\angle MNC = \angle ECN = \angle NCA,$$
即有 $MN \parallel AC$.又 $\angle OEC = \angle OEN$,则弦 BC 和线段 MN 关于直线 OE 对称,从而 $BE = ME$.

因为直线 OB 为 $\triangle ABC$ 和线段 MN 的公共对称轴,于是 $BE = BG$, $ME = GN$,从而 $BE = GN$.注意到 $EF \parallel CN$,且 EF 平分 $\angle BEG$,因此
$$\frac{BF}{FG} = \frac{BE}{EG} = \frac{GN}{EG} = \frac{DG}{FG}.$$

于是 $BF = DG$,即 $BG = FD$,从而 $BE = FD$.

注 本题的证明关键在于线段之间的等量代换.等腰三角形的外心和线段之间的对称性在构造辅助线以及线段的等量代换过程中起到了重要的作用.

例 11（2005 年爱尔兰数学奥林匹克竞赛试题） 已知 $\triangle ABC$ 三边上各有一点 D,E,F,且满足 AD,BE,CF 交于一点 G.若 $\triangle AGE,\triangle CGD,\triangle BGF$ 的面积相等,求证:G 为 $\triangle ABC$ 的重心.

证明 如图 4.25 所示,设
$$\frac{AF}{FB} = x, \quad \frac{BD}{DC} = y, \quad \frac{CE}{EA} = z,$$
则由塞瓦定理得 $xyz = 1$.

对 $\triangle BFC$ 和直线 AGD 应用梅涅劳斯定理得
$$\frac{FG}{GC} \cdot \frac{CD}{DB} \cdot \frac{BA}{AF} = 1,$$

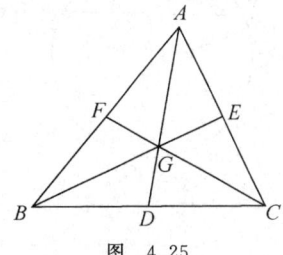

图 4.25

于是
$$\frac{FG}{GC} = \frac{BD}{DC} \cdot \frac{AF}{BA} = y \cdot \frac{x}{1+x} = \frac{xy}{1+x}.$$

所以 $\frac{FG}{FC} = \frac{xy}{1+x+xy}$. 故

$$S_{\triangle BGF} = \frac{FG}{FC} S_{\triangle BFC} = \frac{FG}{GC} \cdot \frac{BF}{AB} S_{\triangle ABC}$$
$$= \frac{xy}{(1+x+xy)(1+x)} S_{\triangle ABC}.$$

同理可得

$$S_{\triangle CGD} = \frac{yz}{(1+y+yz)(1+y)} S_{\triangle ABC}.$$

于是 $\frac{xy}{(1+x+xy)(1+x)} = \frac{yz}{(1+y+yz)(1+y)}$, 即

$$x(1+y+yz)(1+y) = z(1+x+xy)(1+x).$$

因为 $x(1+y+yz) = x+xy+xyz = x+xy+1$, 所以有

$$1+y = z(1+x) = z+zx.$$

同理, $1+z = x+xy$, $1+x = y+yz$. 上三式相加得

$$3 = xy+yz+zx \geqslant 3\sqrt[3]{xy \cdot yz \cdot zx} = 3,$$

其中当且仅当 $xy=yz=zx$ 时, 等号成立. 所以 $xy=yz=zx$, 即 $x=y=z$. 由于 $xyz=1$, 所以 $x=y=z=1$. 因此 D, E, F 是 $\triangle ABC$ 对应三边的中点. 故 G 是 $\triangle ABC$ 的重心.

注 涉及重心的题目, 往往与三角形的面积有关. 对于这类题目往往需考虑三角形的面积比. 本题在证明的最后利用了均值不等式得到结论.

例 12(2006 年 IMO 试题) 设 I 是 $\triangle ABC$ 的内心, P 是 $\triangle ABC$ 内部的一点, 且满足 $\angle PBA + \angle PCA = \angle PBC + \angle PCB$, 证明 $AP \geqslant AI$, 并说明等号成立的条件是点 P 和点 I 重合.

证明 设 $\angle A = \alpha, \angle B = \beta, \angle C = \gamma$. 因为

$$\angle PBA + \angle PCA + \angle PBC + \angle PCB = \beta + \gamma,$$

所以由已知有

$$\angle PBC + \angle PCB = \frac{\beta+\gamma}{2}.$$

注意到 I 是 $\triangle ABC$ 的内心, $\angle IBC + \angle ICB = \frac{\beta}{2} + \frac{\gamma}{2}$, 所以

$$\angle BIC = 180° - (\angle IBC + \angle ICB) = 180° - \frac{\beta+\gamma}{2}$$
$$= 180° - (\angle PBC + \angle PCB) = \angle BPC.$$

又点 P, I 在边 BC 的同侧, 故 B, C, I, P 四点共圆, 即点 P 在 $\triangle BCI$ 的外接圆 $\odot O_1$ 上(如图 4.26).

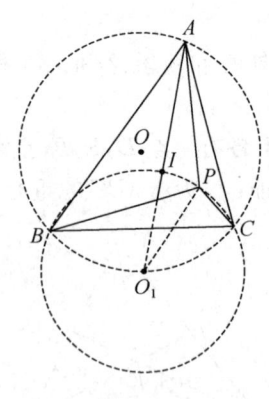

图 4.26

记 $\odot O$ 为 $\triangle ABC$ 的外接圆,由 $O_1B = O_1C$,则 $\odot O_1$ 的圆心 O_1 是 $\odot O$ 的 $\overset{\frown}{BC}$ 中点,即 $\angle A$ 平分线 AI 与 $\odot O$ 的交点. 在 $\triangle APO_1$ 中,有

$$AP + PO_1 \geqslant AO_1 = AI + IO_1 = AI + PO_1, \quad \text{故} \quad AP \geqslant AI.$$

由上面的分析知,上式等号成立的充分必要条件是点 P 位于线段 AI 上,即点 P 和点 I 重合.

注 本题首先利用三角形内心的性质,结合已知条件确定了四点共圆,再在确定的三角形外接圆中应用三角形的三边关系得到了问题的证明.

例 13(2009 年 IMO 试题) 已知在 $\triangle ABC$ 中,$AB = AC$,$\angle CAB$ 和 $\angle ABC$ 的内角平分线分别与边 BC 和 CA 相交于点 D 和 E. 设 I 是 $\triangle ABC$ 的内心,K 是 $\triangle ADC$ 的内心. 若 $\angle BEK = 45°$,求 $\angle CAB$ 所有可能的值.

解 由于 CK 是 $\angle ACB$ 的平分线,所以点 E 关于 CK 的对称点 F 在边 BC 上.

连结 IF,由对称性知 $\angle IFK = 45°$. 连结 DK. 因为 DK 是 $\angle ADC$ 的平分线,所以 $\angle IDK = 45°$. 于是有如下两种情形:

(1) 若点 F 与 D 不重合,如图 4.27 所示,则 I, D, F, K 四点共圆. 所以

$$\angle IKF = 180° - \angle IDF = 90°.$$

由对称性 $\angle IKE = 90°$,故 $\angle EIK = 45°$. 由于

$$\angle EIK = \angle IBC + \angle ICB = \frac{1}{2}\angle ABC + \frac{1}{2}\angle ACB,$$

所以

$$\angle ABC + \angle ACB = 90°, \quad \text{从而} \quad \angle CAB = 90°.$$

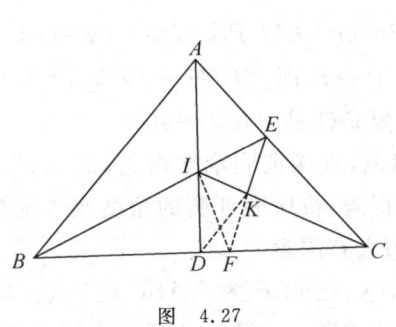

图 4.27

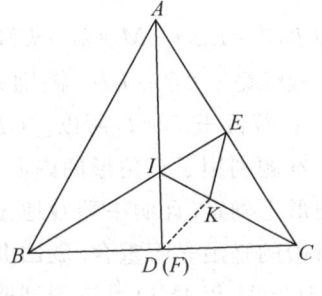

图 4.28

(2) 若点 F 与 D 重合,如图 4.28 所示,则 $\angle IEC = \angle IDC = 90°$,即 $\angle ABC$ 的平分线也是边 AC 上的高. 故 $AB = AC$. 所以 $\triangle ABC$ 是等边三角形,从而 $\angle CAB = 60°$.

反过来,当 $\angle CAB$ 等于 $90°$ 或者 $60°$ 时,容易确定 $\angle BEK = 45°$.

综上所述,$\angle CAB$ 的所有可能值是 $90°$ 或者 $60°$.

注 本题的解决主要是根据点 E 关于角平分线 IC 的对称点是否与 D 点重合并结合内心的性质来讨论. 根据不同的情况确定 $\triangle ABC$ 的不同形状,从而得到 $\angle CAB$ 的度数.

例 14（2005 年保加利亚国际数学奥林匹克选拔赛试题） 已知锐角 $\triangle ABC$ 的垂心为 H，内心为 I，且 $AC \neq BC$，又 CH, CI 分别与 $\triangle ABC$ 的外接圆交于点 D, L，证明：$\angle CIH = 90°$ 的充分必要条件是 $\angle IDL = 90°$。

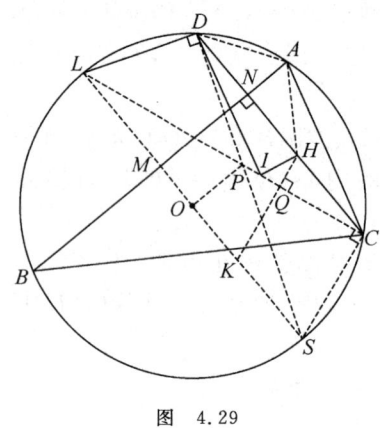

图 4.29

证明 如图 4.29 所示，设 $\triangle ABC$ 的外心为 O，外接圆半径为 r，点 H 在 CL 上的投影为 Q，HQ 交 LO 于点 K，LO 与 $\odot O$ 交于点 S，CL 交 DS 于点 P，AB 分别交 LO, CD 于点 M, N。由垂心的性质知，AB 是线段 DH 的垂直平分线，N 是 DH 的中点。

由内心的性质有 $LA = LB$，结合 O 是 $\triangle ABC$ 的外心，可得
$$\triangle OBM \cong \triangle OAM,$$
于是 M 为线段 AB 的中点，$OM \perp AB$，即 $LS \perp AB$，从而 $DC \parallel SL$。由已知得 $HK \parallel SC$，所以四边形 $CHKS$ 是平行四边形，进而可得四边形 $DLKH$ 是等腰梯形。于是 AB 是 LK 的中垂线。因此有
$$\frac{LQ}{LC} = \frac{LK}{LS} = \frac{LM}{r}，\quad \text{从而} \quad LQ = \frac{LC \cdot LM}{r}.$$

因为 $PO \perp LS, LC \perp SC$，所以 $\triangle LOP \sim \triangle LCS$。于是
$$LP = \frac{LO \cdot LS}{LC} = \frac{2r^2}{LC}.$$

易知 $LB^2 = LS \cdot LM = 2r \cdot LM$，又因为 $LQ \cdot LP = 2r \cdot LM$，所以 $LQ \cdot LP = LB^2$。由于 $LB = LI$，故 $LQ \cdot LP = LI^2$。特别地，$Q = I$ 等价于 $P = I$，而 $\angle CIH = 90°$ 等价于 $Q = I$，$\angle IDL = 90°$ 等价于 $P = I$，所以 $\angle CIH = 90°$ 的充分必要条件是 $\angle IDL = 90°$。

注 本题利用了三角形的内心、外心和垂心的知识，直接证明难度很大，而且很多关系无法从图形上确定。证明中巧妙地做出了垂直线构造直角，将所要证明的角度相等变为对应的点和所做的垂足是否重合。表面上的"多此一举"，却大有深意。

例 15（2003 年 IMO 预选赛试题） 如图 4.30 所示，已知 P 为 $\triangle ABC$ 内一点，D, E, F 分别为点 P 在边 BC, CA, AB 上的投影。假设 $AP^2 + PD^2 = BP^2 + PE^2 = CP^2 + PF^2$，且 $\triangle ABC$ 的三个旁心分别为 I_a, I_b, I_c，证明：P 为 $\triangle I_a I_b I_c$ 的外心。

证明 由已知条件得
$$BF^2 - CE^2 = (BP^2 - PF^2) - (CP^2 - PE^2)$$
$$= (BP^2 + PE^2) - (CP^2 + PF^2) = 0,$$
从而 $BF = CE$。同理可得 $CD = AF, AE = BD$。

设 $BF = x, CD = y, AE = z$。若 D, E, F 中有一个点在三边的延长线上，例如点 D 在边

BC 的延长线上,则有
$$AB + BC = (x+y) + (z-y) = x+z = AC,$$
矛盾. 因此 D, E, F 三个点都在 $\triangle ABC$ 的三条边上.

设 $BC = a, CA = b, AB = c, p = \dfrac{a+b+c}{2}$,则
$$x = p-a, \quad y = p-b, \quad z = p-c.$$
因为 $BD = p-c, CD = p-b$,所以 D 是 $\triangle ABC$ 的边 BC 的旁切圆与边 BC 的切点. 同理,E, F 分别是 $\triangle ABC$ 的边 CA, AB 的旁切圆与边 CA, AB 的切点.

由于 PD 和 $I_a D$ 均垂直于 BC,所以 P, D, I_a 三点共线. 同理,P, E, I_b 三点共线.

因为 I_a, C, I_b 三点共线,且

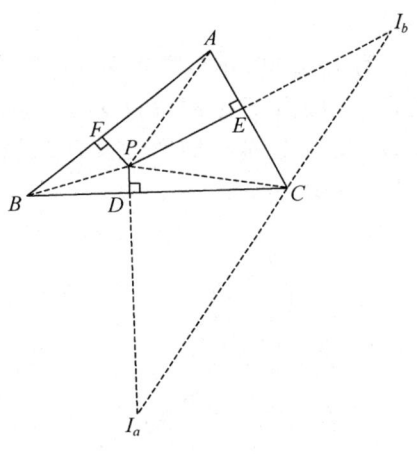

图 4.30

$$\angle PI_a C = \angle PI_b C = \dfrac{\angle ACB}{2},$$
所以
$$PI_a = PI_b.$$
同理可得 $PI_a = PI_c, PI_b = PI_c$. 于是 $PI_a = PI_b = PI_c$,从而 P 为 $\triangle I_a I_b I_c$ 的外心.

注 结合已知条件得到线段的相等关系,是本题证明的一个关键点,而充分利用旁心的性质得到相应的角度和边之间的关系,是问题得以解决的保证.

三、点共圆、点共线、线共点、定点及面积问题

1. 点共圆问题

点共圆问题特别是四点共圆问题在数学竞赛中经常出现. 这类问题一般有两种形式:一是以点共圆作为证题的目的;二是以点共圆作为解题的手段,为解决其他问题铺平道路.

证明四点共圆的方法有:

(1) 利用圆的定义. 要证 A, B, C, D 四点共圆,只需找到一点 O,证明 $OA = OB = OC = OD$ 即可.

(2) 利用圆内接四边形性质定理的逆定理. 若四边形的两个对角互补,则四个顶点在同一个圆周上;若四边形的一个外角等于它的内对角,则四个顶点共圆.

(3) 利用圆周角定理的逆定理. 两个三角形有公共的底边,且在公共底边的同侧有相等的顶角,则两个三角形的四个顶点在同一个圆周上.

(4) 利用圆幂定理的逆定理. 若两线段 AB 和 CD 相交于点 E,且 $AE \cdot EB = CE \cdot ED$,则 A, B, C, D 四点共圆;若相交于点 P 的两条线段 PB, PD 上分别有点 A, C,满足 $PA \cdot PB = PC \cdot PD$,则 A, B, C, D 四点共圆.

(5) 利用托勒密定理的逆定理.

要证明多点共圆,通常先证明其中四点共圆,再证明其余的点一一与共圆四点中的三点

共圆.

例16(2007年全国高中数学联赛加试试题) 已知在锐角$\triangle ABC$中,$AB<AC$,AD是边BC上的高,P是线段AD内一点.过点P作$PE\perp AC$,垂足为E;作$PF\perp AB$,垂足为F.设O_1,O_2分别是$\triangle BDF,\triangle CDE$的外心,求证:$O_1,O_2,E,F$四点共圆的充分必要条件是点$P$是$\triangle ABC$的垂心.

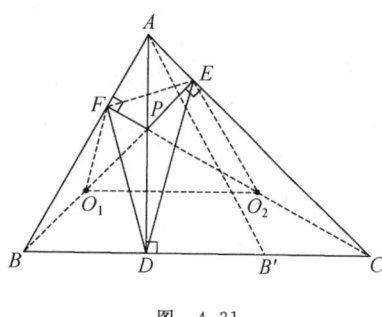

图 4.31

证明 如图4.31所示,连结$BP,CP,O_1O_2,EO_2,EF,FO_1$.因为$PD\perp BC,PF\perp AB$,所以$B,D,P,F$四点共圆,且$BP$为该圆的直径.因$O_1$是$\triangle BDF$的外心,故$O_1$是$BP$的中点.同理,$C,D,P,E$四点共圆,$O_2$是$CP$的中点.因此
$$O_1O_2 /\!/ BC, \quad \angle PO_2O_1=\angle PCB,$$
$$AF\cdot AB=AP\cdot AD=AE\cdot AC,$$
从而由圆幂定理知,B,C,E,F四点共圆.

充分性 设P是$\triangle ABC$的垂心.因为$PE\perp AC$,$PF\perp AB$,所以B,O_1,P,E和C,O_2,P,F分别四点共线.于是
$$\angle FO_2O_1=\angle FCB=\angle FEB=\angle FEO_1,$$
从而O_1,O_2,E,F四点共圆.

必要性 设O_1,O_2,E,F四点共圆,则$\angle O_1O_2E+\angle EFO_1=180°$.

注意到$\angle PO_2O_1=\angle PCB=\angle ACB-\angle ACP$,又因为$O_2$是Rt$\triangle CEP$斜边的中点,也就是$\triangle CEP$的外心,所以
$$\angle PO_2E=2\angle ACP.$$
因为O_1是Rt$\triangle BFP$斜边的中点,也就是$\triangle BFP$的外心,所以
$$\angle PFO_1=90°-\angle BFO_1=90°-\angle ABP.$$
由B,C,E,F四点共圆,得
$$\angle AFE=\angle ACB, \quad \angle PFE=90°-\angle ACB.$$
于是,由$\angle O_1O_2E+\angle EFO_1=180°$,得
$$(\angle ACB-\angle ACP)+2\angle ACP+(90°-\angle ABP)+(90°-\angle ACB)=180°,$$
即$\angle ABP=\angle ACP$.由已知,$AB<AC,AD\perp BC$,所以$BD<CD$.

设B'是点B关于直线AD的对称点,则B'在线段DC上,且$B'D=BD$.连结AB',PB'.由对称性有$\angle AB'P=\angle ABP=\angle ACP$.因此$A,P,B',C$四点共圆.由此可知$\angle PB'B=\angle CAP=90°-\angle ACB$.因为$\angle PBC=\angle PB'B$,所以
$$\angle PBC+\angle ACB=(90°-\angle ACB)+\angle ACB=90°,$$
从而$BP\perp AC$.由题设点P在高AD上,于是点P是$\triangle ABC$的垂心.

注 本题条件比较多,证明的重点在于点P是$\triangle ABC$的垂心,可归结为三点共线问题.

证明中根据对问题的分析,做出点 B 在线段 DC 上的对称点,增加了条件,从而可找到并利用四点共圆将角度转换,使问题得到解决.

例 17(2008 年 IMO 试题) 已知 H 是锐角 $\triangle ABC$ 的垂心,且以边 BC 的中点为圆心,过点 H 的圆与直线 BC 相交于两点 A_1, A_2;以边 CA 的中点为圆心,过点 H 的圆与直线 CA 相交于两点 B_1, B_2;以边 AB 的中点为圆心,过点 H 的圆与直线 AB 相交于两点 C_1, C_2.证明:$A_1, A_2, B_1, B_2, C_1, C_2$ 六点共圆.

证明 如图 4.32 所示,设 B_0, C_0 分别是边 CA, AB 的中点,以点 B_0 为圆心且过点 H 的圆与以 C_0 为圆心且过点 H 的圆的另一交点为 A',则 $A'H \perp C_0 B_0$. 由于 B_0, C_0 分别是边 CA, AB 的中点,所以 $B_0 C_0 \parallel BC$. 于是 $A'H \perp BC$,从而点 A' 在 AH 上. 由切割线定理知

$$AC_1 \cdot AC_2 = AA' \cdot AH = AB_1 \cdot AB_2,$$

所以 B_1, B_2, C_1, C_2 四点共圆.

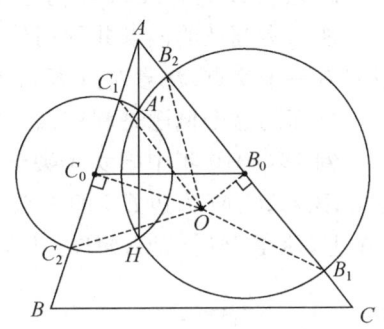

图 4.32

分别作 $B_1 B_2, C_1 C_2$ 的垂直平分线,设它们相交于点 O,则 O 是四边形 $B_1 B_2 C_1 C_2$ 的外接圆圆心,也就是 $\triangle ABC$ 的外心,且

$$OB_1 = OB_2 = OC_1 = OC_2.$$

同理可得 $OA_1 = OA_2 = OB_1 = OB_2$. 所以 $A_1, A_2, B_1, B_2, C_1, C_2$ 六点都是在以 O 为圆心,OA_1 为半径的圆上,即 $A_1, A_2, B_1, B_2, C_1, C_2$ 六点共圆.

注 本题证明思路比较容易确定.先证明四个点在一个圆上,待确定出圆心后,再说明另外两个点也在圆上就行了.

例 18(2000 年俄罗斯数学奥林匹克竞赛试题) 已知在非等腰锐角 $\triangle ABC$ 中,高 AA_1 和 CC_1 所成的锐角的平分线分别与边 AB 和 BC 相交于点 P 和 Q,$\angle B$ 的平分线与连结 $\triangle ABC$ 的垂心和边 AC 中点的线段交于点 R,求证:P, B, Q, R 四点共圆.

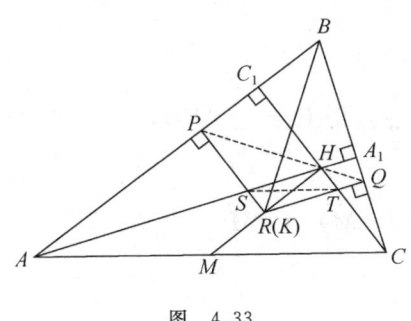

图 4.33

证明 如图 4.33 所示,设 H 是 $\triangle ABC$ 的垂心,而 M 是边 AC 的中点. 分别在线段 AH 和 CH 上取点 S 和 T,使得 $PS \perp AB, TQ \perp BC$. 记直线 PS 和 QT 的交点为 K. 由于

$$\angle BPK = \angle BQK = 90°,$$

因此四边形 $BPKQ$ 内接于圆. 下证点 K 和 R 重合.

由已知有

$$\angle C_1 HP = \angle QHC, \quad \angle QHC = \angle QHA_1,$$

于是 $\angle PHC_1 = \angle QHA_1$,即

$$\angle HPB = 90° - \angle PHC_1 = 90° - \angle QHA_1 = \angle HQB,$$

从而 $BP=BQ$. 所以 $\triangle BPK \cong \triangle BQK$. 因此点 K 位于 $\angle B$ 的平分线上.

由 $\triangle PHC_1 \backsim \triangle QHA_1$ 得 $\dfrac{PH}{HQ} = \dfrac{C_1H}{HA_1}$. 同样,由 $\triangle AHC_1 \backsim \triangle CHA_1$ 得 $\dfrac{C_1H}{HA_1} = \dfrac{AH}{HC}$. 注意到 $\triangle PHS \backsim \triangle THQ$,得 $\dfrac{PH}{HQ} = \dfrac{HS}{HT}$. 由上面的三式进而可得 $\dfrac{HS}{HT} = \dfrac{AH}{HC}$,从而 $ST /\!/ AC$,所以 ST 的中点在直线 HM 上. 由于四边形 $HSKT$ 是平行四边形,所以点 K 在直线 HM 上.

因此点 K 是直线 HM 与 $\angle B$ 的平分线的交点,从而 K 和 R 重合,P,B,Q,R 四点共圆.

注 本题证明四点共圆用的是同一法. 在证明两点重合的时候用的是两条直线相交有且只有一个交点. 注意对点 K 在直线 HM 上的证明是一个难点.

下面的这个例题是利用四点共圆作为辅助,为证明题目相关的结论提供必要的条件.

例 19(2010 年中国女子数学奥林匹克竞赛试题) 如图 4.34 所示,已知在锐角 $\triangle ABC$ 中,$AB>AC$,M 为边 BC 的中点,$\angle BAC$ 的外角平分线交直线 BC 于点 P,点 K,F 在直线 PA 上,使得 $MF \perp BC$,$MK \perp PA$,求证:$BC^2 = 4PF \cdot AK$.

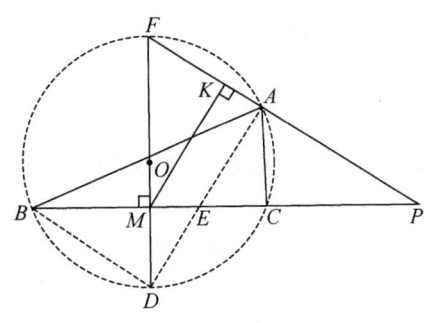

图 4.34

证明 设 $\triangle ABC$ 的外接圆 $\odot O$ 交直线 FM 于点 D,AD 交 BC 于点 E,则 AD 平分 $\angle BAC$. 所以
$$AD \perp AP, \quad AD /\!/ MK.$$
于是
$$\dfrac{MD}{FM} = \dfrac{AK}{FK}.$$
因为 $\angle FMC = \angle FAD = 90°$,所以 F,M,E,A 四点共圆,从而
$$\angle AFD = \angle AEC = \angle ABC + \dfrac{1}{2}\angle BAC.$$
又由于
$$\angle ABD = \angle ABC + \angle CBD = \angle ABC + \dfrac{1}{2}\angle BAC = \angle AFD,$$
于是 A,F,B,D,C 五点共圆. 由割线定理得
$$PA \cdot PF = PC \cdot PB = (PM-MC)\cdot(PM+BM) = PM^2 - BM^2.$$
在 Rt$\triangle FMP$ 中,由射影定理得
$$PM^2 = PK \cdot PF.$$
上两式相减得
$$BM^2 = PK \cdot PF - PA \cdot PF = PF(PK - PA) = PF \cdot AK.$$
因为 $BM^2 = \left(\dfrac{BC}{2}\right)^2 = \dfrac{BC^2}{4}$,于是结论成立.

注 已知条件中有圆、垂直、割线,自然地会考虑利用割线定理和射影定理将相关线段表示出来,并结合平行、点共圆等条件来分析问题.

2. 点共线和线共点问题

在同一直线上的点称为**共线点**,这时也称这些点共线. 多点共线的问题一般转化为三点共线的问题来解决.

证明三点共线的一般方法有:

(1) 利用直线的定义、平角定义或对顶角逆定理.

(2) 利用平行关系或垂直关系. 要证 A,B,C 三点共线,只需证明 $AB // BC$;要证 A,B,C 三点共线,只需证明 AB,AC 与同一条直线垂直.

(3) 利用同一法. 要证 A,B,C 三点共线,只要在 AC 上找到一点 B',证明 B 和 B' 重合即可.

(4) 利用海涅劳斯定理的逆定理.

(5) 利用西姆松定理.

(6) 利用莱莫恩定理、笛沙格定理、卡诺定理等.

例20(2003年克罗地亚国家数学竞赛试题) 设 I 为 $\triangle ABC$ 的 $\angle BAC$ 平分线上一点,M,N 分别是边 AB,AC 上的点,且使得 $\angle ABI = \angle NIC, \angle ACI = \angle MIB$,证明:当且仅当 M,N,I 三点共线时,I 是 $\triangle ABC$ 的内切圆圆心.

证明 **必要性** 如图 4.35 所示,设 I 是 $\triangle ABC$ 的内切圆圆心,则由内心的性质有

$$\angle BIC = 90° + \frac{\angle A}{2}.$$

由已知

$$\angle ABI = \angle NIC = \frac{\angle B}{2}, \quad \angle ACI = \angle MIB = \frac{\angle C}{2},$$

得

$$\angle MIN = \angle MIB + \angle BIC + \angle NIC$$
$$= 90° + \frac{\angle A}{2} + \frac{\angle B}{2} + \frac{\angle C}{2} = 180°,$$

所以 M,N,I 三点共线.

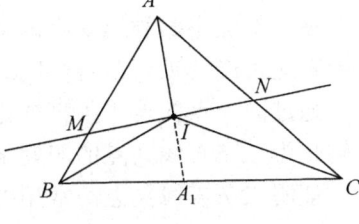

图 4.35

充分性 假设 M,N,I 三点共线,并设 A_1 是 $\angle BAC$ 的平分线 AI 与边 BC 的交点. 我们有

$$\angle BIA_1 = \angle ABI + \angle BAI = \angle ABI + \frac{\angle A}{2}.$$

同理可得 $\angle CIA_1 = \angle ACI + \frac{\angle A}{2}$. 于是

$$\angle BIC = \angle BIA_1 + \angle CIA_1 = \angle ABI + \angle ACI + \angle A.$$

又因为
$$\angle MIN = 180° = \angle BIC + \angle BIM + \angle CIN = 2(\angle ABI + \angle ACI) + \angle A,$$
所以 $\angle BIC = 90° + \dfrac{\angle A}{2}$. 故 I 是 $\triangle ABC$ 的内切圆圆心.

注 本题主要考查三点共线的证明方法和三角形内心性质的运用.

例21（2002年保加利亚冬季数学竞赛试题） 设 M,N 分别是 $\triangle ABC$ 的边 AC,BC 上的点，且 $\angle ACB = 90°$，AN 与 BM 交于点 L，证明：$\triangle AML$，$\triangle BNL$ 的垂心与点 C 三点共线.

证明 如图4.36所示，设 $\triangle AML$ 和 $\triangle BNL$ 的垂心分别为 H_1,H_2，AH_1 与 BM 的延长线交于点 P，AC 与 LH_1 交于点 Q，BC 与 LH_2 交于点 R，BH_2 与 AN 的延长线交于点 S. 由 A,P,C,B 四点共圆得
$$\angle PAC = \angle LBC;$$
由 A,C,S,B 四点共圆得
$$\angle LAC = \angle SBC.$$
所以
$$\angle H_1 AL = \angle LBH_2.$$
又 $\angle PH_1 L = 90° - \angle PLH_1 = \angle BLR$，因此
$$\triangle ALH_1 \backsim \triangle BH_2 L.$$

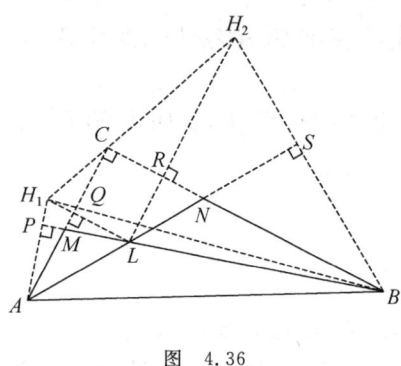

图 4.36

令 $H_2 R = x$，$RL = y$，则可设 $LQ = kx$，$QH_1 = ky$. 由于四边形 $QLRC$ 为矩形，因此 $CR = kx$，$CQ = y$. 所以
$$\tan \angle QCH_1 = k, \quad \tan \angle RCH_2 = 1/k.$$
于是 $\angle QCH_1 + \angle RCH_2 = 90°$，从而 H_1, H_2, C 三点共线.

注 本题主要利用垂心确定的四点共圆、三角形相似等关系得到角度之间的联系，进而确定对应角度的正切值，得到三个角度的和为 $180°$，从而证明三点共线.

通过同一点的若干条直线称为**共点线**，这时也称这些直线共点. 多条直线共点的问题往往转化为三条直线共点的问题来解决.

证明三条直线共点的常用方法有：
(1) 证明三条直线都过某一特殊点；
(2) 证明其中一直线通过另外两条直线的交点；
(3) 利用塞瓦定理来证明；
(4) 将三线共点转化为三点共线来证明.

例22（1996年IMO试题） 设 P 是 $\triangle ABC$ 内一点，满足 $\angle APB - \angle ACB = \angle APC - \angle ABC$，又设 D,E 分别是 $\triangle APB$ 和 $\triangle APC$ 的内心，证明：AP,BD,CE 交于一点.

证明 如图4.37所示，延长 AP 交 BC 于点 G，交 $\triangle ABC$ 的外接圆于点 F，连结 BF，CF，则

$$\angle APC - \angle ABC = \angle APC - \angle AFC = \angle PCF.$$
同理可证
$$\angle APB - \angle ACB = \angle PBF.$$
而 $\angle APC - \angle ABC = \angle APB - \angle ACB$,所以
$$\angle PCF = \angle PBF.$$
由正弦定理得

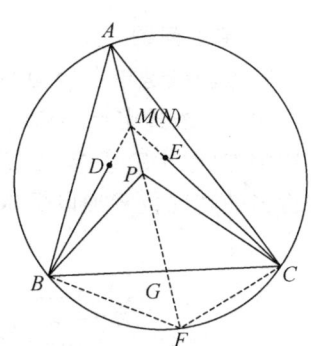

图 4.37

$$\frac{PB}{\sin \angle PFB} = \frac{PF}{\sin \angle PBF} = \frac{PF}{\sin \angle PCF} = \frac{PC}{\sin \angle PFC},$$
于是
$$\frac{PB}{PC} = \frac{\sin \angle PFB}{\sin \angle PFC} = \frac{\sin \angle ACB}{\sin \angle ABC} = \frac{AB}{AC}. \qquad ⑩$$

记 BD 与 AP 的交点为 M, CE 与 AP 的交点为 N. 在 $\triangle ABP$ 中, 由于 BD 是 $\angle ABP$ 的平分线, 因此有 $\dfrac{PM}{MA} = \dfrac{PB}{AB}$. 同理, 在 $\triangle APC$ 中, $\dfrac{PN}{NA} = \dfrac{PC}{AC}$. 结合⑩式得 $\dfrac{PM}{MA} = \dfrac{PN}{NA}$. 所以, 点 M 与 N 重合, 即 AP, BD, CE 交于一点.

注 本题证明用的是同一法. 因为 BD 和 CE 分别是 $\angle ABP$ 和 $\angle ACP$ 的平分线, 因此利用角平分线定理将相应线段的比值分别在直线 AG 上表示出来, 则相应直线的两个交点重合为同一个.

例 23(2005 年 IMO 试题) 在正 $\triangle ABC$ 的三边上依下列方式选取六个点: 在边 BC 上选取点 A_1, A_2, 在边 CA 上选取点 B_1, B_2, 在边 AB 上选取点 C_1, C_2, 使得凸六边形 $A_1 A_2 B_1 B_2 C_1 C_2$ 的边长相等. 证明: 直线 $A_1 B_2, B_1 C_2, C_1 A_2$ 共点.

证明 如图 4.38 所示, 在正 $\triangle ABC$ 内取一点 P, 使得 $\triangle A_1 A_2 P$ 是正三角形. 由 $A_1 P \parallel C_1 C_2$ 及 $A_1 P = C_1 C_2$ 可知, 四边形 $A_1 P C_1 C_2$ 是一个菱形. 同理, 四边形 $A_2 B_1 B_2 P$ 也是菱形. 于是 $\triangle P B_2 C_1$ 是一个正三角形.

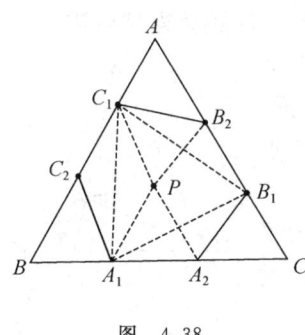

图 4.38

设 $\angle A_1 A_2 B_1 = \alpha$, $\angle A_2 B_1 B_2 = \beta$, $\angle C_1 C_2 A_1 = \gamma$, 则
$$\alpha + \beta = (\angle A_2 B_1 C + \angle C) + (\angle B_1 A_2 C + \angle C) = 240°.$$
又 $\angle B_2 P A_2 = \beta$, $\angle A_1 P C_1 = \gamma$, 于是
$$\beta + \gamma = 360° - (\angle A_1 P A_2 + \angle C_1 P B_2) = 240°.$$
所以 $\alpha + \beta = \beta + \gamma$, 即 $\alpha = \gamma$. 同理可得 $\angle B_1 B_2 C_1 = \alpha$. 因此
$$\triangle A_1 A_2 B_1 \cong \triangle B_1 B_2 C_1 \cong \triangle C_1 C_2 A_1,$$
从而 $\triangle A_1 B_1 C_1$ 是一个正三角形. 于是 $A_1 B_2, B_1 C_2, C_1 A_2$ 分别是正 $\triangle A_1 B_1 C_1$ 的三边 $B_1 C_1$, $C_1 A_1$, $A_1 B_1$ 上的垂直平分线, 所以它们交于一点.

注 本题用的是构造法. 在正 $\triangle ABC$ 内取一点 P, 使得 $\triangle A_1 A_2 P$ 是正三角形是本题证明的关键.

3. 定点问题

定点问题是指在变动的图形中某些元素的几何性质或位置关系不变的问题.常见的定点问题有:线过定点,点在定直线和点在定圆上.解决此类问题,一般分为两步:第一步,先探究定点(也指定直线、定圆上的点).由于无论图形如何变动,定点始终固定,我们就可以选择图形的特殊位置加以探求,或者利用数形结合的思想,把几何问题转化为代数问题,通过计算求出点的位置.第二步,证明所求得的定点在一般情况下也成立.

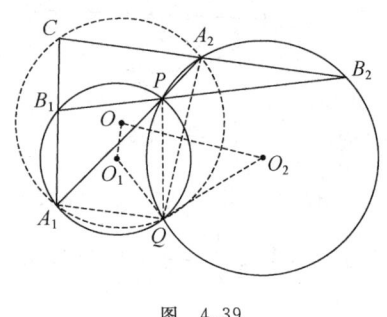

图 4.39

例 24(2002 年 IMO 预选题) 如图 4.39 所示,已知 $\odot O_1$ 与 $\odot O_2$ 交于 P,Q 两点,A_1,B_1 为 $\odot O_1$ 上不同于 P,Q 的两点,直线 A_1P,B_1P 分别交 $\odot O_2$ 于点 A_2,B_2,直线 A_1B_1 和 A_2B_2 交于点 C,证明:当点 A_1 和 B_1 变化时,$\triangle A_1A_2C$ 的外心总在一个定圆周上.

证明 因为
$$\angle A_1CA_2 + \angle A_1QA_2 = \angle A_1CA_2 + \angle A_1QP + \angle PQA_2$$
$$= \angle B_1CB_2 + \angle CB_1B_2 + \angle CB_2B_1 = 180°,$$

所以 A_1,C,A_2,Q 四点共圆.设 O 是 $\triangle A_1A_2C$ 的外心,则由相交圆连心线的性质有

$$\angle OO_1Q = 180° - \frac{1}{2}\angle A_1O_1Q = 180° - \angle A_1PQ.$$

同理可得 $\angle OO_2Q = 180° - \angle A_2PQ$.所以 $\angle OO_1Q + \angle OO_2Q = 180°$,即 O,O_1,Q,O_2 四点共圆.因此,当点 A_1 和 B_1 变化时,$\triangle A_1A_2C$ 的外心总在一个过点 O_1,O_2 和 Q 的定圆周上.

注 本题虽然是定点问题,但只需要证明 $\triangle A_1A_2C$ 的外心在某一个圆周上就行了,这就是四点共圆问题.确定了 $\triangle A_1A_2C$ 的外心和另外三点在同一个圆上,问题就得到解决.

例 25(2003 年 IMO 预选题) 如图 4.40 所示,已知某直线上的三个定点依次为 A,B,C,又 Γ 为过点 A,C 且圆心不在 AC 上的圆.分别过 A,C 两点作与圆 Γ 相切的直线,交于点 P.设 PB 交圆 Γ 于点 Q,证明:$\angle AQC$ 的平分线与 AC 的交点是定点.

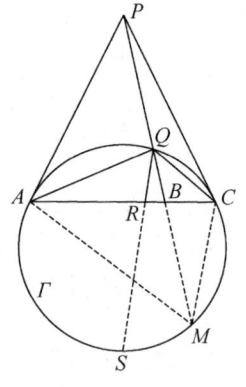

图 4.40

证明 延长 PB 交圆 Γ 于点 M,连结 AM,CM.设 $\angle AQC$ 的平分线与 AC 的交点为 R,与圆 Γ 的交点为 S.因为 AP,CP 是圆 Γ 的切线,所以

$$\triangle PAQ \sim \triangle PMA, \quad \triangle PCQ \sim \triangle PMC.$$

于是
$$\frac{AQ}{AM} = \frac{AP}{PM}, \quad \frac{CQ}{CM} = \frac{CP}{PM}.$$

又由 $AP=CP$,可得

$$\frac{AQ}{CQ} = \frac{AM}{CM}. \qquad ⑪$$

因为 $\triangle ABM \backsim \triangle QBC$，$\triangle ABQ \backsim \triangle MBC$，所以

$$\frac{AB}{BQ} = \frac{AM}{CQ}, \quad \frac{BQ}{BC} = \frac{AQ}{CM}.$$

这两式相乘并结合⑪式可得

$$\frac{AB}{BC} = \frac{AQ}{CQ} \cdot \frac{AM}{CM} = \left(\frac{AQ}{CQ}\right)^2.$$

又因为 QR 平分 $\angle AQC$，所以 $\frac{AQ}{CQ} = \frac{AR}{CR}$. 于是 $\left(\frac{AR}{CR}\right)^2 = \frac{AB}{BC}$. 因此点 R 不依赖于圆 $\varGamma$ 的选取.

注 本题是定点问题. 证明过程中通过构造三角形的相似,将线段之间的比例关系进行转化,得到点所在线段的比值为定值,从而点是定点.

4. 面积问题

下面我们研究数学竞赛中常常涉及的平面图形的面积问题. 面积问题主要有两类:一是与面积计算相关的问题,二是需应用面积方法来解决的几何问题. 通过研究面积问题的解题方法,可以帮助我们开辟解题思路,丰富解题思想.

例 26（2007 年 IMO 试题） 已知在 $\triangle ABC$ 中, $\angle BCA$ 的平分线与 $\triangle ABC$ 的外接圆交于点 R,与边 BC 的垂直平分线交于点 P,与边 AC 的垂直平分线交于点 Q. 设 K, L 分别是 BC, AB 的中点,证明：$\triangle RPK$ 和 $\triangle RQL$ 的面积相等.

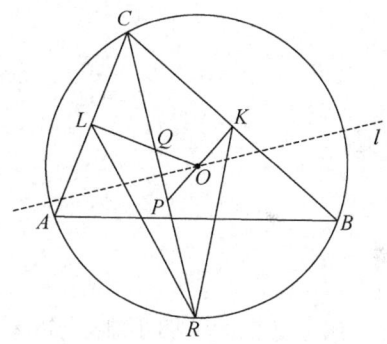

图 4.41

证明 如果 $BC = AC$,则 $\triangle ABC$ 是等腰三角形. 这时 $\triangle RPK$ 和 $\triangle RQL$ 关于角平分线 CR 是对称的,结论成立.

如果 $AC \neq BC$,不妨设 $AC < BC$,如图 4.41 所示. 记 O 为 $\triangle ABC$ 的外心. 由外心的性质有 $\text{Rt}\triangle CLQ \backsim \text{Rt}\triangle CKP$,于是

$$\angle CPK = \angle CQL = \angle OQP, \quad \text{且} \quad \frac{QL}{PK} = \frac{CQ}{CP}.$$

设 l 是弦 CR 的垂直平分线,则 l 过外心 O.

由于 $\triangle OPQ$ 是等腰三角形,因此 P, Q 是 CR 上关于 l 对称的两点. 故 $RP = CQ, RQ = CP$,从而

$$\frac{S_{\triangle RQL}}{S_{\triangle RPK}} = \frac{\frac{1}{2}RQ \cdot QL \cdot \sin\angle RQL}{\frac{1}{2}RP \cdot PK \cdot \sin\angle RPK} = \frac{RQ}{RP} \cdot \frac{QL}{PK} = \frac{CP}{CQ} \cdot \frac{CQ}{CP} = 1,$$

即 $\triangle RPK$ 和 $\triangle RQL$ 的面积相等.

注 本题主要利用了外心的性质来确定角度之间的关系,再结合对称性和正弦定理来证明.

例 27(2000 年全国高中数学联赛试题) 如图 4.42 所示,已知在锐角 $\triangle ABC$ 的边 BC 上有两点 E,F,满足 $\angle BAE=\angle CAF$. 作 $FM\perp AB$, $FN\perp AC$,垂足分别为 M,N;延长 AE 交 $\triangle ABC$ 的外接圆于点 D. 证明:四边形 $AMDN$ 与 $\triangle ABC$ 的面积相等.

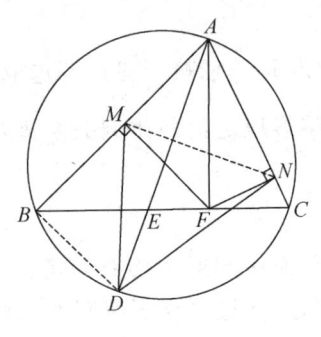

图 4.42

证明 连结 MN, BD. 因为 $FM\perp AB, FN\perp AC$,所以 A, M, F, N 四点共圆. 因此
$$\angle AMN=\angle AFN,\quad \angle BAE=\angle CAF=\angle FMN,$$
从而 $\quad \angle AMN+\angle BAE=\angle AFN+\angle CAF=90°,$
即 $AD\perp MN$. 于是
$$S_{\text{四边形}AMDN}=\frac{1}{2}AD\cdot MN.$$

因为 AF 是过 A, M, F, N 四点的圆的直径,所以
$$MN=AF\sin\angle BAC.$$
又 $\angle CAF=\angle DAB, \angle ACF=\angle ADB$,从而 $\triangle AFC\backsim\triangle ABD$,因此
$$\frac{AF}{AB}=\frac{AC}{AD},\quad \text{即}\quad AF\cdot AD=AB\cdot AC.$$
于是
$$S_{\text{四边形}AMDN}=\frac{1}{2}AD\cdot MN=\frac{1}{2}AD\cdot AF\sin\angle BAC$$
$$=\frac{1}{2}AB\cdot AC\sin\angle BAC=S_{\triangle ABC}.$$

注 本题的证明不难,只需要将四边形和三角形的面积表示出来. 在比较面积的时候利用了正弦定理及三角形的相似将对应线段进行转化.

四、平面几何问题基本解题方法

1. 变换法

定义 设 O 是一个定点,H 是平面上的一个变换,它把平面图形 F 上任一点 X 变到 X',使得 $\overrightarrow{OX'}=k\overrightarrow{OX}$,则 H 叫做以 O 为位似中心,k 为位似比的**位似变换**.

在位似变换下,一对位似对应点与位似中心共线;一条直线上的点变到另一条直线上,且保持顺序,即共线点变为共线点,共点线变为共点线;对应线段的比等于位似比的绝对值,对应图形面积的比等于位似比的平方;不经过位似中心的对应线段平行,即一不经过位似中心的直线变为与它平行的直线;任何两条直线的平行、相交位置关系保持不变;圆变为圆,且两圆心为对应点;两对应圆相切时切点为位似中心.

例 28(2004 年俄罗斯数学奥林匹克竞赛试题) 设 $\triangle ABC$ 的外接圆为 $\odot O$,点 P 在 $\odot O$ 上,$\triangle ABC$ 的分别与边 BC,CA 相切的旁切圆的圆心为 I_a,I_b,证明:$\triangle I_aCP$ 和 $\triangle I_bCP$ 的外心连线的中点就是 $\odot O$ 的圆心 O.

证明 设线段 I_aI_b 的中点为 M,由于内外角的平分线相互垂直,因此 $AI_a \perp AI_b$. 在 $\text{Rt}\triangle AI_aI_b$ 中,斜边 I_aI_b 的中点 M 到各顶点的距离相等,所以 $MA=\dfrac{1}{2}I_aI_b$.

同理 $MB=\dfrac{1}{2}I_aI_b$. 因此 M 是四边形 AI_aI_bB 的外接圆圆心,从而 $\angle AI_aB=\dfrac{1}{2}\angle AMB$. 易知

$$\angle AI_aB = \dfrac{1}{2}(180° - \angle ABC) - \dfrac{1}{2}\angle BAC = \dfrac{1}{2}\angle ACB,$$

所以 $\angle AMB=\angle ACB$. 于是点 A,B,C,M 都在 $\odot O$ 上. 因为 $AM=MB$,所以点 M 是该圆周上弧 $\overparen{ACB}$ 的中点.

如图 4.43 所示,设 I'_A,I'_B,O' 分别是线段 CI_a,CI_b,CM 的中点,O_A,O_B 分别是 $\triangle I_aCP$,$\triangle I_bCP$ 的外心,则点 I'_A,I'_B,O' 分别是点 O_A,O_B,O 在直线 I_aI_b 上的投影. 因为点 O_A,O_B,O 都在线段 CP 的中垂线上,所以要证明结论,只需证明 O' 是线段 $I'_AI'_B$ 的中点.

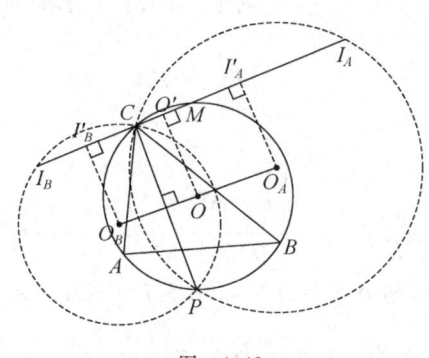

图 4.43

因为点 M 是线段 I_aI_b 的中点,而点 I'_A,I'_B,O' 可以由点 I_a,I_b,M 以点 C 为中心作位似变换得到$\left(\text{位似比为}\dfrac{1}{2}\right)$,所以 M' 是线段 $I'_AI'_B$ 的中点. 于是,$\triangle I_aCP$ 和 $\triangle I_bCP$ 的外心连线的中点就是点 O.

注 本题的证明比较复杂,在证明的最后利用位似变换来说明 M' 是线段 $I'_AI'_B$ 的中点,从而简化了证明的过程.

2. 代数法与三角法

平面几何问题的求解,不仅需要逻辑推理,有的时候还需要通过计算确定线段等元素之

间的关系,代数运算、三角函数的运算是其中不可或缺的部分.有的时候通过相应的代数、三角方法也可以使问题获得有效的解决.

例 29(2002 年 IMO 预选题) 已知锐角 $\triangle ABC$ 的内切圆 $\odot I$ 与边 BC 切于点 K,AD 是 $\triangle ABC$ 的高,M 是 AD 的中点.如果 N 是 $\odot I$ 与 KM 的交点,证明:$\odot I$ 与 $\triangle BCN$ 的外接圆相切于点 N.

证明 当 $AB=AC$ 时,点 D 与点 K 重合,这两个圆的圆心距等于两个圆的半径之差,于是两个圆内切于点 N,结论显然成立.

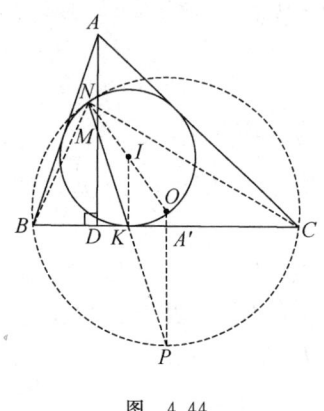

图 4.44

不妨设 $AB<AC$.如图 4.44 所示,设 BC 的中垂线交 NK 于点 P,交 BC 于点 A',又设 $\triangle BCN$ 的外心为 O,$\triangle ABC$ 的三边 BC,AC,AB 的长分别为 a,b,c.记 $p=\dfrac{a+b+c}{2}$,则

$$BK = p-b, \quad KC = p-c.$$

于是
$$BK \cdot KC = (p-b) \cdot (p-c).$$

因为
$$BD = c\cos\angle B = \frac{1}{2a}(c^2+a^2-b^2),$$

$$KA' = BA' - BK = \frac{b-c}{2},$$

$$DK = BK - BD = \frac{(b-c)(p-a)}{a},$$

记 $\angle MKD=\varphi$,则

$$\tan\varphi = \frac{MD}{DK} = \frac{\frac{1}{2}a \cdot AD}{(b-c)(p-a)} = \frac{S_{\triangle ABC}}{(b-c)(p-a)}.$$

设 r 为 $\triangle ABC$ 的内切圆半径,则 $NK=2r \cdot \sin\varphi$,$KP=KA' \cdot \sec\varphi$.于是

$$NK \cdot KP = 2r \cdot \tan\varphi \cdot KA' = \frac{r \cdot S_{\triangle ABC}}{p-a} = \frac{S_{\triangle ABC}^2}{p(p-a)}$$
$$= (p-b)(p-c) = BK \cdot KC.$$

因此点 P 在 $\triangle BCN$ 的外接圆上.因为 $IK /\!/ OP$,所以
$$\angle PNO = \angle NPO = \angle NKI = \angle PNI.$$
故 N,I,O 三点共线,从而 $\odot I$ 与 $\triangle BCN$ 的外接圆相切于点 N.

注 本题在证明中利用了三角函数和线段的代数表达式等来得到点、线段之间的关系.可见,采用三角法和代数法证明平面几何问题,有的时候能简化问题.

3. 解析法

解析法也是解决平面几何问题的一种有效方法.它是指将图形放入平面直角坐标系中,

通过点的坐标、直线的方程等解析几何的知识将元素之间的关系用代数的形式清晰地表达出来,从而绕过了几何证明题目的思维形式.利用这一方法有的时候可以起到化繁为简、化难为易的功效.

例 30(1999 年 IMO 试题) 已知 $\odot O_1$ 和 $\odot O_2$ 包含在 $\odot O$ 内,且分别与 $\odot O$ 相切于两个不同的点 M 和 N,$\odot O_1$ 经过点 O_2,过 $\odot O_1$ 和 $\odot O_2$ 的两个交点的直线与 $\odot O$ 相交于点 A 和 B,直线 MA 和 MB 分别与 $\odot O_1$ 相交于点 C 和 D,求证:CD 和 $\odot O_2$ 相切.

证明 建立如图 4.45 所示的直角坐标系,设 $\odot O$,$\odot O_1$,$\odot O_2$ 的半径分别为 r, r_1, r_2,$\angle O_2 MO = \alpha$,则 $\odot O_1$ 的方程为
$$(x-r_1)^2 + y^2 = r_1^2,$$
$\odot O_2$ 的方程为
$$(x-r_1-r_1\cos 2\alpha)^2 + (y-r_1\sin 2\alpha)^2 = r_2^2.$$

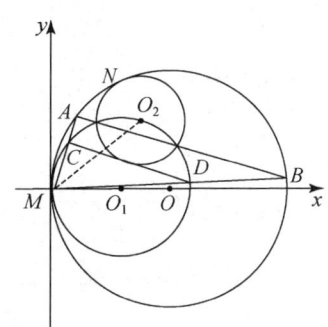

图 4.45

所以 AB 的方程为
$(x-r_1)^2 + y^2 - r_1^2 = (x-r_1-r_1\cos 2\alpha)^2 + (y-r_1\sin 2\alpha)^2 - r_2^2,$
即 $2r_1[\cos 2\alpha \cdot (x-r_1) + \sin 2\alpha \cdot y] + r_2^2 - 2r_1^2 = 0.$

注意到 $\odot O$ 与 $\odot O_1$ 关于原点 M 成位似图形,位似比为 $\dfrac{r}{r_1}$,所以 CD 的方程为
$$2r_1\left[\cos 2\alpha \cdot \left(\frac{r}{r_1}x - r_1\right) + \sin 2\alpha \cdot \frac{r}{r_1} y\right] + r_2^2 - 2r_1^2 = 0,$$
即 $2r \cdot \cos 2\alpha \cdot x + 2r \cdot \sin 2\alpha \cdot y + r_2^2 - 2r_1^2 \cdot (1+\cos 2\alpha) = 0.$

又 $OO_2^2 = (r-r_1-r_1\cos 2\alpha)^2 + (r_1\sin 2\alpha)^2 = (r-r_2)^2$,所以
$$r_2^2 - 2r_1^2(1+\cos 2\alpha) = 2rr_2 - 2rr_1(1+\cos 2\alpha).$$
将上式代入 CD 的方程得
$$\cos 2\alpha \cdot x + \sin 2\alpha \cdot y + r_2 - r_1(1+\cos 2\alpha) = 0,$$
从而点 O_2 到 CD 的距离 d 为
$$d = \cos 2\alpha \cdot (r_1 + r_1\cos 2\alpha) + \sin 2\alpha \cdot r_1\sin 2\alpha + r_2 - r_1(1+\cos 2\alpha) = r_2,$$
因此 CD 和 $\odot O_2$ 相切.

注 本题的证明若采用纯粹平面几何的知识会比较复杂.这里利用解析法将平面图形放入恰当的坐标系中得到直线的方程,再通过点到直线的距离公式得到结论,减轻了逻辑分析的过程.

4. 向量法

我们知道,几何的一些问题也可以利用向量的方法来解决,而且在高考、竞赛等考试中,向量日益凸显出它在解决几何问题中的重要作用.下面通过几个例题来了解一下向量在平面几何问题中的应用.

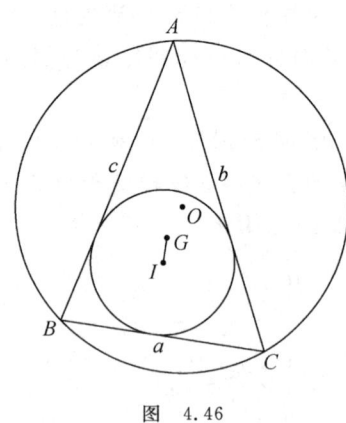

图 4.46

例31（2005年罗马尼亚数学奥林匹克竞赛试题） 如图4.46所示,已知△ABC的外接圆半径为R,圆心为O,内切圆的半径为r,圆心为I,△ABC的重心为G,三边BC,CA,AB的长分别为a,b,c,求证:当且仅当$b=c$或$b+c=3a$时,$IG\perp BC$.

证明 用向量的方法.根据已知条件有

$$\overrightarrow{AG}=\frac{1}{3}(\overrightarrow{AB}+\overrightarrow{AC}),\quad \overrightarrow{AI}=\frac{b\overrightarrow{AB}+c\overrightarrow{AC}}{a+b+c},$$

于是

$$\overrightarrow{IG}=\frac{1}{3(a+b+c)}[(a+c-2b)\overrightarrow{AB}+(a+b-2c)\overrightarrow{AC}].$$

又 $\overrightarrow{AB}\cdot\overrightarrow{AC}=\dfrac{b^2+c^2-a^2}{2}$,所以

$$\overrightarrow{IG}\cdot\overrightarrow{BC}=\overrightarrow{IG}\cdot\overrightarrow{AC}-\overrightarrow{IG}\cdot\overrightarrow{AB}$$

$$=\frac{1}{3(a+b+c)}\left[(a+b-2c)b^2-(a+c-2b)c^2+(3c-3b)\frac{b^2+c^2-a^2}{2}\right]$$

$$=\frac{1}{6}(c-b)(b+c-3a).$$

由于当且仅当$\overrightarrow{IG}\cdot\overrightarrow{BC}=0$时,$\overrightarrow{IG}\perp\overrightarrow{BC}$,因此当且仅当$b=c$或$b+c=3a$时,$IG\perp BC$.

注 本题证明的是线段垂直,通过引入对应线段的向量表示,利用向量的内积运算得到比较简洁的证明.

例32 设K,M是△ABC的边AB上的两点,L,N是边AC上的两点,K在点M,B之间,L在点N,C之间,且$\dfrac{BK}{KM}=\dfrac{CL}{LN}$,求证:△ABC,△AKL,△AMN的垂心在一条直线上.

证明 设△ABC,△AKL,△AMN的垂心分别为H_1,H_2,H_3.

若H_1,H_2,H_3有两点重合,显然它们共线.

若H_1,H_2,H_3两两不同,过点M作AC的垂线交直线H_1H_2于点H_3',过点N作AB的垂线交直线H_1H_2于点H_3''.因为$\overrightarrow{MH_3}\perp\overrightarrow{AC},\overrightarrow{KH_2}\perp\overrightarrow{AC},\overrightarrow{BH_1}\perp\overrightarrow{AC}$,所以

$$\overrightarrow{MH_3'}\parallel\overrightarrow{KH_2}\parallel\overrightarrow{BH_1},\quad 从而\quad \overrightarrow{H_2H_3'}=\frac{KM}{BK}\overrightarrow{H_1H_2}.$$

同理可得 $\overrightarrow{H_2H_3''}=\dfrac{LN}{CL}\overrightarrow{H_1H_2}$.

又$\dfrac{KM}{BK}=\dfrac{LN}{CL}$,所以$\overrightarrow{H_2H_3'}=\overrightarrow{H_2H_3''}$,即$H_3'$和$H_3''$是同一点,它是过点$M$的$AC$的垂线和过点$N$的$AB$的垂线的交点.因此$H_3,H_3',H_3''$是同一点,从而$H_1,H_2,H_3$三点共线.

注 本题在证明的时候利用的是同一法,并结合线段之间的向量表示.

第二节 立体几何

立体几何的内容包含直线与平面、多面体与旋转体. 其中直线与平面往往涉及两方面的问题: 一是从定性的角度判断空间中的点、直线、平面的位置关系问题; 二是从定量的角度考查空间直线与平面所成的角和距离的计算问题. 对于多面体与旋转体, 数学竞赛中往往考查多面体与旋转体的面积、体积以及与之相关的最值问题. 这些问题技巧性较强, 可用的方法也比较多, 通过对它们的解决可以很好地锻炼学生的空间想象能力和逻辑思维能力.

一、空间共线、共面与平行

平面是几何学中最原始、最基本的概念之一, 它的属性由三个公理来描述, 这些公理及其推论是我们研究立体几何问题的出发点和依据. 掌握直线与直线、直线与平面、平面与平面的平行和垂直的定义、性质定理和判定定理是解决立体几何中平面问题的基础. 对于这类问题, 常用的解题方法有构造图形法, 转化为平面几何来研究等.

例1 设空间不共面的三条线段 AA_1, BB_1, CC_1 两两互相平行且不相等, 求证: AB 与 A_1B_1, BC 与 B_1C_1, AC 与 A_1C_1 分别相交, 且三个交点在同一直线上.

证明 如图 4.47 所示, 因为 $AA_1 \parallel BB_1$, $AA_1 \neq BB_1$, 所以四边形 AA_1B_1B 为梯形, AB 与 A_1B_1 必相交. 设 $AB \cap A_1B_1 = P$. 因为 $AB \subset$ 平面 ABC, $A_1B_1 \subset$ 平面 $A_1B_1C_1$, 所以 $P \in$ 平面 ABC, $P \in$ 平面 $A_1B_1C_1$, 从而 P 在平面 ABC 与平面 $A_1B_1C_1$ 的交线上.

同理可证 $BC \cap B_1C_1 = R$, $CA \cap C_1A_1 = Q$, 且 R, Q 均在平面 ABC 与平面 $A_1B_1C_1$ 的交线上. 故三个交点 P, Q, R 在同一直线上.

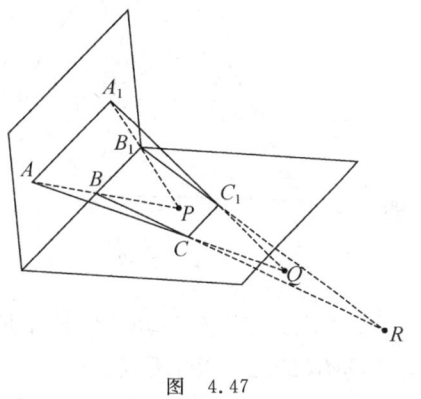

图 4.47

注 本题涉及的是空间三点共线的问题. 对于这类问题, 证明思路往往是考虑第三个点是否在另外两点确定的直线上, 或者三个点是不是在平面的交线上.

例2 如图 4.48 所示, 设 a 与 b 是异面直线, $l_1, l_2, l_3, \cdots$ 为过直线 b 上的点 $A, B, C, \cdots$ 且与 a 平行的直线, 求证: 直线 $l_1, l_2, l_3, \cdots$ 都在同一个平面内.

证明 用反证法. 由直线 b 和 l_1 可以确定平面 N, 假设直线 l_2 不在平面 N 内. 因 $l_2 \parallel a$, 故由 l_2 和 a 可以确定平面 P.

设平面 P 和平面 N 交于直线 l_2', 则 l_2' 过点 B. 由于 $a \parallel l_1$, l_1 在平面 N 内, a 在平面 N 外, a 平行于平面 N, 所以 $a \parallel l_2'$. 注意到 $l_2 \parallel a$, l_2 与 l_2' 均过点 B, 由此可得过点 B 有两条直线 l_2 与 l_2' 同时与直线 a 平行, 矛盾, 所以直线 l_2 在平面 N 内.

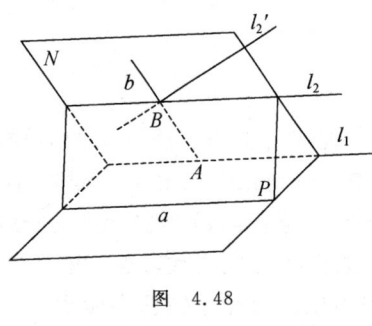

图 4.48

同理可证,直线 $l_3, l_4, \cdots$ 都在平面 N 内.因此直线 $l_1, l_2, l_3, \cdots$ 都在同一个平面内.

注 证明共面问题往往是先取已知条件中的元素确定一个平面,再证明其他相关的元素也都在这个平面内.常用的证明方法是同一法、反证法等.

例3 如图 4.49 所示,已知四边形 $ABCD$ 是正方形,点 S 在正方形所在平面之外,P,Q,R 分别为 SB,SC,SD 上的点,且满足条件
$$SP : PB = SR : RD = 2 : 1, \quad SQ : QC = 1 : 2.$$

(1) 作出过点 P, Q, R 的截面;

(2) 判断 SA 与平面 PQR 的关系,并证明之.

解 (1) 如图 4.50 所示,延长 QP, CB 交于点 E,延长 QR, CD 交于点 F,连结 EF,分别交 AB, AD 于点 G, H,连结 PG, RH,则五边形 $PQRHG$ 就是所要作的截面.

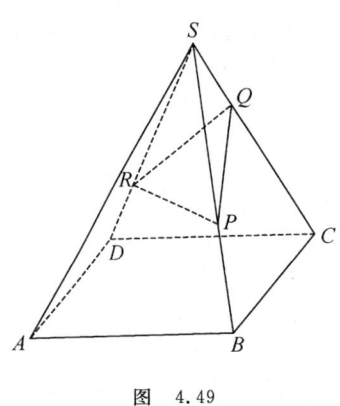

图 4.49

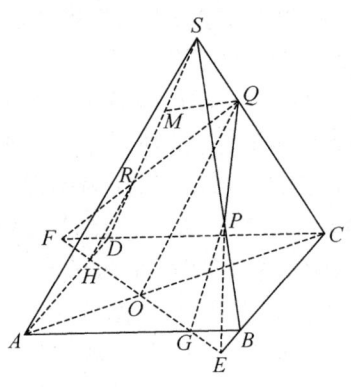

图 4.50

(2) SA 与平面 PQR 平行.下面证明之.如图 4.50 所示,取 SR 的中点 M,连结 MQ,易见 $\triangle QMR \cong \triangle FDR$,所以
$$DF = MQ = \frac{1}{3}CD.$$

同理有
$$BE = \frac{1}{3}BC = DF.$$

设 AC 交 GH 于点 O,且正方形 $ABCD$ 的边长为 a,则 $AC = \sqrt{2}a$. $\triangle CEF$ 是腰为 $\frac{4}{3}a$ 的等腰直角三角形,而 OC 是底边 EF 上的中线,所以
$$OC = \frac{\sqrt{2}}{2}CE = \frac{\sqrt{2}}{2} \cdot \frac{4}{3}a = \frac{2\sqrt{2}}{3}a, \quad \text{从而} \quad OA = AC - OC = \frac{\sqrt{2}}{3}a.$$

因此 $\dfrac{AO}{OC}=\dfrac{1}{2}=\dfrac{SQ}{QC}$,从而得 $SA\parallel QO$. 由 $SA\parallel QO$,$SA\not\subset$ 平面 PQR,$QO\subset$ 平面 PQR 可得 $SA\parallel$ 平面 PQR.

注 如果仅仅局限在 $\triangle PQR$ 的范围内,那就很难作出与 SA 平行的直线.必须作出整个截面之后,才能看出问题的关键.

二、空间中的角

常见的空间角有:异面直线所成的角、直线和平面所成的角、二面角、三面角等.对于这些角的计算关键是准确地作出相应的角度,再利用相关的知识求解.具体的方法为:

(1) 异面直线所成角的求法:主要采用平移法化归为相交线所成的角来解决.

(2) 直线与平面所成角的求法:利用斜线段及其在平面内的射影与垂线段围成的直角三角形求得这个角;利用三面角公式.

(3) 二面角的求法:由定义作出二面角的平面角;利用三垂线定理及其逆定理;作二面角棱的垂面,垂面与两个半平面的两条交线所成的角就是二面角的平面角;利用面积射影定理.

例4 如图 4.51 所示,已知正方体 $ABCD$-$A_1B_1C_1D_1$ 的棱长为 a,点 M,N 分别为该正方体 BCC_1B_1 和 DD_1C_1C 两面的中心,求异面直线 A_1M 和 B_1N 所成的角的大小.

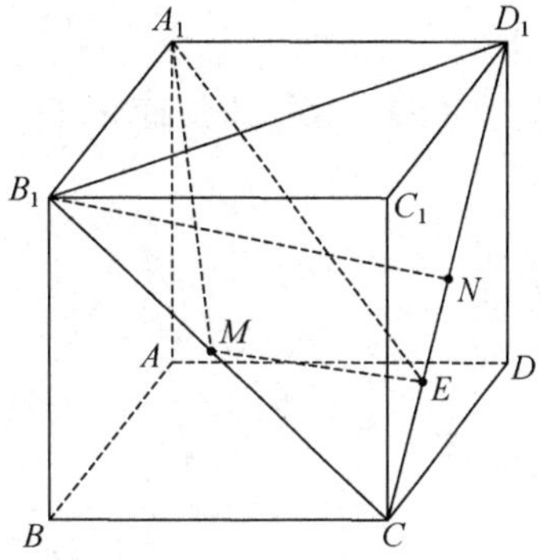

解 连结 B_1C,D_1C. 因为 M,N 分别为 BCC_1B_1 和 DD_1C_1C 两面的中心,所以点 M,N 分别在 B_1C,D_1C 上.

连结 B_1D_1,在平面 B_1CD_1 内过点 M 作 ME 平行于 B_1N 交 D_1C 于点 E,则 E 为 NC 的中点.

在 $\text{Rt}\triangle A_1B_1M$ 中,$A_1M^2=a^2+\left(\dfrac{\sqrt{2}}{2}a\right)^2=\dfrac{3}{2}a^2$;

在 $\text{Rt}\triangle A_1D_1E$ 中,$A_1E^2=a^2+\left(\dfrac{3\sqrt{2}}{4}a\right)^2=\dfrac{17}{8}a^2$.

由于 B_1N 为等边 $\triangle B_1CD_1$ 的边 D_1C 上的高,从而

$$B_1N=\dfrac{\sqrt{3}}{2}\cdot\sqrt{2}a=\dfrac{\sqrt{6}}{2}a,\quad \text{故}\quad ME=\dfrac{1}{2}B_1N=\dfrac{\sqrt{6}}{4}a.$$

连结 A_1E. 在 $\triangle A_1ME$ 中,由余弦定理得

$$\cos\angle A_1ME=\dfrac{A_1M^2+ME^2-A_1E^2}{2A_1M\cdot ME}=\dfrac{\dfrac{3}{2}a^2+\dfrac{6}{16}a^2-\dfrac{17}{8}a^2}{2\sqrt{\dfrac{3}{2}a^2}\cdot\dfrac{\sqrt{6}}{4}a}=-\dfrac{1}{6}<0,$$

于是 A_1M 和 B_1N 所成的角等于 $\angle A_1ME$ 的补角,它的余弦值为 $1/6$.

图 4.51

注 本题求异面直线所成的角,是利用平移法,将异面直线角化归为相交直线所成的角来解决的.

例 5(2010 年"希望杯"全国数学邀请赛试题) 已知平面四边形 $ABCD$ 中,$AC=DA=DC$,$AB=BC=2$,$\angle ABC=90°$.将此四边形沿对角线 AC 折成二面角 $D\text{-}AC\text{-}B$,使得
$$DB=DA=DC.$$

(1) 求二面角 $D\text{-}AC\text{-}B$ 的大小;

(2) 设 DB 的中点为 E,试求 EC 与平面 DAC 所成的角.

解 (1) 如图 4.52 所示,取 AC 的中点 O,连结 OB,OD.因为 $AD=CD$,$AB=BC$,所以 $OD\perp AC$,$OB\perp AC$,从而 $\angle DOB$ 是二面角 $D\text{-}AC\text{-}B$ 的平面角.由 $AB=BC=2$,$\angle ABC=90°$,得
$$AC=2\sqrt{2},\quad OB=OC=\sqrt{2},$$
又由 $AC=DA=DC$,得 $DO=\sqrt{6}$,而
$$DB=DA=AC=2\sqrt{2},$$
所以
$$\cos\angle BOD=\frac{DO^2+BO^2-DB^2}{2\cdot DO\cdot BO}=\frac{6+2-8}{2\cdot\sqrt{6}\cdot\sqrt{2}}=0,$$
即 $\angle BOD=90°$.故二面角 $D\text{-}AC\text{-}B$ 是直二面角.

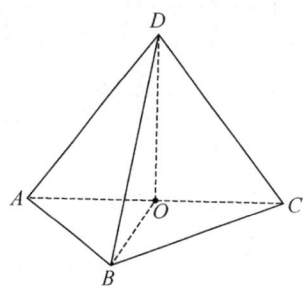

图 4.52

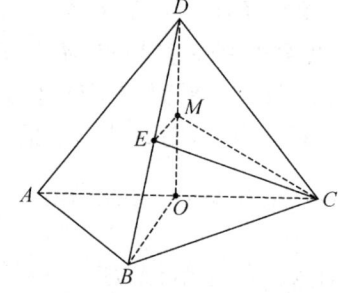

图 4.53

(2) 如图 4.53 所示,取 DO 的中点 M,连结 ME,CM.因 E 为 DB 的中点,故 $ME\parallel OB$.由(1)得 $DO\perp OB$,$AC\perp OB$,$AC\cap OD=O$,所以 $BO\perp$ 平面 DAC,从而 $ME\perp$ 平面 DAC,CM 是 CE 在平面 DAC 的射影.因此 $\angle MCE$ 是 EC 与平面 DAC 所成的角.

在 $\mathrm{Rt}\triangle DOB$ 中,$ME=\dfrac{1}{2}OB=\dfrac{\sqrt{2}}{2}$;

在 $\mathrm{Rt}\triangle COM$ 中,$CM=\sqrt{OC^2+OM^2}=\sqrt{2+\left(\dfrac{\sqrt{6}}{2}\right)^2}=\dfrac{\sqrt{14}}{2}$;

在 Rt$\triangle MCE$ 中，$\tan\angle MCE=\dfrac{ME}{CM}=\dfrac{\sqrt{7}}{7}$，故 EC 与平面 DAC 所成的角为 $\arctan\dfrac{\sqrt{7}}{7}$.

注　本题的(2)是确定直线和平面所成的角，这里利用斜线段及其在平面内的射影与垂线段围成的直角三角形来求解. 问题的关键就在于求出斜线段在平面内的射影.

例 6(2009 年"希望杯"全国数学邀请赛试题)　已知在矩形 $ABCD$ 中，$AB=2$，$BC=2m$，O 为其中心，$EO\perp$ 平面 $ABCD$，$EO=n$，且在边 BC 上存在唯一的点 F，使得 $EF\perp FD$，问：m，n 满足什么条件时，平面 DEF 与平面 $ABCD$ 所成的角为 30°？

解　如图 4.54 所示，设 $CF=x$，过点 O 作 BC 的垂线，垂足为 G，则 $GF=m-x$，$OG=1$. 于是有

$$\begin{aligned}EF^2&=OE^2+OF^2=OE^2+OG^2+GF^2\\&=n^2+1+(m-x)^2\\&=x^2-2mx+m^2+n^2+1,\end{aligned}$$

$$DF^2=CF^2+CD^2=x^2+4,$$

$$\begin{aligned}DE^2&=OE^2+OD^2=n^2+\left(\sqrt{m^2+1}\right)^2\\&=n^2+m^2+1.\end{aligned}$$

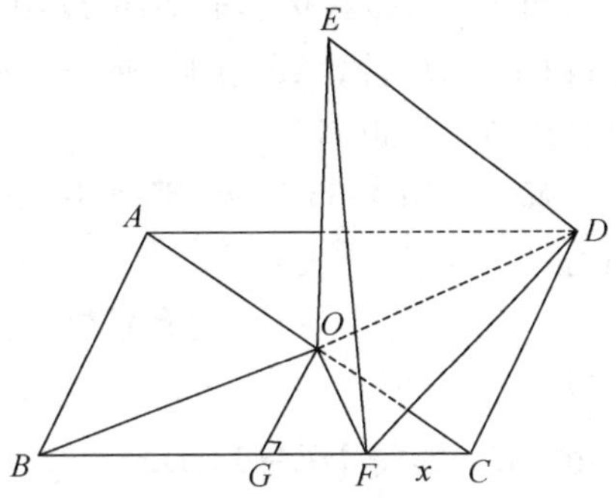

图　4.54

因为 $EF\perp DF$，所以在 $\triangle DEF$ 中，有

$$EF^2+DF^2=DE^2,$$

即

$$x^2-2mx+m^2+n^2+1+x^2+4=n^2+m^2+1,$$

亦即

$$x^2-mx+2=0.$$

因为点 F 是唯一的，所以 $\Delta=m^2-8=0$，即 $m=2\sqrt{2}$，$x=\sqrt{2}$.

由于 $EO\perp FD$，$EF\perp FD$，所以 $FD\perp$ 面 OEF，从而 $FD\perp OF$. 因此 $\angle EFO$ 是平面 DEF 与平面 $ABCD$ 所成二面角的平面角，从而有

$$\frac{OE}{EF}=\sin\angle EFO=\frac{1}{2}.$$

由此得

$$n=\frac{1}{2}\sqrt{x^2-2mx+m^2+n^2+1}=\frac{1}{2}\sqrt{2-8+8+n^2+1},$$

所以 $4n^2=n^2+3$，即 $n=1$. 因此当 $m=2\sqrt{2}$，$n=1$ 时，平面 DEF 与平面 $ABCD$ 所成的角为 30°.

注　本题将代数和几何知识结合在一起，综合性比较强，需要用到一元二次方程、两个平面所成的二面角及勾股定理等知识来解决.

三、空间中的距离

在数学竞赛中常常涉及的空间距离有：点到直线、平面的距离，异面直线间的距离. 对

于这些距离的计算,有如下常见的方法:

(1) 点到直线距离的求法:利用定义,结合三垂线定理等作出点到直线的距离,再在一个直角三角形中进行计算.

(2) 点到平面距离的求法:利用定义直接计算垂线段的长度;将其转化为线面距离或者面面距离;将其转化为求几何体的高线.

(3) 异面直线距离的求法:利用定义求公垂线段的长度;将其转化为线面距离或者面面距离.

例 7 已知直角梯形 $ABCD$ 中,$AB/\!/DC$,$AB<DC$,$\angle ABC=120°$,$AB=BC=2$. 在 CD 上取 $CE=BC$,沿 AE 折起,使得 $\triangle ADE$ 和四边形 $ABCE$ 所在平面成直二面角. 求此时点 D 与直线 AC 的距离.

解 如图 4.55 所示,因 $AB=BC=CE=AE=2$,又 $AB/\!/CE$,故四边形 $ABCE$ 是菱形. 因为
$$\angle BAD = \angle CDA = 90°, \quad \angle ABC = 120°,$$
所以
$$\angle DAE = \angle ACD = 30°.$$
又由 $AE=2$,得 $DE=1$,$AD=\sqrt{3}$.

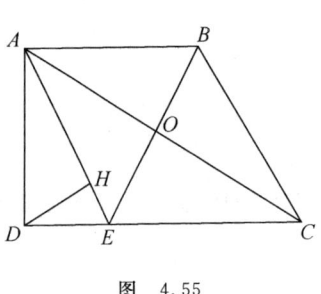

图 4.55

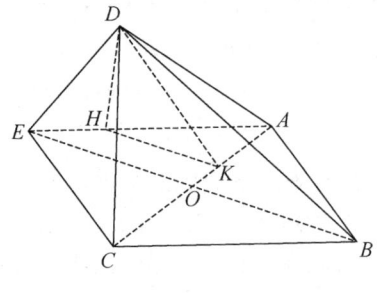

图 4.56

图 4.56 是将 $\triangle ADE$ 折成与平面 $ABCE$ 垂直的情形,即平面 $ADE \perp$ 平面 $ABCE$,交线为 AE. 连结 BD,CD,在平面 ADE 内自点 D 作 $DH \perp AE$ 于点 H,在平面 $ABCE$ 内自点 H 作 $HK \perp AC$ 于点 K,连结 DK. 因为 $DH \perp AE$,而平面 $ADE \perp$ 平面 $ABCE$,所以 $DH \perp$ 平面 $ABCE$. 而 $HK \perp AC$,所以 $DK \perp AC$,即 DK 为点 D 到 AC 的距离.

因 AC 为菱形 $ABCE$ 的对角线,故 AC 平分 $\angle BAE$,从而 $\angle HAK=30°$.

在 Rt$\triangle AHD$ 中,$AD=\sqrt{3}$,$DH=\dfrac{\sqrt{3}}{2}$,$AH=\dfrac{3}{2}$;

在 Rt$\triangle HAK$ 中,$HK=\dfrac{1}{2}AH=\dfrac{3}{4}$;

在 Rt△DHK 中,$DK=\sqrt{DH^2+HK^2}=\sqrt{\dfrac{3}{4}+\dfrac{9}{16}}=\dfrac{\sqrt{21}}{4}$.

注 本题所求的是空间点到直线的距离,在确定了点在直线上的垂足之后,将其置于一个直角三角形中进行计算.本题是平面图形的折叠,需要能够分析确定平面图形和立体图形之间的关系才能正确求解.

例 8 已知 $ABCD$ 是边长为 4 的正方形,E,F 分别是 AB,AD 的中点,GC 垂直于正方形 $ABCD$ 所在的平面,且 $GC=2$,求点 B 到平面 EFG 的距离.

解 如图 4.57 所示,连结 EG,FG,EF,BD,AC,设 EF,BD 分别交 AC 于点 H,O.因为 $ABCD$ 是正方形,E,F 分别是 AB,AD 的中点,故 $EF \parallel BD$,且 H 为 AO 的中点.注意到 BD 不在平面 EFG 上,否则平面 EFG 和平面 $ABCD$ 重合,可得点 G 在平面 $ABCD$ 上,与题设矛盾.由线面平行的判定定理知 $BD \parallel$ 平面 EFG,故 BD 和平面 EFG 的距离就是点 B 与平面 EFG 的距离.

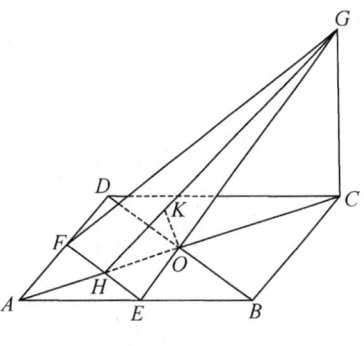

图 4.57

因为 $BD \perp AC$,所以 $EF \perp HC$.又因为 $GC \perp$ 平面 $ABCD$,所以 $EF \perp GC$.因此 $EF \perp$ 平面 HCG,从而平面 $EFG \perp$ 平面 HCG,且 HG 为这两垂直平面的交线.作 $OK \perp HG$,交 HG 于点 K,由面面垂直性质定理知 $OK \perp$ 平面 EFG,故线段 OK 的长就是点 B 到平面 EFG 的距离.

因 $AB=4,CG=2$,故 $AC=4\sqrt{2},HO=\sqrt{2},HC=3\sqrt{2}$,从而
$$HG=\sqrt{(3\sqrt{2})^2+2^2}=\sqrt{22}.$$
又因为 Rt△$HKO \sim$ Rt△HCG(有一个公共锐角),所以
$$OK=\dfrac{HO \cdot GC}{HG}=\dfrac{\sqrt{2}\cdot 2}{\sqrt{22}}=\dfrac{2\sqrt{11}}{11}.$$

注 本题所求的是空间点到平面的距离,求解的时候是将其转化为线面之间的距离.

例 9 设正四面体棱长为 1,求互为异面的侧面正三角形的中线所在直线之间的距离.

解 情形 1,如图 4.58 所示,BE,CF 是中线,求 BE,CF 之间的距离 d.

设 AF 的中点为 M,连结 EM,BM,易知 $CF \parallel$ 平面 BEM,于是 CF 到平面 BEM 的距离等于 A 到平面 BEM 的距离.因为
$$\cos\angle BEM=\dfrac{\left(\dfrac{\sqrt{3}}{2}\right)^2+\left(\dfrac{\sqrt{3}}{4}\right)^2-\left[1+\left(\dfrac{1}{4}\right)^2-2\cdot 1\cdot \dfrac{1}{4}\cos 60°\right]}{2\cdot \dfrac{\sqrt{3}}{2}\cdot \dfrac{\sqrt{3}}{4}}=\dfrac{1}{6},$$

$$\sin\angle BEM = \sqrt{1-\left(\frac{1}{6}\right)^2} = \frac{\sqrt{35}}{6}, \quad S_{\triangle BEM} = \frac{1}{2}\cdot\frac{\sqrt{3}}{2}\cdot\frac{\sqrt{3}}{4}\cdot\frac{\sqrt{35}}{6} = \frac{\sqrt{35}}{32},$$

所以四面体 $A\text{-}BEM$ 的体积为

$$V_{A\text{-}BEM} = \frac{1}{3}\cdot d\cdot S_{\triangle BEM} = \frac{\sqrt{35}}{96}d.$$

而

$$V_{A\text{-}BEM} = V_{B\text{-}AEM} = \frac{1}{3}\left(\frac{1}{2}\cdot\frac{1}{2}\cdot\frac{1}{4}\sin 60°\right)\cdot\sqrt{\frac{2}{3}} = \frac{\sqrt{2}}{96},$$

所以

$$\frac{\sqrt{35}}{96}d = \frac{\sqrt{2}}{96}, \quad 即 \quad d = \frac{\sqrt{70}}{35}.$$

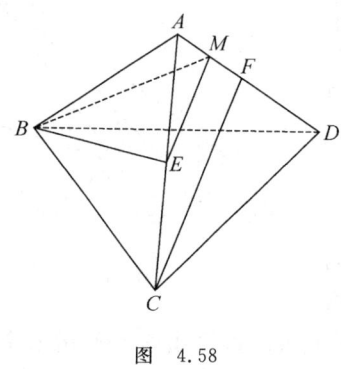

图 4.58

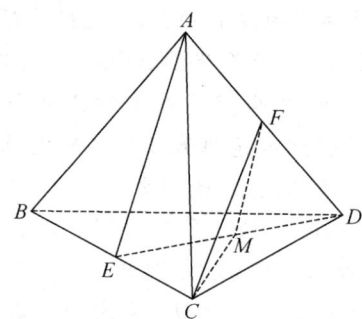

图 4.59

情形 2,如图 4.59 所示,AE,CF 是中线,求 AE,CF 之间的距离 d.

取 ED 的中点 M,连结 CM,易知 AE∥平面 CMF,AE 到平面 CMF 的距离等于 D 到平面 CMF 的距离.因为

$$\cos\angle CFM = \frac{\left(\frac{\sqrt{3}}{2}\right)^2 + \left(\frac{\sqrt{3}}{4}\right)^2 - \left[\left(\frac{1}{2}\right)^2 + \left(\frac{\sqrt{3}}{4}\right)^2\right]}{2\cdot\frac{\sqrt{3}}{2}\cdot\frac{\sqrt{3}}{4}} = \frac{2}{3},$$

$$\sin\angle CFM = \sqrt{1-\left(\frac{2}{3}\right)^2} = \frac{\sqrt{5}}{3}, \quad S_{\triangle CMF} = \frac{1}{2}\cdot\frac{\sqrt{3}}{2}\cdot\frac{\sqrt{3}}{4}\cdot\frac{\sqrt{5}}{3} = \frac{\sqrt{5}}{16},$$

所以四面体 $D\text{-}CMF$ 的体积为

$$V_{D\text{-}CMF} = \frac{1}{3}\cdot d\cdot S_{\triangle CMF} = \frac{1}{3}\cdot d\cdot\frac{\sqrt{5}}{16} = \frac{\sqrt{5}}{48}d.$$

但点 F 与平面 CMD 的距离等于点 A 到平面 CMD 距离的 $\frac{1}{2}$,即为 $\frac{1}{2}\sqrt{\frac{2}{3}} = \frac{\sqrt{6}}{6}$,从而

$$V_{D\text{-}CMF} = V_{F\text{-}CMD} = \frac{1}{3}\left(\frac{1}{2}\cdot 1\cdot\frac{\sqrt{3}}{4}\sin 30°\right)\cdot\frac{\sqrt{6}}{6} = \frac{\sqrt{2}}{96},$$

所以
$$\frac{\sqrt{2}}{96} = \frac{\sqrt{5}}{48}d, \quad 即 \quad d = \frac{\sqrt{10}}{10}.$$

综上所述,所求距离为 $\frac{\sqrt{10}}{10}$ 或 $\frac{\sqrt{70}}{35}$.

注 本题求的是异面直线间的距离,解决的方法是将两条异面直线的距离转化为线面间的距离来计算.结合已知条件,线面间的距离可以转化为点到平面的距离,而计算点到平面的距离又可以转化为求三棱锥的高.

例 10 已知正方体 $ABCD$-$A_1B_1C_1D_1$ 的棱长为 a,求证平面 A_1BC_1 // 平面 AD_1C,并求这两平行平面的距离.

解 如图 4.60 所示,连结 A_1C_1,BC_1,AD_1,CD_1. 因为 A_1B // D_1C,A_1C_1 // AC,所以平面 A_1BC_1 // 平面 AD_1C.

连结 B_1D. 因为 $BB_1 \perp$ 平面 BDA,$AC \perp BD$,所以 $AC \perp B_1D$. 同理,$AD_1 \perp B_1D$. 因此 $B_1D \perp$ 平面 AD_1C. 而平面 AD_1C // 平面 A_1BC_1,所以 $B_1D \perp$ 平面 A_1BC_1. 过 BB_1,DD_1 作平面分别交这两个平行平面于 BO_1 和 OD_1,BO_1 和 OD_1 与 B_1D 分别交于点 E,F,则 EF 是平面 AD_1C 和平面 A_1BC_1 之间的距离.

由 $\triangle B_1O_1E \backsim \triangle DBE$ 和 $\frac{B_1E}{ED} = \frac{B_1O_1}{BD} = \frac{1}{2}$,得 $B_1E = \frac{1}{3}B_1D$.

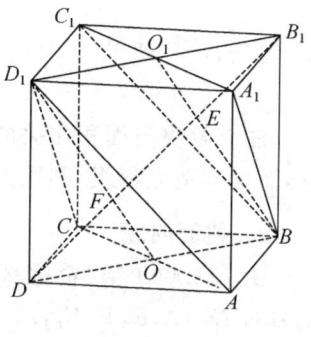

图 4.60

同理,$FD = \frac{1}{3}B_1D$. 所以
$$EF = \frac{1}{3}B_1D = \frac{\sqrt{3}}{3}a.$$

注 本题求的是两个平面间的距离,利用平行平面间的距离的定义,需确定两个平面的公垂线段.确定公垂线段的关键是公垂线的垂足,这是解决本题的一个难点.

四、棱柱与棱锥

棱柱与棱锥是立体几何中的重要几何体.数学竞赛中常常以棱柱、棱锥为载体考查有关位置的证明和量的计算.常见的问题有面积问题、截面问题、射影问题、折叠问题、体积问题等等.对它们的解决体现了空间问题和平面问题互相转化的数学思想方法.

1. 面积问题

例 11(2008 年"希望杯"全国数学邀请赛试题) 已知直平行六面体 $ABCD$-$A_1B_1C_1D_1$ 的底面是菱形,侧面积是 140,对角面 ACC_1A_1 的面积是 56,对角面 BDD_1B_1 的面积是多少?

解 如图 4.61 所示,设直平行六面体 $ABCD$-$A_1B_1C_1D_1$ 底面菱形的边长为 a,侧棱长

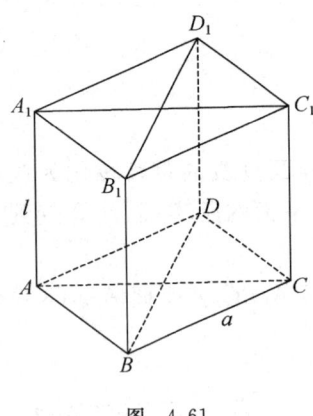

图 4.61

为 l，对角面 ACC_1A_1 和 BDD_1B_1 的面积分别是 S_1 和 S_2，则侧面积 $S_{侧面}=4al$，且

$$\begin{cases} S_1 = l \cdot AC, & ① \\ S_2 = l \cdot BD, & ② \\ 4a^2 = AC^2 + BD^2. & ③ \end{cases}$$

①^2+②^2，得

$$S_1^2 + S_2^2 = l^2(AC^2 + BD^2). \qquad ④$$

由③，④两式得

$$S_1^2 + S_2^2 = 4a^2 l^2 = \frac{(4al)^2}{4} = \frac{S_{侧面}^2}{4} = \left(\frac{S_{侧面}}{2}\right)^2,$$

而已知 $S_{侧面}=140$，所以

$$56^2 + S_2^2 = 70^2, \quad 解得 \quad S_2 = 42.$$

注 解决与面积相关的问题，往往需要利用平面几何的相关知识. 本题不是直接计算面积，而是构造方程组，利用方程组的求解得到结论.

2. 截面问题

例 12（2009 年"希望杯"全国数学邀请赛试题） 已知在棱长为 1 的立方体 $ABCD$-$A_1B_1C_1D_1$ 中，E, F, E_1, F_1 分别是边 AD, AB, B_1C_1, C_1D_1 的中点. 过 EF, E_1F_1 作平面 α.

(1) 平面 α 和平面 $ABCD$ 所成的二面角的大小是多少？

(2) 立方体 $ABCD$-$A_1B_1C_1D_1$ 被 α 截得的截面面积是多少？

解 (1) 如图 4.62 所示，由 $AB=AD=AA_1=1$，易知

$$AC = \sqrt{2}, \quad EF = E_1F_1 = \sqrt{2}/2.$$

设 AC 交 EF 于点 G，A_1C_1 交 E_1F_1 于点 G_1. 因为 $EF \perp$ 平面 ACC_1A_1，$E_1F_1 \perp$ 平面 ACC_1A_1，所以 $GG_1 \perp EF$，$GC \perp EF$，从而 $\angle G_1GC$ 是平面 α 和平面 $ABCD$ 所成的二面角的平面角.

过 E_1F_1 的中点 G_1 作 $G_1K \perp$ 平面 $ABCD$，垂足为 K，则点 K 在 AC 上. 因为 $GK=\sqrt{2}/2$，$G_1K=1$，所以 $\tan \angle G_1GC=\sqrt{2}$ 或 $\cos \angle G_1GC=\sqrt{3}/3$. 故平面 α 和平面 $ABCD$ 所成的二面角的大小是 $\arccos(\sqrt{3}/3)$.

(2) 平面 α 截立方体 $ABCD$-$A_1B_1C_1D_1$ 所得的截面是一个六边形. 如图 4.63 所示，GG_1 的中点 O 就是立方体的中心，通过点 O 且平行于 EF, E_1F_1 的直线在截面上，它与立方体 $ABCD$-$A_1B_1C_1D_1$ 表面的交点恰好是 BB_1 的中点 H_1 和 DD_1 的中点 H. 由此可知，截面是等边六边形 $EFH_1E_1F_1H$，它是正六边形，从而其面积是

$$S = 6 \cdot \frac{\sqrt{3}}{4} \cdot \left(\frac{\sqrt{2}}{2}\right)^2 = \frac{3\sqrt{3}}{4}.$$

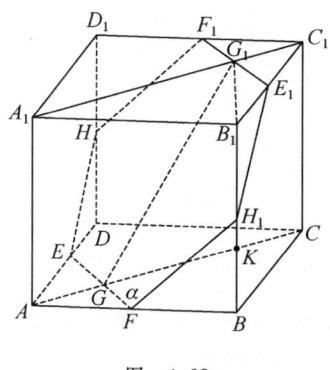

图 4.62

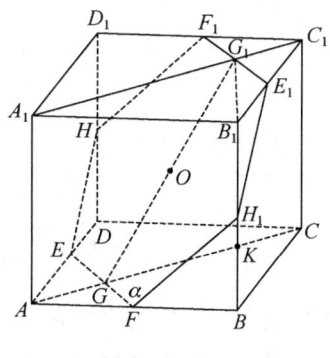

图 4.63

注 本题(1)求的是二面角,求解方法是先作出二面角的平面角,再进行计算.(2)求的是截面的面积,考查的是相交平面的交线问题,需要确定截面的形状.

例 13 已知直三棱柱 ABC-$A_1B_1C_1$ 的底面是等腰三角形,$AB=AC$,$\angle BAC=\alpha$,AD 是边 BC 上的高,此直棱柱的侧面积为 S. 若过 BC_1 且与 AD 平行的平面与底面成 β 角,求这平面截棱柱所得的截面面积.

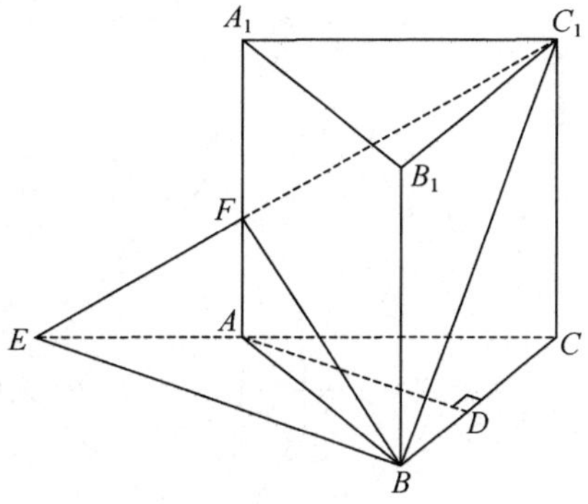

解 如图 4.64 所示,过点 B 在平面 ABC 内作 $BE \parallel AD$ 交 CA 延长线于点 E,连结 C_1E 交 A_1A 于点 F,连结 BF,则 $\triangle BFC_1$ 即为平行于 AD 的平面截三棱柱所得截面. 由 $C_1C \perp$ 平面 ABC,$EB \perp BC$ 可得 $C_1B \perp EB$,则 $\angle C_1BC$ 是截面 BFC_1 与底面所成二面角的平面角,即 $\angle C_1BC = \beta$.

设 $BC=a$,$C_1C=h$,则 $AB=AC=\dfrac{a}{2\sin\frac{\alpha}{2}}$. 于是

$$S = \left(a + 2 \cdot \dfrac{a}{2\sin\frac{\alpha}{2}}\right) \cdot h, \quad \text{从而} \quad h = \dfrac{S \cdot \sin\frac{\alpha}{2}}{a\left(1 + \sin\frac{\alpha}{2}\right)}.$$

图 4.64

由此得

$$\tan\beta = \dfrac{C_1C}{BC} = \dfrac{S \cdot \sin\frac{\alpha}{2}}{a^2\left(1 + \sin\frac{\alpha}{2}\right)} \Longrightarrow a^2 = \dfrac{\sin\frac{\alpha}{2}}{\left(1 + \sin\frac{\alpha}{2}\right)\tan\beta}S,$$

进而有

$$S_{\triangle ABC} = \frac{1}{2} BC \cdot AD = \frac{1}{4} \cdot \frac{a^2}{\tan\frac{\alpha}{2}} = \frac{\cos\frac{\alpha}{2} \cdot \cot\beta}{4\left(1+\sin\frac{\alpha}{2}\right)} S,$$

所以所求的面积为

$$S_{\triangle BC_1 F} = \frac{S_{\triangle ABC}}{\cos\beta} = \frac{\cos\frac{\alpha}{2} \cdot \cot\beta}{4\left(1+\sin\frac{\alpha}{2}\right)\cos\beta} S = \frac{\cos\frac{\alpha}{2}}{4\left(1+\sin\frac{\alpha}{2}\right)\sin\beta} S.$$

注 作截面的依据是平面的基本性质与确定平面的条件,基本方法是先确定关键点,再由关键点确定截面与多面体的交线. 本题是利用平行线法作截面的.

3. 射影问题

例 14 证明:如果一个四面体四个面的面积相等,那么这四个面全等.

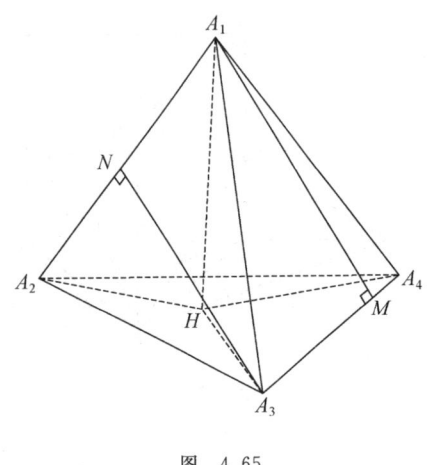

图 4.65

证明 如图 4.65 所示,设 A_1-$A_2 A_3 A_4$ 是满足已知条件的四面体,过 A_1 作平面 $A_2 A_3 A_4$ 的垂线,垂足为 H,连结 $A_2 H, A_3 H, A_4 H$.

设以 $A_i A_j$ 为棱的二面角为 θ_{ij} ($1 \leqslant i \leqslant j \leqslant 4$),四个面的三角形面积均为 S. 依题设,各面上的四面体的高相等,设为 h.

由射影定理可知

$$S\cos\theta_{23} = S_{\triangle HA_2 A_3}, \quad S\cos\theta_{34} = S_{\triangle HA_3 A_4},$$
$$S\cos\theta_{24} = S_{\triangle HA_2 A_4}.$$

由此即得 $\cos\theta_{23} = \cos\theta_{34} = \cos\theta_{24} = 1$. 同理可得

$$\cos\theta_{13} = \cos\theta_{14} = \cos\theta_{34} = 1,$$
$$\cos\theta_{12} = \cos\theta_{24} = \cos\theta_{14} = 1,$$
$$\cos\theta_{12} = \cos\theta_{23} = \cos\theta_{13} = 1.$$

于是 $\cos\theta_{12} = \cos\theta_{34}$,即 $\theta_{12} = \theta_{34}$. 同理,$\theta_{23} = \theta_{14}, \theta_{13} = \theta_{24}$.

设 $A_1 M, A_3 N$ 分别是 $\triangle A_1 A_3 A_4$ 和 $\triangle A_1 A_3 A_2$ 的高,则

$$A_1 M = \frac{h}{\cos\theta_{34}} = \frac{h}{\cos\theta_{12}} = A_3 N.$$

所以 $A_3 A_4 = A_1 A_2$. 同理,$A_2 A_3 = A_1 A_4, A_1 A_3 = A_2 A_4$. 故四面体 A_1-$A_2 A_3 A_4$ 的四个面全等.

注 本题主要利用的是面积的射影定理.

4. 折叠问题

例 15(2008 年"希望杯"全国数学邀请赛试题) 已知正四棱锥 S-$ABCD$ 的底面边长为 a,侧面三角形的顶角为 $30°$.

(1) 求正四棱锥 S-$ABCD$ 的相邻两侧面所成的二面角的大小;

(2) 设一个动点从侧棱 SA 的中点 M 出发,陆续穿过四个侧面(不经过顶点)又回到点 M,求这个动点经过的路程的最小值.

解 (1) 如图 4.66 所示,已知 $AB=a$,$\angle ASB=30°$. 作 $BE \perp SC$ 于点 E,则 $DE \perp SC$. 于是 $\angle BED$ 即为二面角 B-SC-D 的平面角.

由于

$$SB = \frac{a}{2\sin 15°} = \frac{a}{2\sqrt{\frac{1-\cos 30°}{2}}} = \frac{a}{\sqrt{2\left(1-\frac{\sqrt{3}}{2}\right)}} = \frac{a}{\sqrt{2-\sqrt{3}}} = \sqrt{2+\sqrt{3}}\,a,$$

$$DE = BE = \frac{1}{2}SB = \frac{\sqrt{2+\sqrt{3}}}{2}a, \quad BD = \sqrt{2}\,a,$$

由余弦定理得

$$\cos\angle BED = \frac{BE^2+DE^2-BD^2}{2BE \cdot DE} = 1 - \frac{4}{2+\sqrt{3}} = 4\sqrt{3}-7 < 0,$$

所以
$$\angle BED = \pi - \arccos(7-4\sqrt{3}).$$

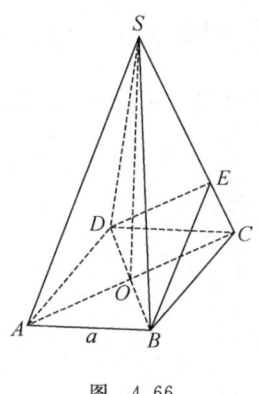

图 4.66

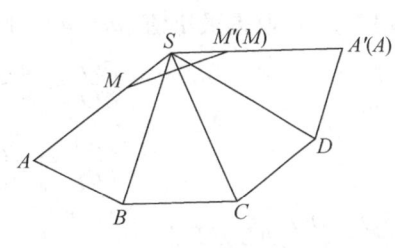

图 4.67

(2) 将正四棱锥的侧面沿棱 SA 剪开,展开成平面图形,如图 4.67 所示. 因为 $\angle MSM' = 30° \times 4 = 120°$,所以

$$MM'^2 = SM^2 + SM'^2 - 2SM \cdot SM'\cos 120° = 2SM^2\left(1+\frac{1}{2}\right) = 3SM^2.$$

于是

$$MM' = \sqrt{3}SM = \sqrt{3} \cdot \frac{SA}{2} = \frac{\sqrt{3}}{2}SB = \frac{\sqrt{3}}{2} \times \sqrt{2+\sqrt{3}}\,a = \frac{3\sqrt{2}+\sqrt{6}}{4}a.$$

显然,M 和 M' 之间的最短距离就是线段 MM'. 因此,从点 M 出发,陆续穿过四个侧面又回

到点 M 所经过的最短路程是 $\dfrac{3\sqrt{2}+\sqrt{6}}{4}a$.

注 本题(2)是求路程的最小值问题,此类问题的解决方法就是把空间图形展开变成平面图形,根据平面上两点之间线段的距离最短进行分析处理.

5. 体积问题

例 16 如图 4.68 所示,已知四棱锥 $S\text{-}ABCD$ 的顶点在底面内的射影恰好是底面对角线的交点 O,棱锥 $S\text{-}ABCD$ 的高为 3,三棱锥 $S\text{-}AOD$,$S\text{-}BOC$ 的体积分别为 $V_{S\text{-}AOD}=m^2$,$V_{S\text{-}BOC}=n^2$ ($m,n\in \mathbf{R}_+,m\neq n$),问:当四棱锥 $S\text{-}ABCD$ 取最小体积时,底面 $ABCD$ 是怎样的四边形?

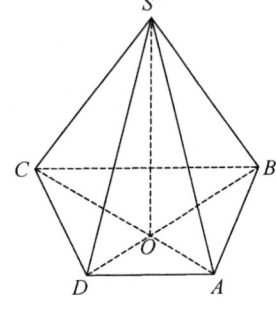

图 4.68

解 由 $SO=3$ 可知 $V_{S\text{-}AOD}=\dfrac{1}{3}SO\cdot S_{\triangle AOD}=S_{\triangle AOD}=m^2$. 同理 $S_{\triangle BOC}=n^2$.

设 $S_{\triangle DOC}=x$,$S_{\triangle AOB}=y$,则四棱锥 $S\text{-}ABCD$ 的体积

$$V_{S\text{-}ABCD}=\dfrac{1}{3}SO\cdot S_{\text{四边形}ABCD}=m^2+n^2+x+y.$$

而 $\dfrac{m^2}{x}=\dfrac{S_{\triangle AOD}}{S_{\triangle DOC}}=\dfrac{AO}{CO}=\dfrac{S_{\triangle AOB}}{S_{\triangle BOC}}=\dfrac{y}{n^2}$,因此 $m^2n^2=xy$.

注意到 $(\sqrt{x}-\sqrt{y})^2\geq 0$,于是 $x+y\geq 2\sqrt{xy}=2mn$. 当且仅当 $x=y=mn$ 时,上式等号成立,这时 $V_{S\text{-}ABCD}$ 取得最小值 $(m+n)^2$. 此时

$$\dfrac{AO}{CO}=\dfrac{S_{\triangle AOD}}{S_{\triangle DOC}}=\dfrac{m^2}{x}=\dfrac{m^2}{mn}=\dfrac{m}{n},$$

$$\dfrac{DO}{OB}=\dfrac{S_{\triangle ODC}}{S_{\triangle BOC}}=\dfrac{x}{n^2}=\dfrac{mn}{n^2}=\dfrac{m}{n},$$

于是 $\dfrac{AO}{CO}=\dfrac{DO}{BO}$,$AD\parallel BC$.

又若 $DC\parallel AB$,则 $ABCD$ 是平行四边形,从而有 $m^2=n^2$,$m=n$,与已知矛盾. 故 DC 不平行于 AB. 所以四边形 $ABCD$ 为梯形.

注 本题涉及的是体积问题,主要通过体积的表达式并结合不等式的知识得出最值的条件,从而确定四棱锥的底面形状.

五、旋转体

对于旋转体,数学竞赛中常常考查两个几何体相接或者相切的问题. 能根据题意作出符合条件的截面是解决问题的关键. 利用截面来暴露两个几何体之间的关系,从而将空间问题转化为平面问题.

例 17 如图 4.69 所示,在已知圆柱内有一个内接长方体 $ABCD$-$A_1B_1C_1D_1$,且满足 $\angle DCA = \angle C_1AC = \pi/6$,又圆柱的底面半径为 R,求:

(1) 过 AB 和 D_1C_1 的平面与圆柱的下底面 $ABCD$ 所成的二面角;

(2) 异面直线 C_1B 和 B_1D_1 所成的角.

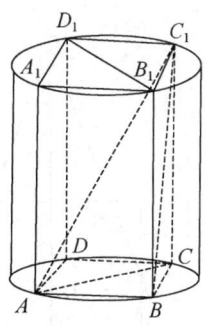

图 4.69

解 (1) 在下底面 $ABCD$ 中,由 $\angle DCA = \pi/6$ 得

$$AD = AC \cdot \sin\frac{\pi}{6} = 2R \cdot \frac{1}{2} = R,$$

$$CD = AC \cdot \cos\frac{\pi}{6} = \sqrt{3}R.$$

因为 $DA \perp AB$,$DD_1 \perp$ 平面 $ABCD$,所以 $D_1A \perp AB$. 于是 $\angle D_1AD$ 是平面 ABC_1D_1 与下底面 $ABCD$ 所成二面角的平面角,记为 θ. 由 $\angle C_1AC = \frac{\pi}{6}$,得 $C_1C = AC \cdot \tan\frac{\pi}{6} = \frac{2}{3}\sqrt{3}R$,从而 $D_1D = \frac{2}{3}\sqrt{3}R$,于是

$$\tan\theta = \frac{D_1D}{AD} = \frac{\frac{2}{3}\sqrt{3}R}{R} = \frac{2}{3}\sqrt{3}, \quad \text{即} \quad \theta = \arctan\frac{2}{3}\sqrt{3}.$$

(2) 因 $BD /\!/ B_1D_1$,故 $\angle C_1BD$ 为异面直线 C_1B 和 B_1D_1 所成的角,记为 β. 易知

$$BC_1 = \sqrt{BC^2 + C_1C^2} = \frac{\sqrt{21}}{3}R, \quad DC_1 = \sqrt{DC^2 + C_1C^2} = \frac{\sqrt{39}}{3}R.$$

在 $\triangle BC_1D$ 内,由余弦定理得

$$\cos\beta = \frac{BD^2 + BC_1^2 - DC_1^2}{2BC_1 \cdot BD} = \frac{(2R)^2 + \left(\frac{\sqrt{21}}{3}R\right)^2 - \left(\frac{\sqrt{39}}{3}R\right)^2}{2 \cdot 2R \cdot \frac{\sqrt{21}}{3}R} = \frac{\sqrt{21}}{14},$$

所以 $\beta = \arccos\frac{\sqrt{21}}{14}$.

注 本题应从旋转体的底面半径与多面体的某些元素的关系入手,由此将两种几何体有机地联系起来,实现相互转化.

例 18 已知一个圆锥和一个圆柱的底面在同一平面内,且有公共的内切球. 设它们的体积分别为 $V_{锥}$,$V_{柱}$.

(1) 求证:$V_{锥}$ 和 $V_{柱}$ 不可能相等;

(2) 设 $V_{锥} = kV_{柱}$,求 k 的取值范围.

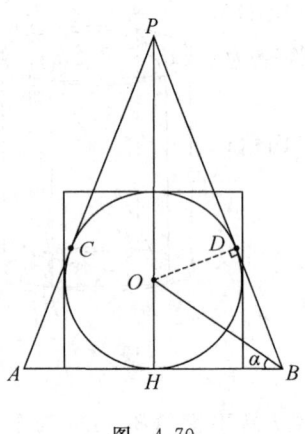

图 4.70

解 如图 4.70 所示,作出满足已知条件的图形的轴截面. 设球的半径为 r,球心为 O,圆锥轴截面 $\triangle PAB$ 的底角 $\angle PBA = 2\alpha$,即 $\angle OBA = \alpha$,球与圆锥底面切于点 H,与轴截面上两条母线分别切于点 C,D,则圆锥底面半径为

$$R = HB = \frac{OH}{\tan\alpha} = \frac{r}{\tan\alpha}.$$

连结 OD,则 $OD \perp PB$.

在 $\text{Rt}\triangle POD$ 中,有

$$PO = \frac{OD}{\sin\angle BPH} = \frac{r}{\sin\left(\frac{\pi}{2} - 2\alpha\right)} = \frac{r}{\cos 2\alpha}.$$

所以,圆锥的高为 $h = PH = PO + OH = \frac{r}{\cos 2\alpha} + r$. 因此

$$V_{\text{锥}} = \frac{1}{3}\pi R^2 h = \frac{1}{3}\pi \frac{r^2}{\tan^2\alpha}\left(\frac{r}{\cos 2\alpha} + r\right) = \frac{1}{3}\pi r^3 \frac{1}{\tan^2\alpha}\left(\frac{1}{\cos 2\alpha} + 1\right)$$

$$= \frac{1}{3}\pi r^3 \frac{1}{\tan^2\alpha}\left(\frac{1+\tan^2\alpha}{1-\tan^2\alpha} + 1\right) = \frac{2}{3}\pi r^3 \frac{1}{\tan^2\alpha \cdot (1-\tan^2\alpha)}.$$

而 $V_{\text{柱}} = \pi r^2 \cdot 2r = 2\pi r^3$,从而可得

$$V_{\text{锥}} = \frac{1}{3\tan^2\alpha \cdot (1-\tan^2\alpha)} \cdot 2\pi r^3 = \frac{1}{3\tan^2\alpha \cdot (1-\tan^2\alpha)} V_{\text{柱}}.$$

于是,若 $V_{\text{锥}} = kV_{\text{柱}}$,则

$$k = \frac{1}{3\tan^2\alpha \cdot (1-\tan^2\alpha)}.$$

注意到 $0 < \alpha < \frac{\pi}{4}$,$\tan^2\alpha > 0$,$1-\tan^2\alpha > 0$,可得

$$\tan^2\alpha \cdot (1-\tan^2\alpha) \leqslant \left[\frac{\tan^2\alpha + (1-\tan^2\alpha)}{2}\right]^2 = \frac{1}{4}, \qquad ⑤$$

所以 $k \geqslant \frac{4}{3}$. 这也就同时证明了 $V_{\text{锥}} \neq V_{\text{柱}}$.

注 本题综合运用了几何、三角代数等方面的知识,从中还能得到一些结论. 例如,⑤式中等号成立的充分必要条件是 $\tan^2\alpha = 1 - \tan^2\alpha$,即 $\tan\alpha = \frac{\sqrt{2}}{2}$,$\tan 2\alpha = 2\sqrt{2}$. 由此可推出:若球的半径 r 为定值,则外切于球的圆锥的体积最小值为 $\frac{8}{3}\pi r^3$,且当体积最小时,圆锥轴截面的底角为 $\arctan 2\sqrt{2}$.

例 19 如图 4.71 所示,已知圆台的上底半径为 5,下底半径为 10,母线 $AB = 20$. 从圆台

母线 AB 的中点 M 拉一条绳子绕圆台侧面转到点 A. 求:

(1) 绳子的最短长度;

(2) 当绳子最短时, 上底圆周上的点到绳子的最短距离.

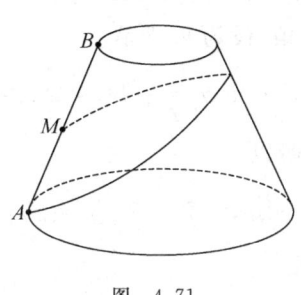

图 4.71

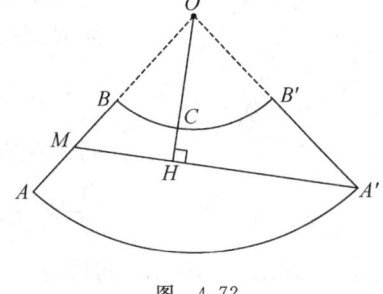

图 4.72

解 (1) 假设沿母线 AB 将圆台侧面剪开, 得到一个扇环, 如图 4.72 所示, 则绳子成为扇环中的线段 $A'M$ 时最短.

设扇环圆心为 O, 则
$$\widehat{BB'} = 2\pi \cdot 5 = 10\pi, \quad \widehat{AA'} = 2\pi \cdot 10 = 20\pi.$$
而 $\dfrac{OB}{OA} = \dfrac{\widehat{BB'}}{\widehat{AA'}} = \dfrac{OB}{OB+20}$, 于是 $OB = 20$. 由此得 $\angle BOB' = \dfrac{\widehat{BB'}}{OB} = \dfrac{\pi}{2}$, 所以 $\triangle A'OM$ 是直角三角形, 从而
$$A'M = \sqrt{OA'^2 + OM^2} = \sqrt{40^2 + 30^2} = 50,$$
即绳子的最短长度为 50.

(2) 作 $OH \perp A'M$ 于点 H, 交 $\widehat{BB'}$ 于点 C, 则 CH 就是圆台上底圆周的点到绳子的最短距离. 因为
$$OH = \dfrac{OA' \cdot OM}{A'M} = 24, \quad CH = OH - OC = 24 - 20 = 4,$$
所以所求最短距离为 4.

注 在旋转体中涉及截线和截面问题的, 往往需要考虑图形的侧面展开图, 利用平面几何的知识来解决.

例 20(2009 年"希望杯"全国数学邀请赛试题) 已知在四面体 $ABCD$ 中, 有
$$\angle BAC = \angle CAD = \angle DAB = 90°,$$
又知体积为 V_1, V_2, V_3 的三个球的轴截面面积分别为 $S_{\triangle ABC}, S_{\triangle ACD}, S_{\triangle ABD}$, 体积为 V 的球的轴截面面积为 $S_{\triangle BCD}$, 判断 V, V_1, V_2, V_3 之间的关系.

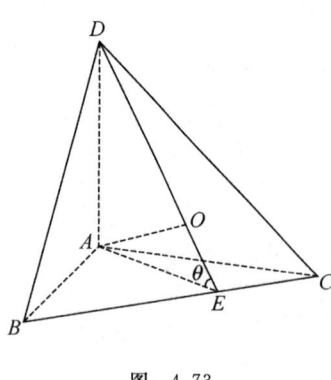

图 4.73

解 如图 4.73 所示,设点 A 在平面 BCD 内的射影是点 O,DO(或延长线)交 BC 于点 E,连结 AE.由题设条件知,DA 是平面 ABC 的垂线,并且是平面 BCD 的斜线,于是 $DA \perp BC$,即 $BC \perp DE$.所以 $BC \perp AE$,即 $\angle DEA$ 是平面 ABC 与平面 BCD 所成二面角的平面角,设为 θ.于是

$$S_{\triangle ABC} \cdot \cos\theta = \frac{1}{2}BC \cdot AE \cdot \cos\theta = \frac{1}{2}BC \cdot OE = S_{\triangle OBC},$$

同时还有 $DE \cdot \cos\theta = AE$.所以

$$\frac{1}{2}BC \cdot AE = \frac{1}{2}BC \cdot DE \cdot \cos\theta,\quad 即 \quad S_{\triangle ABC} = S_{\triangle BCD} \cdot \cos\theta.$$

于是 $S_{\triangle ABC}^2 = S_{\triangle BCD} \cdot S_{\triangle OBC}$.同理有

$$S_{\triangle ABD}^2 = S_{\triangle BCD} \cdot S_{\triangle BOD},\quad S_{\triangle ACD}^2 = S_{\triangle BCD} \cdot S_{\triangle COD}.$$

所以 $S_{\triangle ABC}^2 + S_{\triangle ABD}^2 + S_{\triangle ACD}^2 = S_{\triangle BCD}(S_{\triangle OBC} + S_{\triangle BOD} + S_{\triangle COD}) = S_{\triangle BCD}^2$.

设体积为 V_1, V_2, V_3, V 的球的半径分别为 r_1, r_2, r_3, r,则有

$$(\pi r_1^2)^2 + (\pi r_2^2)^2 + (\pi r_3^2)^2 = (\pi r^2)^2,\quad 即 \quad r_1^4 + r_2^4 + r_3^4 = r^4.$$

于是 $\left(\dfrac{r_1}{r}\right)^4 + \left(\dfrac{r_2}{r}\right)^4 + \left(\dfrac{r_3}{r}\right)^4 = 1$,进而有 $r_1 < r, r_2 < r, r_3 < r$.由此得

$$\left(\frac{r_1}{r}\right)^3 + \left(\frac{r_2}{r}\right)^3 + \left(\frac{r_3}{r}\right)^3 > \left(\frac{r_1}{r}\right)^4 + \left(\frac{r_2}{r}\right)^4 + \left(\frac{r_3}{r}\right)^4 = 1,$$

即 $r_1^3 + r_2^3 + r_3^3 > r^3$,所以

$$\frac{4}{3}\pi r_1^3 + \frac{4}{3}\pi r_2^3 + \frac{4}{3}\pi r_3^3 > \frac{4}{3}\pi r^3,\quad 即 \quad V_1 + V_2 + V_3 > V.$$

注 本题在解决的时候首先确定的是对应的轴截面三角形面积之间的关系,这是解题的关键点;然后通过半径将面积的平方和球的体积联系起来,进而得到球的体积之间的关系.

习 题 四

1. 如图 4.74 所示,已知在 Rt$\triangle ABC$ 中,CK 是斜边上的高,CE 是 $\angle ACK$ 的平分线,点 E 在 AK 上,D 是 AC 的中点,F 是 DE 与 CK 的交点,证明:$BF /\!/ CE$.

2. (1999 年全国高中数学联赛试题)如图 4.75 所示,已知在四边形 $ABCD$ 中,对角线 AC 平分 $\angle BAD$.在 CD 上取一点 E,BE 与 AC 相交于点 F,延长 DF 交 BC 于点 G.求证:
$$\angle GAC = \angle EAC.$$

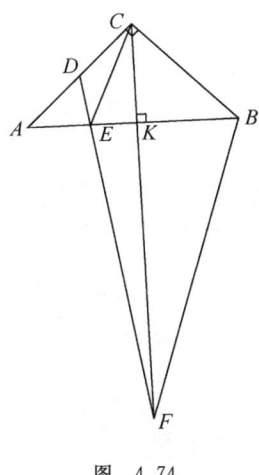
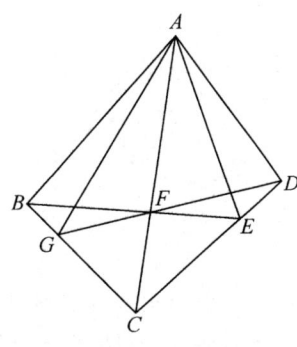

图 4.74 　　　　　　　　　图 4.75

3. (2003年全国高中数学联赛试题)如图4.76所示,过圆外一点P作圆的两条切线和一条割线,切点分别为A,B,割线交圆于C,D两点,点C在点P和点D之间.在弦CD上取一点Q,使得$\angle DAQ=\angle PBC$.求证:$\angle DBQ=\angle PAC$.

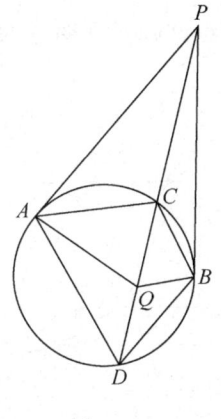
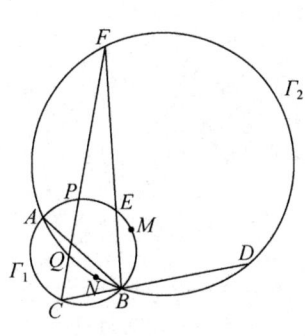

图 4.76 　　　　　　　　　图 4.77

4. (2010年CMO试题)如图4.77所示,已知两圆Γ_1,Γ_2交于点A,B,过点B的一条直线分别交圆Γ_1,Γ_2于点C,D,过点B的另一条直线分别交圆Γ_1,Γ_2于点E,F,直线CF分别交圆Γ_1,Γ_2于点P,Q,又知M,N分别是弧$\overset{\frown}{PB},\overset{\frown}{QB}$的中点.若$CD=EF$,求证:$C,F,M,N$四点共圆.

5. (1998年全国高中数学联赛试题)如图4.78所示,已知O,I分别为$\triangle ABC$的外心与内心,AD是边BC上的高,I在线段OD上,求证:$\triangle ABC$的外接圆半径等于其边BC上的旁切圆半径.

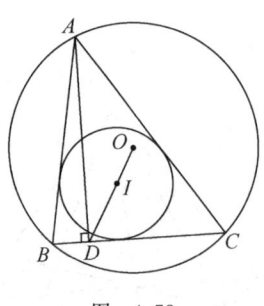

图 4.78

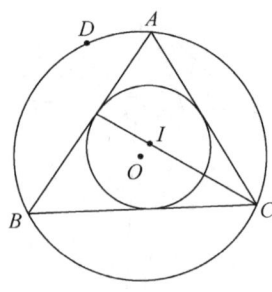

图 4.79

6. (2009年中国东南地区数学奥林匹克竞赛试题)如图4.79所示,已知⊙O,⊙I 分别是△ABC的外接圆和内切圆,证明:过⊙O上的任意一点D,都可以作一个△DEF,使得⊙O,⊙I分别是△DEF的外接圆和内切圆.

7. (2009年CMO试题)如图4.80所示,给定锐角△PBC,$PB\neq PC$,又A,D分别是边PB,PC上的点.连结AC,BD交于点O.过点O分别作$OE\perp AB$于点E,作$OF\perp CD$于点F.设线段BC,AD的中点分别为M,N.

(1) 若A,B,C,D四点共圆,求证:$EM\cdot FN=EN\cdot FM$.

(2) 若$EM\cdot FN=EN\cdot FM$,是否一定有A,B,C,D四点共圆?证明你的结论.

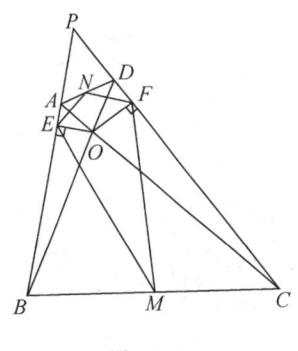

图 4.80

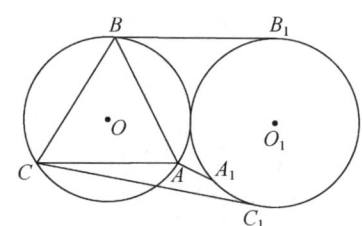

图 4.81

8. (2004年泰国数学奥林匹克竞赛试题)如图4.81所示,已知圆O是等边△ABC的外接圆,圆O与圆O_1外切且切点异于A,B,C,点A_1,B_1,C_1在圆O_1上,且使得AA_1,BB_1,CC_1与圆O_1相切,证明:线段AA_1,BB_1,CC_1中的一线段的长度等于另外两线段长度之和.

9. (2005年克罗地亚数学奥林匹克竞赛试题)如图4.82所示,已知△ABC的内切圆与其边AC,BC,AB分别切于点M,N,R,又知S为劣弧$\overset{\frown}{MN}$上的一点,l为过点S的切线,且与NC,MC分别交于点P,Q,求证:线段AP,BQ,SR与MN交于一点.

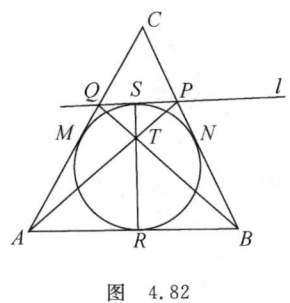

图 4.82

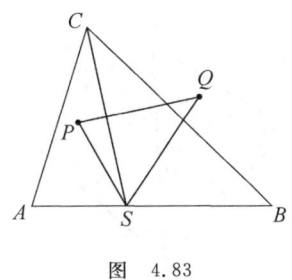

图 4.83

10. (2005年克罗地亚数学竞赛试题) 如图 4.83 所示,设 S 为锐角 $\triangle ABC$ 的边 AB 上的点,P,Q 分别为 $\triangle ASC$ 和 $\triangle BSC$ 的外接圆的圆心,问:点 S 在边 AB 上的什么位置时,使得 $\triangle PQS$ 的面积最小?

11. (2002年中国西部数学奥林匹克竞赛试题) 如图 4.84 所示,设 O 为锐角 $\triangle ABC$ 的外心,P 为 $\triangle AOB$ 内部一点,点 P 在 $\triangle ABC$ 的边 BC,CA,AB 上的射影分别为点 D,E,F,求证:以 FE,FD 为邻边的平行四边形位于 $\triangle ABC$ 内.

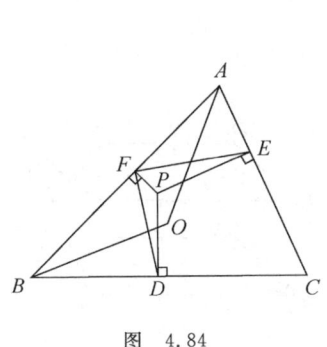

图 4.84

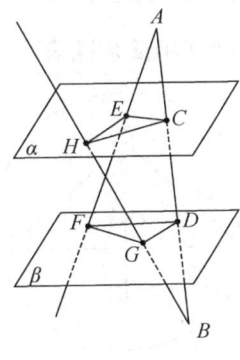

图 4.85

12. 如图 4.85 所示,已知平面 α // 平面 β,线段 AB 交 α 于点 C,交 β 于点 D,且 $AC=BD$,过点 A 的直线分别交 α,β 于点 E,F,过点 B 的直线分别交 β,α 于点 G,H,试证明:
$$S_{\triangle CEH}=S_{\triangle DFG}.$$

13. (2009年"希望杯"全国数学邀请赛试题) 如图 4.86 所示,已知正四面体 $V-ABC$ 中,E,F,G,H 分别是棱 AB,AC,VB,VC 的中点,问:过 A,G,H 三点的平面和过点 V,E,F 三点的平面所成的二面角的大小是多少?

14. (2010年"希望杯"全国数学邀请赛试题) 如图 4.87 所示,已知正四面体 $A-BCD$ 的棱长是 1,点 P 是 $\triangle BCD$ 的中心,点 M,N 分别在面 ABD 和面 ACD 上运动,求 $\triangle PMN$ 的周长的最小值.

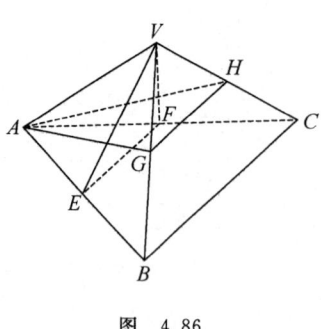

图 4.86

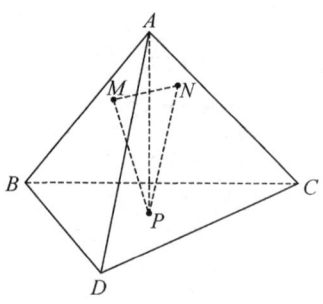

图 4.87

15.（2008年全国高中数学联赛试题）设一个半径为1的小球在一个内壁棱长为$4\sqrt{6}$的正四面体容器内可向各个方向自由运动，问：该小球永远不可能接触到的容器内壁的面积是多少？

16.（2008年"希望杯"全国数学邀请赛试题）如图4.88所示，已知正三棱锥$P\text{-}ABC$的外接球的半径为R，球心为O，正$\triangle ABC$的中心为O_1，且$\overrightarrow{PO}=\dfrac{2}{3}\overrightarrow{PO_1}$，问：$A,B$两点间的球面距离为多少？（用反余弦表示）.

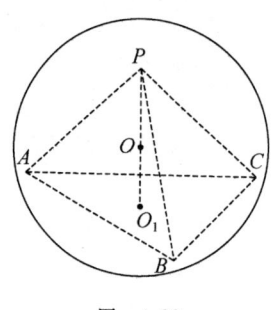

图 4.88

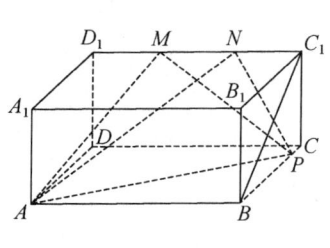

图 4.89

17.（2010年"希望杯"全国数学邀请赛试题）如图4.89所示，已知长方体$ABCD\text{-}A_1B_1C_1D_1$中，$AB=5$，$AA_1=3$，$AD=4$，点M,N是C_1D_1上的两个动点，且$MN=2$，P是BC上的动点，问：三棱锥$A\text{-}MNP$的体积最大值是多少？

18.（2009年"希望杯"全国数学邀请赛试题）如图4.90所示，已知三棱锥$V\text{-}ABC$中，$VA\parallel$平面α，α依次交AB,AC,VC,VB于点E,F,G,H. 若$AB=3AE$，且$EF\parallel BC$，多面体$AFE\text{-}VGH$与多面体$EHB\text{-}FGC$的体积之比是多少？

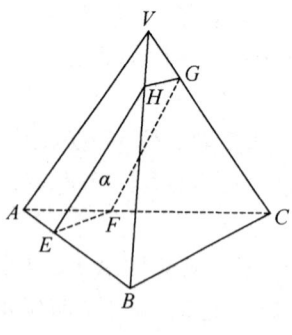

图 4.90

本章参考文献

[1] 陈传理,张同军.竞赛数学教程(第二版).北京:高等教育出版社,2005.
[2] 张同军,陈传理.竞赛数学解题研究(第二版).北京:高等教育出版社,2006.
[3] 顾跃平.高中数学奥林匹克训练指导(高二).上海:上海科学普及出版社,2004.
[4] 金牌奥校编写组.数学奥林匹克教程(高中年级).北京:中国少年儿童出版社,2000.
[5] 周沛耕,王中锋.高中数学奥林匹克竞赛解题方法大全.太原:山西教育出版社,2004.
[6] 李名德,李胜宏.高中数学竞赛培优教程(专题讲座).杭州:浙江大学出版社,2003.
[7] 曹瑞彬.启东中学奥赛训练教程(高中数学).南京:南京师范大学出版社,2004.
[8] 全国高中数学联赛试题研究组.高中数学联赛一试知识与方法.杭州:浙江大学出版社,2008.
[9] 马兵.高中奥数培优捷径(下册).杭州:浙江大学出版社,2008.
[10] 南秀全.高中数学奥林匹克竞赛全真试题(全国联赛卷).武汉:湖北教育出版社,2011.
[11] 刘培杰.最新世界各国数学奥林匹克中的平面几何试题.哈尔滨:哈尔滨工业大学出版社,2007.
[12] 李东胜.高中数学奥赛一本全.太原:山西教育出版社,2005.
[13] 项昭义.国际奥赛试题全解.北京:京华出版社,2007.
[14] 朱德祥,朱维宗.初等几何研究(第二版).北京:高等教育出版社,2003.
[15] 马洪炎.高中数学竞赛解题方法.杭州:浙江大学出版社,2006.
[16] 沈文选.平面几何证明方法全书.哈尔滨:哈尔滨工业大学出版社,2005.
[17] 沈文选.历届全国高中数学联赛平面几何试题一题多解.哈尔滨:哈尔滨工业大学出版社,2007.
[18] 刘叔才.奥赛王牌精解(高中数学).北京:团结出版社,2004.
[19] 程晓亮,刘影.初等数学研究.北京:北京大学出版社,2011.

第五章 平面解析几何与几何不等式

> 解析几何是通过建立直角坐标系,用坐标表示点,用方程表示曲线(包括直线),并通过研究方程的特征间接地来研究曲线的性质(即用代数方法来研究几何问题)的一门学科.几何问题中出现的不等式称为几何不等式,就其形式而言,主要分为线段不等式、角不等式和面积不等式.本章先介绍平面解析几何的有关知识和结论,主要包括直线、圆锥曲线(圆、椭圆、抛物线、双曲线)的有关性质,并从曲线方程、轨迹、最值、对称、变量范围、参系数等方面分别讨论关于曲线的各类典型问题;然后介绍一些基本的几何不等式以及常用的证明方法,并通过具体的例子给出了一些重要不等式的应用.

第一节 平面解析几何

解析几何是由法国数学家笛卡儿和费马创立的,它是数学发展史上的一个里程碑,是近代数学的重要基础.平面解析几何研究的主要问题是:

(1) 建立直角坐标系,用坐标表示点,用方程表示曲线;

(2) 通过方程,研究平面曲线的性质.

一、基本结论

我们列举平面解析几何中常见的基本**结论**如下:

(1) 设 $A(x_1,y_1), B(x_2,y_2), C(x_3,y_3)$,则 $\triangle ABC$ 的重心为
$$\left(\frac{x_1+x_2+x_3}{3}, \frac{y_1+y_2+y_3}{3}\right).$$

(2) 点 $P(x_0,y_0)$ 到直线 $Ax+By+C=0$ 的距离为 $d=\dfrac{|Ax_0+By_0+C|}{\sqrt{A^2+B^2}}$.

(3) 两条平行线 $Ax+By+C_1=0$ 与 $Ax+By+C_2=0$ 的距离为
$$d=\frac{|C_1-C_2|}{\sqrt{A^2+B^2}}.$$

(4) 过圆 $(x-a)^2+(y-b)^2=r^2$ 上的点 $M(x_0,y_0)$ 的切线方程为
$$(x_0-a)(x-a)+(y_0-b)(y-b)=r^2.$$
特别地,过圆 $x^2+y^2=r^2$ 上的点 $M(x_0,y_0)$ 的切线方程为 $x_0x+y_0y=r^2$.

(5) 设 $A(x_1,y_1),B(x_2,y_2)$,则以线段 AB 为直径的圆的方程为
$$(x-x_1)(x-x_2)+(y-y_1)(y-y_2)=0.$$

(6) **弦长公式**:设直线 $y=kx+b$ 与圆锥曲线相交于两点 $A(x_1,y_1),B(x_2,y_2)$,则
$$AB=\sqrt{1+k^2}\cdot|x_2-x_1|=\sqrt{(1+k^2)[(x_1+x_2)^2-4x_1x_2]},$$
$$AB=\sqrt{1+\frac{1}{k^2}}\cdot|y_2-y_1|=\sqrt{\left(1+\frac{1}{k^2}\right)[(y_1+y_2)^2-4y_1y_2]}.$$

特别地,若直线 $y=kx+b$ 与抛物线 $y^2=2px$ 相交于两点 $A(x_1,y_1),B(x_2,y_2)$,则
$$AB=x_1+x_2+p.$$

(7) **通径**(最短弦):

(i) 对于椭圆 $\dfrac{x^2}{a^2}+\dfrac{y^2}{b^2}=1$ 和双曲线 $\dfrac{x^2}{a^2}-\dfrac{y^2}{b^2}=1$,它们的通径为 $\dfrac{2b^2}{a}$;

(ii) 抛物线 $y^2=2px$ 的通径为 $2p$.

(8) 过两点的椭圆、双曲线的标准方程可设为 $mx^2+ny^2=1$ (m,n 同时大于 0 时表示椭圆,$mn<0$ 时表示双曲线).

(9) 关于椭圆的结论:

(i) 椭圆 $\dfrac{x^2}{a^2}+\dfrac{y^2}{b^2}=1$ 内接矩形的最大面积为 $2ab$.

(ii) 设 P,Q 为椭圆 $\dfrac{x^2}{a^2}+\dfrac{y^2}{b^2}=1$ 上的两点,且 $OP\perp OQ$,则 $\dfrac{1}{OP^2}+\dfrac{1}{OQ^2}=\dfrac{1}{a^2}+\dfrac{1}{b^2}$.

(iii) 设 P 为椭圆 $\dfrac{x^2}{a^2}+\dfrac{y^2}{b^2}=1$ 上的一点,F_1,F_2 为椭圆的焦点,则

① $\triangle PF_1F_2$ 的面积为 $S_{\triangle PF_1F_2}=b^2\tan\dfrac{\theta}{2}$ ($\theta=\angle F_1PF_2$);

② 如果点 M 是 $\triangle PF_1F_2$ 内心,PM 交 F_1F_2 于点 N,那么 $\dfrac{PM}{MN}=\dfrac{a}{c}$ ($c^2=a^2-b^2$);

③ 当点 P 与椭圆短轴顶点重合时,$\angle F_1PF_2$ 最大.

(10) 关于双曲线的结论:

(i) 双曲线 $\dfrac{x^2}{a^2}-\dfrac{y^2}{b^2}=1$ ($a>0,b>0$) 的渐近线为 $\dfrac{x^2}{a^2}-\dfrac{y^2}{b^2}=0$.

(ii) 共渐近线 $y=\pm\dfrac{b}{a}x$ 的双曲线其标准方程为 $\dfrac{x^2}{a^2}-\dfrac{y^2}{b^2}=\lambda$ (λ 为参数,$\lambda\neq 0$).

(iii) 设 P 为双曲线 $\dfrac{x^2}{a^2}-\dfrac{y^2}{b^2}=1$ 上的一点,F_1,F_2 为双曲线的焦点,则

① $\triangle PF_1F_2$ 的面积为 $S_{\triangle PF_1F_2} = b^2 \cot \dfrac{\theta}{2}$ ($\theta = \angle F_1PF_2$);

② 如果 P 是双曲线 $\dfrac{x^2}{a^2} - \dfrac{y^2}{b^2} = 1$ ($a>0, b>0$) 左(或右)支上一点,F_1, F_2 分别为左、右焦点,那么 $\triangle PF_1F_2$ 的内切圆的圆心横坐标为 $-a$(或 a);

(iv) 双曲线为等轴双曲线 $\Longleftrightarrow e = \dfrac{c}{a} = \sqrt{2} \Longleftrightarrow$ 渐近线为 $y = \pm x \Longleftrightarrow$ 渐近线互相垂直.

(11) 关于抛物线的结论:

(i) 过抛物线 $y^2 = 2px$ ($p>0$) 的焦点 F 作直线交抛物线于 $A(x_1, y_1), B(x_2, y_2)$ 两点,则焦点弦 AB 具有以下性质:

① $x_1 x_2 = \dfrac{p^2}{4}$,$y_1 y_2 = -p^2$;

② $\dfrac{1}{AF} + \dfrac{1}{BF} = \dfrac{2}{p}$;

③ 以 AB 为直径的圆与准线相切;

④ 以 AF(或 BF) 为直径的圆与 y 轴相切;

⑤ $\triangle AOB$ 的面积为 $S_{\triangle AOB} = \dfrac{p^2}{2\sin\alpha}$ (α 为直线 AB 的倾斜角).

(ii) 抛物线 $y^2 = 2px$ ($p>0$) 内接直角 $\triangle AOB$ 具有以下性质,其中 $A(x_1, y_1), B(x_2, y_2)$:

① $x_1 x_2 = 4p^2$,$y_1 y_2 = -4p^2$;

② l_{AB} 恒过定点 $(2p, 0)$;

③ AB 的中点轨迹方程为 $y^2 = p(x - 2p)$;

④ 若 $OM \perp AB$,则点 M 的轨迹方程为 $(x-p)^2 + y^2 = p^2$;

⑤ $\triangle AOB$ 的面积最小值为 $(S_{\triangle AOB})_{\min} = 4p^2$.

(iii) 设有抛物线 $y^2 = 2px$ ($p>0$) 对称轴上的一定点 $A(a, 0)$,则

① 当 $0 < a \leqslant p$ 时,抛物线顶点到点 A 的距离最小,最小值为 a;

② 当 $a > p$ 时,抛物线上存在关于 x 轴对称的两个点到点 A 距离最小,最小值为 $2ap - p^2$.

二、典型例题解析

1. 有关曲线方程的问题

求曲线方程,一般有以下四种方法:

(1) **直接法**:设曲线上动点坐标为 (x, y),再根据命题中的已知条件,研究动点形成的几何特征,在此基础上运用几何或代数的基本公式、定理等列出含有 x, y 的关系式,从而得到轨迹方程.

(2) **定义法**:由题设条件根据(圆锥)曲线的定义确定曲线的形状后,直接写出曲线的

方程.

（3）**代入法**（**相关点法**）：利用动点是定曲线上的动点，另一动点依赖于它，那么可寻求它们坐标之间的关系，然后代入定曲线的方程进行求解，就得到原动点的轨迹方程.

（4）**参数法**：在很难直接找出动点横、纵坐标 x,y 之间的关系时，可借助中间量（参数），使 x,y 之间建立起联系，再从求得的式子中消去参数，便得动点的轨迹方程.

例1（2007年广西壮族自治区数学竞赛试题） 过直线 $l：y=x+9$ 上的一点 P 作一个长轴最短的椭圆，使其焦点为 $F_1(-3,0),F_2(3,0)$. 求该椭圆的方程.

分析 曲线的形状已明确为椭圆，因此只需根据题意利用椭圆的定义求解. 由于已知 $c=3$，因而只需求出 a.

解 设直线 l 上的点为 $P(t,t+9)$. 取 $F_1(-3,0)$ 关于直线 l 的对称点 $Q(-9,6)$，根据椭圆定义有

$$2a = PF_1 + PF_2 = PQ + PF_2 \geqslant QF_2 = \sqrt{12^2+6^2} = 6\sqrt{5}.$$

当且仅当 Q,P,F_2 共线，即 $k_{PF_2}=k_{QF_2}$（PF_2 的斜率等于 QF_2 的斜率），也即 $\dfrac{t+9}{t-3}=\dfrac{6}{-12}$ 时，上述不等式取等号. 此时 $t=-5$，点 P 的坐标为 $P(-5,4)$. 由 $c=3, a=3\sqrt{5}$，得 $a^2=45$，$b^2=36$，所以椭圆的方程为

$$\frac{x^2}{45} + \frac{y^2}{36} = 1.$$

例2（2006年浙江省数学竞赛试题） 设在 x 轴同侧动圆 C_1 和圆 $4a^2x^2+4a^2y^2-4abx-2ay+b^2=0$（$a,b\in\mathbf{N}, a\neq 0$）外切，且动圆 C_1 与 x 轴相切，求动圆 C_1 的圆心轨迹方程.

分析 根据题意，可直接用定义法设动圆 C_1 的圆心坐标. 由动圆 C_1 和圆 $4a^2x^2+4a^2y^2-4abx-2ay+b^2=0$ 外切，知道两圆圆心距离等于其半径的和，从而得到动点所满足的方程. 也可根据条件，利用几何性质，直接观察出动圆 C_1 的圆心轨迹其实是抛物线，再利用抛物线的定义得到动圆 C_1 的圆心所满足的方程.

解 由 $4a^2x^2+4a^2y^2-4abx-2ay+b^2=0$，可得

$$\left(x-\frac{b}{2a}\right)^2 + \left(y-\frac{1}{4a}\right)^2 = \left(\frac{1}{4a}\right)^2.$$

它表示圆心在 $\left(\dfrac{b}{2a},\dfrac{1}{4a}\right)$，半径为 $\dfrac{1}{4a}$ 的圆.

由 $a,b\in\mathbf{N}$ 以及两圆在 x 轴同侧，可知动圆 C_1 的圆心在 x 轴上方. 设动圆 C_1 的圆心坐标为 (x,y)，则有

$$\sqrt{\left(x-\frac{b}{2a}\right)^2+\left(y-\frac{1}{4a}\right)^2} = y+\frac{1}{4a},$$

整理得到动圆 C_1 的圆心轨迹方程

$$y = ax^2 - bx + \frac{b^2}{4a} \quad \left(x \neq \frac{b}{2a}\right).$$

例 3(2005 年全国数学竞赛试题) 设过抛物线 $y = x^2$ 上的一点 $A(1,1)$ 作抛物线的切线,分别交 x 轴于点 D,交 y 轴于点 B. 已知点 C 在抛物线 $y = x^2$ 上,点 E 在线段 AC 上,满足 $\frac{AE}{EC} = \lambda_1$;点 F 在线段 BC 上,满足 $\frac{BF}{FC} = \lambda_2$,且 $\lambda_1 + \lambda_2 = 1$;线段 CD 与 EF 交于点 P. 当点 C 在抛物线 $y = x^2$ 上移动时,求点 P 的轨迹方程.

分析 如图 5.1 所示,P 是线段 CD 与 EF 的交点,只要能得到直线 CD 与 EF 的方程,联立方程,即可得到点 P 的坐标,从而得到点 P 所满足的方程. 也可由本题条件的特殊性,利用面积关系,发现 P 是 $\triangle ABC$ 的重心,进而求出点 P 所满足的方程.

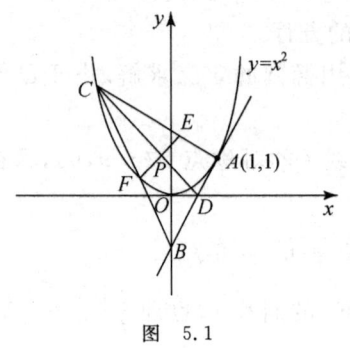

图 5.1

解 过抛物线上点 A 的切线斜率为 $y' = 2x|_{x=1} = 2$,所以切线 AB 的方程为 $y = 2x - 1$. 由此求得 B, D 的坐标为 $B(0, -1), D(1/2, 0)$,所以 D 是线段 AB 的中点.

设 $P(x, y), C(x_0, x_0^2), E(x_1, y_1), F(x_2, y_2)$,则由 $\frac{AE}{EC} = \lambda_1, \frac{BF}{FC} = \lambda_2$,得

$$x_1 = \frac{1 + \lambda_1 x_0}{1 + \lambda_1}, \quad y_1 = \frac{1 + \lambda_1 x_0^2}{1 + \lambda_1};$$

$$x_2 = \frac{\lambda_2 x_0}{1 + \lambda_2}, \quad y_2 = \frac{-1 + \lambda_2 x_0^2}{1 + \lambda_2}.$$

所以 EF 所在直线的方程为

$$\frac{y - \frac{1 + \lambda_1 x_0^2}{1 + \lambda_1}}{\frac{-1 + \lambda_2 x_0^2}{1 + \lambda_2} - \frac{1 + \lambda_1 x_0^2}{1 + \lambda_1}} = \frac{x - \frac{1 + \lambda_1 x_0}{1 + \lambda_1}}{\frac{\lambda_2 x_0}{1 + \lambda_2} - \frac{1 + \lambda_1 x_0}{1 + \lambda_1}},$$

化简得

$$[(\lambda_2 - \lambda_1)x_0 - (1 + \lambda_2)]y = [(\lambda_2 - \lambda_1)x_0^2 - 3]x + 1 + x_0 - \lambda_2 x_0^2. \quad \text{①}$$

当 $x_0 \neq \frac{1}{2}$ 时,直线 CD 的方程为

$$y = \frac{2x_0^2 x - x_0^2}{2x_0 - 1}. \quad \text{②}$$

联立①,②两式解得 $\begin{cases} x = (x_0 + 1)/3, \\ y = x_0^2/3. \end{cases}$ 消去 x_0,得 P 点轨迹方程为 $y = \frac{1}{3}(3x - 1)^2$.

当 $x_0 = \frac{1}{2}$ 时,EF 的方程为 $-\frac{3}{2}y = \left(\frac{1}{4}\lambda_2 - \frac{1}{4}\lambda_1 - 3\right)x + \frac{3}{2} - \frac{1}{4}\lambda_2$,而 CD 的方程为 $x = $

$\frac{1}{2}$，联立这两个方程解得 $\begin{cases} x=1/2, \\ y=1/12, \end{cases}$ 它是一个点，也在点 P 的轨迹 $y=\frac{1}{3}(3x-1)^2$ 上.

因为 C 与 A 不能重合，所以 $x_0 \neq 1$，从而 $x \neq 2/3$. 因此所求轨迹方程为

$$y = \frac{1}{3}(3x-1)^2 \quad \left(x \neq \frac{2}{3}\right).$$

2. 有关中点弦、切线、切点弦、双切线方程的问题

记 $G(x,y) = Ax^2 + Bxy + Cy^2 + Dx + Ey + F$，我们有以下常用**结论**：

(1) 二次曲线的中点弦方程：设 $P_1(x_1, y_1)$，$P_2(x_2, y_2)$ 是曲线 $G(x,y)=0$ 的弦 P_1P_2 的两个端点，$P_0(x_0, y_0)$ 是弦 P_1P_2 的中点，则弦 P_1P_2 所在直线的方程为

$$Ax_0 x + B\frac{x_0 y + x y_0}{2} + Cy_0 y + D\frac{x_0 + x}{2} + E\frac{y_0 + y}{2} + F$$
$$= Ax_0^2 + Bx_0 y_0 + Cy_0^2 + Dx_0 + Ey_0 + F.$$

(2) 二次曲线的切线方程：当曲线 $G(x,y)=0$ 的弦 P_1P_2 的两个端点 $P_1(x_1, y_1)$，$P_2(x_2, y_2)$ 重合时，$P_0(x_0, y_0)$，$P_1(x_1, y_1)$，$P_2(x_2, y_2)$ 三点重合于曲线上一点 $P_0(x_0, y_0)$，直线 P_1P_2 就是曲线 $G(x,y)=0$ 在点 P_0 处的切线，其方程为

$$Ax_0 x + B\frac{x_0 y + x y_0}{2} + Cy_0 y + D\frac{x_0 + x}{2} + E\frac{y_0 + y}{2} + F = 0.$$

(3) 二次曲线的切点弦方程：设从点 $P_0(x_0, y_0)$ 引曲线 $G(x,y)=0$ 的两条切线，切点分别为 $P_1(x_1, y_1)$，$P_2(x_2, y_2)$，则弦 P_1P_2（切点弦）所在直线的方程为

$$Ax_0 x + B\frac{x_0 y + x y_0}{2} + Cy_0 y + D\frac{x_0 + x}{2} + E\frac{y_0 + y}{2} + F = 0.$$

(4) 圆的切点弦方程：设过圆 $C: x^2 + y^2 = r^2$ 外一点 $M(x_0, y_0)$ 作圆的两条切线，切点分别为 A, B，则切点弦 AB 所在直线的方程为 $x_0 x + y_0 y = r^2$.

(5) 椭圆的切点弦方程：设过椭圆 $C: \frac{x^2}{a^2} + \frac{y^2}{b^2} = 1$ 外一点 $M(x_0, y_0)$ 作椭圆的两条切线，切点分别为 A, B，则切点弦 AB 所在直线的方程为 $\frac{x_0 x}{a^2} + \frac{y_0 y}{b^2} = 1$.

(6) 双曲线的切点弦方程：设过双曲线 $C: \frac{x^2}{a^2} - \frac{y^2}{b^2} = 1$ 外一点 $M(x_0, y_0)$ 作双曲线的两条切线，切点分别为 A, B，则切点弦 AB 所在直线的方程为 $\frac{x_0 x}{a^2} - \frac{y_0 y}{b^2} = 1$.

(7) 抛物线的切点弦方程：设过双曲线 $C: y^2 = 2px \ (p>0)$ 外一点 $M(x_0, y_0)$ 作抛物线的两条切线，切点分别为 A, B，则切点弦 AB 所在直线的方程为 $y_0 y = p(x + x_0)$.

(8) 反比例函数曲线的切点弦方程：设过反比例函数 $C: y = \frac{k}{x} \ (k \neq 0)$ 的图像（等轴双曲线）外一点 $M(x_0, y_0)$ 作该图像的两条切线 MA, MB，则切点弦 AB 所在直线的方程为

$$x_0 y + y_0 x = 2k.$$

(9) 二次曲线的双切线方程：从二次曲线外一点 $P(x_0, y_0)$ 引曲线的两条切线,称这两条切线为该点关于二次曲线的双切线. 把切点弦看成双重合直线,则双切线就是过该双重合直线与二次曲线公共点的相交双直线,因而可用二次曲线方程和切点弦方程表示为

$$Ax^2 + Bxy + Cy^2 + Dx + Ey + F$$
$$+ \lambda \left(Ax_0 x + B\frac{x_0 y + xy_0}{2} + Cy_0 y + D\frac{x_0 + x}{2} + E\frac{y_0 + y}{2} + F \right)^2 = 0 \quad (\lambda \neq 0).$$

再把双切线交点 $P_0(x_0, y_0)$ 代入上述方程,可以确定 λ,进而求出双切线方程.

例 4（2008 年全国高中数学联赛试题） 设 P 是抛物线 $y^2 = 2x$ 上的动点,点 B, C 在 y 轴上,圆 $(x-1)^2 + y^2 = 1$ 内切于 $\triangle PBC$,求 $\triangle PBC$ 的面积的最小值.

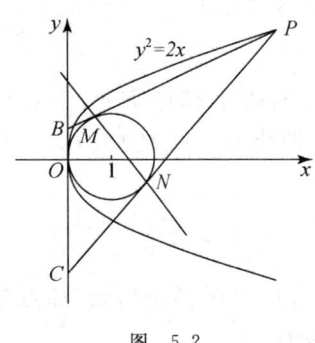

图 5.2

分析 如图 5.2 所示,设 M, N 分别是 PB 和 PC 与圆的切点. 显然 M, N, B, C 的位置都依赖点 P 的位置,而点 P 的位置只需一个自由变量即可描述,于是,可把 $\triangle PBC$ 的面积表示为一个函数,从而把问题转化为函数最值问题. 另外,借助切点弦方程,用双切线方程求点 B, C 的坐标能起到简化解题过程的作用.

解 由抛物线的对称性,不妨设 $P(2t^2, 2t)(t > 0)$. 再设 M, N 分别是 PB 和 PC 与圆 $(x-1)^2 + y^2 = 1$ 的切点. 因为圆的方程是 $x^2 + y^2 - 2x = 0$,所以切点弦 MN 的方程为

$$2t^2 x + 2ty - (x + 2t^2) = 0, \quad 即 \quad (2t^2 - 1)x + 2ty - 2t^2 = 0.$$

故双切线 PB, PC 可看做通过双重合直线 $[(2t^2 - 1)x + 2ty - 2t^2]^2 = 0$ 与圆的所有公共点的二次曲线,其方程为 $(x-1)^2 + y^2 - 1 + \lambda[(2t^2 - 1)x + 2ty - 2t^2]^2 = 0$. 把点 P 的坐标代入上式得 $\lambda = -\dfrac{1}{4t^4}$,于是双切线 PB, PC 的方程可以写成

$$(x-1)^2 + y^2 - 1 - \frac{1}{4t^4}[(2t^2 - 1)x + 2ty - 2t^2]^2 = 0.$$

在上式中令 $x = 0$,得 $y = \dfrac{1}{t}y - 1$ 或 $y = 1 - \dfrac{1}{t}y$. 当 $t = 1$ 时,只有一条切线 PB 和轴相交;当 $0 < t < 1$ 时,圆 $(x-1)^2 + y^2 = 1$ 是 $\triangle PBC$ 的旁切圆. 所以,$t > 1$. 于是点 B, C 的纵坐标分别为 $y_B = \dfrac{t}{1+t}, y_C = \dfrac{t}{1-t}$,从而 $BC = \dfrac{t}{1+t} - \dfrac{t}{1-t} = \dfrac{2t^2}{t^2 - 1}$. 故

$$S_{\triangle PBC} = \frac{1}{2} BC \cdot |x_P| = \frac{1}{2} \cdot \frac{2t^2}{t^2 - 1} \cdot 2t^2 = \frac{2t^4}{t^2 - 1}$$
$$= 2\left[2 + (t^2 - 1) + \frac{t}{t^2 - 1} \right] \geqslant 8,$$

其中当且仅当 $t=\sqrt{2}$ 时等号成立. 因此,所求最小值是 8.

例 5(2008 年湖南省高中数学竞赛试题) 如图 5.3 所示,过直线 $l:5x-7y-70=0$ 上的点 P 作椭圆 $\dfrac{x^2}{25}+\dfrac{y^2}{9}=1$ 的切线 PM,PN,切点分别为 M,N,连结 MN,证明:

(1) 当点 P 在直线 l 上运动时,直线 MN 恒过定点 Q;

(2) 当 $MN/\!/l$ 时,定点 Q 平分线段 MN.

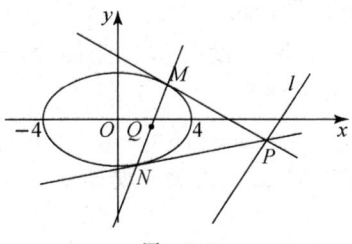

图 5.3

分析 从曲线的含变化参数的方程(实际上就是曲线系方程)求出曲线上的定点,是证明曲线过定点的常规方法. 由于本题中的切点弦 MN 只依赖于点 P 的位置,因此使用切点弦方程正是时机,而要证明点 Q 平分线段 MN 也可用同一种方法,可充分发挥中点弦方程的作用.

证明 (1) 在直线 l 上任取一点 $P(7t+7,5t-5)$,故 P 关于椭圆的切点弦 MN 的方程为

$$\dfrac{7t+7}{25}\cdot x+\dfrac{5t-5}{9}\cdot y-1\Leftrightarrow\left(\dfrac{7}{25}x+\dfrac{5}{9}y\right)t+\dfrac{7}{25}x-\dfrac{5}{9}y-1=0.$$

令

$$\begin{cases}\dfrac{7}{25}x+\dfrac{5}{9}y=0,\\ \dfrac{7}{25}x-\dfrac{5}{9}y-1=0,\end{cases}\quad\text{解得}\quad\begin{cases}x=\dfrac{25}{14},\\ y=-\dfrac{9}{10},\end{cases}$$

因此,直线 MN 恒过定点 $Q\left(\dfrac{25}{14},-\dfrac{9}{10}\right)$.

(2) 注意到 $MN/\!/l\Leftrightarrow\dfrac{7t+7}{25}:\dfrac{5t-5}{9}=5:(-7)\Leftrightarrow t=\dfrac{92}{533}$,而当 $t=\dfrac{92}{533}$ 时,MN 的方程为 $5x-7y-\dfrac{533}{35}=0$. 又点 Q 关于椭圆的中点弦方程为

$$\dfrac{1}{25}\cdot\dfrac{25}{14}x+\dfrac{1}{9}\left(-\dfrac{9}{10}\right)y=\dfrac{1}{25}\left(\dfrac{25}{14}\right)^2+\dfrac{1}{9}\left(-\dfrac{9}{10}\right)^2,\quad\text{即}\quad 5x-7y-\dfrac{533}{35}=0,$$

所以 Q 也是 MN 的中点,即定点 Q 平分线段 MN.

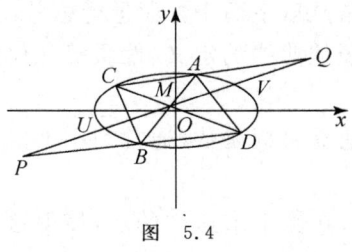

图 5.4

例 6(1961 年美国普特南数学竞赛试题) 如图 5.4 所示,设 M 是椭圆的一条弦 UV 的中点,过 M 再作弦 AB,CD,又设 AC,BD 分别与 UV 交于点 P,Q,求证:M 也是线段 PQ 的中点.

分析 中点弦方程不仅适用于圆锥曲线,也适用于退化的二次曲线. 首先由已知条件很快得到点 M 关于椭圆的

中点弦 UV 的方程,进而得到点 M 关于双直线 AC,BD 的中点弦方程. 若发现两方程相同, 则命题得证.

证明 设点 M 的坐标为 (x_0,y_0),椭圆方程为 $ax^2+by^2=c$ ($a,b,c\in\mathbf{N}^*$),弦 AB,CD 的方程分别为

$$l_{AB}:a_1(x-x_0)+b_1(y-y_0)=0,\quad l_{CD}:a_2(x-x_0)+b_2(y-y_0)=0,$$

则点 $M(x_0,y_0)$ 关于椭圆 $ax^2+by^2=c$ 的中点弦 UV 的方程为

$$ax_0x+by_0y=ax_0^2+by_0^2.$$

于是,双直线 AC,BD 的方程可以设为

$$\lambda(ax^2+by^2-c)+[a_1(x-x_0)+b_1(y-y_0)][a_2(x-x_0)+b_2(y-y_0)]=0\quad(\lambda\neq 0),$$

即

$$(a_1a_2+a\lambda)x^2+(b_1b_2+b\lambda)y^2+(a_1b_2+a_2b_1)xy$$
$$-[(a_1b_2+a_2b_1)y_0+2a_1a_2x_0]x-[(a_1b_2+a_2b_1)x_0+2b_1b_2y_0]y$$
$$+a_1a_2x_0^2+b_1b_2y_0^2+(a_1b_2+a_2b_1)x_0y_0-\lambda c=0,$$

从而点 $M(x_0,y_0)$ 关于双直线 AC,BD(也是二次曲线)的中点弦的方程为

$$(a_1a_2+a\lambda)x_0x+(b_1b_2+b\lambda)y_0y+(a_1b_2+a_2b_1)\frac{x_0y+y_0x}{2}$$
$$-[(a_1b_2+a_2b_1)y_0+2a_1a_2x_0]\frac{x_0+x}{2}-[(a_1b_2+a_2b_1)x_0+2b_1b_2y_0]\frac{y_0+y}{2}$$
$$=(a_1a_2+a\lambda)x_0^2+(b_1b_2+b\lambda)y_0^2+(a_1b_2+a_2b_1)x_0y_0$$
$$-[(a_1b_2+a_2b_1)y_0+2a_1a_2x_0]x_0-[(a_1b_2+a_2b_1)x_0+2b_1b_2y_0]y_0,$$

即

$$\lambda ax_0x+\lambda by_0y=\lambda ax_0^2+\lambda by_0^2,\quad \text{亦即}\quad ax_0x+by_0y=ax_0^2+by_0^2.$$

这说明,点 $M(x_0,y_0)$ 关于双直线 AC,BD 的中点弦仍然在直线 UV 上. 因此, M 也是线段 PQ 的中点.

3. 有关最值的问题

在平面解析几何中,抓住定义的本质属性和曲线方程的几何特征,往往能寻求到最值问题的简捷解题途径. 同时,要充分认识和体验某些几何量的几何意义,重视"形助数"和"数研究形"的简化运算功能. 对于圆锥曲线中的有关最值问题,常常从以下两个方面进行思考:

(1) 若命题的条件和结论具有明显的几何意义,则要善于从曲线的定义、性质等几何的角度思考,利用数形结合的思想解决问题;

(2) 若命题的条件和结论体现明确的函数关系式,则可建立目标函数(通常利用二次函数、三角函数和均值不等式)求最值.

例 7 已知一圆和与该圆相离的两条互相垂直直线 m,n,在圆上求这样的点,使得这点到直线 m,n 的距离之和为最大及最小.

第一节　平面解析几何

分析　直接设出圆的方程,表示出到 m,n 的距离之和即可解决问题.

解　取已知圆的圆心 O 为坐标原点,取 x 轴,y 轴分别平行于直线 m,n. 设 m,n 的交点为 $P_0(a,b)$,R 是圆的半径,则圆的参数方程为 $\begin{cases} x=R\cos\theta, \\ y=R\sin\theta. \end{cases}$

根据对称性,我们不妨假定 $P_0(a,b)$ 在第三象限,即 $R\cos\theta>a$,$R\sin\theta>b$,从而圆周上任意一点到已知直线 m,n 的距离之和为
$$S=(R\sin\theta-b)+(R\cos\theta-a)=R(\cos\theta+\sin\theta)-(a+b)$$
$$=\sqrt{2}R\sin(\theta+45°)-(a+b).$$

当 $\theta=45°$ 时,$S_{\max}=\sqrt{2}R-(a+b)$;当 $\theta=225°$ 时,$S_{\min}=-\sqrt{2}R-(a+b)$. 所以,过圆心作 $\angle xOy$ 的平分线,交圆周于两点,其中在第一象限的点,使得 S 取得最大值;在第三象限的点,使得 S 取得最小值.

例 8（2010 年全国高中数学联赛试题）　已知抛物线 $y^2=6x$ 上的两个动点 $A(x_1,y_1)$, $B(x_2,y_2)$,其中 $x_1\neq x_2$ 且 $x_1+x_2=4$,线段 AB 的垂直平分线与 x 轴交于 C,求 $\triangle ABC$ 面积的最大值.

分析　命题的条件和结论具有比较明显的几何意义,可直接由 $S_{\triangle ABC}=\dfrac{1}{2}AB\cdot h$,再利用均值不等式求最值.

解　如图 5.5 所示,设线段 AB 的中点为 $M(x_0,y_0)$,则 $x_0=\dfrac{x_1+x_2}{2}=2$,$y_0=\dfrac{y_1+y_2}{2}$,且线段 AB 的斜率为
$$k_{AB}=\frac{y_2-y_1}{x_2-x_1}=\frac{y_2-y_1}{\dfrac{y_2^2}{6}-\dfrac{y_1^2}{6}}=\frac{6}{y_2+y_1}=\frac{3}{y_0}.$$

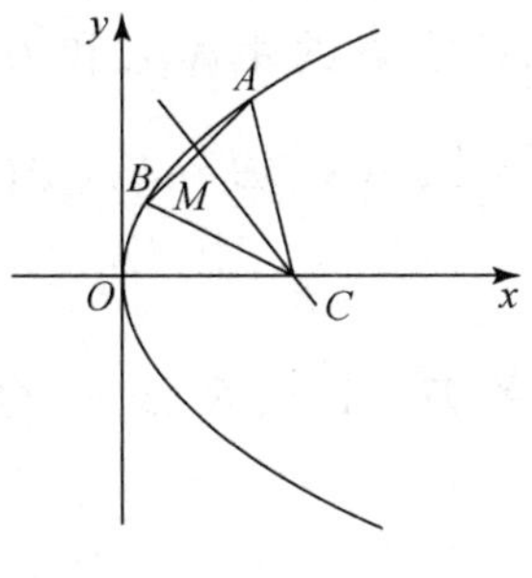

于是线段 AB 的垂直平分线的方程是
$$y-y_0=-\frac{y_0}{3}(x-2). \qquad ③$$

图 5.5

由方程③易知 C 的坐标为 $(5,0)$,直线 AB 的方程为
$$y-y_0=\frac{3}{y_0}(x-2),\quad 即\quad x=\frac{y_0}{3}(y-y_0)+2. \qquad ④$$

将④式代入 $y^2=6x$,得
$$y^2=2y_0(y-y_0)+12,\quad 即\quad y^2-2y_0y+2y_0^2-12=0. \qquad ⑤$$

依据题意可知,y_1,y_2 是方程⑤的两个实根,且 $y_1\neq y_2$,于是 $\Delta=4y_0^2-4(2y_0^2-12)=-4y_0^2+48>0$,解得 $-2\sqrt{3}<y_0<2\sqrt{3}$. 又
$$AB=\sqrt{(x_1-x_2)^2+(y_1-y_2)^2}=\sqrt{\left[1+\left(\frac{y_0}{3}\right)^2\right](y_1-y_2)^2}$$

$$=\sqrt{\left(1+\frac{y_0^2}{9}\right)\left[(y_1+y_2)^2-4y_1y_2\right]}=\frac{2}{3}\sqrt{(9+y_0^2)(12-y_0^2)},$$

定点 $C(5,0)$ 到线段 AB 的距离为 $h=CM=\sqrt{(5-2)^2+(0-y_0)^2}=\sqrt{9+y_0^2}$,故

$$S_{\triangle ABC}=\frac{1}{2}AB \cdot h=\frac{1}{3}\sqrt{\frac{1}{2}(9+y_0^2)(24-2y_0^2)(9+y_0^2)}$$

$$\leqslant \frac{1}{3}\sqrt{\frac{1}{2}\left(\frac{9+y_0^2+24-2y_0^2+9+y_0^2}{3}\right)^3}=\frac{14\sqrt{7}}{3},$$

其中当且仅当 $9+y_0^2=24-2y_0^2$,即 $y_0=\pm\sqrt{5}$ 时,等号成立. 因此,$\triangle ABC$ 面积的最大值为 $\dfrac{14\sqrt{7}}{3}$.

例9(2010年全国高中数学联赛辽宁省预赛试题) 已知 F_1,F_2 分别为椭圆 $\dfrac{x^2}{a^2}+\dfrac{y^2}{b^2}=1$ $(a>b>0)$ 的左、右焦点,P 为该椭圆上一点;$\triangle F_1PF_2$ 中,$\angle F_1PF_2$ 的外角平分线为 l,点 F_2 关于 l 的对称点为 Q,F_2Q 与 l 交于点 R.

(1) 当点 P 在椭圆上运动时,求点 R 的轨迹方程;

(2) 设点 R 的轨迹为曲线 C,直线 $l':y=k(x+\sqrt{2}a)$ 与曲线 C 交于两点 A,B,$\triangle AOB$ 的面积为 S,求 S 取得最大值时 k 的值.

分析 要求动点 R 的轨迹方程,根据已知条件,设动点 $R(x,y)$,利用椭圆上的点到两焦点的距离之和为 $2a$ 及 F_2 与 Q 的对称性,即可建立 x,y 所满足的方程. 另外,由 $S=\dfrac{1}{2}OA \cdot OB \cdot \sin\angle AOB$ 与 O 到直线 l' 的距离 $d=\dfrac{|\sqrt{2}ak|}{\sqrt{1+k^2}}$,可以建立 S 与 k 的关系.

解 设点 $R(x,y),Q(x_1,y_1)$,则有 $\begin{cases} x=\dfrac{x_1+c}{2}, \\ y=\dfrac{y_1}{2}, \end{cases}$ 从而有

$$\begin{cases} x_1=2x-c, \\ y_1=2y. \end{cases} \quad ⑥$$

因为点 P 在椭圆上,所以 $PF_1+PF_2=2a$. 由点 F_2 与 Q 关于直线 l 对称,得 $PF_2=PQ$,又 F_1,P,Q 三点共线,故

$$F_1Q=PF_1+PQ=2a,\quad 即\quad (x_1+c)^2+y_1^2=4a^2.$$

再由⑥式得 $4x^2+4y^2=4a^2$,即 $x^2+y^2=a^2(y\neq 0)$,此即 R 的轨迹方程.

(2) 设 $\angle AOB=\alpha$,则 $S=\dfrac{1}{2}OA \cdot OB \cdot \sin\alpha=\dfrac{1}{2}a^2\sin\alpha$. 当 $\alpha=90°$ 时,S 最大. 此时,点 O 到直线 l' 的距离 $d=\dfrac{|\sqrt{2}ak|}{\sqrt{1+k^2}}$. 过点 O 作 AB 的垂线,垂足为 C,则在 $\triangle AOC$ 中,$\dfrac{d}{a}=\cos 45°=$

$\frac{\sqrt{2}}{2}$,从而

$$\frac{\sqrt{2}k}{\sqrt{1+k^2}} = \frac{\sqrt{2}}{2}, \quad 所以 \quad k = \pm\frac{\sqrt{3}}{3}.$$

例 10(2004 年湖南省数学竞赛试题) 在周长为定值的 $\triangle ABC$ 中,已知 $AB=6$,且当顶点 C 位于定点 P 时,$\cos C$ 有最小值为 $\frac{7}{25}$.

(1) 建立适当的坐标系,求顶点 C 的轨迹方程;

(2) 过点 A 作直线与(1)中 C 的轨迹曲线交于 M,N 两点,求 $\overrightarrow{BM} \cdot \overrightarrow{BN}$ 的最小值的集合.

分析 根据题意,容易得出点 C 的轨迹为椭圆.题目的条件和结论体现出明确的函数关系式,可通过把 $\overrightarrow{BM} \cdot \overrightarrow{BN}$ 表示为直线斜率的函数,利用函数知识求其最值.

解 (1) 以 AB 所在直线为 x 轴,线段 AB 的中垂线为 y 轴建立直角坐标系.由题意可设 $CA+CB=2a$ $(a>3)$ 为定值,所以点 C 的轨迹是以 A,B 为焦点的椭圆,其焦距为 $2c=AB=6$.

因为

$$\cos C = \frac{CA^2+CB^2-6^2}{2CA \cdot CB} = \frac{(CA+CB)^2-2CA \cdot CB-36}{2CA \cdot CB} = \frac{2a^2-18}{CA \cdot CB} - 1,$$

又 $CA \cdot CB \leqslant \left(\frac{2a}{2}\right)^2 = a^2$,所以 $\cos C \geqslant 1-\frac{18}{a^2}$.由题意得

$$1-\frac{18}{a^2} = \frac{7}{25}, \quad 即 \quad a^2 = 25.$$

此时,$PA=PB$,点 P 的坐标为 $(0,\pm 4)$.所以点 C 的轨迹方程为

$$\frac{x^2}{25}+\frac{y^2}{16} = 1 \quad (y \neq 0).$$

(2) 不妨设点 A 坐标为 $(-3,0)$,并设 $M(x_1,y_1), N(x_2,y_2)$.当直线 MN 的倾斜角不为 $90°$ 时,设其方程为 $y=k(x+3)$.代入椭圆方程,化简得

$$\left(\frac{1}{25}+\frac{k^2}{16}\right)x^2+\frac{3}{8}k^2 x+\left(\frac{9k^2}{16}-1\right)=0.$$

显然有 $\Delta \geqslant 0$,所以

$$x_1+x_2 = -\frac{150k^2}{16+25k^2}, \quad x_1 x_2 = \frac{225k^2-400}{16+25k^2}.$$

而由椭圆第二定义可得

$$\overrightarrow{BM} \cdot \overrightarrow{BN} = \left(5-\frac{3}{5}x_1\right)\left(5-\frac{3}{5}x_2\right) = 25-3(x_1+x_2)+\frac{9}{25}x_1 x_2$$

第五章　平面解析几何与几何不等式

$$= 25 + \frac{450k^2}{16+25k^2} + \frac{81k^2-144}{16+25k^2} = 25 + \frac{531k^2-144}{16+25k^2}$$

$$= 25 + \frac{531}{25} \cdot \frac{k^2 - \frac{144}{531}}{k^2 + \frac{16}{25}},$$

故只要考虑 $\dfrac{k^2 - \frac{144}{531}}{k^2 + \frac{16}{25}}$ 的最小值,即考虑 $1 - \dfrac{\frac{16}{25} + \frac{144}{531}}{k^2 + \frac{16}{25}}$ 的最小值. 显然,当 $k=0$ 时, $\overrightarrow{BM} \cdot \overrightarrow{BN}$ 取最小值 16. 但 $\dfrac{x^2}{25} + \dfrac{y^2}{16} = 1$ $(y \neq 0)$,故 $k \neq 0$,从而这样的 M, N 不存在.

当直线 MN 的倾斜角为 $90°$ 时, $x_1 = x_2 = -3$,得

$$\overrightarrow{BM} \cdot \overrightarrow{BN} = \left(\frac{34}{5}\right)^2 > 16.$$

综上所述, $\overrightarrow{BM} \cdot \overrightarrow{BN}$ 的最小值的集合为空集.

4. 有关变量取值范围的问题

在平面解析几何中,求参变量的取值范围问题涉及的变量多、知识面广、综合性强,是竞赛数学中的重点和难点.

例 11　已知 F_1, F_2 分别为双曲线 $\dfrac{x^2}{a^2} - \dfrac{y^2}{b^2} = 1 (a>0, b>0)$ 的左、右焦点, P 为双曲线右支上的任意一点. 若 $\dfrac{PF_1^2}{PF_2}$ 的最小值为 $8a$,求该双曲线的离心率 e 的取值范围.

分析　利用双曲线的性质,有 $PF_1^2 = (2a + PF_2)^2$. 再注意到 $\dfrac{PF_1^2}{PF_2}$ 的最小值为 $8a$,可得到 e 的取值范围.

解　由已知有

$$\frac{PF_1^2}{PF_2} = \frac{(2a+PF_2)^2}{PF_2} = \frac{4a^2}{PF_2} + PF_2 + 4a \geq 4a + 4a = 8a,$$

其中当且仅当 $\dfrac{4a^2}{PF_2} = PF_2$,即 $PF_2 = 2a$ 时取等号. 这时 $PF_1 = 4a$. 由 $PF_1 + PF_2 \geq F_1F_2$,得 $6a \geq 2c$,即 $e = \dfrac{c}{a} \leq 3$. 所以 $e \in (1, 3]$.

例 12（2001 年全国高中数学联赛试题）　设曲线 $C_1: \dfrac{x^2}{a^2} + y^2 = 1$ (a 为正常数) 与 $C_2: y^2 = 2(x+m)$ 在 x 轴上方有一个公共点 P.

(1) 求实数 m 的取值范围(用 a 表示);

(2) 设 O 为原点,C_1 与 x 轴的负半轴交于点 A,试求 $0<a<\frac{1}{2}$ 时 $\triangle OAP$ 的面积的最大值(用 a 表示).

解 设点 P 的坐标为 (x_P, y_P).

(1) 由 $\begin{cases} \dfrac{x^2}{a^2}+y^2=1, \\ y^2=2(x+m) \end{cases}$ 消去 y 得

$$x^2+2a^2x+2a^2m-a^2=0, \qquad ⑦$$

则问题(1)转化为求方程⑦在 $x\in(-a,a)$ 上有唯一解或等根时 m 的取值范围.

设 $f(x)=x^2+2a^2x+2a^2m-a^2$,只需讨论以下三种情况:

(i) $\Delta=0$,得 $m=\dfrac{a^2+1}{2}$.此时 $x_P=-a^2$,当且仅当 $-a<-a^2<a$,即 $0<a<1$ 时适合.

(ii) $f(a)f(-a)<0$,当且仅当 $-a<m<a$.

(iii) $f(-a)=0$,得 $m=a$.此时 $x_P=a-2a^2$,当且仅当 $-a<a-2a^2<a$,即 $0<a<1$ 时适合($f(a)\neq 0$,否则 $m=-a$,此时 $x_P=-a-2a^2$,又由于 $-a-2a^2<-a$,从而 $m\neq -a$,矛盾).

综上可知,当 $0<a<1$ 时,$m=\dfrac{a^2+1}{2}$ 或 $-a<m\leqslant a$;当 $a\geqslant 1$ 时,$-a<m<a$.

(2) $\triangle OAP$ 的面积为 $S=\dfrac{1}{2}ay_P$.因为 $0<a<\dfrac{1}{2}$,故当 $-a<m\leqslant a$ 时,$0<-a^2+a\sqrt{a^2+1-2m}<a$.由唯一性得 $x_P=-a^2+a\sqrt{a^2+1-2m}$,显然当 $m=a$ 时,x_P 取值最小.由于 $x_P>0$,从而 $y_P=\sqrt{1-\dfrac{x_P^2}{a^2}}$ 取值最大,此时 $y_P=2\sqrt{a-a^2}$,所以 $S=a\sqrt{a-a^2}$.

当 $m=\dfrac{a^2+1}{2}$ 时,$x_P=-a^2$,$y_P=\sqrt{1-a^2}$,此时 $S=\dfrac{1}{2}a\sqrt{1-a^2}$.

下面比较 $a\sqrt{a-a^2}$ 与 $\dfrac{1}{2}a\sqrt{1-a^2}$ 的大小:

令 $a\sqrt{a-a^2}=\dfrac{1}{2}a\sqrt{1-a^2}$,得 $a=\dfrac{1}{3}$,故

当 $0<a\leqslant\dfrac{1}{3}$ 时,$a\sqrt{a-a^2}\leqslant\dfrac{1}{2}a\sqrt{1-a^2}$,此时 $S_{\max}=\dfrac{1}{2}a\sqrt{1-a^2}$;

当 $\dfrac{1}{3}<a<\dfrac{1}{2}$ 时,$a\sqrt{a-a^2}>\dfrac{1}{2}a\sqrt{1-a^2}$,此时 $S_{\max}=a\sqrt{a-a^2}$.

例 13(2004 年全国高中数学联赛试题) 在平面直角坐标系 Oxy 中,给定三点 $A\left(0,\dfrac{4}{3}\right)$,$B(-1,0)$,$C(1,0)$,已知点 P 到直线 BC 的距离是该点到直线 AB,AC 的距离的等比中项.

第五章 平面解析几何与几何不等式

(1) 求点 P 的轨迹方程;

(2) 若直线 l 经过 $\triangle ABC$ 的内心,且与点 P 的轨迹恰好有三个公共点,求 l 的斜率 k 的取值范围.

分析 设点 $P(x,y)$,通过点 P 到直线 BC 的距离是该点到直线 AB,AC 的距离的等比中项建立等量关系,进而可以求出点 P 的轨迹方程.求 l 的斜率 k 的取值范围要分情况讨论,相对比较复杂.

解 (1) 直线 AB,AC,BC 的方程依次为
$$y = \frac{4}{3}(x+1), \quad y = -\frac{4}{3}(x-1), \quad y = 0.$$

点 $P(x,y)$ 到 AB,AC,BC 的距离依次为
$$d_1 = \frac{1}{5}|4x-3y+4|, \quad d_2 = \frac{1}{5}|4x+3y-4|, \quad d_3 = |y|.$$

依题设有 $d_1 d_2 = d_3^2$,得 $|16x^2 - (3y-4)^2| = 25y^2$,即
$$16x^2 - (3y-4)^2 + 25y^2 = 0 \quad \text{或} \quad 16x^2 - (3y-4)^2 - 25y^2 = 0,$$
化简得点 P 的轨迹方程为
$$S: 2x^2 + 2y^2 + 3y - 2 = 0 \text{(圆)} \quad \text{或} \quad T: 8x^2 - 17y^2 + 12y - 8 = 0 \text{(双曲线)}.$$

(2) 由(1)知道,点 P 的轨迹包含两部分:
$$S: 2x^2 + 2y^2 + 3y - 2 = 0; \tag{⑧}$$
$$T: 8x^2 - 17y^2 + 12y - 8 = 0. \tag{⑨}$$

因为点 $B(-1,0)$ 和 $C(1,0)$ 适合题设中点 P 的条件,所以点 B 和 C 在点 P 的轨迹上.易知点 P 的轨迹曲线 S 与 T 的公共点只有 B,C 两点.$\triangle ABC$ 的内心 D 也是适合题设条件中点 P 的点.由 $d_1 = d_2 = d_3$,解得 $D(0, 1/2)$,且知它在圆 S 上.直线 l 经过点 D,且与点 P 的轨迹有三个公共点,所以 l 的斜率存在.设 l 的方程为
$$y = kx + 1/2. \tag{⑩}$$

(i) 当 $k=0$ 时,l 与圆 S 相切,有唯一的公共点 D.此时,直线 $y=1/2$ 平行于 x 轴,表明 l 与双曲线有不同于 D 的两个公共点,所以 l 恰好与点 P 的轨迹有三个公共点.

(ii) 当 $k \neq 0$ 时,l 与圆 S 有两个不同的交点.这时,l 与点 P 的轨迹恰有三个公共点只能是以下两种情况:

情况 1:直线 l 经过点 B 或 C,此时 l 的斜率 $k = \pm 1/2$,直线 l 的方程为 $x = \pm(2y-1)$.代入方程⑨得 $y(3y-4) = 0$,解得 $E\left(\frac{5}{3}, \frac{4}{3}\right)$ 或 $F\left(-\frac{5}{3}, \frac{4}{3}\right)$.这表明直线 BD 与曲线 T 有两个交点 B,E;直线 CD 与曲线 T 有两个交点 C,F.故当 $k = \pm 1/2$ 时,l 恰好与点 P 的轨迹有三个公共点.

情况 2:直线 l 不经过点 B 和 C(即 $k \neq \pm 1/2$).因为 l 与 S 有两个不同的交点,所以 l 与双曲线 T 有且只有一个公共点,即方程组

$$\begin{cases} 8x^2 - 17y^2 + 12y - 8 = 0, \\ y = kx + 1/2 \end{cases}$$

有且只有一组实数解. 此方程组消去 y 并化简得

$$(8 - 17k^2)x^2 - 5kx - \frac{25}{4} = 0.$$

该方程有唯一实数解的充分必要条件是

$$8 - 17k^2 = 0 \qquad \qquad ⑪$$

或

$$(-5k)^2 + 4(8 - 17k^2)\frac{25}{4} = 0. \qquad ⑫$$

解方程⑪得 $k = \pm\dfrac{2\sqrt{34}}{17}$,解方程⑫得 $k = \pm\dfrac{\sqrt{2}}{2}$. 综合上述得直线 l 的斜率 k 的取值范围是有限集 $\left\{0, \pm\dfrac{1}{2}, \pm\dfrac{2\sqrt{34}}{17}, \pm\dfrac{\sqrt{2}}{2}\right\}$.

5. 有关面积计算的问题

例 14(2003 年全国数学竞赛试题) 设 F_1, F_2 是椭圆 $\dfrac{x^2}{9} + \dfrac{y^2}{4} = 1$ 的两个焦点,P 是椭圆上的点,且 $PF_1 : PF_2 = 2 : 1$,求 $\triangle PF_1F_2$ 的面积.

解 设椭圆 $\dfrac{x^2}{9} + \dfrac{y^2}{4} = 1$ 的长轴、短轴的长及焦距分别为 $2a, 2b, 2c$,则由其方程知 $a = 3, b = 2, c = \sqrt{5}$. 故 $PF_1 + PF_2 = 2a = 6$. 又已知 $PF_1 : PF_2 = 2 : 1$,故可得 $PF_1 = 4, PF_2 = 2$. 在 $\triangle PF_1F_2$ 中,三边的长分别为 $2, 4, 2\sqrt{5}$,而 $2^2 + 4^2 = (2\sqrt{5})^2$,可见 $\triangle PF_1F_2$ 是直角三角形,且两直角边的长为 2 和 4,故 $\triangle PF_1F_2$ 的面积为 4.

例 15(2005 年浙江省数学竞赛试题) 根据指令,机器人在平面上能完成下列动作:先从原点 O 沿正东偏北 α ($0 \leqslant \alpha \leqslant \pi/2$)方向行走一段时间后,再向正北方向行走一段时间,但何时改变方向不定. 假定机器人行走速度为 10 m/min,求机器人行走 2 min 时的可能落点区域的面积.

解 如图 5.6 所示,设机器人行走 2 min 时的位置为 $P(x, y)$,又设机器人改变方向的点为 $A, OA = a, AP = b$,则由已知条件有 $a + b = 2 \times 10 = 20$ 及 $\begin{cases} x = a\cos\alpha, \\ y = a\sin\alpha + b. \end{cases}$ 所以,有

$$\begin{cases} x^2 + y^2 = a^2 + 2ab\sin\alpha + b^2 \leqslant (a+b)^2 = 400, \\ x + y = a(\sin\alpha + \cos\alpha) + b \geqslant a + b = 20, \end{cases}$$

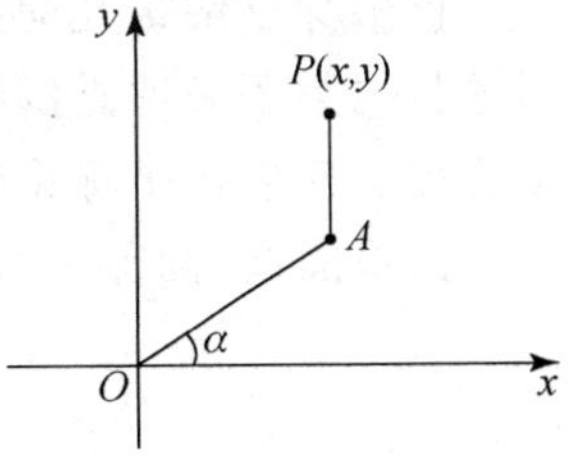

即所求平面图形为弓形,其面积为 $(100\pi - 200)\text{m}^2$.

例 16(2006 年上海市数学竞赛试题) 如图 5.7 所示,已知抛物线 $y^2 = 2px$ ($p > 0$),其

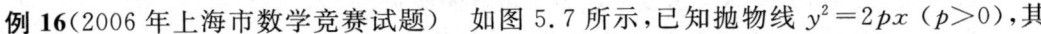

图 5.6

第五章 平面解析几何与几何不等式

焦点为 F. 一条过焦点 F, 倾斜角为 θ ($0<\theta<\pi$) 的直线交此抛物线于 A, B 两点. 连结 AO (O 为坐标原点), 交准线于点 B'; 连结 BO, 交准线于点 A'. 求四边形 $ABB'A'$ 的面积.

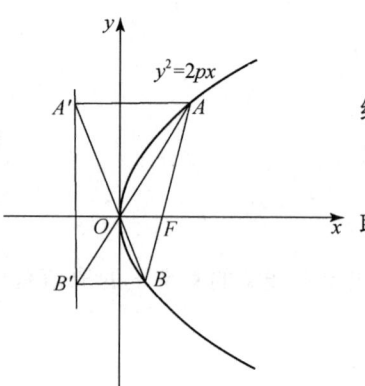

图 5.7

解 当 $\theta = \pi/2$ 时, 四边形 $ABB'A'$ 的面积为
$$S_{\text{四边形}ABB'A'} = 2p^2.$$

当 $\theta \neq \pi/2$ 时, 令 $k = \tan\theta$, 设 $A(x_1, y_1), B(x_2, y_2)$, 则直线 AB 的方程为
$$y = k\left(x - \frac{p}{2}\right). \qquad ⑬$$

联立方程⑬与 $y^2 = 2px$, 消去 x 得
$$y^2 - \frac{2p}{k}y - p^2 = 0.$$
$$y_1 + y_2 = \frac{2p}{k}, \quad y_1 y_2 = -p^2. \qquad ⑭$$

又直线 AO 的方程为 $y = \frac{y_1}{x_1}x$, 即 $y = \frac{2p}{y_1}x$, 所以直线 AO 与准线的交点 B' 的坐标为 $\left(-\frac{p}{2}, -\frac{p^2}{y_1}\right)$. 而由⑭式知, $y_2 = -\frac{p^2}{y_1}$, 所以 B 和 B' 的纵坐标相等, 从而 $BB' \parallel x$ 轴. 同理, $AA' \parallel x$ 轴. 故四边形 $ABB'A'$ 是直角梯形, 从而它的面积为
$$S_{\text{四边形}ABB'A'} = \frac{1}{2}(AA' + BB') \cdot A'B' = \frac{1}{2}AB \cdot A'B'$$
$$= \frac{1}{2}\sqrt{(x_2-x_1)^2 + (y_2-y_1)^2}\,|y_2 - y_1| = \frac{1}{2}(y_2 - y_1)^2\sqrt{1 + \frac{1}{k^2}}$$
$$= \frac{1}{2}\sqrt{1 + \frac{1}{k^2}}\,[(y_1+y_2)^2 - 4y_1y_2]$$
$$= 2p^2\left(1 + \frac{1}{k^2}\right)^{3/2} = 2p^2(1 + \cot^2\theta)^{3/2}.$$

6. 有关用极坐标方法求解的问题

极坐标是解析几何的一个重要内容, 也是研究解析几何问题的一种重要工具. 特别地, 当题目的主要条件是围绕过圆锥曲线焦点的一条或者几条直线(包括动直线)时, 以这个焦点为极点建立极坐标系往往能起到化繁为简、事半功倍的效果.

圆锥曲线(圆除外)的统一极坐标方程是
$$\rho = \frac{ep}{1 - e\cos\theta}, \qquad ⑮$$

其中 e 为离心率, p 为焦点 F 到相应准线的距离.

当 $0 < e < 1$ 时, 方程⑮表示以极点为左焦点的椭圆.

当 $e = 1$ 时, 方程⑮表示以极点为焦点的抛物线.

当 $e>1$ 时,若 $\rho>0$,方程⑮表示以极点为右焦点的双曲线的右支;若 $\rho<0$,方程⑮表示双曲线的左支.

例 17(2008 年四川省高中数学竞赛试题) 设 F 是抛物线 $y^2=4x$ 的焦点,A,B 为抛物线上不同于原点 O 的两点,且满足 $\overrightarrow{FA}\cdot\overrightarrow{FB}=0$. 延长 AF,BF 分别交抛物线于点 C,D. 求四边形 $ABCD$ 面积的最小值.

分析 要求的是过焦点的非固定图形面积的最值问题,因此适宜以该焦点为极点建立极坐标,将问题转化为三角函数最值问题求解.

解 如图 5.8 所示,以 F 为极点,Fx 为极轴建立极坐标系,则抛物线 $y^2=4x$ 的方程为 $\rho=\dfrac{2}{1-\cos\theta}$. 设点 $A(\rho_1,\theta)$($0<\theta<\pi$),则由 $\overrightarrow{FA}\cdot\overrightarrow{FB}=0$ 有 $B\left(\rho_2,\theta+\dfrac{\pi}{2}\right)$,$C(\rho_3,\theta+\pi)$,$D\left(\rho_4,\theta+\dfrac{3\pi}{2}\right)$. 故

$$AC=\rho_1+\rho_3=\dfrac{2}{1-\cos\theta}+\dfrac{2}{1-\cos(\theta+\pi)}=\dfrac{4}{\sin^2\theta}.$$

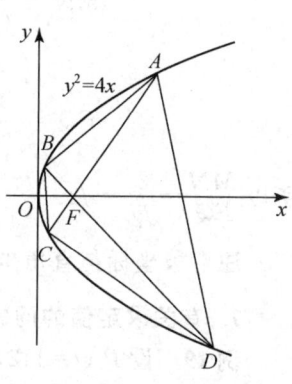

图 5.8

同理,$BD=\dfrac{4}{\cos^2\theta}$. 所以四边形 $ABCD$ 的面积为

$$S_{ABCD}=\dfrac{1}{2}AC\cdot BD=\dfrac{1}{2}\cdot\dfrac{4}{\sin^2\theta}\cdot\dfrac{4}{\cos^2\theta}=\dfrac{32}{\sin^2 2\theta}.$$

当 $\sin 2\theta=1$,即 $\theta=\pi/4$ 时,S_{ABCD} 的最小值为 32.

例 18 过双曲线 $x^2-y^2=1$ 的右焦点 F 作一条与其右支相交的弦 MN,设 P 为弦 MN 的中点.

(1) 求点 P 的轨迹方程;

(2) 过 P 作 $PQ\perp MN$ 交 x 轴于点 Q,求证:$\dfrac{MN}{FQ}=\sqrt{2}$.

解 (1) 由于弦 MN 过右焦点 F,因此可以考虑利用双曲线的极坐标方程进行求解. 以双曲线的右焦点 $F(\sqrt{2},0)$ 为极点,Fx 为极轴建立极坐标系,则双曲线右支的极坐标方程为 $\rho=\dfrac{2}{1-\sqrt{2}\cos\theta}$. 设 $M(\rho_1,\theta)$,$N(\rho_2,\pi+\theta)$,$\theta\in\left[-\dfrac{\pi}{2},-\dfrac{\pi}{4}\right]\cup\left[\dfrac{\pi}{4},\dfrac{\pi}{2}\right]$,$P(\rho,\theta)$,则

$$\rho_1=\dfrac{2}{1-\sqrt{2}\cos\theta},\quad \rho_2=\dfrac{2}{1+\sqrt{2}\cos\theta}.$$

所以

$$\rho=\dfrac{\rho_1-\rho_2}{2}=\dfrac{\sqrt{2}\cos\theta}{1-2\cos^2\theta}\quad\text{即}\quad \rho-2\rho\cos^2\theta=\sqrt{2}\cos\theta.$$

这就是所求 MN 中点 P 的轨迹的极坐标方程.

下面将极坐标方程化为直角坐标方程. 将 $\rho-2\rho\cos^2\theta=\sqrt{2}\cos\theta$ 两边乘以 ρ 得

$$\rho^2 - 2\rho^2\cos^2\theta = \sqrt{2}\rho\cos\theta \Rightarrow \rho^2\sin^2\theta - \rho^2\cos^2\theta = \sqrt{2}\rho\cos\theta > 0$$
$$\Rightarrow y^2 - (x-\sqrt{2})^2 = \sqrt{2}(x-\sqrt{2}) \ (x \geqslant \sqrt{2}),$$

故 P 的轨迹方程为
$$\left(x - \frac{\sqrt{2}}{2}\right)^2 - y^2 = \frac{1}{2} \quad (x \geqslant \sqrt{2}).$$

(2) 注意到
$$MN = \rho_1 + \rho_2 = \frac{1}{1-\sqrt{2}\cos\theta} + \frac{1}{1+\sqrt{2}\cos\theta} = \frac{2}{1-2\cos^2\theta},$$

$$FQ = \frac{FP}{\cos\theta} = \frac{\frac{\sqrt{2}\cos\theta}{1-2\cos^2\theta}}{\cos\theta} = \frac{\sqrt{2}}{1-2\cos^2\theta},$$

所以 $\dfrac{MN}{FQ} = \dfrac{2}{\sqrt{2}} = \sqrt{2}$.

注 极坐标与直角坐标相互转化是求轨迹方程的一种常用技巧.

7. 有关求定值的问题

例 19 设 $P_i(i=1,2,\cdots,n)$ 为椭圆上的 n 个点,F 为椭圆的左焦点,且线段 $FP_1, FP_2, \cdots,$ FP_n 把周角 F 分为 n 等份,求证:$\sum\limits_{i=1}^{n} \dfrac{1}{FP_i} = \dfrac{n}{ep}$.

解 以 F 为极点,Fx 为极轴建立极坐标系. 设点 $P_1(\rho_1, \theta)$,则有 $P_2\left(\rho_2, \theta+\dfrac{2\pi}{n}\right),$ $P_3\left(\rho_3, \theta+\dfrac{4\pi}{n}\right), \cdots, P_n\left(\rho_n, \theta+\dfrac{2(n-1)\pi}{n}\right)$. 于是

$$FP_1 = \rho_1 = \frac{ep}{1-e\cos\theta}, \quad FP_2 = \rho_2 = \frac{ep}{1-e\cos\left(\theta+\dfrac{2\pi}{n}\right)},$$

$$FP_3 = \rho_3 = \frac{ep}{1-e\cos\left(\theta+\dfrac{4\pi}{n}\right)}, \quad \cdots, \quad FP_n = \rho_n = \frac{ep}{1-e\cos\left[\theta+\dfrac{2(n-1)\pi}{n}\right]},$$

所以
$$\sum_{i=1}^{n} \frac{1}{FP_i} = \frac{1-e\cos\left[\theta+\dfrac{2(i-1)\pi}{n}\right]}{ep} = \frac{1}{ep}\left\{n - e\sum_{i=1}^{n}\cos\left[\theta+\dfrac{2(i-1)\pi}{n}\right]\right\},$$

又 $\sum\limits_{i=1}^{n}\cos\left[\theta+\dfrac{2(i-1)\pi}{n}\right] = 0$(利用平面向量在单位圆中可以证明),从而

$$\sum_{i=1}^{n} \frac{1}{FP_i} = \frac{n}{ep}.$$

例 20(2010 年全国高中数学联赛试题) 双曲线 $x^2-y^2=1$ 的右支与直线 $x=100$ 围成的区域内部(不含边界)整点(横、纵坐标均为整数的点)的个数是多少?

解 由对称性,只需先考虑 x 轴上方的情况. 设 $y=k$ ($k=1,2,\cdots,99$) 与双曲线右支交于点 A_k,与直线 $x=100$ 交于点 B_k,则线段 A_kB_k 内部整点的个数为 $99-k$,从而在 x 轴上方区域内部整点的个数为 $\sum_{k=1}^{99}(99-k)=\sum_{k=0}^{98}k=49\times 99$. 又 x 轴上有 98 个整点,所以所求整点的个数为 $2\times 49\times 99+98=9800$.

例 21 如图 5.9 所示,已知 A,B 为椭圆 $\dfrac{x^2}{a^2}+\dfrac{y^2}{b^2}=1$ ($a>b>0$) 和双曲线 $\dfrac{x^2}{a^2}-\dfrac{y^2}{b^2}=1$ 的公共顶点,P,Q 分别为双曲线和椭圆上不同于 A,B 的动点,且满足

$$\overrightarrow{AP}+\overrightarrow{BP}=\lambda(\overrightarrow{AQ}+\overrightarrow{BQ}) \quad (\lambda\in\mathbf{R},|\lambda|>1).$$

设直线 AP,BP,AQ,BQ 的斜率分别是 k_1,k_2,k_3,k_4.

(1) 求证:$k_1+k_2+k_3+k_4=0$;

(2) 设 F_1,F_2 分别为椭圆和双曲线的右焦点,且 $PF_2 \parallel QF_1$,求 $k_1^2+k_2^2+k_3^2+k_4^2$ 的值.

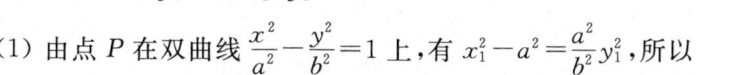

图 5.9

解 设 $P(x_1,y_1),Q(x_2,y_2)$.

(1) 由点 P 在双曲线 $\dfrac{x^2}{a^2}-\dfrac{y^2}{b^2}=1$ 上,有 $x_1^2-a^2=\dfrac{a^2}{b^2}y_1^2$,所以

$$k_1+k_2=\dfrac{y_1}{x_1+a}+\dfrac{y_1}{x_1-a}=\dfrac{2x_1y_1}{x_1^2-a^2}=\dfrac{2b^2}{a^2}\cdot\dfrac{x_1}{y_1}. \quad ⑯$$

同理可得

$$k_3+k_4=-\dfrac{2b^2}{a^2}\cdot\dfrac{x_2}{y_2}. \quad ⑰$$

设 O 为原点,则 $\overrightarrow{AP}+\overrightarrow{BP}=2\overrightarrow{OP},\overrightarrow{AQ}+\overrightarrow{BQ}=2\overrightarrow{OQ}$. 而 $\overrightarrow{AP}+\overrightarrow{BP}=\lambda(\overrightarrow{AQ}+\overrightarrow{BQ})$,得 $\overrightarrow{OP}=\lambda\overrightarrow{OQ}$,于是 O,P,Q 三点共线. 所以 $\dfrac{x_1}{y_1}=\dfrac{x_2}{y_2}$,从而由 ⑯,⑰ 两式得

$$k_1+k_2+k_3+k_4=0.$$

(2) 由点 Q 在椭圆 $\dfrac{x^2}{a^2}+\dfrac{y^2}{b^2}=1$ 上,有 $\dfrac{x_2^2}{a^2}+\dfrac{y_2^2}{b^2}=1$. 由 $\overrightarrow{OP}=\lambda\overrightarrow{OQ}$ 得 $(x_1,y_1)=\lambda(x_2,y_2)$,所以 $x_2=\dfrac{1}{\lambda}x_1,y_2=\dfrac{1}{\lambda}y_1$,从而

$$\dfrac{x_1^2}{a^2}+\dfrac{y_1^2}{b^2}=\lambda^2. \quad ⑱$$

又由点 P 在双曲线 $\dfrac{x^2}{a^2}-\dfrac{y^2}{b^2}=1$ 上,有
$$\frac{x_1^2}{a^2}-\frac{y_1^2}{b^2}=1. \qquad ⑲$$

由⑱,⑲两式得 $x_1^2=\dfrac{\lambda^2+1}{2}a^2, y_1^2=\dfrac{\lambda^2-1}{2}b^2.$

因为 $PF_2 \parallel QF_1$,所以 $OF_2=\lambda OF_1$,从而得 $\lambda^2=\dfrac{a^2+b^2}{a^2-b^2}.$ 因此有
$$\frac{x_1^2}{y_1^2}=\frac{(\lambda^2+1)a^2}{(\lambda^2-1)b^2}=\frac{a^4}{b^4}.$$

再由⑯式得
$$(k_1+k_2)^2=\frac{4b^4}{a^4}\cdot\frac{x_1^2}{y_1^2}=\frac{4b^4}{a^4}\cdot\frac{a^4}{b^4}=4.$$

同理可得
$$(k_3+k_4)^2=4.$$

又 $k_1 k_2=\dfrac{y_1}{x_1+a}\cdot\dfrac{y_1}{x_1-a}=\dfrac{y_1^2}{x_1^2-a^2}=\dfrac{b^2}{a^2}.$ 类似地,$k_3 k_4=-\dfrac{b^2}{a^2}.$ 故
$$k_1^2+k_2^2+k_3^2+k_4^2=(k_1+k_2)^2+(k_3+k_4)^2-2(k_1 k_2+k_3 k_4)$$
$$=4+4-2\times 0=8.$$

第二节　几何不等式

有关几何不等式的问题涉及的内容丰富,解决问题的方法和技巧灵活多变,与三角函数、不等式、函数等代数知识联系密切,历年来是数学竞赛的热点之一. 在解题中不仅要用到一些有关的几何不等式的基本定理、不等式的性质和已经证明过的不等式,还需要考虑几何图形的特点和性质,抓住几何图形的特征,从而挖掘出其中所蕴含的基本几何不等关系.

一、几何不等式

1. 基本几何不等式

几何中有许多经典的不等式,我们在《初等数学研究》(文献[18])列举了很多,这里再给出几个常用基本不等式.

(1) 在两个三角形中,如果有两组对应边分别相等,那么夹角大的所对的第三边也大;反之亦然.

(2) 在同一三角形中边长的大小顺序关系与对应角的大小顺序关系相同,而与对应高、中线及角平分线长的大小顺序相反.

(3) 三角形内任一点到两顶点距离之和,小于另一顶点到这两顶点距离之和.

(4) 自直线外一点引直线的斜线,射影长的,斜线也较长;反之,斜线长的,射影也较长.

(5) 在 $\triangle ABC$ 中,设点 P 是边 BC 上任意一点,则有 $PA \leqslant \max\{AB, AC\}$,其中当点 P 是点 B 或 C 时等号成立.

(6) 在 $\triangle ABC$ 中,设三边 BC, CA, AB 的长分别为 a, b, c,内切圆半径为 r,旁切圆半径分别为 r_a, r_b, r_c,则 $r_a \leqslant \dfrac{a^2}{4r}, r_b \leqslant \dfrac{b^2}{4r}, r_c \leqslant \dfrac{c^2}{4r}$.

(7) 过圆内一定点的弦中,以此点为中点的弦最短.

(8) 若 A, B, C 为圆上的点,P 为圆外的点,Q 为圆内的点,且 P, C, Q 都在直线 AB 的同侧,则 $\angle AQB > \angle ACB > \angle APB$.

2. 基本方法

几何中有关不等式的问题涉及的范围相当广泛,问题的解决方法也千差万别,虽然有一些规律但并无定则,所以在解决有关几何不等式的问题时必须灵活运用各种知识,对具体问题具体分析.证明几何不等式的方法,以所运用的知识来划分,大致有三种:代数方法、三角方法、几何方法.

(1) **代数方法**:利用变量代换、因式分解、配方等手段将几何问题转化为代数问题,从而可以利用代数中的不等式证明几何问题,如利用平均值不等式、柯西不等式、排序不等式、切比雪夫不等式等证明几何不等式.

(2) **三角方法**:用三角函数来反映几何图形的变化规律,从而将几何问题转化为三角问题.具体过程主要是利用三角恒等变形获得便于应用已知不等式的形式,以完成命题的证明;利用三角函数定义、正弦定理、余弦定理等,把一个关于角(边)的不等式转化成边(角)的不等式.

(3) **几何方法**:用纯粹的平面几何知识来证明几何不等式,主要是利用几何图形的特征,挖掘几何图形中最基本的几何不等关系来实现不等式的证明.对于与面积有关的不等式,可利用面积的等积变换、面积公式及面积比的有关定理等;也可利用重要的几何不等式,如托勒密不等式、厄多斯-莫德尔(Erdös-Mordell)不等式、费马问题的解等.

3. 典型例题解析

例 1 设 P 是 $\triangle ABC$ 内任意一点,$\triangle ABC$ 三边 BC, CA, AB 的长分别为 a, b, c.

(1) 求证:$\dfrac{1}{2}(a+b+c) < PA + PB + PC < a+b+c$;

(2) 若 $\triangle ABC$ 为正三角形,且边长为 1,求证:$PA + PB + PC < 2$.

证明 (1) 由三角形两边之和大于第三边得 $PA + PB > c, PB + PC > a, PC + PA > b$. 把这三个不等式相加,再两边除以 2,得

$$PA + PB + PC > \dfrac{1}{2}(a+b+c).$$

而 $PA + PB < a+b, PB + PC < b+c, PC + PA < c+a$,把它们相加,再除以 2,得

$$PA + PB + PC < a+b+c.$$

所以 $$\frac{1}{2}(a+b+c)<PA+PB+PC<a+b+c.$$

(2) 如图 5.10 所示,过点 P 作 $DE \parallel BC$ 分别交 $\triangle ABC$ 的边 AB, AC 于点 D, E,则有
$$PA < \max\{AD, AE\} = AD,$$
$$PB < BD + DP, \quad PC < PE + EC,$$
所以 $PA + PB + PC < AD + BD + DP + PE + EC$
$$= AB + AE + EC = 2.$$

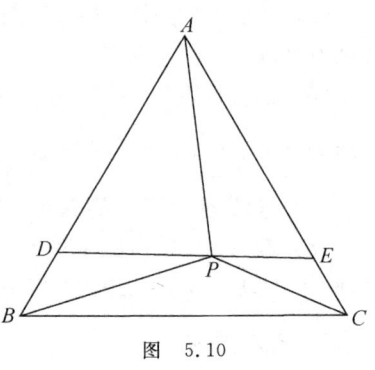

图 5.10

注 本题关键在于利用三角形两边之和大于第三边,两边之差小于第三边以及"在 $\triangle ABC$ 中,若点 P 是边 BC 上任意一点,均有 $PA \leqslant \max\{AB, AC\}$"这一结论.

例 2 设 G 是正方形 $ABCD$ 的边 DC 上一点,连结 AG 并延长交 BC 延长线于 K,求证:
$$\frac{1}{2}(AG + AK) > AC.$$

分析 在不等式两边的线段数不同的情况下,常常设法构造其所对应的三角形,将其转化为角的不等式. 这里可构造以 $\frac{1}{2}(AG+AK)$ 和 AC 为边的三角形.

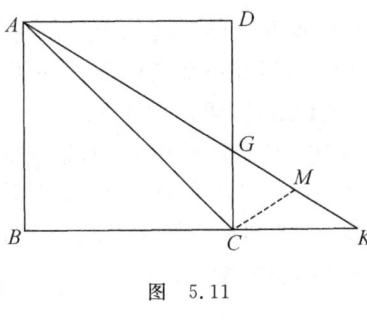

图 5.11

证明 如图 5.11 所示,在 GK 上取一点 M,使得 $GM = MK$,则 $\frac{1}{2}(AG + AK) = AM$.

在 $\text{Rt}\triangle GCK$ 中,CM 是 GK 边上的中线,所以 $\angle GCM = \angle MGC$. 而 $\angle ACG = 45°$,$\angle MGC > \angle ACG$,于是 $\angle MGC > 45°$. 所以
$$\angle ACM = \angle ACG + \angle GCM > 90°.$$
由于在 $\triangle ACM$ 中,$\angle ACM > \angle AMC$,所以 $AM > AC$. 故
$$\frac{1}{2}(AG + AK) > AC.$$

例 3 设 BC 是 $\triangle ABC$ 的最长边,在此三角形内部任意选一点 O,OA, OB, OC 分别交对边于点 A_1, B_1, C_1,证明:

(1) $OA_1 + OB_1 + OC_1 < BC$;

(2) $OA_1 + OB_1 + OC_1 \leqslant \max\{AA_1, BB_1, CC_1\}$.

证明 (1) 如图 5.12 所示,过 O 作 $OX \parallel AB, OY \parallel AC$,分别交 BC 于点 X, Y,再过 X 作 $XS \parallel CC_1$,过 Y 作 $YT \parallel BB_1$,分别交 AB, AC 于点 S, T. 易知 $\triangle OXY \backsim \triangle ABC$,故 XY 是 $\triangle OXY$ 的最

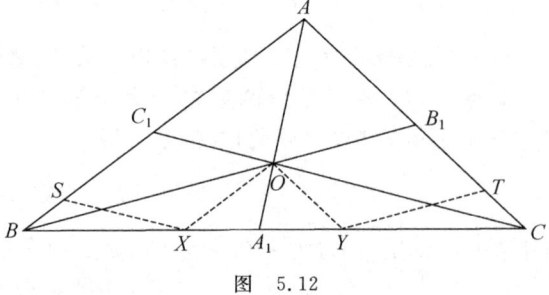

图 5.12

大边,从而 $OA_1 < \max\{OX, OY\} \leqslant XY$. 又因为 $\triangle BXS \backsim \triangle BCC_1$, $\triangle YCT \backsim \triangle BCB_1$, 所以

$$BX > XS = OC_1 \quad (因为 CC_1 < \max\{CA, BC\} = BC),$$
$$CY > YT = OB_1 \quad (因为 BB_1 < \max\{BA, BC\} = BC).$$

因此 $BC = XY + CY + BX > OA_1 + OB_1 + OC_1$.

(2) 令 $\dfrac{OA_1}{AA_1} = x, \dfrac{OB_1}{BB_1} = y, \dfrac{OC_1}{CC_1} = z$, 则

$$x + y + z = \frac{S_{\triangle OBC}}{S_{\triangle ABC}} + \frac{S_{\triangle OCA}}{S_{\triangle ABC}} + \frac{S_{\triangle OAB}}{S_{\triangle ABC}} = 1.$$

所以

$$OA_1 + OB_1 + OC_1 = xAA_1 + yBB_1 + zCC_1$$
$$\leqslant (x+y+z)\max\{AA_1, BB_1, CC_1\}$$
$$= \max\{AA_1, BB_1, CC_1\}.$$

例 4 如图 5.13(a)所示,设曲线 L 将正 $\triangle ABC$ 分成两个等积的部分,证明:曲线 L 的长 $l \geqslant \dfrac{\sqrt{\pi}a}{2\sqrt[4]{3}}$,其中 a 是正 $\triangle ABC$ 的边长.

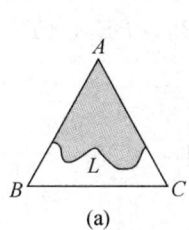
(a)

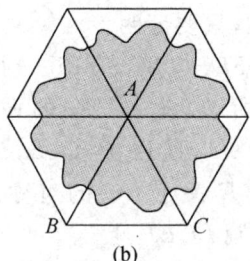
(b)

图 5.13

证明 以 A 为圆心, R 为半径作圆弧 L', 将 $\triangle ABC$ 的面积等分, 那么有 $\dfrac{1}{6}\pi R^2 = \dfrac{1}{2} \cdot \dfrac{\sqrt{3}}{4}a^2$, 所以 $R = \dfrac{\sqrt[4]{27}a}{2\sqrt{\pi}}$, L' 的弧长 $l' = \dfrac{1}{6} \cdot 2\pi R = \dfrac{\sqrt{\pi}a}{2\sqrt[4]{3}}$.

现在证明 $l \geqslant l'$. 将 $\triangle ABC$ 连续翻转 5 次,由曲线 L 形成了一条闭曲线(如图 5.13(b)),由 L' 形成了一个圆,而两者所围成的面积相等. 由面积一定的简单闭曲线的集合中圆的周长最小知

$$6l \geqslant 6l', \quad 即 \quad l \geqslant l' = \frac{\sqrt{\pi}a}{2\sqrt[4]{3}}.$$

例 5 已知 $\triangle ABC$ 中, $\angle B = 60°$, $AC = 1$, 求证: $AB + BC \leqslant 2$.

证明 如图 5.14 所示,过 A 点作 BC 上的高 AD, 并设 $BD = x$, 则由 $\angle B = 60°$ 得

第五章 平面解析几何与几何不等式

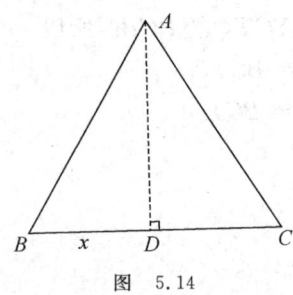

图 5.14

$$AB = 2x, \quad DA = \sqrt{3}x, \quad CD = \sqrt{1-3x^2}.$$

又设 $AB+BC$ 为一个整体 y,则

$$y = AB + BC = 2x + x + \sqrt{1-3x^2},$$

整理得
$$12x^2 - 6xy + y^2 - 1 = 0.$$

根据题意,此关于 x 的一元二次方程必有实数解,于是 $\Delta = 36y^2 - 48(y^2-1) \geqslant 0$. 又因为 $y \geqslant 0$,所以 $0 \leqslant y \leqslant 2$. 因此 $AB+BC \leqslant 2$.

注 一元二次方程根判别式的应用是非常灵活的,在证明不等关系中亦为一种重要方法.

例 6(2002 年中国女子数学奥林匹克竞赛试题) 设锐角 $\triangle ABC$ 的三条高分别为 AD, BE, CF,求证:$\triangle DEF$ 的周长不超过 $\triangle ABC$ 的周长的一半.

分析 要证明

$$DE + EF + FD \leqslant \frac{1}{2}(AB + BC + CA),$$

只要证明

$$2(DE + EF + FD) \leqslant AB + BC + CA.$$

观察图形(如图 5.15)知,只要证明

$$DE + FD \leqslant BC, \quad EF + FD \leqslant AB, \quad DE + EF \leqslant AC.$$

证明 如图 5.15 所示,设 $\triangle ABC$ 的垂心为 H. 因为 $\angle BEC = \angle BFC = 90°$,所以 B,C,E,F 四点共圆,且 BC 为直径. 作点 E 关于 BC 的对称点 E',则 $DE = DE'$,且点 E' 也在圆 $BCEF$ 上.

又因为 B,D,H,F 四点共圆,故 $\angle 1 = \angle 4$. 同理 $\angle 2 = \angle 3$. 又 $\angle 1 = \angle 2$,故 $\angle 4 = \angle 3$. 而 $\angle 3 = \angle 5$,所以 $\angle 4 = \angle 5$,从而 F,D,E' 三点共线. 在圆 $BCEF$ 中,BC 为直径,因此 $FE' \leqslant BC$,从而 $DE + FD \leqslant BC$. 同理 $EF + FD \leqslant AB$,$DE + EF \leqslant AC$. 所以

$$DE + EF + FD \leqslant \frac{1}{2}(AB + BC + CA),$$

即命题得证.

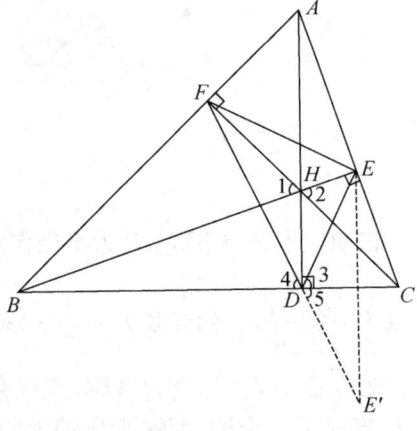

图 5.15

注 本题证明的关键是运用性质"直径是最大的弦".

例 7(2002 年中国西部数学奥林匹克竞赛试题) 设 O 为锐角 $\triangle ABC$ 的外心,P 为 $\triangle AOB$ 内部一点,P 在 $\triangle ABC$ 的三边 BC,CA,AB 上的射影分别为点 D,E,F,求证:以 FE,FD 为邻边的平行四边形位于 $\triangle ABC$ 内.

分析 以 FE, FD 为邻边作平行四边形 $DFEG$. 要证命题成立,只要证明 $\angle FEG < \angle FEC$,且 $\angle FDG < \angle FDC$. 这等价于证明
$$\angle BFD < \angle BAC, \quad 且 \quad \angle AFE < \angle ABC.$$

证明 如图 5.16 所示,以 FE, FD 为邻边作平行四边形 $DFEG$,过点 O 作 $OH \perp BC$,垂足为 H. 因为 $PD \perp BC, PF \perp AB$,所以 B, F, P, D 四点共圆. 因此 $\angle BFD = \angle BPD$. 又 $\angle PBD > \angle OBH$,所以 $90° - \angle PBD < 90° - \angle OBH$,即
$$\angle BPD < \angle BOH.$$
又 O 为锐角 $\triangle ABC$ 的外心,所以
$$\angle BOH = \frac{1}{2}\angle BOC = \angle BAC,$$
从而 $\angle BFD = \angle BPD < \angle BOH = \angle BAC$,即
$$\angle BFD < \angle BAC.$$
同理可证
$$\angle AFE < \angle ABC.$$
因此,以 FE, FD 为邻边的平行四边形位于 $\triangle ABC$ 内.

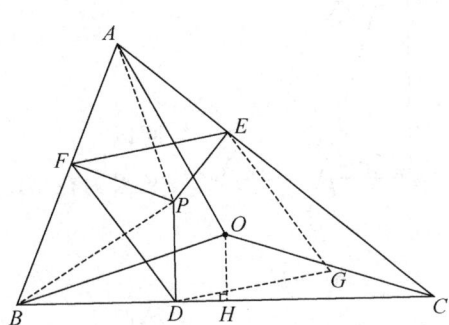

图 5.16

注 问题延伸:如果 O 为不是 $\triangle ABC$ 的外心,而是内心或者垂心,题中的结论是否成立?

例 8(2003 年泰国数学奥林匹克竞赛试题) 已知四边形 $ABCD$ 是凸四边形,求证:
$$S_{四边形ABCD} \leqslant \frac{AB^2 + BC^2 + CD^2 + DA^2}{4}.$$

证明 设 $AB = a, BC = b, CD = c, DA = d$,则
$$2S_{四边形ABCD} = 2S_{\triangle ABC} + 2S_{\triangle ACD} = ab\sin B + cd\sin D,$$
从而
$$4(S_{四边形ABCD})^2 = a^2b^2\sin^2 B + c^2d^2\sin^2 D + 2abcd\sin B\sin D.$$
对 $\triangle ABC, \triangle ACD$ 应用余弦定理,得
$$a^2 + b^2 - 2ab\cos B = AC^2 = c^2 + d^2 - 2cd\cos D,$$
所以
$$\frac{(a^2 + b^2 - c^2 - d^2)^2}{4} = a^2b^2\cos^2 B + c^2d^2\cos^2 D - 2abcd\cos B\cos D.$$
因此
$$4(S_{四边形ABCD})^2 + \frac{(a^2+b^2-c^2-d^2)^2}{4} = a^2b^2 + c^2d^2 - 2abcd\cos(B+D).$$
由此得
$$4(S_{四边形ABCD})^2 \leqslant a^2b^2 + c^2d^2 + 2abcd = (ab+cd)^2,$$
所以
$$2S_{四边形ABCD} \leqslant ab + cd \leqslant \frac{a^2+b^2}{2} + \frac{c^2+d^2}{2},$$
即
$$S_{四边形ABCD} \leqslant \frac{AB^2 + BC^2 + CD^2 + DA^2}{4}.$$

例9 已知在 $\triangle ABC$ 中，$\angle A = 90°$，$AD \perp BC$ 于点 D，$\angle B$ 的平分线分别与 AD，AC 交于点 E，F，证明：若 $AC = \sqrt{2}$，则 $\dfrac{EF}{CD} < AF \cdot CF$.

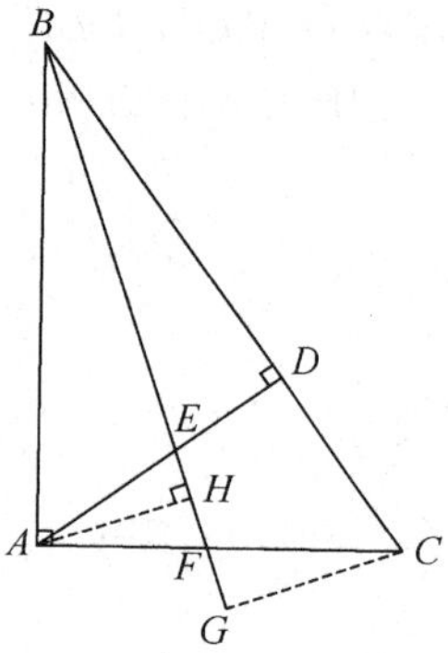

分析 此几何不等式左、右两边形式上不协调，需要加以变形. 根据题设条件可从变形左边入手.

证明 因为
$$\angle AEF = \angle ABF + \angle BAE,$$
$$\angle AFE = \angle CBF + \angle C.$$
又 $\angle ABF = \angle CBF$，$\angle BAE = \angle C$，

所以 $\angle AEF = \angle AFE$，即 $AE = AF$.

又因为在 $\text{Rt}\triangle ABC$ 中，$AD \perp BC$，$AC = \sqrt{2}$，所以
$$AC^2 = CD \cdot BC, \quad 即 \quad CD = \dfrac{2}{BC},$$

从而
$$\dfrac{EF}{CD} = \dfrac{1}{2} EF \cdot BC.$$

如图 5.17 所示，作 $AH \perp EF$ 于点 H，$CG \perp BF$ 于点 G，则因 $AE = AF$，有 $HF = \dfrac{1}{2} EF$，且易知
$$\angle HAF = \angle ABF = \angle GBC.$$

因此 $\text{Rt}\triangle AHF \sim \text{Rt}\triangle BGC$，从而有 $\dfrac{HF}{GC} = \dfrac{AF}{BC}$，即
$$HF \cdot BC = AF \cdot GC < AF \cdot CF.$$

故
$$\dfrac{EF}{CD} = \dfrac{1}{2} EF \cdot BC = HF \cdot BC < AF \cdot CF.$$

图 5.17

注 在解决几何不等式的有关问题时，几何变换也发挥着重要的作用.

例10（1996 年 IMO 预选题） 设 $\triangle ABC$ 是锐角三角形，其外接圆圆心为 O，半径为 R，AO 交 B，O，C 三点所在的圆于另一点 A'；BO 交 C，O，A 三点所在的圆于另一点 B'；CO 交 A，O，B 三点所在的圆于另一点 C'. 证明：$OA' \cdot OB' \cdot OC' \geq 8R^3$，并指出在什么情况下等号成立.

证明 如图 5.18 所示，作 B，O，C 三点所在圆的直径 OD，则
$$\angle DA'O = \angle DCO = 90°,$$
$$\angle DOC = \angle BAC, \quad \angle AOC = 2\angle ABC,$$
$$\angle A'OD = 180° - \angle DOC - \angle AOC$$
$$= \angle ACB - \angle ABC.$$

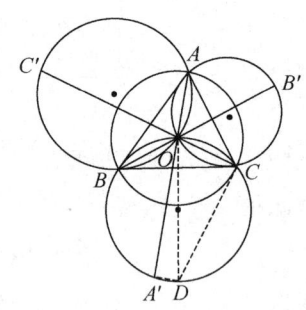

图 5.18

在 Rt$\triangle COD$ 中,$OD = \dfrac{OC}{\cos\angle DOC} = \dfrac{OC}{\cos\angle BAC}$.

在 Rt$\triangle A'OD$ 中,
$$A'O = OD \cdot \cos\angle DOA' = OD \cdot \cos(\angle ACB - \angle ABC)$$
$$= \dfrac{\cos(\angle ACB - \angle ABC)}{\cos\angle BAC} \cdot OC,$$

即 $OA' = \dfrac{\cos(\angle ACB - \angle ABC)}{\cos\angle BAC} \cdot R$,记为 $OA' = \dfrac{\cos(C-B)}{\cos A} \cdot R$.

同理有 $OB' = \dfrac{\cos(A-C)}{\cos B} \cdot R$, $OC' = \dfrac{\cos(A-B)}{\cos C} \cdot R$.

只需证明
$$\dfrac{\cos(A-B)}{\cos C} \cdot \dfrac{\cos(B-C)}{\cos A} \cdot \dfrac{\cos(C-A)}{\cos B} \geqslant 8. \quad ①$$

我们有
$$\dfrac{\cos(A-B)}{\cos C} = \dfrac{\cos(A-B)}{-\cos(A+B)} = \dfrac{\cos A \cdot \cos B + \sin A \cdot \sin B}{-\cos A \cdot \cos B + \sin A \cdot \sin B}$$
$$= \dfrac{1 + \cot A \cdot \cot B}{1 - \cot A \cdot \cot B}.$$

令 $x = \cot A \cdot \cot B, y = \cot B \cdot \cot C, z = \cot C \cdot \cot A$,则
$$x + y + z = \cot A \cdot \cot B + \cot B \cdot \cot C + \cot C \cdot \cot A$$
$$= \cot A \cdot (\cot B + \cot C) + \cot B \cdot \cot C$$
$$= -\cot(B+C) \cdot (\cot B + \cot C) + \cot B \cdot \cot C$$
$$= -\dfrac{\cot B \cdot \cot C - 1}{\cot B + \cot C} \cdot (\cot B + \cot C) + \cot B \cdot \cot C = 1.$$

而 $\triangle ABC$ 是锐角三角形,$x, y, z > 0$,所以
$$\dfrac{\cos(A-B)}{\cos C} = \dfrac{1+x}{1-x} = \dfrac{(x+y)+(z+x)}{y+z} \geqslant 2 \cdot \dfrac{\sqrt{(x+y)(z+x)}}{y+z}.$$

同理可得
$$\dfrac{\cos(B-C)}{\cos A} \geqslant 2 \cdot \dfrac{\sqrt{(x+y)(z+y)}}{x+z}, \quad \dfrac{\cos(C-A)}{\cos B} \geqslant 2 \cdot \dfrac{\sqrt{(x+z)(z+y)}}{x+y}.$$

所以①式成立,从而 $OA' \cdot OB' \cdot OC' \geqslant 8R^3$.

二、几个著名的代数不等式在几何中的应用

1. 平均值不等式

例 11(2003 年韩国数学奥林匹克竞赛试题) 设 $\triangle ABC$ 的内切圆与三边 AB, BC, CA 分别相切于点 P, Q, R,证明:$\dfrac{BC}{PQ} + \dfrac{CA}{QR} + \dfrac{AB}{RP} \geqslant 6$.

证明 设 $BC=a, CA=b, AB=c, QR=p, RP=q, PQ=r$,则只需证明
$$T=\frac{a}{r}+\frac{b}{p}+\frac{c}{q}\geqslant 6. \qquad ②$$

设 $2s=a+b+c$,根据 $BQ=BP=s-b$,并在 $\triangle BPQ$ 上应用余弦定理,可得
$$r^2=2(s-b)^2(1-\cos B)=2(s-b)^2\left(1-\frac{a^2+c^2-b^2}{2ac}\right)$$
$$=\frac{(s-b)^2[b^2-(a-c)^2]}{ac}=\frac{4(s-b)^2(s-a)(s-c)}{ac},$$

故
$$r=\frac{2(s-b)\sqrt{(s-a)(s-c)}}{\sqrt{ac}}.$$

同理可得
$$p=\frac{2(s-c)\sqrt{(s-a)(s-b)}}{\sqrt{ab}}, \quad q=\frac{2(s-a)\sqrt{(s-b)(s-c)}}{\sqrt{bc}},$$

利用算术-几何均值不等式得
$$T=\frac{a\sqrt{ac}}{2(s-b)\sqrt{(s-a)(s-c)}}+\frac{b\sqrt{ab}}{2(s-c)\sqrt{(s-a)(s-b)}}+\frac{c\sqrt{bc}}{2(s-a)\sqrt{(s-b)(s-c)}}$$
$$\geqslant \frac{3}{2}\sqrt[3]{\frac{a^2b^2c^2}{(s-a)^2(s-b)^2(s-c)^2}}=6\sqrt[3]{\frac{a^2b^2c^2}{(b+c-a)^2(c+a-b)^2(a+b-c)^2}}. \qquad ③$$

又由于 a,b,c 是 $\triangle ABC$ 的三条边长,则有
$$0<(a+b-c)(c+a-b)=a^2-(b-c)^2\leqslant a^2,$$
$$0<(a+b-c)(b+c-a)=b^2-(a-c)^2\leqslant b^2,$$
$$0<(b+c-a)(c+a-b)=c^2-(a-b)^2\leqslant c^2.$$

以上三式相乘得
$$0<(b+c-a)^2(c+a-b)^2(a+b-c)^2\leqslant a^2b^2c^2. \qquad ④$$

由③,④两式可以断定②式成立.

2. 柯西不等式

例 12 过 $\triangle ABC$ 内一点 O 引三边的平行线: $DE\parallel BC, FG\parallel CA, HI\parallel AB$,其中点 D,E,F,G,I,H 都在 $\triangle ABC$ 的边上.用 S_1 表示六边形 $DGHEFI$ 的面积, S_2 表示 $\triangle ABC$ 的面积.求证: $S_1\geqslant \frac{2}{3}S_2$.

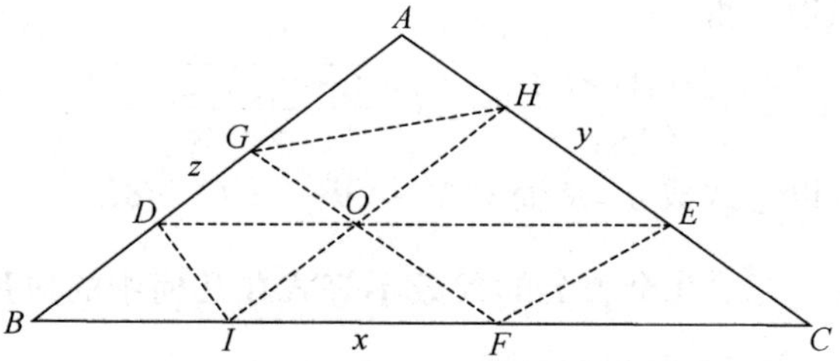

图 5.19

证明 如图 5.19 所示,设 $\triangle ABC$ 三边 BC,CA,AB 的长分别为 $a,b,c, IF=x, EH=y, DG=z$. 依题意有 $\triangle OHE\backsim\triangle BAC$,从

而 $\dfrac{y}{b} = \dfrac{OE}{a} = \dfrac{CF}{a}$（易知 $OE = CF$）．同理，$\dfrac{z}{c} = \dfrac{BI}{a}$, $\dfrac{x}{a} = \dfrac{IF}{a}$. 所以

$$\dfrac{x}{a} + \dfrac{y}{b} + \dfrac{z}{c} = \dfrac{IF + CF + BI}{a} = 1.$$

由柯西不等式有

$$\left(\dfrac{x}{a}\cdot 1 + \dfrac{y}{b}\cdot 1 + \dfrac{z}{c}\cdot 1\right)^2 \leqslant 3\left(\dfrac{x^2}{a^2} + \dfrac{y^2}{b^2} + \dfrac{z^2}{c^2}\right),$$

从而

$$S_{\triangle OIF} + S_{\triangle OEH} + S_{\triangle OGD} \geqslant \dfrac{1}{3}S_2, \quad S_{\triangle AGH} + S_{\triangle BDI} + S_{\triangle EFC} \leqslant \dfrac{1}{2}\left(S_2 - \dfrac{1}{3}S_2\right) = \dfrac{S_2}{3},$$

于是

$$S_1 = S_2 - (S_{\triangle AGH} + S_{\triangle BDI} + S_{\triangle EFC}) \geqslant \dfrac{2}{3}S_2.$$

3. 排序不等式

例 13 设 $\triangle ABC$ 的三个内角 A, B, C 所对的边长分别为 a, b, c，其周长为 1，求证：

$$\dfrac{1}{A} + \dfrac{1}{B} + \dfrac{1}{C} \geqslant 3\left(\dfrac{a}{A} + \dfrac{b}{B} + \dfrac{c}{C}\right).$$

分析 由问题的对称性，不妨设 $a \geqslant b \geqslant c$. 三角形中大边对大角，于是有

$$A \geqslant B \geqslant C \Rightarrow \dfrac{1}{C} \geqslant \dfrac{1}{B} \geqslant \dfrac{1}{A}$$

（这种形式是题目所需要的）．这样处理既不改变问题的实质，又大大简化解题过程．

证明 不妨设 $a \geqslant b \geqslant c$，于是有 $A \geqslant B \geqslant C \Rightarrow \dfrac{1}{C} \geqslant \dfrac{1}{B} \geqslant \dfrac{1}{A}$. 由排序不等式有

$$a \cdot \dfrac{1}{C} + c \cdot \dfrac{1}{A} \geqslant a \cdot \dfrac{1}{A} + c \cdot \dfrac{1}{C}, \quad 即 \quad \dfrac{a}{C} + \dfrac{c}{A} \geqslant \dfrac{a}{A} + \dfrac{c}{C}.$$

同理有

$$\dfrac{b}{C} + \dfrac{c}{B} \geqslant \dfrac{b}{B} + \dfrac{c}{C}, \quad \dfrac{a}{B} + \dfrac{b}{A} \geqslant \dfrac{a}{A} + \dfrac{b}{B}.$$

上三式相加得

$$\dfrac{a+b}{C} + \dfrac{a+c}{B} + \dfrac{b+c}{A} \geqslant \dfrac{2a}{A} + \dfrac{2b}{B} + \dfrac{2c}{C},$$

再在不等式两边同加 $\dfrac{a}{A} + \dfrac{b}{B} + \dfrac{c}{C}$，注意到 $a + b + c = 1$，从而有

$$\dfrac{1}{A} + \dfrac{1}{B} + \dfrac{1}{C} \geqslant 3\left(\dfrac{a}{A} + \dfrac{b}{B} + \dfrac{c}{C}\right).$$

注 利用排序不等式证明其他不等式时，必须制造出两个合适的有序数组．

三、几个著名的定理和几何不等式的应用

1. 托勒密定理及托勒密不等式

在第一章中，我们已经应用复数方法证明了托勒密定理和托勒密不等式，下面举例说明

它的应用.

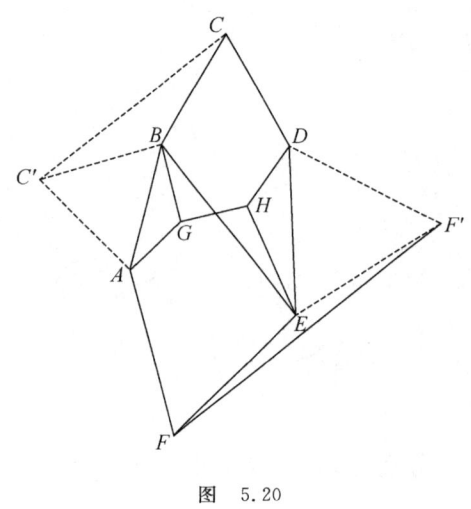

图 5.20

例 14(1995 年 IMO 试题) 设 $ABCDEF$ 是凸六边形,且 $AB=BC=CD$, $DE=EF=FA$, $\angle BCD=\angle EFA=60°$,又设 G 和 H 是这个六边形内部的两点,使得 $\angle AGB=\angle DHE=120°$,试证:$AG+GB+GH+DH+HE \geq CF$.

分析 题目所给的凸六边形可以剖分成两个正三角形和一个四边形.注意到四边形 $ABDE$ 以直线 BE 为对称轴,问题即迎刃而解.

证明 如图 5.20 所示,以直线 BE 为对称轴,作点 C 和 F 关于该直线的对称点 C' 和 F',则 $\triangle ABC'$ 和 $\triangle DEF'$ 都是正三角形,且点 G 和 H 分别在这两个正三角形的外接圆上.根据托勒密定理得

$$C'G \cdot AB = AG \cdot C'B + GB \cdot C'A, \quad 因而 \quad C'G = AG+GB.$$

同理有 $HF'=DH+HE$.于是

$$AG+GB+GH+DH+HE = C'G+GH+HF' \geq C'F' = CF,$$

其中后面的等号成立的依据是:线段 CF 和 $C'F'$ 以直线 BE 为对称轴.

例 15(1997 年 IMO 预选题) 设 $ABCDEF$ 是凸六边形,且 $AB=BC,CD=DE,EF=FA$,证明:$\dfrac{BC}{BE}+\dfrac{DE}{DA}+\dfrac{FA}{FC} \geq \dfrac{3}{2}$.

证明 设 $AC=a, CE=b, AE=c$,对四边形 $ACEF$ 运用托勒密不等式得

$$AC \cdot EF + CE \cdot AF \geq AE \cdot CF.$$

因为 $EF=AF$,所以 $\dfrac{FA}{FC} \geq \dfrac{c}{a+b}$.同理有 $\dfrac{DE}{DA} \geq \dfrac{b}{c+a}, \dfrac{BC}{BE} \geq \dfrac{a}{b+c}$.所以

$$\dfrac{BC}{BE}+\dfrac{DE}{DA}+\dfrac{FA}{FC} \geq \dfrac{a}{b+c}+\dfrac{b}{c+a}+\dfrac{c}{a+b} \geq \dfrac{3}{2}.$$

例 16(2008 年全国高中数学联赛加试题) 给定凸四边形 $ABCD$,其中 $\angle B+\angle D<180°$.设 P 是平面上的动点,并令 $f(P)=PA \cdot BC+PD \cdot CA+PC \cdot AB$.

(1) 求证:当 $f(P)$ 达到最小值时,P,A,B,C 四点共圆;

(2) 设 E 是 $\triangle ABC$ 外接圆 O 的弧 $\widehat{AB}$ 上一点,满足 $\dfrac{AE}{AB}=\dfrac{\sqrt{3}}{2}, \dfrac{BC}{EC}=\sqrt{3}-1, \angle ECB=\dfrac{1}{2}\angle ECA$,又 DA,DC 是 $\odot O$ 的切线,$AC=\sqrt{2}$,求 $f(P)$ 的最小值.

解 (1) 如图 5.21 所示,由托勒密不等式,对平面上的任意点 P,有 $PA \cdot BC+PC \cdot AB$

$\geqslant PB \cdot AC$,因此
$$f(P) = PA \cdot BC + PC \cdot AB + PD \cdot AC$$
$$\geqslant PB \cdot AC + PD \cdot AC = (PB + PD) \cdot AC.$$

因为上面不等式当且仅当 P,A,B,C 四点顺次共圆时取等号,所以当且仅当点 P 在 $\triangle ABC$ 的外接圆上且在劣弧 $\overset{\frown}{AC}$ 上时,$f(P) = (PB+PD) \cdot AC$. 又因 $PB+PD \geqslant BD$,其中当且仅当 B,P,D 三点共线且点 P 在线段 BD 上时取等号,所以当且仅当 P 为 $\triangle ABC$ 的外接圆与 BD 的交点时,$f(P)$ 取最小值 $f(P)_{\min} = AC \cdot BD$. 故当 $f(P)$ 达最小值时,P,A,B,C 四点共圆.

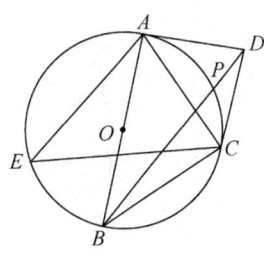

图 5.21

(2) 记 $\angle ECB = \alpha$,则 $\angle ECA = 2\alpha$. 由正弦定理有 $\dfrac{AE}{AB} = \dfrac{\sin 2\alpha}{\sin 3\alpha} = \dfrac{\sqrt{3}}{2}$,从而
$$\sqrt{3}\sin 3\alpha = 2\sin 2\alpha, \quad 即 \quad \sqrt{3}(3\sin\alpha - 4\sin^3\alpha) = 4\sin\alpha\cos\alpha,$$
所以 $3\sqrt{3} - 4\sqrt{3}(1-\cos^2\alpha) - 4\cos\alpha = 0$,整理得
$$4\sqrt{3}\cos^2\alpha - 4\cos\alpha - \sqrt{3} = 0 \Rightarrow \cos\alpha = \dfrac{\sqrt{3}}{2} \text{ 或 } \cos\alpha = -\dfrac{1}{2\sqrt{3}}(舍去).$$
故 $\alpha = 30°, \angle ACE = 60°$.

由已知 $\dfrac{BC}{EC} = \sqrt{3}-1 = \dfrac{\sin(\angle EAC - 30°)}{\sin\angle EAC}$,有 $\sin(\angle EAC - 30°) = (\sqrt{3}-1)\sin\angle EAC$,即
$$\dfrac{\sqrt{3}}{2}\sin\angle EAC - \dfrac{1}{2}\cos\angle EAC = (\sqrt{3}-1)\sin\angle EAC,$$
整理得
$$\dfrac{2-\sqrt{3}}{2}\sin\angle EAC = \dfrac{1}{2}\cos\angle EAC,$$
故 $\tan\angle EAC = \dfrac{1}{2-\sqrt{3}} = 2+\sqrt{3}$. 由此可得 $\angle EAC = 75°$,从而 $\angle E = 45°, \angle DAC = \angle DCA = \angle E = 45°$,即 $\triangle ADC$ 为等腰直角三角形. 因为 $AC = \sqrt{2}$,所以 $CD = 1$. 又 $\triangle ABC$ 也是等腰直角三角形,故 $BC = \sqrt{2}$,从而
$$BD^2 = 1 + 2 - 2 \cdot 1 \cdot \sqrt{2}\cos 135° = 5, \quad 即 \quad BD = \sqrt{5}.$$
因此
$$f(P)_{\min} = BD \cdot AC = \sqrt{5} \cdot \sqrt{2} = \sqrt{10}.$$

例 17(1988 年全国冬令营试题) 如图 5.22 所示,设 C_1, C_2 是同心圆,C_2 的半径是 C_1 半径的 2 倍,四边形 $A_1A_2A_3A_4$ 内接于圆 C_1. 将 A_4A_1 延长交圆 C_2 于点 B_1,A_1A_2 延长交圆 C_2 于点 B_2,A_2A_3 延长交圆 C_2 于点 B_3,A_3A_4 延长交圆 C_2 于点 B_4. 试证明:四边形 $B_1B_2B_3B_4$ 的周长大于或等于四边形 $A_1A_2A_3A_4$ 的周长的 2 倍,并请确定等号成立的条件.

证明 设公共圆圆心为 O,连结 OA_1, OB_1, OB_2. 在四边形 $OA_1B_1B_2$ 中,运用托勒密不

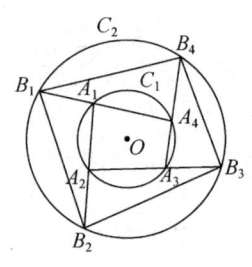

图 5.22

等式,有
$$OB_1 \cdot A_1B_2 \leqslant OA_1 \cdot B_1B_2 + OB_2 \cdot A_1B_1,$$
所以 $2R \cdot A_1B_2 \leqslant R \cdot B_1B_2 + 2R \cdot A_1B_1$,即 $2A_1B_2 \leqslant B_1B_2 + 2A_1B_1$,亦即 $B_1B_2 \geqslant 2A_1A_2 + 2A_2B_2 - 2A_1B_1$. 同理有
$$B_2B_3 \geqslant 2A_2A_3 + 2A_3B_3 - 2A_2B_2,$$
$$B_3B_4 \geqslant 2A_3A_4 + 2A_4B_4 - 2A_3B_3,$$
$$B_4B_1 \geqslant 2A_4A_1 + 2A_1B_1 - 2A_4B_4.$$

所以结论得证.

当且仅当 O, A_1, B_1, B_2 四点共圆时,$\angle OA_1A_4 = \angle OB_2B_1 = \angle OB_1B_2 = \angle OA_1B_2$. 此时 OA_1 是 $\angle A_4A_1A_2$ 的角平分线,从而 O 到 $\angle A_4A_1A_2$ 的两边的距离相等,所以 $A_4A_1 = A_2A_1$. 同理,四边形 $A_1A_2A_3A_4$ 的各边相等. 因此,当四边形 $A_1A_2A_3A_4$ 是正方形时,等号成立.

2. 厄多斯-莫德尔不等式

厄多斯-莫德尔不等式 在 $\triangle ABC$ 内部(或边上)任取一点 P,用 d_A, d_B, d_C 分别表示由点 P 到顶点 A, B, C 的距离,d_a, d_b, d_c 分别表示由点 P 到边 BC, CA, AB 的距离,则
$$d_A + d_B + d_C \geqslant 2(d_a + d_b + d_c),$$
其中当且仅当 $\triangle ABC$ 为正三角形且 P 为重心时等号成立.

证明 **方法 1** 如图 5.23 所示,过 P 作直线 XY 分别交 AB, AC 于 X, Y,使得 $\angle AYX = \angle ABC$,则 $\triangle AYX \sim \triangle ABC$. 所以 $\dfrac{AX}{XY} = \dfrac{AC}{BC}$,$\dfrac{AY}{XY} = \dfrac{AB}{BC}$. 又因为
$$S_{\triangle AXY} = \frac{1}{2}AX \cdot d_c + \frac{1}{2}AY \cdot d_b \leqslant \frac{1}{2}XY \cdot d_A,$$

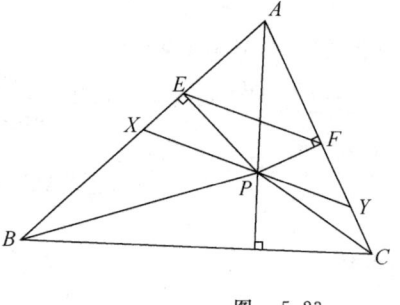

图 5.23

所以 $d_A \geqslant \dfrac{AX}{XY} \cdot d_c + \dfrac{AY}{XY} \cdot d_b$,即 $d_A \geqslant \dfrac{AC}{BC} \cdot d_c + \dfrac{AB}{BC} \cdot d_b$.

同理有 $d_B \geqslant \dfrac{BC}{AC} \cdot d_c + \dfrac{AB}{AC} \cdot d_a$,$d_C \geqslant \dfrac{BC}{AB} \cdot d_b + \dfrac{AC}{AB} \cdot d_a$.

所以 $d_A + d_B + d_C \geqslant 2(d_a + d_b + d_c)$.

显然,当且仅当 $\triangle ABC$ 是正三角形且 P 为重心时等号成立.

方法 2 如图 5.23 所示,过点 P 分别作 AB, AC 的垂线,垂足分别为 E, F,可知 P, E, A, F 四点共圆,则 $\dfrac{EF}{\sin A} = d_A$. 在 $\triangle EFP$ 中,由余弦定理得
$$EF^2 = d_c^2 + d_b^2 - 2d_c \cdot d_b \cos(B+C)$$
$$= (d_c \cos B - d_b \cos C)^2 + (d_c \sin B + d_b \sin C)^2$$
$$\geqslant (d_c \sin B + d_b \sin C)^2,$$

所以 $EF \geqslant d_c \sin B + d_b \sin C$,从而 $d_A \geqslant \dfrac{\sin B}{\sin A} d_c + \dfrac{\sin C}{\sin A} d_b$. 同理有

$$d_B \geqslant \dfrac{\sin A}{\sin B} d_c + \dfrac{\sin C}{\sin B} d_a, \quad d_C \geqslant \dfrac{\sin A}{\sin C} d_c + \dfrac{\sin B}{\sin C} d_a.$$

所以
$$d_A + d_B + d_C \geqslant 2(d_a + d_b + d_c).$$

显然,当且仅当 $\triangle ABC$ 为正三角形且 P 为重心时等号成立.

注 厄多斯-莫德尔不等式是一个很强的不等式. 由于点 P 可以在三角形的内部或边上任意选择,且三角形的形状又是任意的,所以从厄多斯-莫德尔不等式可以导出许多新的不等式. 在对线段的符号做适当的约定后,点 P 取在三角形外时这个不等式仍可保持成立. 这个不等式也可以推广到立体几何中,这时系数 2 相应地改为 $2^{3/2}$. 对此这里就不作介绍了.

例 18 求证:$\triangle ABC$ 的内心 I 到各顶点距离之和不小于重心 G 到各边距离之和的 2 倍.

分析 涉及点到三角形边和顶点的距离关系,自然会联想到厄多斯-莫德尔不等式,再利用三角形三边的关系,可以把内心 I 到各顶点的距离与重心 G 到各边的距离联系起来.

证明 设点 G 到边 BC, AC, AB 的距离分别为 $r_1 = \dfrac{h_a}{3}, r_2 = \dfrac{h_b}{3}, r_3 = \dfrac{h_c}{3}$. 由 $h_a \leqslant AI + r$, $h_b \leqslant BI + r, h_c \leqslant CI + r$($r$ 为内切圆半径),得

$$r_1 + r_2 + r_3 = \dfrac{1}{3}(h_a + h_b + h_c) \leqslant \dfrac{1}{3}(AI + BI + CI) + r,$$

又由厄多斯-莫德尔不等式有 $r = \dfrac{1}{3}(3r) \leqslant \dfrac{1}{3} \cdot \dfrac{1}{2}(AI + BI + CI)$,故

$$r_1 + r_2 + r_3 \leqslant \dfrac{1}{3}(AI + BI + CI) + \dfrac{1}{6}(AI + BI + CI) = \dfrac{1}{2}(AI + BI + CI),$$

即
$$AI + BI + CI \geqslant 2(r_1 + r_2 + r_3).$$

3. 欧拉定理

欧拉定理 若 $\triangle ABC$ 的外接圆半径为 R,内切圆半径为 r,两圆圆心之间的距离为 d,则

$$d = \sqrt{R(R-2r)}, \quad 且 \quad R \geqslant 2r,$$

其中当且仅当 $\triangle ABC$ 为正三角形时,$d = 0$,此时 $R = 2r$.

例 19(2004 年北欧数学奥林匹克竞赛试题) 已知 a, b, c 和 R 分别为 $\triangle ABC$ 的三边 BC, AC, AB 的长和外接圆的半径,求证:$\dfrac{1}{ab} + \dfrac{1}{bc} + \dfrac{1}{ca} \geqslant \dfrac{1}{R^2}$.

证明 要证 $\dfrac{1}{ab} + \dfrac{1}{bc} + \dfrac{1}{ca} \geqslant \dfrac{1}{R^2}$,只要证 $(a + b + c)R^2 \geqslant abc$. 设 r 为三角形内切圆的半径. 因为

$$S_{\triangle ABC} = S_{\triangle AOB} + S_{\triangle BOC} + S_{\triangle COA} = \dfrac{1}{2}cr + \dfrac{1}{2}ar + \dfrac{1}{2}br = \dfrac{1}{2}(a+b+c)r,$$

第五章 平面解析几何与几何不等式

又由正弦定理有 $\dfrac{c}{\sin C}=2R$,而 $S_{\triangle ABC}=\dfrac{1}{2}ab\sin C$,所以 $S_{\triangle ABC}=\dfrac{1}{2}ab\dfrac{c}{2R}=\dfrac{abc}{4R}$,从而

$$\dfrac{1}{2}(a+b+c)r=\dfrac{abc}{4R}\Rightarrow a+b+c=\dfrac{abc}{2Rr}.$$

因此,只要证明 $R\geqslant 2r$. 而由欧拉定理,$R\geqslant 2r$ 显然成立,故所要证的不等式成立.

4. 费马问题

在 $\triangle ABC$ 中,使 $PA+PB+PC$ 为最小的平面上的点 P 称为**费马点**. 当 $\angle BAC\geqslant 120°$ 时,点 A 为费马点;当 $\triangle ABC$ 中任一内角都小于 $120°$ 时,与三边张角为 $120°$ 的点 P 为费马点.

例20 设 S 是 $\triangle ABC$ 的面积,F 是 $\triangle ABC$ 内的费马点. 延长 AF,BF,CF 分别交对边于点 A',B',C',记 $AA'=x,BB'=y,CC'=z$. 证明:

$$\dfrac{1}{x}+\dfrac{1}{y}+\dfrac{1}{z}\geqslant\sqrt{\dfrac{3\sqrt{3}}{S}}.$$

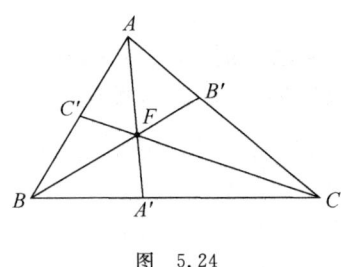

图 5.24

证明 如图 5.24 所示,记 $FA=u,FB=v,FC=w$,则由文献[20]知

$$uv+vw+wu=\dfrac{4S}{\sqrt{3}}, \qquad ⑤$$

$$u+v+w=\dfrac{\sqrt{2}}{2}\sqrt{a^2+b^2+c^2+4\sqrt{3}S}, \qquad ⑥$$

其中 a,b,c 为 $\triangle ABC$ 三边的长. 因为 F 为费马点,所以 $\angle A'FB=\angle A'FC=60°$. 应用角平分线公式,有 $FA'=\dfrac{2vw}{v+w}\cos 60°=\dfrac{vw}{v+w}$,所以 $x=u+FA'=\dfrac{uw+vw+vu}{v+w}$. 注意到 y,z 类似的表达式及⑤,⑥两式,有

$$\dfrac{1}{x}+\dfrac{1}{y}+\dfrac{1}{z}=\dfrac{\sqrt{6}\cdot\sqrt{a^2+b^2+c^2+4\sqrt{3}S}}{4S}.$$

因为 $a^2+b^2+c^2\geqslant 4\sqrt{3}S$,所以

$$\dfrac{1}{x}+\dfrac{1}{y}+\dfrac{1}{z}\geqslant\dfrac{\sqrt{6}\cdot\sqrt{8\sqrt{3}S}}{4S}=\sqrt{\dfrac{3\sqrt{3}}{S}}.$$

5. 外森比克不等式

外森比克(Weitzenböck)不等式 设 $\triangle ABC$ 的三边长分别为 a,b,c,面积为 S,则

$$a^2+b^2+c^2\geqslant 4\sqrt{3}S,$$

其中当且仅当 $\triangle ABC$ 为等边三角形时等号成立.(证明方法很多,留给读者)

例21 设 P 是 $\triangle ABC$ 内一点,S 为 $\triangle ABC$ 的面积,证明:

$$PA+PB+PC\geqslant 2\sqrt[4]{3S^2}.$$

证明 根据费马问题的解,分两种情况讨论:

(1) $\angle A, \angle B, \angle C$ 中有一个角大于或等于 $120°$,不妨设这个角为 $\angle C$,则

$$PA+PB+PC \geqslant a+b \geqslant 2\sqrt{ab} = 2\sqrt{\frac{2S}{\sin C}} > 2\sqrt{2S} > 2\sqrt[4]{3S^2}.$$

(2) $\triangle ABC$ 的三个内角均小于 $120°$. 把 $\triangle APB$ 逆时针旋转 $60°$,得 $\triangle A'P'B$,则易知 $PA+PB+PC = A'P'+P'P+PC \geqslant A'C$. 又

$$\begin{aligned}
A'C^2 &= a^2+c^2-2ac\cos(60°+\angle ABC) \\
&= a^2+c^2-2ac\cos 60°\cos\angle ABC+2ac\sin 60°\sin\angle ABC \\
&= \frac{a^2+b^2+c^2}{2}+2\sqrt{3}S,
\end{aligned}$$

再由外森比克不等式得

$$A'C^2 = \frac{a^2+b^2+c^2}{2}+2\sqrt{3}S \geqslant \frac{4\sqrt{3}S}{2}+2\sqrt{3}S = 4\sqrt{3}S,$$

从而 $PA+PB+PC \geqslant A'C = \sqrt{4\sqrt{3}S} = 2\sqrt[4]{3S^2}$,即结论成立.

6. 外森比克不等式的加强——芬斯勒-哈德维格不等式

芬斯勒-哈德维格(Finsler-Hadwiger)不等式 设 $\triangle ABC$ 的三边长分别为 a,b,c,面积为 S,则

$$a^2+b^2+c^2 \geqslant 4\sqrt{3}S+(a-b)^2+(b-c)^2+(c-a)^2,$$

其中等号当且仅当 $\triangle ABC$ 为正三角形时成立.(证明略,可参看文献[18])

例 22 设 F 是 $\triangle ABC$ 内的费马点. 延长 AF,BF,CF 分别交对边于点 A',B',C',并记 $AA'=x, BB'=y, CC'=z$. 证明:$\frac{1}{x}+\frac{1}{y}+\frac{1}{z} \geqslant \frac{3\sqrt{3}}{p}$,其中 p 为 $\triangle ABC$ 的半周长.

证明 由芬斯勒-哈德维格不等式有

$$a^2+b^2+c^2 \geqslant 4\sqrt{3S}+(a-b)^2+(b-c)^2+(c-a)^2,$$

其中 S 为 $\triangle ABC$ 的面积,可得 $(a+b+c)^2 \geqslant 4\sqrt{3}S+2(a^2+b^2+c^2) \geqslant 12\sqrt{3}S$,即

$$p^2 \geqslant 3\sqrt{3}S, \quad 从而 \quad \sqrt{\frac{3\sqrt{3}}{S}} \geqslant \frac{3\sqrt{3}}{p}.$$

而由例 18 知 $\frac{1}{x}+\frac{1}{y}+\frac{1}{z} \geqslant \sqrt{\frac{3\sqrt{3}}{S}}$,所以

$$\frac{1}{x}+\frac{1}{y}+\frac{1}{z} \geqslant \frac{3\sqrt{3}}{p}.$$

注 证明关于三角形内各元素的各种不等式时,常作如下变换:$BC=a=y+z, AC=b=x+z, AB=c=x+y$ ($x,y,z>0$). 通过变换将三边长 a,b,c 的不等式转换成三个正数 x,

y,z 的代数不等式. 由于 a,b,c 确定三角形, 从而三角形各元素也可以通过此变换用 x,y,z 表示, 如

$$p = \frac{1}{2}(a+b+c) = x+y+z,$$

$$S_{\triangle ABC} = \sqrt{p(p-a)(p-b)(p-c)} = \sqrt{xyz(x+y+z)},$$

$$r = \frac{S}{p} = \sqrt{\frac{xyz}{x+y+z}},$$

$$R = \frac{abc}{4S} = \frac{\sqrt{(x+y)(y+z)(z+x)}}{4\sqrt{xyz(x+y+z)}},$$

$$\tan\frac{A}{2} = \frac{r}{x}, \quad \tan\frac{B}{2} = \frac{r}{y}, \quad \tan\frac{C}{2} = \frac{r}{z},$$

其中 r 为内切圆半径, R 为外接圆半径.

反之, 如果三个正数 a,b,c 可以表示为上述形式, 则 a,b,c 一定是某个三角形的三边长. 这种代换对于解决与三角形三边有关的几何不等式有时十分有效.

7. 嵌入不等式

嵌入不等式 对于 $\triangle ABC$ 和任意的实数 x,y,z, 均有

$$x^2 + y^2 + z^2 \geqslant 2yz\cos A + 2zx\cos B + 2xy\cos C,$$

其中等号当且仅当 $x:y:z = \sin A : \sin B : \sin C$ 时成立.

证明 因为

$$\begin{aligned}
&x^2 + y^2 + z^2 - 2yz\cos A - 2zx\cos B - 2xy\cos C \\
&= x^2 - 2(z\cos B + y\cos C)x + y^2 + z^2 + 2yz\cos(B+C) \\
&= x^2 - 2(z\cos B + y\cos C)x + (z\cos B + y\cos C)^2 + (z\sin B - y\sin C)^2 \\
&= (x - z\cos B - y\cos C)^2 + (z\sin B - y\sin C)^2 \geqslant 0,
\end{aligned}$$

其中当且仅当 $x = y\cos C + z\cos B$ 且 $y\sin C = z\sin B$ 时取等号, 所以结论成立.

注 嵌入不等式中隐含了条件 $\angle A + \angle B + \angle C = \pi$, 此条件可推广到

$$\angle A + \angle B + \angle C = (2k+1)\pi.$$

而 x,y,z 可以为任意实数, 因而 x,y,z 也可以为任一三角形的三边长, 从而可以由嵌入不等式产生许多新的几何不等式. 例如, 在嵌入不等式中, 设 $x = \cos A, y = \cos B, z = \cos C$, 并利用熟知的恒等式

$$\cos^2 A + \cos^2 B + \cos^2 C + 2\cos A \cdot \cos B \cdot \cos C = 1,$$

可得命题: 在 $\triangle ABC$ 中, 有

$$\cos A \cdot \cos B \cdot \cos C \leqslant 1/8.$$

例 23 设 $\triangle ABC$ 为锐角三角形, 求证:

$$\left(\frac{\cos A}{\cos B}\right)^2 + \left(\frac{\cos B}{\cos C}\right)^2 + \left(\frac{\cos C}{\cos A}\right)^2 + 8\cos A \cdot \cos B \cdot \cos C \geqslant 4.$$

分析 观察要证的不等式,联想到恒等式

$$\cos^2 A + \cos^2 B + \cos^2 C + 2\cos A \cdot \cos B \cdot \cos C = 1,$$

从而将不等式转化成

$$\left(\frac{\cos A}{\cos B}\right)^2 + \left(\frac{\cos B}{\cos C}\right)^2 + \left(\frac{\cos C}{\cos A}\right)^2 \geqslant 4(\cos^2 A + \cos^2 B + \cos^2 C).$$

由不等式的形式,再联想到嵌入不等式,问题即可解决.

证明 将所证不等式写成关于 $\cos^2 A, \cos^2 B, \cos^2 C$ 的形式. 由恒等式

$$\cos^2 A + \cos^2 B + \cos^2 C + 2\cos A \cdot \cos B \cdot \cos C = 1,$$

得

$$4 - 8\cos A \cdot \cos B \cdot \cos C = 4(\cos^2 A + \cos^2 B + \cos^2 C),$$

故只要证明

$$\left(\frac{\cos A}{\cos B}\right)^2 + \left(\frac{\cos B}{\cos C}\right)^2 + \left(\frac{\cos C}{\cos A}\right)^2 \geqslant 4(\cos^2 A + \cos^2 B + \cos^2 C). \quad ⑦$$

设 $x = \frac{\cos B}{\cos C}, y = \frac{\cos C}{\cos A}, z = \frac{\cos A}{\cos B}$,由嵌入不等式得

$$\left(\frac{\cos A}{\cos B}\right)^2 + \left(\frac{\cos B}{\cos C}\right)^2 + \left(\frac{\cos C}{\cos A}\right)^2 = x^2 + y^2 + z^2$$

$$\geqslant 2(yz\cos A + zx\cos B + xy\cos C)$$

$$= 2\left(\frac{\cos C \cdot \cos A}{\cos B} + \frac{\cos A \cdot \cos B}{\cos C} + \frac{\cos B \cdot \cos C}{\cos A}\right).$$

再设 $x = \sqrt{\frac{\cos B \cdot \cos C}{\cos A}}, y = \sqrt{\frac{\cos C \cdot \cos A}{\cos B}}, z = \sqrt{\frac{\cos A \cdot \cos B}{\cos C}}$,且由嵌入不等式得

$$2\left(\frac{\cos C \cdot \cos A}{\cos B} + \frac{\cos A \cdot \cos B}{\cos C} + \frac{\cos B \cdot \cos C}{\cos A}\right)$$

$$= 2(x^2 + y^2 + z^2) \geqslant 4(yz\cos A + zx\cos B + xy\cos C)$$

$$= 4(\cos^2 A + \cos^2 B + \cos^2 C),$$

即⑦式成立,从而原不等式成立.

习 题 五

1. 方程 $\frac{x^2}{\sin(19^{2007})°} + \frac{y^2}{\cos(19^{2007})°} = 1$ 所表示的曲线是(　　).

   A. 双曲线　　　　　　　　　　　B. 焦点在 x 轴上的椭圆
   C. 焦点在 y 轴上的椭圆　　　　　D. 以上答案都不正确

2. 已知双曲线 $C: \frac{x^2}{a^2} - \frac{y^2}{b^2} = 1 (a > 0, b > 0)$ 的右焦点为 F,过 F 且斜率为 $\sqrt{3}$ 的直线交双

曲线 C 于 A,B 两点. 若 $\overrightarrow{AF}=4\overrightarrow{FB}$, 求双曲线 C 的离心率.

3. 设 AB 是过椭圆 $\dfrac{x^2}{a^2}+\dfrac{y^2}{b^2}=1(a>b>0)$ 中心的弦, $F(c,0)$ 是此椭圆的右焦点, 求 $\triangle AFB$ 的最大面积.

4. (2007 年江西省数学竞赛试题) 设 O 为抛物线的顶点, F 为焦点, M 是此抛物线上的动点, 求 $\dfrac{MO}{MF}$ 的最大值.

5. (2007 年全国高中数学联赛试题) 已知过点 $(0,1)$ 的直线 l 与曲线 $C:y=x+\dfrac{1}{x}(x>0)$ 交于两个不同点 M,N, 求曲线 C 在点 M,N 处的切线的交点轨迹.

6. 设椭圆的方程为 $\dfrac{x^2}{a^2}+\dfrac{y^2}{b^2}=1\;(a>b>0)$, 线段 PQ 是过椭圆左焦点 F 且不与 x 轴垂直的焦点弦. 若在椭圆左准线上存在点 R, 使得 $\triangle PQR$ 为正三角形, 求该椭圆的离心率 e 的取值范围, 并用 e 表示直线 PQ 的斜率.

7. (2007 年全国高中数学联赛河南省预赛试题) 已知抛物线 $x^2=4y$ 及定点 $P(0,8)$, 设 A,B 是此抛物线上的两动点, 且 $\overrightarrow{AP}=\lambda\overrightarrow{PB}\;(\lambda>0)$. 过 A,B 两点分别作该抛物线的切线, 设其交点为 M.

(1) 证明: 点 M 的纵坐标为定值.

(2) 是否存在定点 Q, 使得无论 AB 怎样运动, 都有 $\angle AQP=\angle BQP$? 证明你的结论.

8. 设 O 为抛物线的顶点, F 为焦点, 且 PQ 是过点 F 的弦. 已知 $|OP|=a,|PQ|=b$, 求 $\triangle OPQ$ 的面积.

9. (2005 年天津市数学竞赛试题) 已知椭圆 $\dfrac{x^2}{a^2}+\dfrac{y^2}{b^2}=1\;(a>b>0)$, 其长轴为 A_1A, P 是此椭圆上不同于点 A_1,A 的一个动点, 直线 PA,PA_1 分别与同一条准线 l 交于 M,M_1 两点, 试证明: 以线段 MM_1 为直径的圆必经过该椭圆的一个定点.

10. (2006 年全国数学竞赛试题) 给定整数 $n\geqslant 2$, 设 $M_0(x_0,y_0)$ 是抛物线 $y^2=nx-1$ 与直线 $y=x$ 的一个交点, 试证明: 对于任意正整数 m, 必存在整数 $k\geqslant 2$, 使得 (x_0^m,y_0^m) 为抛物线 $y^2=kx-1$ 与直线 $y=x$ 的一个交点.

11. 过椭圆 $C:\dfrac{x^2}{3}+\dfrac{y^2}{2}=1$ 上任一点 P, 作椭圆 C 的右准线的垂线 PH(H 为垂足), 延长 PH 到点 Q, 使得 $|HQ|=\lambda|PH|\;(\lambda\geqslant 1)$. 当点 P 在椭圆 C 上运动时, 求点 Q 的轨迹的离心率的取值范围.

12. 给定抛物线 $C:y^2=4x$, F 是抛物线 C 的焦点. 设过点 F 的直线 l 与抛物线 C 交于点 A,B, 且 $\overrightarrow{FB}=\lambda\overrightarrow{AF}$. 若 $\lambda\in[4,9]$, 求直线 l 在 y 轴上截距的变化范围.

13. (2002 年全国数学竞赛试题) 设直线 $\dfrac{x}{4}+\dfrac{y}{3}=1$ 与椭圆 $\dfrac{x^2}{16}+\dfrac{y^2}{9}=1$ 相交于 A,B 两

点. 若该椭圆上点 P, 使得 $\triangle PAB$ 的面积等于 3, 试问: 这样的点 P 共有多少个?

14. (2003 年全国数学竞赛试题) 过抛物线 $y^2=8(x+2)$ 的焦点 F 作倾斜角为 $60°$ 的直线, 若此直线与抛物线交于 A,B 两点, 弦 AB 的中垂线与 x 轴交于 P 点, 求线段 PF 的长.

15. (2006 年全国数学竞赛试题) 已知椭圆 $\dfrac{x^2}{16}+\dfrac{y^2}{4}=1$ 的左、右焦点分别为 F_1 与 F_2, 点 P 在直线 $l: x-\sqrt{3}y+8+2\sqrt{3}=0$ 上. 当 $\angle F_1 PF_2$ 取最大值时, 求 $\dfrac{PF_1}{PF_2}$ 的值.

16. (2009 年全国高中数学联赛江苏省复赛试题) 如图 5.25 所示, 给定抛物线 $y^2=2x$ 及点 $P(1,1)$, 过点 P 的不重合的直线 l_1,l_2 与此抛物线分别交于点 A,B,C,D, 证明: A,B,C,D 四点共圆的充分必要条件是直线 l_1 与 l_2 的倾斜角互补.

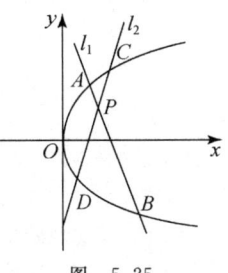

图 5.25

17. (2005 年天津市数学竞赛试题) 已知定点 $A(4,\sqrt{7})$. 若动点 P 在抛物线 $y^2=4x$ 上, 且点 P 在 y 轴上的射影为点 M, 求 $PA-PM$ 的最大值.

18. 在线段 BC 同侧作 $\triangle ABC$ 和 $\triangle DBC$, 使得 $AB=AC, DB>DC$, 且 $AB+AC=DB+DC$. 若 AC 与 BD 相交于点 E, 求证: $AE>DE$.

19. 在 $\triangle ABC$ 中, 若 $AB<\dfrac{1}{2}AC$, 求证: $\angle ACB<\dfrac{1}{2}\angle ABC$.

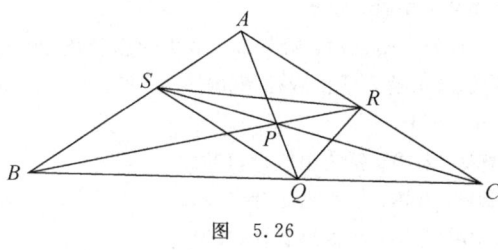

图 5.26

20. 如图 5.26 所示, 设 P 是 $\triangle ABC$ 内的一点, Q,R,S 分别是顶点 A,B,C 和点 P 的连线与对边的交点, 求证: $S_{\triangle QRS} \leqslant \dfrac{1}{4}S_{\triangle ABC}$.

21. 已知锐角 $\triangle ABC$ 中, $\angle A>\angle B>\angle C$. 在 $\triangle ABC$ 的内部(包括边界)上找一点 P, 使得点 P 到三边的距离之和最小.

22. 过三角形的重心任作一直线, 把这个三角形分成两部分, 求证: 这两部分面积之差不大于整个三角形面积的 $\dfrac{1}{9}$.

23. 在 $\triangle ABC$ 中, 求证: $\cot^3\dfrac{A}{2}+\cot^3\dfrac{B}{2}+\cot^3\dfrac{C}{2}\geqslant 9\sqrt{3}$.

24. 已知 $\triangle ABC$ 的面积为 S, 三边长分别为 a,b,c, 求证: $S\leqslant \dfrac{\sqrt{3}}{4}\left(\dfrac{a+b+c}{3}\right)^2$, 且当且仅当 $a=b=c$ 时等号成立.

25. (1991 年 IMO 试题) 设 P 是 $\triangle ABC$ 内的一点, 求证: $\angle PAB,\angle PBC,\angle PCA$ 中至少有一个小于或等于 $30°$.

第五章　平面解析几何与几何不等式

26. （2003年白俄罗斯数学奥林匹克竞赛试题）若三角形和矩形有相等的周长和面积，则称它们是"孪生的"．证明：对于给定的三角形，存在"孪生的"矩形，该矩形不是正方形，且较长的边与较短的边的比至少是 $\lambda - 1 + \sqrt{\lambda(\lambda-2)}$，其中 $\lambda = \dfrac{3\sqrt{3}}{2}$．

27. （1988年CMO试题）设 D 为锐角 $\triangle ABC$ 内部一点，求证：
$$DA \cdot DB \cdot AB + DB \cdot DC \cdot BC + DC \cdot DA \cdot CA \geqslant AB \cdot BC \cdot CA,$$
其中等号当且仅当 D 为 $\triangle ABC$ 的垂心时成立．

本章参考文献

[1] 沈文选,张垚,冷岗松.奥林匹克数学中的几何问题.长沙：湖南师范大学出版社,2004.

[2] 周顺钿.常见曲线的切点弦方程.中等数学,2009,3：5-11.

[3] 胡圣团.二次曲线中点弦、切线、切点弦及双切线方程.中等数学,2009,8：7-12.

[4] 杨敬民.非圆二次曲线极坐标方程的应用.中等数学,2009,11：6-10.

[5] 熊斌.几何不等式初步(上).中等数学,2007,11：2-4.

[6] 熊斌.几何不等式初步(下).中等数学,2007,12：2-5.

[7] 李名德,李胜宏.高中数学竞赛培优教程.杭州：浙江大学出版社,2003.

[8] 郑日锋.解数学竞赛题的局部调整策略.中等数学,2004,4：10-12.

[9] 陈传理,张同军.竞赛数学教程(第二版).北京：高等教育出版社,2005.

[10] 刘培杰.历届CMO中国数学奥林匹克试题集(1986—2008).哈尔滨：哈尔滨工业大学出版社,2008.

[11] 刘培杰.历届IMO试题集(1959—2005).哈尔滨：哈尔滨工业大学出版社,2006.

[12] 单墫.数学奥林匹克(初中版).北京：北京大学出版社,1991.

[13] 数学奥林匹克题库编译小组.中国中学生数学竞赛题解.天津：新蕾出版社,1991.

[14] 数学奥林匹克题库编译小组.美国中学生数学竞赛题解.天津：新蕾出版社,1991.

[15] 数学奥林匹克题库编译小组.苏联中学生数学竞赛题解.天津：新蕾出版社,1991.

[16] 数学奥林匹克题库编译小组.加拿大中学生数学竞赛题解.天津：新蕾出版社,1991.

[17] 数学奥林匹克题库编译小组.国际中学生数学竞赛题解.天津：新蕾出版社,1991.

[18] 程晓亮,刘影.初等数学研究.北京：北京大学出版社,2011.

[19] 饶克勇.费尔马问题的最小值公式.中等数学,1997,3：19-20.

[20] 范培养.关于费马点的一个不等式.中等数学,1998,5：21-22.

第六章 组合数学

> 组合数学(combinatorial mathematics)又称组合分析(combinatorial analysis),是计算机出现以后迅速发展起来的一门研究离散对象的科学,它不仅是计算机软件产业的基础,更是现代数学的一个重要分支. 组合数学主要研究满足一定条件的组态(也称组合模型)的存在、计数及构造等方面的问题,其主要内容有组合计数、组合设计、组合矩阵、组合优化等. 组合数学在计算机科学、物理学、化学、生物学,还在金融分析、企业管理、交通规划、战争指挥中发挥着重要作用. 组合数学中经常使用的方法浅显易懂,但也要训练有素才能顺利解决实际问题. 本章主要介绍数学竞赛中常常遇到的抽屉原理、容斥原理和组合计数三方面的内容,这些是研究组合数学的初步知识.

第一节 抽屉原理

两个抽屉要放置三个苹果,那么一定有两个苹果放在同一个抽屉里. 更一般地说,只要被放置的苹果数比抽屉数目大,就一定会有两个或更多个苹果被放入同一个抽屉,这就是抽屉原理,又称狄利克雷(Dirichlet)原则,或"鸽巢原理". 抽屉原理主要用于解决存在性问题,如有关"存在"、"总有"、"至少有"、"至多有"的问题.

一、抽屉原理的四种形式

抽屉原理 1 如果把 $n+k$ $(k \geqslant 1)$ 个元素放入 n 个抽屉,则至少有一个抽屉中含有两个或两个以上元素.

证明 用反证法. 如果每个抽屉至多只能放入一个元素,那么 n 个抽屉至多放入 n 个元素,而不是题设中的 $n+k$ $(k \geqslant 1)$ 个. 这就与题设产生矛盾,所以假设不成立,即原命题成立.

抽屉原理 2 如果把 $mn+k$ $(k \geqslant 1)$ 个元素放入 n 个抽屉,则至少有一个抽屉中含有 $m+1$ 个或 $m+1$ 个以上元素.

证明 用反证法．若每个抽屉至多放入 m 个元素，那么 n 个抽屉至多放进 mn 个元素，而不是题设中的 $mn+k$ ($k \geq 1$) 个元素．这就与题设产生矛盾，所以假设不成立，即原命题成立．

抽屉原理 3 如果把 $m_1+m_2+\cdots+m_n+k$ ($k \geq 1$) 个元素放入 n 个抽屉，则至少有一个抽屉中所含元素个数超过某个 m_i ($1 \leq i \leq n$)．

证明 用反证法．假定第一个抽屉放入元素的个数不超过 m_1 个，第二个抽屉放入元素的个数不超过 m_2 个，$\cdots$，第 n 个抽屉放入元素的个数不超过 m_n 个，那么放入所有抽屉的元素的总数不超过 $m_1+m_2+\cdots+m_n$ 个．这就与题设矛盾，所以假设不成立，即原命题成立．

抽屉原理 4 如果把无限多个元素放入有限个抽屉，则至少有一个抽屉中含有无限多个元素．

证明 用反证法．将无穷多个元素放入有限个抽屉，假设这有限个抽屉中的元素的个数都是有限个，则有限个有限元素相加，所得的元素个数必是有限数．这就与题设产生矛盾，所以假设不成立，即原命题成立．

二、抽屉原理的解题思想

抽屉原理虽然简单，但应用广泛，利用它可以解答很多有趣的问题，而且运用相关知识巧妙地构造抽屉，可以解决看上去相当复杂甚至感到无从下手的难题．一般解题步骤：

(1) 判定所求问题是属于存在性还是属于分类性问题（存在性问题多采用反证法）．

(2) 分清题设条件，即分清什么是元素，什么是抽屉．

(3) 构造抽屉，这是运用抽屉原理解题的关键．题目中没有明显的抽屉时，常常要根据题目的条件和结论，结合有关的数学知识，抓住最基本的数量关系，恰当设计和确定所需的抽屉和个数．

(4) 运用抽屉原理，结合数学技巧进行求解或证明．

三、典型例题解析

我们可根据不同问题的特殊情况，从不同角度设计抽屉．常见的构造抽屉的方式有：直接构造，分组构造，利用数组构造，分割图形构造，按剩余类构造以及利用染色构造，等等．

1. 直接构造抽屉

例 1 证明：367 个人中至少有两个人的生日相同．

分析 平年是 365 天，闰年是 366 天．因题中未说明是平年还是闰年，我们可将一年视为 366 天．人的生日是一年中的某一天，已知有 367 人，要说明至少有两个人的生日相同，就必须构造少于 367 个的抽屉．因此，可以把每一天看做抽屉，而把 367 人的生日看做元素．

证明 将一年中的 366 天视为 366 个抽屉，367 个人的生日看做 367（367＝366+1）个元素，把 367 个人的生日（元素）放入 366 个抽屉，根据抽屉原理 1 得知，至少有两个人的生日相同.

例 2 设有红袜 2 双,白袜 3 双,黑袜 4 双,黄袜 5 双,蓝袜 6 双(袜子包装在一起).若取出 9 双,证明其中必有黑袜或黄袜或蓝袜 2 双.

证明 除可能取出红袜 2 双、白袜 3 双外,还至少从其他三种颜色的袜子里取出 4 双.根据抽屉原理 1,必在黑袜或黄袜或蓝袜里取 2 双.

此类问题简单易懂,又如:我们任意找 13 个或多于 13 个人,就可断定他们中至少有两个人属相相同;从数 $1,2,\cdots,10$ 中任取 6 个数,其中至少有两个数奇偶性不同.

2. 分组构造抽屉

如果题目中有明显的取出或放入元素,但需要构造抽屉,可根据问题中的信息进行分组构造抽屉.

例 3 从正整数 $1,2,3,\cdots,200$ 中,任取 101 个数,求证:一定存在两个数,其中一个是另一个的整数倍.

分析 设法构造不超过 100 个抽屉.问题要求两个数中的一个是另一个的整数倍,一个自然的想法是从数的质因数表示形式进行分组,每组中任意两数都存在整数倍的关系.

证明 如下构造 100 个抽屉,其中每个抽屉里,任意两个数都满足一个是另一个的整数倍:

第 1 个抽屉:$1,1\times 2,1\times 2^2,1\times 2^3,1\times 2^4,1\times 2^5,1\times 2^6,1\times 2^7$;

第 2 个抽屉:$3,3\times 2,3\times 2^2,3\times 2^3,3\times 2^4,3\times 2^5,3\times 2^6$;

第 3 个抽屉:$5,5\times 2,5\times 2^2,5\times 2^3,5\times 2^4,5\times 2^5$;

第 4 个抽屉:$7,7\times 2,7\times 2^2,7\times 2^3,7\times 2^4$;

$\cdots\cdots\cdots\cdots$

第 49 个抽屉:$99,99\times 2$;

第 50 个抽屉:101;

$\cdots\cdots\cdots\cdots$

第 99 个抽屉:197;

第 100 个抽屉:199.

那么根据抽屉原理 1,随意取出的 101 个数中,必有两个数同属于一个抽屉,其中一个数是另一个数的整数倍.

例 4 把 1 到 10 的自然数摆成一个圆圈,证明:一定存在三个相邻的数,它们的和大于 17.

分析 题设没有明显的取出元素,但有明显的分组构造抽屉的标志,即"一定存在三个相邻的数".10 个自然数摆成一个圆圈,从而可构造 10 个抽屉,而元素是三个相邻数的和.

证明 我们把摆成一个圆圈的 1 到 10 的自然数,按每相邻的三个数分成一组,即是 $(a_1,a_2,a_3),(a_2,a_3,a_4),(a_3,a_4,a_5),\cdots,(a_9,a_{10},a_1),(a_{10},a_1,a_2)$ 共 10 组,其中 $a_1,a_2,$

$a_3,\cdots,a_{10}$ 分别对应着 1 到 10 的自然数中的一个数. 那么它们的总和为

$$(a_1+a_2+a_3)+(a_2+a_3+a_4)+(a_3+a_4+a_5)+\cdots+(a_9+a_{10}+a_1)+(a_{10}+a_1+a_2)$$
$$=3\times(a_1+a_2+a_3+\cdots+a_9+a_{10})=3\times(1+2+3+\cdots+9+10)$$
$$=3\times\frac{(10+1)\times10}{2}=165=16\times10+5.$$

根据抽屉原理 2,至少有一个抽屉内的三数之和不小于 17,即至少有三个相邻数的和不小于 17.

3. 分割图形构造抽屉

在存在性问题中,有一类问题与图形有关.例如,证明某些量不超过一个定值时,常常需要结合图形的特点和元素个数,平均分割图形构造抽屉.

例 5(1963 年北京市数学竞赛试题) 在边长为 1 的正方形内,任意放入 9 个点,证明:在以这些点为顶点的三角形中,必有一个三角形的面积不超过 $\frac{1}{8}$.

分析 任意放入 9 个点,要以 3 个点为顶点作三角形,因此我们需要构造的不是 8 个抽屉,而是根据抽屉原理 2,构造 4 个抽屉($9=2\times4+1$).

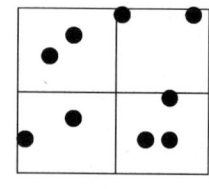

图 6.1

证明 如图 6.1 所示,将边长为 1 的正方形分割成 4 个边长为 $\frac{1}{2}$ 的正方形.把这 4 个小正方形看做 4 个抽屉,将 9 个点随意放入 4 个抽屉中,根据抽屉原理 2,至少有三个点落入一个小正方形中.以这 3 个点为顶点的三角形的面积最大 $\frac{1}{2}\times\frac{1}{2}\times\frac{1}{2}=\frac{1}{8}$,即是不超过 $\frac{1}{8}$.

注 此题分割图形的方法有多种,不妨试试.

例 6(1983 年英国数学竞赛试题) 在直径等于 5 的圆内,任意放入 10 个点,证明:存在两个点,它们的距离小于 2.

分析 根据题中任意放入 10 个点(元素),用圆域制造 9 个抽屉,并且划分的区域中,两点之间的最大距离小于 2 便可得证.

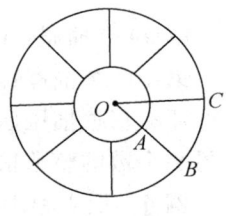

图 6.2

证明 设已知圆的圆心为 O 点,以 O 为圆心,以 0.9 为半径作一个小圆,再把圆环 8 等分,如图 6.2 所示.把这 9 个区域看成抽屉.根据抽屉原理 1,至少存在两个点落在同一个抽屉(包括边界).若两个点落在小圆内,距离显然小于 2.若落在扇环形的 8 个区域之一内,相距最远的两点可能是 A 与 C,或 B 与 C.根据余弦定理得

$$BC=\sqrt{OC^2+OB^2-2OC\cdot OB\cos\frac{\pi}{4}}$$
$$=\sqrt{OC^2+OB^2-\sqrt{2}OC\cdot OB}=\sqrt{6.25+6.25-6.25\sqrt{2}}$$

$$= 2.5\sqrt{2-\sqrt{2}} < 2,$$
$$AC = \sqrt{OC^2 + OA^2 - 2OC \cdot OA \cos\frac{\pi}{4}} = \sqrt{OC^2 + OA^2 - \sqrt{2} OC \cdot OA}$$
$$= \sqrt{6.25 + 0.9^2 - 0.9 \times 2.5\sqrt{2}} = \sqrt{7.06 - 2.25\sqrt{2}} < 2.$$

由此得证.

4. 按剩余类构造抽屉

我们知道,把所有整数按照除以某个正整数 m 的余数分为 m 类,叫做 m 的剩余类,用 $[0],[1],[2],\cdots,[m-1]$ 表示. 每一类含有无穷多个数,例如 $[1]$ 中含有 $1,m+1,2m+1,3m+1,\cdots$,每一个整数必包含在而且仅包含在上述一类中. 在研究与整除有关的问题时,常用某数(如倍数)的剩余类作为抽屉.

例 7 在一条笔直的马路旁种树,从起点起每隔一米种一棵树. 证明:如果把三块"爱护树木"的小牌分别挂在三棵树上,那么不管怎样挂,至少有两棵挂牌的树之间的距离是偶数.

分析 挂三块小牌的三棵树之间产生三个距离,因此只需构造两个抽屉. 因为每相邻两棵树之间的距离都是一米,所以这三个距离只能是整数,从而考虑以奇数和偶数构造两个抽屉. 另外,奇数和偶数是以能否被 2 整除为判断标准的,故可以用 2 的剩余类构造抽屉.

证明 **方法 1** 设挂牌的三棵树依次为 A,B,C. 设 $AB=a,BC=b$,则 $AC=a+b$.

若 a,b 中至少有一个是偶数,问题得证;若它们都是奇数,则 $a+b$ 是偶数,问题得证.

方法 2 给每棵树编上号,于是两棵树之间的距离就是号码差,问题转化为:从连续的若干个数中,任取三个数设为 a,b,c,判断 $a-b,b-c,a-c$ 中至少有一个是偶数,即要证明无论取哪三个数,这三个差中,至少有一个差能被 2 整除. 以 2 的剩余类 $[0]$ 和 $[1]$ 构造两个抽屉. 根据抽屉原理 1,任取三个数,必有两个数在同一个抽屉里,这两个数的差能被 2 整除. 所以,不管怎样挂,至少有两棵挂牌的树之间的距离是偶数.

例 8 证明:任意取出 5 个整数,必有 3 个数的和是 3 的倍数.

分析 这里提到 3 的倍数,用 3 的剩余类构造抽屉,任意取出的 5 个整数便是元素.

证明 以 3 的剩余类 $[0],[1],[2]$ 构造 3 个抽屉. 任意取出 5 个整数放入 3 个抽屉有以下情形:

(1) 如果 5 个整数放入同一个抽屉,即这 5 个数被 3 除余数相同,那么其中任意 3 个数的和都能被 3 整除;

(2) 如果 5 个整数放入其中的两个抽屉,即被 3 除余数只属于其中两类,因为 $5=2\times 2+1$,根据抽屉原理 2,总有 3 个整数在同一类,即它们被 3 除余数相同,那么这 3 个数的和也能被 3 整除;

(3) 如果 5 个整数分布在 3 个抽屉里,即 3 个抽屉不空,那么从 3 个剩余类 $[0],[1],[2]$ 中各取一个数,这 3 个数的和也能被 3 整除.

所以任意 5 个整数中，必有 3 个数的和是 3 的倍数.

例 9 设 a,b,c,d 为 4 个任意给定的整数，求证：以下 6 个差数 $b-a,c-a,d-a,c-b,d-b,d-c$ 的乘积一定可以被 12 整除.

分析 此题虽然提到被 12 整除，但却不可按 12 的剩余类构造抽屉，因为 12 的剩余类个数远远超过 4. 能被 12 整除的数可分为两类，或者同时被 2 和 6 整除，或者同时被 3 和 4 整除. 若按 2 和 6 的剩余类构造抽屉，6 的剩余类个数也大于 4. 我们不妨按 3 和 4 的剩余类构造抽屉.

证明 按 3 的剩余类 $[0],[1],[2]$ 构造 3 个抽屉，由抽屉原理 1，这 4 个整数至少有两个数落入同一个抽屉，不妨设为 a,b. 这时 3 可整除 $b-a$，从而 3 可整除 6 个差的乘积. 再按 4 的剩余类 $[0],[1],[2],[3]$ 构造 4 个抽屉，如果 a,b,c,d 中有两个数落入同一个抽屉，则这两个数的差可被 4 整除，即 4 可整除 6 个差的乘积，从而 12 可整除这 6 个差的乘积；如果 a,b,c,d 这 4 个数分别落在 4 个抽屉里，因为落在剩余类 $[0]$ 和 $[2]$ 中的两个数的差可被 2 整除，落在剩余类 $[1]$ 和 $[3]$ 中的两个数的差也可被 2 整除，因此，4 可整除 6 个差的乘积，从而 12 可整除这 6 个差的乘积.

5. 利用染色构造抽屉

例 10（1990 年北京市高一竞赛试题） 设有 910 瓶红、蓝墨水，排成 130 行，每行 7 瓶，证明：不论怎样排列，红、蓝墨水瓶的颜色次序必定出现下述两种情况之一：

(1) 至少有三行完全相同；

(2) 至少有两组（四行），其每组的两行完全相同.

分析 染色问题常常是通过染色的不同方案构造抽屉，有多少种染色方案，就构造多少个抽屉.

证明 对一行来说，每个位置上有红、蓝两种可能，因此一行的红、蓝墨水排法有 $2^7=128$ 种，从而构造 128 个抽屉. 现有 130 行，在其中任取 129 行，根据抽屉原理 1 知，必有两行染色方案相同. 设这两行为 A,B. 除 A,B 两行外，还有 128 行，若有一行 P 与 A 的染色方案相同，则满足至少有三行 A,B,P 完全相同，若在这 128 行中没有一行与 A 的染色方案相同，那么这 128 行至多有 127 种染色方案，根据抽屉原理 1，必有两行具有相同染色方案，记这两行为 C,D. 这样便找到了 (A,B),(C,D) 两组（四行），且每组的两行完全相同，结论得证.

例 11 证明：在任意 6 个人的集会上，有 3 个人以前彼此都相识，或者有 3 个人以前彼此不相识，这两者必居其一[①].

分析 每两个人之间只有两种可能的关系：认识或不认识，以认识或不认识构造两个抽屉.

证明 方法 1 用 A,B,C,D,E,F 表示这 6 个人，不失一般性，不妨考查 A 与另外 5 个

---

① 引自 1958 年 6/7 月的《美国数学月刊》.

人 B,C,D,E,F 之间的关系. 根据抽屉原理2,这 $5=2\times2+1$ 个人中必有3个与 A 认识或不认识. 现不妨设 A 认识 B,C,D,当 B,C,D 都互不认识时,结论得证;当 B,C,D 中有两人认识,如 B,C 认识时,则 A,B,C 互相认识,结论也得证.

方法 2 利用染色方法. 如图 6.3 所示,设这 6 个人为平面上任意 6 点 A,B,C,D,E,F,用红色或蓝色染这 6 点之间的 C_6^2 条线段,一条线段只染一种颜色. 不妨考查以 A 为端点的 5 条线段 AB,AC,AD,AE,AF. 根据抽屉原理2,这 $5=2\times2+1$ 条线段中至少有 3 条颜色相同,不妨设它们是 AB,AC,AD,且都染成红色. 看 $\triangle BCD$ 的三边,如其中有一条边,不妨设 BC 是红色,则同色三角形已出现(红色 $\triangle ABC$);如 $\triangle BCD$ 三边都不是红色的,则它就是蓝色的三角形,同色三角形也出现了. 结论得证.

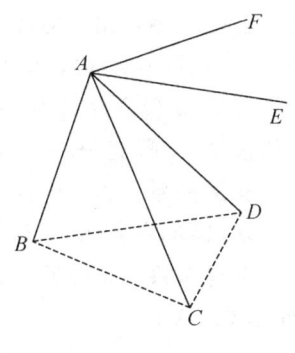

图 6.3

抽屉原理虽然方法简单,但是实际应用时,往往技巧性强,讲究策略,不仅要学会判定与识别适合用抽屉原理解决的问题特征,而且要熟悉掌握根据不同题意要求构造恰当的"抽屉"和物色放入抽屉的"元素"的基本方法,有时还需反复多次运用抽屉原理,或者结合运用其他数学方法灵活求解. 值得注意的是,运用抽屉原理只是肯定了"存在"、"总有"、"至少有",却不能确切地指出哪个抽屉里存在多少.

第二节 容斥原理

在一些计数问题中,经常遇到有关集合元素个数的计算. 在计数时,必须注意无重复,无遗漏. 为了使重叠部分不被重复计算,人们研究出一种新的计数方法——**容斥原理**(也称**淘汰原理**). 这种方法的基本思想是:先不考虑重叠的情况,把包含于某内容中的所有对象的数目计算出来,再把计数时重复计算的数目排斥出去,使得计算的结果既无遗漏又无重复.

一、预备知识

1. 集合的概念

集合与元素:我们把研究的对象统称为元素,把一些元素组成的总体称为集合(简称集).

例如,对于集合 $A=\{1,2,3,\cdots,9\}$,其中 $1,2,3,\cdots,9$ 为集合 A 的元素,而 $10,11$ 等都不是集合 A 的元素. 如果元素 a 是集合 A 中的元素,则称元素 a **属于集合** A,记做 $a\in A$,如 $3\in A$;如果元素 a 不是集合 A 中的元素,则称元素 a **不属于集合** A,记做 $a\notin A$,如 $10\notin A$.

子集与真子集:如果集合 B 中的任何一个元素都属于集合 A,则称集合 B 是集合 A 的**子集**,记做 $B\subseteq A$(或 $A\supseteq B$);如果集合 B 是集合 A 的子集,并且集合 A 中至少有一个元素

不属于集合 B，则称集合 B 是集合 A 的真子集，记做 $B\subset A$（或 $A\supset B$）．

例如，设 $A=\{0,1,3,9\}$，$B=\{3,9\}$，则 $B\subseteq A$，同时 $B\subset A$．

2. 集合的关系

包含关系：如果集合 B 是集合 A 的子集，则称集合 A 包含集合 B，也称集合 B 包含于集合 A（如图 6.4(a),(b)）；如果集合 B 是集合 A 的子集，而集合 A 不是集合 B 的子集，则称集合 A 真包含集合 B，也称集合 B 真包含于集合 A（如图 6.4(a)）；如果集合 B 与集合 A 互相包含，则称集合 A 与集合 B 相等（如图 6.4(b)）．

交叉关系：如果集合 A 与集合 B 不存在包含关系，且存在既属于集合 A 又属于集合 B 的元素，则称集合 A 与集合 B 为交叉关系（如图 6.4(c)）．

全异关系：如果集合 A 与集合 B 没有公共的元素，则称集合 A 与集合 B 为全异关系（如图 6.4(d)）．

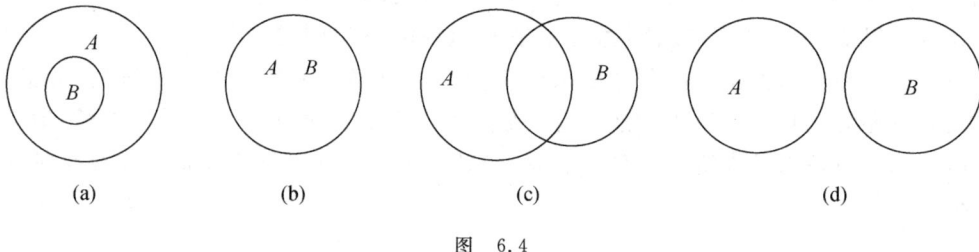

图 6.4

3. 集合的运算

并集：由所有属于集合 A 或属于集合 B 的元素组成的集合称为 A 与 B 的并（集），记做 $A\cup B$（或 $B\cup A$），读做"A 并 B"（或"B 并 A"），即

$$A\cup B=\{x\mid x\in A \text{ 或 } x\in B\}.$$

交集：由既属于集合 A 又属于集合 B 的元素组成的集合称为 A 与 B 的交（集），记做 $A\cap B$（或 $B\cap A$），读做"A 交 B"（或"B 交 A"），即

$$A\cap B=\{x\mid x\in A \text{ 且 } x\in B\}.$$

补集：如果一个集合含有我们所研究问题涉及的所有元素，则称这个集合为全集，通常记做 U．对于一个集合 A，由全集 U 中不属于集合 A 的所有元素组成的集合称为集合 A 相对于全集 U 的补集（简称集合 A 的补集），记做 $C_U A$，即 $C_U A=\{x\mid x\in U \text{ 且 } x\notin A\}$．

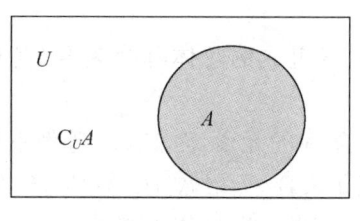

图 6.5

集合 A 与其补集 $C_U A$ 之间的关系可用如图 6.5 所示的韦恩（Venn）图来表示．

4. 集合的运算律

交换律：$A \cap B = B \cap A$，$A \cup B = B \cup A$；

结合律：$(A \cap B) \cap C = A \cap (B \cap C)$，$(A \cup B) \cup C = A \cup (B \cup C)$；

分配律：$A \cap (B \cup C) = (A \cap B) \cup (A \cap C)$，$A \cup (B \cap C) = (A \cup B) \cap (A \cup C)$.

5. 德·摩根定律

德·摩根(De Morgan)**定律** 若集合 A 和 B 是全集 U 的子集，则

(1) $C_U(A \cup B) = (C_U A) \cap (C_U B)$；

(2) $C_U(A \cap B) = (C_U A) \cup (C_U B)$.

德·摩根定律的推广 设集合 $A_1, A_2, A_3, \cdots, A_n$ 都是全集 U 的子集，则

(1) $C_U(A_1 \cup A_2 \cup A_3 \cup \cdots \cup A_n) = (C_U A_1) \cap (C_U A_2) \cap (C_U A_3) \cap \cdots \cap (C_U A_n)$；

(2) $C_U(A_1 \cap A_2 \cap A_3 \cap \cdots \cap A_n) = (C_U A_1) \cup (C_U A_2) \cup (C_U A_3) \cup \cdots \cup (C_U A_n)$.

二、容斥原理

我们将元素个数有限的集合称为**有限集合**. 以下用 $|A|$ 表示有限集合 A 的元素个数，并且如不特别说明，总是认定 U 是全集，其他集合都是全集的子集.

容斥原理 1 给定两个有限集合 A 和 B，则 $A \cup B$ 中元素的个数为

$$|A \cup B| = |A| + |B| - |A \cap B|.$$

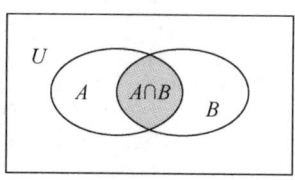

图 6.6

事实上，如图 6.6 所示，具有性质 A 或性质 B 的元素个数等于性质 A 的元素个数与性质 B 的元素个数之和，减去同时具有性质 A 和性质 B 的元素个数.

容斥原理 2 给定三个有限集合 A, B, C，则 $A \cup B \cup C$ 中元素的个数为

$$|A \cup B \cup C| = |A| + |B| + |C| - (|A \cap B| + |A \cap C| + |B \cap C|) + |A \cap B \cap C|.$$

容斥原理 3 设 $A_1, A_2, A_3, \cdots, A_n$ 是 n 个有限集合，则

$$|A_1 \cup A_2 \cup A_3 \cup \cdots \cup A_n|$$

$$= \sum_{k=1}^{n} |A_k| - \sum_{k=1}^{n-1} \sum_{t>k} |A_k \cap A_t| + \sum_{k=1}^{n-2} \sum_{t>k} \sum_{p>t} |A_k \cap A_t \cap A_p|$$

$$- \cdots + (-1)^{n-1} |A_1 \cap A_2 \cap A_3 \cap \cdots \cap A_n|.$$

容斥原理 4 设 $A_1, A_2, A_3, \cdots, A_n$ 是 n 个有限集合，且都是全集 U 的子集，则

$$|(C_U A_1) \cap (C_U A_2) \cap \cdots \cap (C_U A_n)|$$

$$= |U| - \sum_{k=1}^{n} |A_k| + \sum_{k=1}^{n-1} \sum_{t>k} |A_k \cap A_t| - \sum_{k=1}^{n-2} \sum_{t>k} \sum_{p>t} |A_k \cap A_t \cap A_p|$$

$$+ \cdots + (-1)^n |A_1 \cap A_2 \cap A_3 \cap \cdots \cap A_n|.$$

三、容斥原理的解题思想

当我们所研究的问题可归结为简单的确定某个集合中元素的个数或者确定某种集合的个数时,常常用容斥原理.一般的解题步骤如下:

(1) 判断题目中所涉及的类别(集合)及它们的关系,这是解题的关键所在.

(2) 用 A,B,C 等字母把不同类别表示成集合,明确关系及运算.

(3) 利用容斥原理解答.当题目中条件与问题都可直接代入公式时,可直接用容斥原理解决;当条件与问题不能直接代入公式时,还需要利用韦恩图来解决.

四、典型例题解析

例 1 设某班有学生 45 人,每人在暑假里都参加体育训练队,其中参加足球队的有 25 人,参加排球队的有 22 人,参加游泳队的有 24 人,足球队和排球队都参加的有 12 人,足球队和游泳队都参加的有 9 人,排球队和游泳队都参加的有 8 人,问:三个队都参加的有多少人?

分析 由题目可知,某班学生分三类:参加足球队、参加排球队或参加游泳队.

解 设 $A=\{$参加足球队的人$\}$, $B=\{$参加排球队的人$\}$, $C=\{$参加游泳队的人$\}$,则

$A\cup B\cup C=\{$至少参加一个体育训练队的人$\}$,

$A\cap B=\{$足球队和排球队都参加的人$\}$,

$A\cap C=\{$足球队和游泳队都参加的人$\}$,

$B\cap C=\{$排球队和游泳队都参加的人$\}$,

$A\cap B\cap C=\{$三个体育训练队都参加的人$\}$.

易知

$|A|=25$, $|B|=22$, $|C|=24$, $|A\cup B\cup C|=45$,

$|A\cap B|=12$, $|A\cap C|=9$, $|B\cap C|=8$.

根据容斥原理 2 得

$|A\cup B\cup C|=|A|+|B|+|C|-|A\cap B|-|A\cap C|-|B\cap C|+|A\cap B\cap C|$

$=25+22+24-12-9-8+|A\cap B\cap C|=42+|A\cap B\cap C|$,

所以 $|A\cap B\cap C|=3$,即三个队都参加的有 3 人.

例 2 欧拉函数 $\varphi(n)$ 表示小于正整数 n 且与 n 互质的数的个数.求 $\varphi(n)$.

分析 寻求与 n 互质的数,就是找不含 n 的质因数的数,n 的不同质因数倍数便是不同集合.寻找这些数的范围是小于 n 的正整数,也就是全集.

解 设 n 可以作如下质因数分解:

$$n = q_1^{\alpha_1} q_2^{\alpha_2} q_3^{\alpha_3} \cdots q_k^{\alpha_k},$$

又设全集 $U=\{$小于或等于 n 的正整数$\}$,$A_t=\{$小于 n 的 q_t 的倍数$\}$($t=1,2,\cdots,k$),则

$$|U|=n, \quad |A_t|=\frac{n}{q_t} \quad (t=1,2,\cdots,k),$$

$$|A_t \cap A_p|=\frac{n}{q_t q_p} \quad (t,p=1,2,\cdots,k; t\neq p),$$

$$|A_1 \cap A_2 \cap A_3 \cap \cdots \cap A_k|=\frac{n}{q_1 q_2 \cdots q_k}.$$

根据容斥原理 4 得

$$\varphi(n)=|(C_U A_1)\cap(C_U A_2)\cap\cdots\cap(C_U A_k)|$$

$$=n-\left(\frac{n}{q_1}+\frac{n}{q_2}+\cdots+\frac{n}{q_k}\right)+\left(\frac{n}{q_1 q_2}+\frac{n}{q_1 q_3}+\cdots+\frac{n}{q_{k-1} q_k}\right)-\cdots+(-1)^k \frac{n}{q_1 q_2 \cdots q_k}$$

$$=n\left(1-\frac{1}{q_1}\right)\left(1-\frac{1}{q_2}\right)\cdots\left(1-\frac{1}{q_k}\right).$$

例如,设 $n=90=2\times 3^2 \times 5$,则 $\varphi(90)=90\left(1-\frac{1}{2}\right)\left(1-\frac{1}{3}\right)\left(1-\frac{1}{5}\right)=24$,即比 90 小且与 90 互质的正整数有 24 个:1,7,11,13,17,19,23,31,37,41,43,47,49,53,59,61,67,71,73,77,79,83,87,89.

例 3 分母是 1001 的最简真分数一共有多少个?

分析 找分母是 1001 的最简真分数,实际上就是找分子中不能与 1001 进行约分的数. 由于 $1001=7\times 11\times 13$,所以就是找不能被 7,11,13 整除的数. 注意到 7,11,13 的倍数构成三个集合;分母是 1001 的最简真分数,限定了全集.

解 **方法 1** 设全集 $U=\{$小于或等于 1001 的正整数$\}$,$A=\{$小于 1001 的 7 的倍数$\}$,$B=\{$小于 1001 的 11 的倍数$\}$,$C=\{$小于 1001 的 13 的倍数$\}$,则

$$|U|=1001, \quad |A|=\left[\frac{1001}{7}\right]=143, \quad |B|=\left[\frac{1001}{11}\right]=91, \quad |C|=\left[\frac{1001}{13}\right]=77,$$

$$|A\cap B|=\left[\frac{1001}{7\times 11}\right]=13, \quad |A\cap C|=\left[\frac{1001}{7\times 13}\right]=11, \quad |B\cap C|=\left[\frac{1001}{11\times 13}\right]=7,$$

$$|A\cap B\cap C|=\frac{1001}{7\times 11\times 13}=1.$$

根据容斥原理 4 得

$$|(C_U A)\cap(C_U B)\cap(C_U C)|$$
$$=|U|-|A|-|B|-|C|+|A\cap B|+|A\cap C|+|B\cap C|-|A\cap B\cap C|$$
$$=1001-143-91-77+13+11+7-1=720.$$

即分母是 1001 的最简真分数一共有 720 个.

方法 2 利用欧拉函数得 $\varphi(1001)=1001\left(1-\frac{1}{7}\right)\left(1-\frac{1}{11}\right)\left(1-\frac{1}{13}\right)=720$,即分母是 1001 的最简真分数一共有 720 个.

例 4 设在一根长木棍上有三种刻度线,第一种刻度线将木棍分成 10 等份,第二种将木棍分成 12 等份,第三种将木棍分成 15 等份. 如果沿每条刻度线将木棍锯断,木棍总共被锯成多少段?

分析 题目中给出三种刻度,即是明显的类别,可设为三个集合,而要计算木棍被锯成多少段,便是要计算出木棍上共有多少条不同的刻度线(n 等分木棍有 $n-1$ 条刻度线).

解 设 $A=\{$将木棍分成 10 等份的第一种刻度线$\}$,$B=\{$将木棍分成 12 等份的第二种刻度线$\}$,$C=\{$将木棍分成 15 等份的第三种刻度线$\}$,则
$$|A|=10-1=9, \quad |B|=12-1=11, \quad |C|=15-1=14.$$
因为 10 和 12 的最大公约数是 2,10 和 15 的最大公约数是 5,12 和 15 的最大公约数是 3,而 10,12 和 15 的最大公约数是 1,所以
$$|A\cap B|=2-1=1, \quad |A\cap C|=5-1=4, \quad |B\cap C|=3-1=2, \quad |A\cap B\cap C|=1.$$
根据容斥原理 2 得
$$|A\cup B\cup C|=|A|+|B|+|C|-|A\cap B|-|A\cap C|-|B\cap C|+|A\cap B\cap C|$$
$$=9+11+14-1-4-2+1=28,$$
即如果沿每条刻度线将木棍锯断,木棍总共被锯成 28 段.

第三节 排列与组合

排列与组合是组合数学中最基本的概念. 所谓排列,就是指从给定个数的元素中取出指定个数的元素进行排序. 组合则是指从给定个数的元素中仅仅取出指定个数的元素,不考虑排序. 排列与组合的中心问题是研究给定要求的排列和组合可能出现的情况总数,加法原理与乘法原理是进行研究和讨论的基础.

一、加法原理与乘法原理

加法原理:做一件事,如果完成它可以有 n 类办法,在第 1 类办法中有 m_1 种不同的方法,在第 2 类办法中有 m_2 种不同的方法,$\cdots$,在第 n 类办法中有 m_n 种不同的方法,那么完成这件事共有 $N=m_1+m_2+\cdots+m_n$ 种不同方法.

乘法原理:做一件事,如果完成它需要分成 n 个步骤,做第 1 步有 m_1 种不同的方法,做第 2 步有 m_2 种不同的方法,$\cdots$,做第 n 步有 m_n 种不同的方法,那么完成这件事共有 $N=m_1\times m_2\times\cdots\times m_n$ 种不同的方法.

两个原理的区别在于:做一件事,若完成它有 n 类办法,每一类中的方法都可以独立完成这件事,则属于加法原理;若完成它需要分 n 个步骤,每一步都不能独立完成这件事,只有将 n 个步骤相继完成,这件事才可完成,则属于乘法原理.

例 1 满足 $a+b<9$ 的有序正整数组 (a,b) 有多少个?

分析 这里完成一件事是在正整数中找到两个数,组成一个有序数组,使它们的和小于

9. 我们可以把小于 9 的整数进行分解,即将 2,3,4,5,6,7,8 分别分拆成两个正整数和,每一种分拆都可以完成这件事(组成一对数组),故用加法原理.

解 每个正整数 n 都能分拆 $n-1$ 组正整数的和,如 $8=a+b$,由 8 的分解知,$a=1,2,3,4,5,6,7$ 时,$b=7,6,5,4,3,2,1$,共 7 组.小于 9 的正整数有 2,3,4,5,6,7,8,所以分别有 1,2,3,4,5,6,7 组有序正整数组.根据加法原理,共有 $1+2+3+4+5+6+7=28$ 组满足条件.

例 2 已知某手机卡号段是以 135 开头的,问:此号段最多可供多少人使用?

分析 以 135 开头的号段最多供多少人使用的问题可以转化为以 135 开头的手机号码问题,完成一件事就是组成一个手机号码.通常手机号码由 11 位数组成,而除 135 这 3 位数确定后,还有 8 位数需要确定,每位数可从 0~9 这 10 个数字中任选一个,8 位数都确定之后,才可完成这件事,故用乘法原理.

解 11 位数的手机号码确定了 3 位,当确定第 4 位数时,可从 0~9 这 10 个数字中任选一个,有 10 种方法;当确定第 5 位数时,仍可从 0~9 这 10 个数字中任选一个,有 10 种方法;以此类推,确定第 11 位数时仍有 10 种方法.根据乘法原理共有 10^8 种方法,即此号段最多可供 10^8 人使用.

二、排列与组合

1. 无重复排列

从 n 个不同的元素中,任取 m ($m \leqslant n$) 个不同的元素,按一定次序排成一列,这类事件叫做从 n 个不同的元素中任取 m 个元素的**无重复排列**.所有这种排列的总数用 A_n^m 表示.当 $m=n$ 时,称这种排列为**全排列**.

事实上,从 n 个不同元素中任取 m 个元素的无重复排列,可以解释为从 n 个不同的球中,任取出 m 个,放入 m 个不同的盒子里,每盒 1 个.那么,对第 1 个盒子,有 n 种选择;对第 2 个盒子有 $n-1$ 种选择;…;对第 m 个盒子,有 $n-m+1$ 种选择.根据乘法原理,完成这件事共有 $n(n-1)\cdots(n-m+1)$ 种方法,所以得到 A_n^m 的如下计算公式:

$$A_n^m = n(n-1)\cdots(n-m+1) = \frac{n!}{(n-m)!}.$$

2. 可重复全排列

在 n 个元素中,如果有部分(或全部)元素相同(即不加区分),把这样的 n 个元素按一定顺序排成一列,这类事件叫做**可重复全排列**.

例如,对于 $\{a,a,a,b,b,c\}$ 的一种全排列是 $aabacb$,另一种全排列是 $cababa$,等等.

设在 n 个元素中,有 m 类元素不加区分:第 1 类中有 n_1 个元素不加区分,第 2 类中有 n_2 个元素不加区分,…,第 m 类中有 n_m 个元素不加区分,其中 $\sum_{k=1}^{m} n_k = n$.我们将这 n 个元素的全排列的总数记为 A_{n_m}.显然

$$A_{n_m} \leqslant A_n^n.$$

事实上,设在可重复元素的全排列这一事件实现之后,把 n_1 个不加区分的元素看成可区分的,把它们在原占位置上进行 n_1 个位置的全排列.同样,对那 n_2 个不加区分的元素也在原占位置上进行全排列,…,对 n_m 个不加区分的元素也在原占位置上进行全排列.这样原事件就补上了一个事件,经过补充事件后,成为 n 个不同元素的全排列,于是得到

$$A_{n_m} \cdot n_1! \cdot n_2! \cdot n_3! \cdot \cdots \cdot n_m! = A_n^n.$$

所以,可重复全排列总数的计算公式为

$$A_{n_m} = \frac{n!}{n_1! \cdot n_2! \cdot n_3! \cdot \cdots \cdot n_m!}.$$

特别地,当 $m=n$ 且 $n_1=n_2=n_3=\cdots=n_m=1$ 时,就是 n 个不同元素的全排列,即

$$A_{n_m} = \frac{n!}{1! \cdot 1! \cdot 1! \cdot \cdots \cdot 1!} = n! = A_n^n.$$

3. 无重复环排列

从 n 个不同的元素中,任取 m ($m \leqslant n$) 个不同的元素,把这 m 个元素有顺序地安排在一个单环上.如果只考虑元素的相邻顺序,这类事件叫做从 n 个不同元素中任取 m 个元素的**无重复环排列**(简称**环排列**).

例如,把 A,B,C 三个元素安排在一个单环上时,可认为图 6.7(a) 与 (b),(c) 所示的排列是不同的环排列,而图 6.7(b) 和 (c) 所示的排列是相同的环排列.

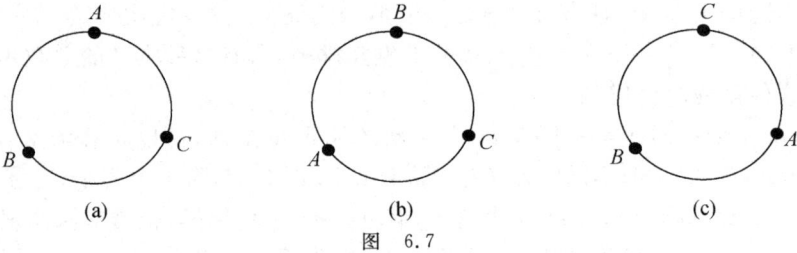

图 6.7

特别地,当 $1 \leqslant m < n$ 时,这种环排列叫做**环状选排列**;当 $m=n$ 时,叫做**环状全排列**.常用 K_n^m 表示从 n 个不同元素中任取 m 个元素的无重复环排列的总数(简称环排列数).关于环排列数,成立下面两个公式:

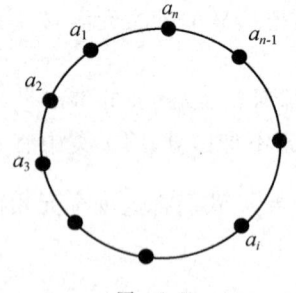

图 6.8

设有 n 个不同元素 $a_1, a_2, a_3, \cdots, a_n$,由图 6.8 可见,如下 n 个无重复排列只对应于同一个环排列:

$a_1, a_2, a_3, \cdots, a_{n-1}, a_n,$
$a_2, a_3, \cdots, a_{n-1}, a_n, a_1,$
$a_3, \cdots, a_{n-1}, a_n, a_1, a_2,$
$\cdots\cdots\cdots$
$a_{n-1}, a_n, a_1, a_2, a_3, \cdots, a_{n-2},$
$a_n, a_1, a_2, a_3, \cdots, a_{n-2}, a_{n-1},$

而且这 n 个排列以外的任一种排列不再对应这个环排列;反之,一个确定的 n 个元素的环排列对应了 n 个无重复排列.由此知

$$n\mathrm{K}_n^n = \mathrm{A}_n^n, \quad 即 \quad \mathrm{K}_n^n = \frac{\mathrm{A}_n^n}{n} = (n-1)!.$$

同理,易知当 $m<n$ 时,有 m 个无重复排列对应着同一个环排列;反之,一个确定的 m 个元素的环排列对应了 m 个无重复排列.因此有

$$m\mathrm{K}_n^m = \mathrm{A}_n^m, \quad 即 \quad \mathrm{K}_n^m = \frac{\mathrm{A}_n^m}{m}.$$

4. 错位排列

设集合 $S=\{1,2,\cdots,n\}$ 的全部元素的一种排列是 $q_1,q_2,q_3,\cdots,q_n$.若任何一个 $q_k \neq k$ ($k=1,2,\cdots,n$),这样的排列 $q_1,q_2,\cdots,q_n$ 叫做**错位全排列**.

在 $S=\{1,2,\cdots,n\}$ 的错位全排列中,用 D_n 表示错位全排列的总数,我们来求 D_n.

记 $|S|$ 为 n 个元素的全排列数.设 $A_k = \{S$ 的满足条件 $q_k = k$ 的全排列$\}$ ($k=1,2,\cdots,n$),则问题转为求 $|(C_U A_1) \cap (C_U A_2) \cap \cdots \cap (C_U A_n)|$. 由容斥原理 4 知

$$|(C_U A_1) \cap (C_U A_2) \cap \cdots \cap (C_U A_n)|$$
$$= |S| - \sum_{k=1}^n |A_k| + \sum_{k=1}^{n-1}\sum_{t>k} |A_k \cap A_t| - \sum_{k=1}^{n-1}\sum_{t>k}\sum_{p>t} |A_k \cap A_t \cap A_p|$$
$$+ \cdots + (-1)^n |A_1 \cap A_2 \cap A_3 \cap \cdots \cap A_n|.$$

因为

$$|S| = n!,$$
$$|A_k| = (n-1)! \quad (k=1,2,\cdots,n),$$
$$|A_k \cap A_t| = (n-2)! \quad (1 \leq k < t \leq n)$$
$$|A_k \cap A_t \cap A_p| = (n-3)! \quad (1 \leq k < t < p \leq n),$$
$$\cdots\cdots$$
$$|A_1 \cap A_2 \cap A_3 \cap \cdots \cap A_n| = (n-n)! = 1,$$

所以得到

$$D_n = n! - C_n^1 \cdot (n-1)! + C_n^2 \cdot (n-2)! - C_n^3 \cdot (n-3)!$$
$$+ \cdots + (-1)^{n-1} C_n^{n-1} \cdot 1! + (-1)^n C_n^n \cdot 0!$$
$$= n!\left[1 - \frac{1}{1!} + \frac{1}{2!} - \frac{1}{3!} + \cdots + (-1)^n \cdot \frac{1}{n!}\right].$$

5. 禁位排列

设集合 $S=\{1,2,\cdots,n\}$.如果 S 的某全排列中不出现连续两数相邻的现象,这样的排列叫做**禁位全排列**.

用 Q_n 表示集合 S 的所有禁位全排列的总数,借助容斥原理不难求出 Q_n 的一般结果:

第六章 组合数学

设 A_k 为在全排列中出现了"$k,k+1$"($1\leqslant k\leqslant n-1$)的局部排列的全排列集合. 易知
$$|A_k|=(n-1)! \quad (k=1,2,\cdots,n),$$
下面求 $|A_k\cap A_t|$ ($1\leqslant k<t\leqslant n$), $|A_k\cap A_t\cap A_p|$ ($1\leqslant k<t<p\leqslant n$), $\cdots$ 的数值.

(1) 求 $|A_k\cap A_t|$ ($1\leqslant k<t\leqslant n$).

当 $t=k+1$ 时, $A_k\cap A_t$ 中的全排列为
$$q_1, q_2, \cdots, k, k+1, k+2, \cdots, q_n.$$
这时 $k,k+1,k+2$ 为三个连续数,把它们看成一个元素,则 $A_k\cap A_t$ 中的全排列成为 $n-3+1=n-2$ 个元素的全排列.

当 $t>k+1$ 时,全排列为
$$q_1, q_2, \cdots, k, k+1, \cdots, t, t+1, \cdots, q_n.$$
分别把"$k,k+1$"和"$t,t+1$"各看做一个元素,$A_k\cap A_t$ 中的全排列又成为 $n-4+2=n-2$ 个元素的全排列.

综合上述两种情况知 $|A_k\cap A_t|=(n-2)!$ ($1\leqslant k<t\leqslant n$).

(2) 求 $|A_k\cap A_t\cap A_p|$ ($1\leqslant k<t<p\leqslant n$).

当 $p=k+1=t+2$ 时, $A_k\cap A_t\cap A_p$ 中的全排列为
$$q_1, q_2, \cdots, k, k+1, k+2, k+3, \cdots, q_n.$$
把 $k,k+1,k+2,k+3$ 四个连续数看做一个元素,则 $A_k\cap A_t\cap A_p$ 中的全排列成为 $n-4+1=n-3$ 个元素的全排列.

当 $t=k+1, p>t+1$ 时, $A_k\cap A_t\cap A_p$ 中的全排列为
$$q_1, q_2, \cdots, k, k+1, k+2, \cdots, t, t+1, \cdots, q_n.$$
把"$k,k+1,k+2$"和"$t,t+1$"各看成一个元素,这时 $A_k\cap A_t\cap A_p$ 中的全排列又成为 $n-5+2=n-3$ 个元素的全排列.

当 $t>k+1, p=t+1$ 时,同理 $A_k\cap A_t\cap A_p$ 中的全排列又是 $n-3$ 个元素的全排列.

当 $t>k+1$ 且 $p>t+1$ 时, $A_k\cap A_t\cap A_p$ 中的全排列为
$$q_1, q_2, \cdots, k, k+1, \cdots, t, t+1, \cdots, p, p+1, \cdots, q_n.$$
把"$k,k+1$","$t,t+1$"和"$p,p+1$"各看成一个元素,这时 $A_k\cap A_t\cap A_p$ 中的全排列又成为 $n-3$ 个元素的全排列. 综上分析知 $|A_k\cap A_t\cap A_p|=(n-3)!$.

一般地,用数学归纳法不难证明
$$|A_{k_1}\cap A_{k_2}\cap A_{k_3}\cap\cdots\cap A_{k_m}|=(n-m)!.$$

由容斥原理 3 知
$$\begin{aligned}
Q_n &= |A_1\cup A_2\cup A_3\cup\cdots\cup A_n| \\
&= \sum_{k=1}^{n}|A_k| - \sum_{k=1}^{n-1}\sum_{t>k}|A_k\cap A_t| + \sum_{k=1}^{n-2}\sum_{t>k}\sum_{p>t}|A_k\cap A_t\cap A_p| \\
&\quad -\cdots+(-1)^{n-1}|A_1\cap A_2\cap A_3\cap\cdots\cap A_n|
\end{aligned}$$

$$= C_{n-1}^1 \cdot (n-1)! - C_{n-1}^2 \cdot (n-2)! + C_{n-1}^3 \cdot (n-3)! - \cdots + (-1)^{n-2} C_{n-1}^{n-1} \cdot 1!.$$

6. 无重复组合

从 n 个不同的元素中,任取 m ($m \leqslant n$) 个不同的元素,且不计这 m 个元素的顺序把它们并成一组,这类事件叫做从 n 个不同元素中任取 m 个元素的**无重复组合**. 所有这种组合的总数用 C_n^m 表示. 显然,当 $n=m$ 时,$C_n^n = 1$.

完成"从 n 个不同的元素中,任取 m ($m \leqslant n$) 个不同的元素,按一定次序排成一列"这件事可分成两个步骤:第一步,从 n 个不同的元素中,任取 m ($m \leqslant n$) 个不同的元素;第二步,把取出的 m 个不同元素进行全排列. 由乘法原理得 $A_n^m = C_n^m A_m^m$,因此

$$C_n^m = \frac{A_n^m}{A_m^m} = \frac{n!}{m! \cdot (n-m)!}.$$

三、典型例题解析

排列与组合最明显的区别是是否与次序有关. 对于组合,取出元素后,这件事就完成了,无次序;对于排列,取出元素后,还要进行编排,不同的次序代表不同的排列.

在解决实际问题时,对有限制条件的,可先从总体考虑,再排除不符合条件的所有情况;对有相邻条件的排列,常常采用捆绑法,即把相邻元素视为一个元素进行排列,再把"捆绑"在一起的元素进行排列;某些元素不能相邻或在特殊位置时,常常先安排好没有限制条件的元素,再将有限制条件的元素按要求插到排好的元素之间进行排列(插空法). 复杂问题常常需综合运用多种方法和原理去解决问题.

例3 设有 5 对夫妇出席一个宴会,围一圆桌坐下,试问:有几种不同的坐法?要求每对夫妇都相邻又如何?要求每对夫妇不相邻又如何?

分析 若完成一件事是 5 对夫妇围一圆桌坐下,没有任何限制,则这是环排列问题. 若要求每对夫妇相邻,则需把每对夫妇捆绑在一起,看成一个元素进行排列. 若要求每对夫妇不相邻,则需先排一部分,再利用插空法把它们隔开.

解 5 对夫妇围一圆桌坐下,相当于 10 个元素的环排列问题,根据环排列公式,不同坐法总数为

$$K_{10}^{10} = \frac{A_{10}^{10}}{10} = (10-1)! = 9! = 362880.$$

若 5 对夫妇每对都相邻,可把每对夫妇看成一个元素,5 对夫妇看成 5 个元素,这 5 个元素的环排列有 K_5^5 种,而每对夫妇之间还有 A_2^2 种排列,故根据乘法原理,不同坐法的总数为

$$K_5^5 A_2^2 A_2^2 A_2^2 A_2^2 A_2^2 = \frac{A_5^5}{5} \cdot 2^5 = 768.$$

若 5 对夫妇每对都不相邻,则采用插空法,即先按夫妇相邻安排 3 对夫妇,共有 $K_3^3 A_2^2$ 种方法,再将另 2 对夫妇插空,方法分两类:一类把这 2 对夫妇中的 3 个人插到每对夫妇之间

的 3 个空中有 A_4^3 种方法,剩下 1 个人插到 3 对夫妇之间的 3 个空中有 A_3^1 种方法;另一类,把这 2 对夫妇分成 3 组,其中 1 组有不是夫妇的 2 人,另外 2 组各 1 人,然后再插到每对夫妇之间的 3 个空中,共有 $4A_3^3$ 种方法. 根据加法原理和乘法原理,不同坐法的总数为

$$K_3^3 A_2^2 (A_4^3 A_3^1 + 4A_3^3) = \frac{A_3^3}{3} \cdot 2 \cdot (4! \cdot 3 + 4 \cdot 3!) = 384.$$

例 4(1964 年 IMO 试题) 设平面上给定 5 个点,这些点的连线互不平行,又不垂直,也不重合. 从任何一点开始,向其余 4 点两两之间的连线作垂线,如果不计已知的 5 个点,所有这些垂线间的交点数最多是多少?

分析 这里完成一件事指两垂线相交于一点. 此问题直接求解较复杂,不妨从总体考虑,然后再除去不符合条件的点.

解 设这 5 点为 P_1, P_2, P_3, P_4, P_5. 因 4 个点之间两两连线共有 $C_4^2 = 6$ 条,故可画 30 条垂线,最多可能有 $C_{30}^2 = 435$ 个交点.

不符合题设条件的点:

(1) 平行线产生的交点.

例如,向线段 $P_1 P_2$ 作垂线时,起点可能有 P_3, P_4, P_5,而从 P_3, P_4, P_5 向线段 $P_1 P_2$ 作的 3 条垂线平行,它们无交点,这样应当从 435 中减去 $C_5^2 C_3^2$.

(2) 重复计算的点.

(i) 从任一点引出的 6 条垂线共点,但它们的交点是按 C_6^2 计算的,而它们只有一个交点,应从 435 中减去 $5(C_6^2 - 1)$.

(ii) 5 个点 P_1, P_2, P_3, P_4, P_5 中的任意 3 点,它们围成一个三角形,这个三角形的高线也包含在 30 条垂线内,但三角形 3 条高共点,这样又应从 435 中减去 $C_5^3 (C_3^2 - 1)$.

(3) 题设条件中去除的点.

垂线交点中不包括已知的 5 个点,要减去 5.

因此,在题目条件下垂线交点个数最多为

$$C_{30}^2 - C_5^2 C_3^2 - 5(C_6^2 - 1) - C_5^3 (C_3^2 - 1) - 5 = 310.$$

例 5(1981 年 IMO 试题) 设 $1 < r \leqslant n$,考虑集合 $\{1, 2, \cdots, n\}$ 的所有含 r 个元素的子集及每个这样的子集中的最小元素. 设 $F(n, r)$ 表示一切这样的子集各自的最小元素的算术平均数,证明:$F(n, r) = \dfrac{n+1}{r+1}$.

分析 这里要完成一件事是把每个含 r 个元素的子集的最小元素找到,然后求算术平均数. 集合 $\{1, 2, \cdots, n\}$ 含 r 个元素的子集共有 C_n^r 个,这些子集的最小元素可能值是 $1, 2, \cdots, n - r + 1$.

证明 对于集合 $\{1, 2, \cdots, n\}$,

以 1 为最小元素的 r 元子集有 C_{n-1}^{r-1} 个;

以 2 为最小元素的 r 元子集有 C_{n-2}^{r-1} 个;

....

以 k 为最小元素的 r 元子集有 C_{n-k}^{r-1} 个 $(1 \leqslant k \leqslant n-r+1)$;

以 $n-r+1$ 为最小元素的 r 元子集有 $C_{n-(n-r+1)}^{r-1} = 1$ 个.

由 $F(n,r)$ 的定义知

$$F(n,r) = \frac{1}{C_n^r} \sum_{k=1}^{n-r+1} k C_{n-k}^{r-1}.$$

注意到

$$\sum_{k=1}^{n-r+1} k C_{n-k}^{r-1} = C_{n-1}^{r-1} + 2C_{n-2}^{r-1} + 3C_{n-3}^{r-1} + \cdots + (n-r)C_{n-r}^{r-1} + \cdots + (n-r+1)C_{r-1}^{r-1}$$

$$= [(n+1) - n]C_{n-1}^{r-1} + [(n+1) - (n-1)]C_{n-2}^{r-1} + [(n+1) - (n-2)]C_{n-3}^{r-1}$$
$$+ \cdots + [(n+1) - (r+1)]C_{n-r}^{r-1} + \cdots + [(n+1) - r]C_{r-1}^{r-1}$$

$$= (n+1)(C_{n-1}^{r-1} + C_{n-2}^{r-1} + C_{n-3}^{r-1} + \cdots + C_{n-r}^{r-1} + \cdots + C_{r-1}^{r-1})$$
$$- [nC_{n-1}^{r-1} + (n-1)C_{n-2}^{r-1} + (n-2)C_{n-3}^{r-1} + \cdots + (r+1)C_{n-r}^{r-1} + \cdots + rC_{r-1}^{r-1}]$$

$$= (n+1)C_n^r - r(C_n^r + C_{n-1}^r + \cdots + C_{r-1}^r)$$

$$= (n+1)C_n^r - rC_{n+1}^{r+1} = (r+1)C_{n+1}^{r+1} - rC_{n+1}^{r+1} = C_{n+1}^{r+1},$$

所以

$$F(n,r) = \frac{1}{C_n^r} \sum_{k=1}^{n-r+1} k C_{n-k}^{r-1} = \frac{C_{n+1}^{r+1}}{C_n^r} = \frac{n+1}{r+1}.$$

例 6 某地街道把城市分割成矩形方格,称每个方格为块.设某人从家里出发到办公室,向东要走过 m 块,向北要走过 n 块,问:此人上班的路径有多少种?

分析 这里完成一件事是某人从家里出发到办公室.此问题可化成:如图 6.9 所示的方格图,设每格一个单位,求从点 $(0,0)$ 到点 (m,n) 的路径数.这里的路径不允许向后退,即不允许逆着 x,y 轴的正向走.因路径跟顺序有关,故是排列问题.

解 设从点 $(0,0)$ 向水平方向前进一步到达点 $(1,0)$,而向垂直方向前进一步到达点 $(0,1)$,则从点 $(0,0)$ 到点 (m,n),水平方向要走 m 步,垂直方向要走 n 步,总和为 $m+n$ 步.若用 x 表示向水平方向前进一步,而用 y 表示垂直方向前进一步,于是一条从点 $(0,0)$ 到达点 (m,n) 的路径对应着一个由 m 个 x,n 个 y 组成的可重复排列,如 $xxyxyy\cdots yx$;反之,亦如此.

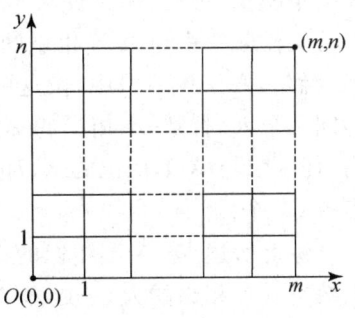

图 6.9

由可重复排列数公式得所求路径数为

$$A_{n_m} = \frac{(m+n)!}{m! \cdot n!}.$$

例 7 把 n 个相同的小球,放入 m ($m \leqslant n$) 个不同的盒子,问:

(1) 有多少种不同的放法?

(2) 如果不允许空盒应有多少种不同的放法?

分析 这里完成一件事是把 n 个相同的小球放入 m 个不同的盒子里. 因小球不可区分,故属可重复组合问题.

解 (1) 根据可重复组合公式,把 n 个相同的小球,放入 m 个不同的盒子的不同放法总数为 C_{n+m-1}^{m}.

(2) 如果不允许空盒,则可在 m 个盒子各放入一个小球,剩下的 $n-m$ 个小球放法不限. 于是问题可转化为例 5 求非负整数解组数的问题. 因此,共有 $C_{(n-m)+m-1}^{m-1}$ 种不同放法.

例 8 设大厅中有 n 人,其中有些人相识(即相互认识),有些人不相识. 已知任两个不相识的人都只有两个共同的熟人,任两个相识的人都没有共同的熟人,试证明:每一个人认识的人数相等.

解 考虑这 n 个人中的某人 A,记他认识的人的集合为 $\{A_1, A_2, \cdots, A_m\}$ ($m < n$). 因任两个相识的人都没有共同的熟人,A 是一个 $A_1, A_2, \cdots, A_m$ 共同的熟人,所以 $A_1, A_2, \cdots, A_m$ 之间彼此不认识. 从与 A 认识的人中任选两个不相识的人 A_p 与 A_t,由已知,他们还有另一个共同熟人,记为 B_k. A 与 B_k 不相识,否则 A, B_k 将有两个公共熟人,与已知矛盾. 因此 $A_1, A_2, \cdots, A_m$ 中任意两个人都有一个共同熟人,且 A 与这些共同熟人中的任何一个人都不相识. 将 $A_1, A_2, \cdots, A_m$ 中任意两个人的共同熟人(除去 A 之外的)记为集合 $\{B_1, B_2, \cdots, B_q\}$,其中任何两个都不可能是同一个人. 否则,设 B_1, B_2 是同一个人. 考虑不相识的 A, B_1 两个人,他们至少有 3 个共同熟人,与已知矛盾. 因此,集合 $\{B_1, B_2, \cdots, B_q\}$ 中有 C_m^2 个人,他们与 A 都不相识. 可见,A 至少与 C_m^2 个人不相识.

又任取一个与 A 不相识的人 X,A 与 X 应当有两个共同熟人. 显然这两个共同熟人在集合 $\{A_1, A_2, \cdots, A_m\}$ 中,设这两个人是 A_p, A_t. 易知 A_p, A_t 除 A 外的另一共同熟人 B_k 与 X 为同一个人. 否则,不相识的 A_p 与 A_t 的共同熟人就有 3 个人:A, B_k, X,与已知矛盾. 这表明,任一个与 A 不相识的 X,都是 $\{B_1, B_2, \cdots, B_q\}$ 中的元素. 也就是说,A 所不相识的人数至多有 C_m^2 个.

综上所述,与 A 不相识的人应当恰有 C_m^2 个. 注意到"大厅内的总人数=(A 所不相识的人数)+(A 相识的人)+1(即 A 自身)",即 $n = C_m^2 + m + 1$,所以
$$m^2 + m + 2(1-n) = 0.$$
由于 $\Delta = 8n - 7 > 0$,由一元二次方程根的判别知方程有两个不相等的根. 当 $n=1$ 时(大厅里只有 1 个人),方程的解为 $m=0$ 或 $m=-1$(舍),即没有与 A 相识的人,符合题意. 当 $n>1$ 时,由韦达定理知,方程有一个正根和一个负根,即 m 总有唯一正解. 而对于 n 个人中任何一个,都对应于这个值,这表明每一个人认识的人数相等. 例如,当 $n=7$ 时,方程为 $m^2 + m - 12 = 0$,其两根为 $m=3$ 或 $m=-4$(舍),即如果大厅里有 7 个人,每一个人都有 3 个人不相识.

习 题 六

1. 证明:从任意 10 副不同颜色手套中取 11 只,其中至少有两只恰为一副手套.

2. 把圆周等分成 36 段,将 $1,2,3,\cdots,35,36$ 这 36 个数字任意写在每一段内,使得每一段恰好有一个数字.求证:一定存在连续的 3 段,它们的数字之和至少是 56.

3. 从 $1,2,3,4,\cdots,19,20$ 这 20 个自然数中,至少任选几个数,就可以保证其中一定包括两个数,满足它们的差是 12?

4. 任意给定 7 个不同的自然数,求证:其中必有两个整数,满足其和或差是 10 的倍数.

5. 任意给定 10 个自然数,证明:可以用减法、乘法两种运算把它们适当地连起来,其结果能被 1890 整除.(提示:$1890=2\times 3\times 5\times 7\times 9$)

6. 在边长为 1 的正方形内,任意给定 13 个点,试证:其中必有 4 个点,以此 4 点为顶点的四边形面积不超过 $\frac{1}{4}$(假定 4 点在一直线上构成面积为零的四边形).

7. 在边长为 1 的立方体内任意放置 9 个点,证明:其中必有两点,它们之间的距离不大于 $\frac{\sqrt{3}}{2}$.

8. 设用白和黑两种颜色给 3×7 的小方格纸染色,证明:

(1) 无论怎么染,都存在一个矩形,它的四个顶点是某个小方格的中心,而且这四个小方格颜色相同;

(2) 对于 3×6 的小方格纸,结论(1)不成立.

9. (1964 年 IMO 试题)设 17 个科学家中每个人与其余 16 个人通信,他们通信所讨论的仅有 3 个问题,而任两个科学家之间通信讨论的是同一个问题,证明:至少有 3 个科学家通信时讨论的是同一个问题.

10. 设某个班有 42 人,其中参加合唱队的有 30 人,参加美术组的有 25 人,且有 5 人什么都没有参加,求两种都参加的有多少人.

11. 设某个班的全体学生在进行了短跑、游泳、投掷三个项目的测试后,有 4 名学生在这三个项目上都没有达到优秀,其余每人至少有一项达到了优秀,达到了优秀的这部分学生情况如表 6.1 所示.问:这个班的学生共有多少人?

表 6.1

项目	短跑	游泳	投掷	短跑游泳	短跑投掷	游泳投掷	短跑游泳投掷
人数	17	18	15	6	6	5	2

12. 设某班有 35 名学生,每名学生至少参加英语小组、语文小组、数学小组中的一个课外活动小组. 现已知参加英语小组的有 17 人,参加语文小组的有 30 人,参加数学小组的有 13 人. 如果有 5 名学生三个小组全参加了,问:有多少个学生只参加了一个小组?

13. 在 100~10000 的自然数中,能被 3 或 5 整除的数共有多少个?不能被 3 和 5 整除的数共有多少个?

14. 不超过 105 且与 105 互质的自然数有多少个?

15. 用 1,1,7,7,8,8,9,9 这 8 个数字可以组成不同的四位数有多少个?

16. 设 $2n$ 个人分坐在两张圆桌周围,每张桌子围坐 n 个人,共有几种就坐方式?

17. 假定有 $A_1, A_2, A_3, A_4, A_5, A_6, A_7, A_8$ 这 8 位成员,两两配对分成 4 组,试问:有多少种方案?

18. 设某车站有 6 个入口,每个入口每次只能进一人,问:一组 9 个人进站的方案有多少?

19. 在一次聚会中,7 个人去衣帽间寄存帽子. 当他们取回帽子时,下列情况各有多少种取帽子的方法?

(1) 任何人拿到的帽子都不是自己的;

(2) 至少有一个人拿到了自己的帽子;

(3) 至少有两个人拿到了自己的帽子.

本章参考文献

[1] 卢开澄,卢华明编. 组合数学. 北京:清华大学出版社,2006.

[2] 屈婉玲. 组合数学. 北京:北京大学出版社,2010.

[3] 梅向明. 组合数学. 北京:北京师范学院出版社,1991.

[4] 谭祖春,卢秀军. 初中数学素质训练与奥林匹克竞赛. 长春:东北师范大学出版社,2001.

[5] Brualdi R. 组合数学. 冯舜玺,译. 北京:机械工业出版社,2005.

[6] 刘培杰. 历届 IMO 试题集(1959—2005). 哈尔滨:哈尔滨工业大学出版社,2006.

[7] 李乔. 组合学讲义. 北京:高等教育出版社,2008.

第七章 组合几何与图论

组合几何诞生于20世纪中叶,是一个新兴的数学分支,是组合数学的思想方法与传统的平面几何相结合的产物.换言之,组合几何就是用组合数学的成果来解决几何学中的问题.组合几何主要研究几何图形的拓扑性和有限制条件的欧几里得性质.图论起源于18世纪普鲁士的哥尼斯堡,它以图(指由若干给定的点及连结两点的线段所构成的图形)为研究对象.1736年,欧拉关于哥尼斯堡七桥问题的论文被公认为是图论的首篇奠基性的论文.19世纪,英国著名数学家哈密尔顿(Hamilton)提出的环球世界游戏对图论提出了一个迄今仍在研究的重要课题.事实上,无论是新兴的组合几何,还是历史悠久的图论,都是组合数学的重要分支,是在解决某些平面几何和图的问题中灵活运用组合数学的方法,富于技巧性和创造性.

第一节 组 合 几 何

组合几何问题,将几何的直观与组合的多变有机地结合起来,优美而富于技巧,内容丰富,题目新颖,在竞赛数学中异军突起,其中许多问题,因其直观表述而具有很强的吸引力.同时,这类问题的解决往往体现出创造性的数学思想和现代数学精神.

一、基本知识

定义 1 如果对于平面图形 M 中的任意两点 A,B,线段 AB 上的每一点均属于 M,则称图形 M 为**凸图形**.

容易验证:线段、直线、射线、半平面、劣弧对应的扇形域、圆域、全平面等都是凸图形,以平面凸多边形为边界的区域也是凸图形.

定义 2 点集(图形)的**直径**指两个端点都属于这个点集(图形)且长度达到最大值的线段.

定理 1 两个凸图形的交仍是凸图形.

定理 2 任意个凸图形的交仍是凸图形.

应当特别注意:当 Φ_1 与 Φ_2 都是凸图形时,Φ_1 与 Φ_2 的并($\Phi_1 \bigcup \Phi_2$)不一定是凸图形.

定义 3 包含点集(图形)M 的最小凸图形称为点集(图形)M 的**凸包**.

这里的"最小"是指凸包能包含于任何其他包含 M 的所有凸图形内. 一个有限点集的凸包是线段或凸多边形(指以凸边形为边界围成的区域).

定理 3 点集(图形)G 的直径与它的凸包的直径相等.

定理 4 有限 n 点集的凸包存在而且唯一.

定理 5(Erdös-Szekers 定理) 对于由 n ($n \geqslant 3$)个点组成的点集 F,若无三点共线,则它的凸包是凸多边形.

定理 6(E. Klein 定理) 平面上任给五个点,其中任何三点都不共线,那么必有四点是凸四边形的顶点.

二、典型例题解析

1. 凸包的应用

事实上,凸包存在性的严格证明并不容易,但对它有一个直观描述:设想在给定的点 $A_1, A_2, \cdots, A_n$ 上插上小针,每个小针与平面垂直,然后用一条闭合的细线套住这些点,将线拉紧,细线钩紧在某些针头上形成一个凸多边形(或一条线段)并且盖住了所有的针头. 因此,大致地说,(平面上)有限点集有一个凸包,就是有一个(最小)凸多边形(包括蜕化情形)能包住所给的点. 这一事实,是许多问题论证的基础和出发点.

例 1 证明 E. Klein 定理.

证明 **方法 1** 设这五点为 A_1, A_2, A_3, A_4, A_5. 考虑这五点的凸包,由 Erdös-Szekers 定理知有下面三种情况:

(1) 凸包为凸五边形,则其中任意四点都可构成凸四边形.

(2) 凸包为凸四边形,比如是凸四边形 $A_1 A_2 A_3 A_4$,则 A_1, A_2, A_3, A_4 这四点即为所求.

(3) 凸包为三角形,如图 7.1 所示,可设为 $\triangle A_1 A_2 A_3$,则 A_4, A_5 在其内部(由于无三点共线,故不会在三角形的边上). 连结 A_4, A_5 的直线恰与 $\triangle A_1 A_2 A_3$ 的两条边相交,不妨设与 $A_1 A_2, A_1 A_3$ 相交,则显然 $A_2 A_3 A_5 A_4$ 为凸四边形.

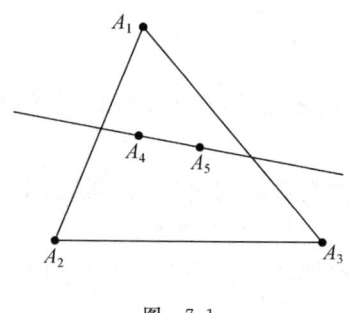

图 7.1

方法 2 考查由给定五个点为顶点的所有三角形,取其面积最大者,不妨设为 $\triangle A_1 A_2 A_3$. 过它的三个顶点分别作对边的平行线,得到一个 $\triangle A_1' A_2' A_3'$,则易知 A_4, A_5 被 $\triangle A_1' A_2' A_3'$ 所覆盖. 直线 $A_4 A_5$ 与三线段 $A_1 A_2, A_2 A_3, A_3 A_1$ 之一不相交,设与 $A_2 A_3$ 不相交,则 $A_2 A_3 A_5 A_4$ 为凸四边形.

注 (1) 由五点构成的点集,是平面有限点集中简单而

又具有代表性的特殊情形,其中浓缩着许多重要信息,是解决复杂点集问题的基础和工具;

(2) E. Klein 定理可以推广到 n 点的情形,见习题七第 1 题.

例 2 证明:对于平面上任意五点,若其中任三点不共线,则以这些点为顶点的三角形中,至少有三个非锐角三角形.

证明 设这五点为 A,B,C,D,E,我们仍考虑它们的凸包.

(1) 如果凸包为凸五边形,如图 7.2 所示,注意到其内角和为 $540°$,则其中至少有两个非锐角,可能是相邻两角,设为 $\angle A$ 和 $\angle E$;也可能是不相邻的两角,设为 $\angle A$ 和 $\angle D$. 这样,不论哪种情况,都可以得到两个非锐角三角形. 除此之外,再考虑凸四边形 $ABCD$,其中内角至少也有一个非锐角,从而可得到另一个非锐角三角形. 故此时至少有三个非锐角三角形.

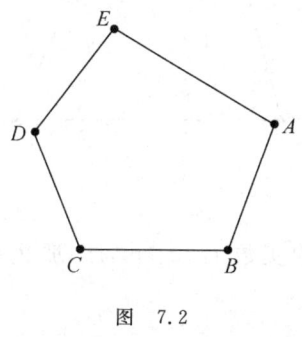

图 7.2

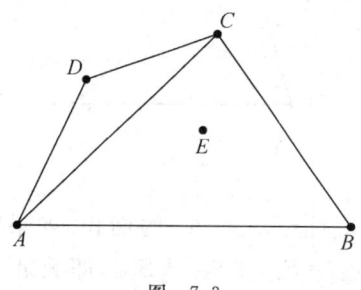

图 7.3

(2) 凸包为凸四边形,如图 7.3 所示,设为四边形 $ABCD$,则点 E 只能是四边形的内点. 连结 AC,由于任三点不共线,故点 E 不在线段 AC 上,而必为 $\triangle ACD$ 或 $\triangle ABC$ 的内点. 不妨设 E 是 $\triangle ABC$ 的内点,则 $\angle AEB, \angle BEC, \angle CEA$ 中至少有两个非锐角. 同理,连结 BD,在 $\triangle ABD$ 或 $\triangle BCD$ 中,同样可至少得到两个非锐角. 考虑到这两种情况下至多有一个公共的非锐角,因此至少有三个非锐角三角形.

(3) 凸包为三角形,如图 7.4 所示,设为 $\triangle ABC$,而 D, E 为其内点,则由上面分析即知 $\{\triangle ADB, \triangle BDC, \triangle CDA\}$ 和 $\{\triangle AEB, \triangle BEC, \triangle CEA\}$ 中各至少有两个非锐角三角形,从而合起来至少有四个非锐角三角形.

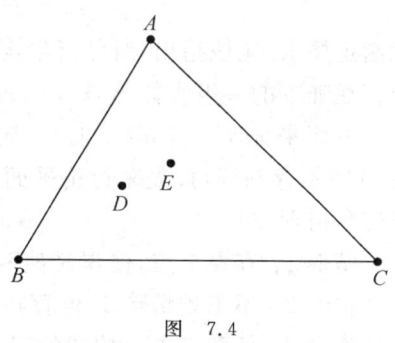

图 7.4

由于五点中无三点共线,这五点集的凸包只有上述三种可能情况,因此命题得证.

注 例 2 的等价命题是:对于平面上任意五点,若其中任三点不共线,则以这些点为顶点的三角形($C_5^3=10$ 个)中,至多有七个锐角三角形. 这一结论推广到一般情形就是习题七第 2 题.

例 3(1995 年 IMO 试题) 确定所有这样的大于 3 的整数 n:在平面上存在 n 个点 A_1,

$A_2,\cdots,A_n$ 及实数 $r_1,r_2,\cdots,r_n$,使得

(1) $A_1,A_2,\cdots,A_n$ 中的任意三点不在同一直线上;

(2) 对任意三个整数 i,j,k $(1\leqslant i<j<k\leqslant n)$,$\triangle A_iA_jA_k$ 的面积等于 $r_i+r_j+r_k$.

解 先讨论 $n=4$ 的情形.平面上任意四点,在满足条件(1)时,其位置关系必为以下两种情况:

(i) 有一点在其他三点构成的三角形内部,如图 7.5 所示;

(ii) 四点构成一个凸四边形,如图 7.6 所示.

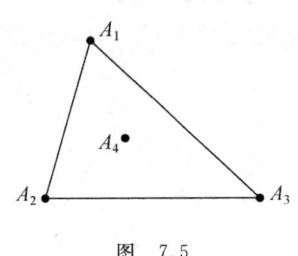

图 7.5

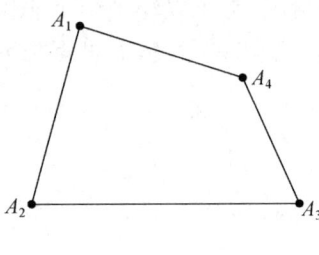

图 7.6

以 S_{ijk} 记 $\triangle A_iA_jA_k$ 的面积.如果存在满足条件(2)的实数 r_1,r_2,r_3,r_4,那么在情况(i)下,有 $S_{123}=S_{124}+S_{234}+S_{314}$,即满足

$$r_4 = -\frac{1}{3}(r_1+r_2+r_3); \qquad ①$$

在情况(ii)下,有 $S_{123}+S_{314}=S_{124}+S_{234}$,即满足

$$r_1+r_3 = r_2+r_4. \qquad ②$$

下面来给出具体例子,说明 $n=4$ 是满足要求的整数.在情况(i)下,取 $\triangle A_1A_2A_3$ 是边长为 2 的等边三角形,A_4 为其重心.不难验证,这时取

$$r_1=r_2=r_3=\sqrt{3}/3, \quad r_4=-\sqrt{3}/3$$

就满足要求.应该指出,对任意给定满足条件(1)的四点 A_1,A_2,A_3,A_4,无论哪种情形,都一定存在唯一的一组实数 r_1,r_2,r_3,r_4 满足条件(2).证明留给读者.

下面来证明:当 $n\geqslant 5$ 时,一定不存在满足条件(1)和(2)的点与实数.显然,只要证明 $n=5$ 时不存在即可.先来讨论平面上满足条件(1)的任意五点的位置关系.这时可能出现如下三种情形:

情形 1:存在三点,使得其他两点均在这三点构成的三角形内部;

情形 2:不出现情形 1,但存在三点,使得其构成的三角形内部有另外的一点;

情形 3:任意三点所构成的三角形内均不含有另外的点.

我们来证明在这三种情形下,均不可能取到满足条件(2)的实数 r_1,r_2,r_3,r_4,r_5.用反证法.假设能取到这样的 r_1,r_2,r_3,r_4,r_5.

在情形 1,如图 7.7 所示,由①式知 $r_4=r_5$,因此
$$S_{124}=S_{125}, \quad S_{234}=S_{235}.$$
由于点 A_4,A_5 在直线 A_1A_2 的同侧,所以 $A_4A_5 /\!/ A_1A_2$.同理有 $A_4A_5 /\!/ A_2A_3$.这不可能,矛盾.

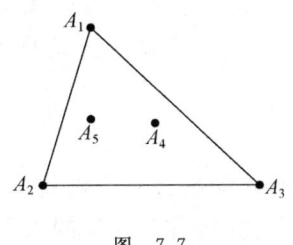
图 7.7

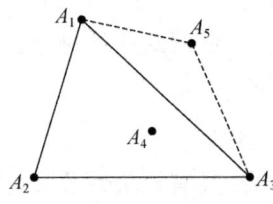
图 7.8

在情形 2,如图 7.8 所示,设点 A_4 在 $\triangle A_1A_2A_3$ 内.由于不能出现情形 1,这时 A_1,A_2,A_3,A_5 和 A_1,A_4,A_3,A_5 必构成两个凸四边形.由②式得
$$\begin{cases} r_1+r_3=r_2+r_5, \\ r_1+r_3=r_4+r_5, \end{cases}$$
所以 $r_2=r_4$.因此
$$S_{134}=S_{132}.$$
这与点 A_4 在 $\triangle A_1A_2A_3$ 内矛盾.

在情形 3,如图 7.9 所示,这时任意四点均构成凸四边形.考虑 $A_1A_2A_3A_4$ 及 $A_1A_2A_3A_5$ 这两个凸四边形.由②式知
$$r_1+r_3=r_2+r_4, \quad r_1+r_3=r_2+r_5,$$
所以 $r_4=r_5$,因而有
$$S_{124}=S_{125}, \quad S_{234}=S_{235}.$$
同前讨论一样,可推出 $A_4A_5 /\!/ A_1A_2$,$A_4A_5 /\!/ A_2A_3$.这不可能,矛盾.

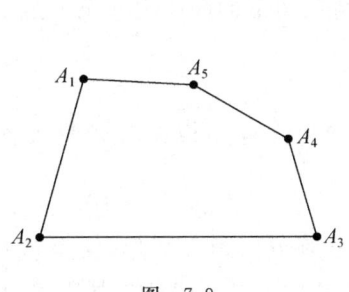
图 7.9

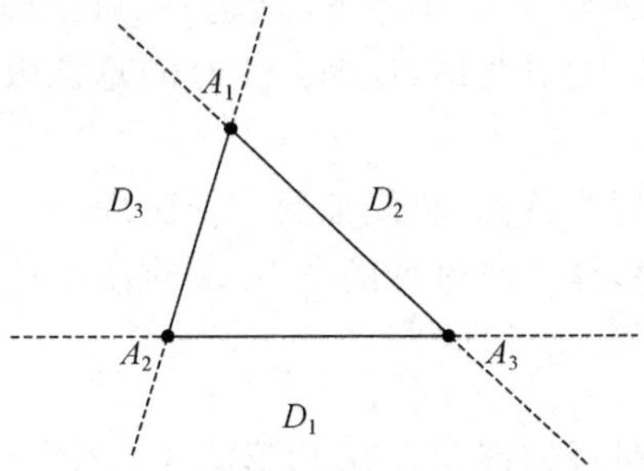

图 7.10

注 应该指出,证明本题的关键是基于这样一个事实:如图 7.10 所示,对满足条件(1)的四个点 A_1,A_2,A_3,A_4,当且仅当点 A_4 属于区域 D_1,D_2,D_3 内时,A_1,A_2,A_3,A_4 构成一个凸四边形;而在其他情形,则必有一点在其他三点构成的三角形之内.此外,任给满足条件(1)的五个点,至少有四个点构成一个凸四边形.更精确地说,在情形 1 恰有一个凸四边形,在情形 2 恰有三个凸四边形,在情形 3 恰有五个凸四边形,即任意四点均构成一个凸四边形.请读者自己证明这些结论.更一般地,可讨论满足条件(1)的 n 个点所构成的凸四边形或凸多边形问题.

2. 极端原理

在数学中,具有极端性质(最大、最小、最多、最少等)的元素或量相当重要.在许多问题中,具有极端性质的元素或量有时能够帮助我们求得所需的解,或作为论证的入手点.

例 4 证明:平面上给定有限个点,若通过任意两个已知点的直线都经过另一个已知点,则所有这些点必在同一条直线上.

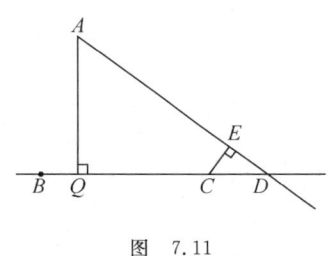

图 7.11

证明 给定的点只能产生有限条直线.假设所有已知点不在同一条直线上,则任一条由已知点决定的直线之外都有已知点.故这些点到所说直线的距离大于 0.而所有的这些大于 0 的距离(有限多个)中必有一个最小值.如图 7.11 所示,设已知点 A 到直线 BC 的非零距离为最小,这里 B,C 为已知点.由已知条件,直线 BC 上还有一个已知点 D.由点 A 向直线 BC 作垂线 AQ,点 Q 为垂足.点 B,C,D 中必有两点位于点 Q 的同一侧(可能重合),不妨设为 C,D,且 $CQ<DQ$.于是,点 C 到直线 AD 的距离 CE 小于点 A 到直线 BC 的距离 AQ.这与我们对点 A 和直线 BC 的选取相矛盾.所以所有已知点必在同一条直线上.

注 本题是一个著名的结果,称为 **Sylvester 定理**.这里给出的证明被认为是极端原理的一个经典应用.

例 5(2006 年 IMO 试题) 对于凸多边形 P 的任意边 b,以 b 为边,在 P 内部作一个面积最大的三角形,证明:对 P 的每条边,按上述方法所得三角形的面积之和至少是 P 的面积的 2 倍.

解 首先,我们证明一个引理.

引理 对每个面积为 S 的凸 $2n$ 边形,由它的边和顶点连结成的三角形的面积不小于 $\dfrac{S}{n}$.

引理的证明 $2n$ 边形的主对角线是指将 $2n$ 边形分割成两个多边形,使得这两个多边形包含有相同边数的对角线.对 $2n$ 边形的任意边 b,$\triangle_b$ 表示三角形 ABP,其中 A,B 是 b 的端点,P 是主对角线 AA',BB' 的交点.下面将证明在所有的边上取的三角形 $\triangle_b$ 的并覆盖整个多边形.

为此,选取任意边 AB,考虑主对角线 AA' 作为有向线段. 令 X 是多边形中的任意点,且不在任意主对角线上,不妨假定 X 在射线 AA' 的左边. 考虑主对角线列 $AA',BB',CC',\cdots$,其中 $A,B,C,\cdots$ 为相应的顶点,且位于 AA' 的右边. 在这个数列中第 $n+1$ 项为对角线 $A'A$,X 在射线 $A'A$ 的右边,于是在 A' 之前,数列 $A,B,C,\cdots$ 中存在两个相继的顶点 K,L,使得 X 仍在 KK' 的左边,在 LL' 的右边,推出 X 在三角形 $\triangle_{l'}$ 中,$l' = K'L'$. 对位于 AA' 右边的点 X 可以类似讨论(在主对角线上的点可以忽略不予考虑). 于是三角形 $\triangle_b$ 的并覆盖整个多边形. 它们的面积之和不小于 S,所以可以找到两个相反的边,如 $b = AB$ 和 $b' = A'B'$(AA',BB' 为主对角线),使得 $S_{\triangle_b} + S_{\triangle_{b'}} \geqslant \dfrac{S}{n}$,这里 $S_{\triangle_b}, S_{\triangle_{b'}}$ 分别表示 $\triangle_b, \triangle_{b'}$ 的面积. 设 AA' 和 BB' 相交于点 P,不失一般性,假定 $PB \geqslant PB'$,那么

$$S_{\triangle ABA'} = S_{\triangle ABP} + S_{\triangle PBA'} \geqslant S_{\triangle ABP} + S_{\triangle PA'B'} = S_{\triangle_b} + S_{\triangle_{b'}} \geqslant \frac{S}{n}.$$

引理得证.

现在,假设凸多边形 P 的面积为 S,有 m 条边 $a_1, a_2, \cdots, a_m$. 设 S_i 为 P 中最大的三角形,且具有边 a_i. 如果结论不成立,则

$$\sum_{i=1}^{m} \frac{S_i}{S} < 2.$$

那么,存在有理数 $q_1, q_2, \cdots, q_m$,满足 $\sum_{i=1}^{m} q_i = 2$,其中对每个 $i, q_i > \dfrac{S_i}{S}$. 令 n 是这 m 个分式的公分母,则 $q_i = \dfrac{k_i}{n}$. 于是 $\sum_i k_i = 2n$. 将 P 的每边 a_i 进行 k_i 等分,得到一个面积为 S 的加细凸 $2n$ 边形(某些角等于 $180°$). 对它应用引理,则对 P 内部以边 a_i 的一部分为底且面积最大的三角形 W,有

$$S_W = k_i \cdot \frac{S}{n} = q_i \cdot S > S_i,$$

与 S_i 的定义矛盾. 证毕.

3. 组合几何中的抽屉原理

抽屉原理是解决存在性问题的有力工具,应用极其广泛. 下面我们将它应用到平面几何问题中.

例 6 在边长为 1 的正方形四边上各任取一点,连成一个四边形,证明:这一四边形必有一边长度不小于 $\sqrt{2}/2$.

证明 设四边形四边的长为 a, b, c, d,并设它们在正方形两垂直边上的投影长分别为 $a_i, b_i, c_i, d_i (i = 1, 2)$. 由勾股定理得 $a^2 = a_1^2 + a_2^2$,而

$$2(a_1^2 + a_2^2) \geqslant (a_1^2 + a_2^2) + 2a_1 a_2 = (a_1 + a_2)^2,$$

所以
$$a \geqslant \frac{1}{\sqrt{2}}(a_1+a_2).$$
对 b,c,d 有类似的结果.将这些不等式相加,得
$$a+b+c+d \geqslant \frac{1}{\sqrt{2}}(a_1+b_1+c_1+d_1)+\frac{1}{\sqrt{2}}(a_2+b_2+c_2+d_2)=2\sqrt{2},$$
故 a,b,c,d 中必有一个不小于 $\frac{2\sqrt{2}}{4}=\frac{\sqrt{2}}{2}$.

例7(2008年CMO试题) 求具有如下性质的最小正整数 n:将正 n 边形的每一个顶点任意染上红、黄、蓝三种颜色之一,那么这 n 个顶点中存在 4 个同色点,它们是一个等腰梯形的顶点.

解 所求 n 的最小值为 17.

首先证明 $n=17$ 时结论成立.用反证法.

假设存在一种将正 17 边形的顶点三染色的方法,使得不存在 4 个同色顶点是某个等腰梯形的顶点.

由于 $\left[\frac{17-1}{3}\right]+1=6$,故必存在某 6 个顶点染同一种颜色,不妨设为黄色.将这 6 个点两两连线,可以得到 $C_6^2=15$ 条线段.由于这些线段的长度只有 $\left[\frac{17}{2}\right]=8$ 种可能,于是必出现如下的两种情况之一:

(1) 有某 3 条线段长度相同.

注意到 17 不是 3 的倍数,不可能出现这 3 条线段两两有公共顶点的情况,所以存在两条线段,顶点互不相同.这两条线段的 4 个顶点即满足题目要求,矛盾.

(2) 有 7 对长度相等的线段.

由假设,每对长度相等的线段必有公共的黄色顶点,否则能找到满足题目要求的 4 个黄色顶点.再根据抽屉原理,必有两对线段的公共顶点是同一个黄色点.这 4 条线段的另 4 个顶点必然是某个等腰梯形的顶点,矛盾.

所以,当 $n=17$ 时,结论成立.

再对 $n \leqslant 16$ 构造出不满足题目要求的染色方法.用 $A_1,A_2,\cdots,A_n$ 表示正 n 边形的顶点(按顺时针方向),M_1,M_2,M_3 分别表示三种颜色的顶点集.

当 $n=16$ 时,令
$M_1=\{A_5,A_8,A_{13},A_{14}\}$, $M_2=\{A_3,A_6,A_7,A_{11},A_{15}\}$, $M_3=\{A_1,A_2,A_4,A_9,A_{10},A_{12}\}$,
对于 M_1,A_{14} 到另 4 个顶点的距离互不相同,而另 4 个点刚好是一个矩形的顶点.类似于 M_1,可验证 M_2 中不存在 4 个顶点是某个等腰梯形的顶点.对于 M_3,其中 6 个顶点刚好是 3 条直径的顶点,所以任意 4 个顶点要么是某个矩形的 4 个顶点,要么是某个不等边四边形的 4 个顶点.

当 $n=15$ 时,令
$M_1=\{A_1,A_2,A_3,A_5,A_8\}$, $M_2=\{A_6,A_9,A_{13},A_{14},A_{15}\}$, $M_3=\{A_4,A_7,A_{10},A_{11},A_{12}\}$,
则每个 M_i 中均无 4 点是等腰梯形的顶点.

当 $n=14$ 时,令
$M_1=\{A_1,A_3,A_8,A_{10},A_{14}\}$, $M_2=\{A_4,A_5,A_7,A_{11},A_{12}\}$, $M_3=\{A_2,A_6,A_9,A_{13}\}$,
则每个 M_i 中均无 4 点是等腰梯形的顶点.

当 $n=13$ 时,令
$M_1=\{A_5,A_6,A_7,A_{10}\}$, $M_2=\{A_1,A_8,A_{11},A_{12}\}$, $M_3=\{A_2,A_3,A_4,A_9,A_{13}\}$,
则每个 M_i 中均无 4 点是等腰梯形的顶点.

在上述情形中去掉顶点 A_{13},染色方式不变,即得到 $n=12$ 的染色方法;然后再去掉顶点 A_{12},即得到 $n=11$ 的染色方法;继续去掉顶点 A_{11},得到 $n=10$ 的染色方法.

当 $n \leqslant 9$ 时,可以使每种颜色的顶点个数小于 4,从而无 4 个同色顶点是某个等腰梯形的顶点.

上面构造的例子表明 $n \leqslant 16$ 不具备题目要求的性质.

综上所述,所求的 n 的最小值为 17.

4. 计数在组合几何中的应用

计数是组合数学中的典型方法,在组合几何中也有很多应用.与某些抽象的组合问题不同,我们现在涉及的是具体的几何对象,因此,某些几何性质或方法自然是论证中的一个重要成分.这种组合结合几何的方法最能体现组合几何的特点.本节以计数方法为例,举一些这方面的例子.

例 8(2009 年 CMO 试题) 设 m,n 是给定的整数,$4<m<n$,$A_1A_2\cdots A_{2n+1}$ 是一个正 $2n+1$ 边形,$P=\{A_1,A_2,\cdots,A_{2n+1}\}$,求顶点属于 P 且恰有两个内角是锐角的凸 m 边形的个数.

解 先证一个结论:顶点在 P 中的凸 m 边形至多有两个内角是锐角,且有两个锐角时,这两个锐角必相邻.事实上,设这个凸 m 边形为 $P_1P_2\cdots P_m$,并假设有一个内角为锐角,不妨设 $\angle P_mP_1P_2<\pi/2$,则
$$\angle P_2P_jP_m = \pi - \angle P_2P_1P_m > \pi/2 \quad (3 \leqslant j \leqslant m-1),$$
从而有
$$\angle P_{j-1}P_jP_{j+1} > \pi/2 \quad (3 \leqslant j \leqslant m-1).$$
而
$$\angle P_1P_2P_3 + \angle P_{m-1}P_mP_1 > \pi,$$
故 $\angle P_1P_2P_3$ 与 $\angle P_{m-1}P_mP_1$ 中至多一个为锐角,且它们显然均与 $\angle P_mP_1P_2$ 相邻,这就证明了结论.

由上面所证的结论知,若凸 m 边形中恰有两个内角是锐角,则它们对应的顶点相邻.在

凸 m 边形中,设顶点 A_i 与 A_j 为两个相邻顶点,且在这两个顶点处的内角均为锐角.正 $2n+1$ 边形的顶点均在其外接圆上.设劣弧 A_iA_j 上包含了正 $2n+1$ 边形的 r ($1\leqslant r\leqslant n$)条边,这样的 (i,j) 在 r 固定时恰有 $2n+1$ 对.

(1) 若凸 m 边形的其余 $m-2$ 个顶点全在劣弧 A_iA_j 上,而劣弧 A_iA_j 上有 $r-1$ 个 P 中的点,此时这 $m-2$ 个顶点的取法数为 C_{r-1}^{m-2}.

(2) 若凸 m 边形的其余 $m-2$ 个顶点全在优弧 A_iA_j 上,分别取 A_i, A_j 的对径点 B_i, B_j,由于凸 m 边形在顶点 A_i, A_j 处的内角为锐角,所以,其余的 $m-2$ 个顶点全在劣弧 B_iB_j 上,而劣弧 B_iB_j 上恰有 r 个 P 中的点,此时这 $m-2$ 个顶点的取法数为 C_r^{m-2}.

所以,满足题设的凸 m 边形的个数为

$$(2n+1)\sum_{r=1}^{n}(C_{r-1}^{m-2}+C_r^{m-2}) = (2n+1)\left(\sum_{r=1}^{n}C_{r-1}^{m-2}+\sum_{r=1}^{n}C_r^{m-2}\right)$$
$$= (2n+1)\left(\sum_{r=1}^{n}C_r^{m-1}-C_{r-1}^{m-1}\right)+\sum_{r=1}^{n}(C_{r+1}^{m-1}-C_r^{m-1})$$
$$= (2n+1)(C_{n+1}^{m-1}+C_n^{m-1}).$$

注 解决这个问题的关键是利用结论:顶点在 P 中的凸 m 边形至多有两个内角是锐角,且有两个锐角时,这两个锐角必相邻.

例 9(1989 年 IMO 试题) 设 n 和 k 是正整数,S 是平面上 n 个点的集合,满足:

(1) S 中任何三点不共线;

(2) 对 S 中的每一个点 P,S 中至少存在 k 个点与 P 距离相等.

求证:$k<\dfrac{1}{2}+\sqrt{2n}$.

证明 由题意知,对每点 $P_i\in S$,存在以 P_i 为圆心的一个圆 C_i,使得 C_i 上至少有 S 中的 k 个点.我们对每个点 P_i 都取定这样的圆 C_i.因 S 中一共有 n 个点,故一共取定了 n 个圆.

称 (P_i,C_j) 为一个"点圆对",如果 $P_i\in C_j$;称 (P_i,C_j,C_k) 为一个"点双圆组",如果 $P_i\in C_j\cap C_k$, $j\neq k$.设过点 P_i 共有 x_i 个圆,又设共有 M 个"点圆对"和 N 个"点双圆组",则显然有

$$M=\sum_{i=1}^{n}x_i, \quad N=\sum_{i=1}^{n}\frac{x_i(x_i-1)}{2}.$$

又显然有 $M\geqslant nk$, $N\leqslant n(n-1)$,于是

$$2n(n-1)\geqslant 2N=\sum_{i=1}^{n}(x_i^2-x_i)\geqslant \frac{1}{n}\left(\sum_{i=1}^{n}x_i\right)^2-\sum_{i=1}^{n}x_i$$
$$=\frac{1}{n}M^2-M=\frac{1}{n}\left(M-\frac{n}{2}\right)^2-\frac{n}{4}$$

$$\geqslant \frac{1}{n}\left(nk - \frac{n}{2}\right)^2 - \frac{n}{4} = nk^2 - nk.$$

由此得

$$2n - 2 \geqslant k^2 - k, \quad \text{即} \quad 2n - \frac{7}{4} \geqslant \left(k - \frac{1}{2}\right)^2,$$

亦即

$$k \leqslant \frac{1}{2} + \sqrt{2n - \frac{7}{4}} < \frac{1}{2} + \sqrt{2n}.$$

例 10(2000 年 IMO 试题) 设开始时在一条直线上有 n ($n \geqslant 2$) 只跳蚤,且它们不全在同一点. 对任意给定的一个正实数 λ, 可以定义如下的一种移动:

(1) 选取任意两只跳蚤, 设它们分别位于点 A 和 B, 且点 A 位于点 B 的左边;

(2) 令位于点 A 的跳蚤跳到该直线上位于点 B 右边的点 C, 使得 $\frac{BC}{AB} = \lambda$.

试确定所有可能的正实数 λ, 使得对于直线上任意给定的点 M 以及这 n 只跳蚤的任意初始位置, 总能够经过有限多个移动之后令所有的跳蚤都位于点 M 的右边.

解 要使跳蚤尽可能远地跳向右边, 一个合理的策略是在每一个移动中都选取最左边的跳蚤所处的位置作为点 A, 最右边的跳蚤所处的位置作为点 B. 按照这一策略, 假设在 k 次移动之后, 这些跳蚤之间距离的最大值为 d_k, 而任意两只相邻跳蚤之间距离的最小值为 δ_k. 显然有

$$d_k \geqslant (n-1)\delta_k,$$

经过第 $k+1$ 次移动, 会产生一个新的两只相邻跳蚤之间的距离 λd_k. 如果这是新的最小值, 则有 $\delta_{k+1} = \lambda d_k$; 如果它不是最小值, 则显然有 $\delta_{k+1} \geqslant \delta_k$. 无论哪种情形, 总有

$$\frac{\delta_{k+1}}{\delta_k} \geqslant \min\left\{1, \frac{\lambda d_k}{\delta_k}\right\} \geqslant \min\{1, (n-1)\lambda\}.$$

因此, 只要 $\lambda \geqslant \frac{1}{n-1}$, 就有 $\delta_{k+1} \geqslant \delta_k$ 对任意 k 都成立. 这意味着任意两只相邻跳蚤之间距离的最小值不会减小. 故每次移动之后, 最左边的跳蚤所处的位置都以不小于某个正的常数的步伐向右平移. 最终, 所有的跳蚤都可以跳到任意给定的点 M 的右边.

下面证明: 如果 $\lambda < \frac{1}{n-1}$, 则对任意初始位置都存在某个点 M, 使得这些跳蚤无法跳到点 M 的右边.

将这些跳蚤的位置表示成实数, 考虑任意的一系列移动. 令 s_k 为第 k 次移动之后, 表示跳蚤所在位置的所有实数之和, 再令 w_k 为这些实数中最大的一个(即最右边的跳蚤的位置). 显然, 有 $s_k \leqslant n w_k$. 我们要证明序列 $\{w_k\}$ 有界.

在第 $k+1$ 次移动时, 一只跳蚤从点 A 跳过点 B 落在点 C, 分别用实数 a, b, c 表示这三个点, 则 $s_{k+1} = s_k + c - a$. 根据移动的定义, 有 $c - b = \lambda(b - a)$, 进而得到

$$\lambda(c-a) = (1+\lambda)(c-b),$$

于是
$$s_{k+1} - s_k = c - a = \frac{1+\lambda}{\lambda}(c-b).$$

如果 $c > w_k$,则刚跳过来的这只跳蚤占据了新的最右边位置 $w_{k+1} = c$. 再由 $b \leqslant w_k$ 可得

$$s_{k+1} - s_k = \frac{1+\lambda}{\lambda}(c-b) \geqslant \frac{1+\lambda}{\lambda}(w_{k+1} - w_k). \qquad ③$$

如果 $c \leqslant w_k$,则有
$$w_{k+1} - w_k = 0, \quad s_{k+1} - s_k = c - a > 0.$$

故③式仍然成立.

考虑数列
$$z_k = \frac{1+\lambda}{\lambda} w_k - s_k, \quad k = 0, 1, 2, \cdots.$$

显然有 $z_{k+1} - z_k \leqslant 0$ $(k=0,1,2,\cdots)$,即该数列是单调递减的. 因此,对所有的 k,总有
$$z_k \leqslant z_0.$$

假设 $\lambda < \frac{1}{n-1}$,则 $1+\lambda > n\lambda$. 可以把 z_k 写成
$$z_k = (n+\mu) w_k - s_k,$$

其中 $\mu = \frac{1+\lambda}{\lambda} - n > 0$,于是得到不等式
$$z_k = \mu w_k + (n w_k - s_k) \geqslant \mu w_k.$$

故对所有的 k,总有 $w_k \leqslant \frac{z_0}{\mu}$. 这意味着最右边的跳蚤位置永远不会超过一个常数,这个常数与 n, λ 和这些跳蚤的初始位置有关,而与如何移动无关.

综上所述,最终得到结论:所求 λ 的可能值为所有不小于 $\frac{1}{n-1}$ 的实数.

第二节 图形覆盖

覆盖是一个最为古老的组合几何课题,也是永远讨论不完的课题. 图形本身的形状千变万化,一个图形可以覆盖另一个图形所满足的条件就可能很复杂.

一、基本知识

定义 1 设 G 和 F 是两个图形(点集). 若 $F \supseteq G$,或 F 经过运动变成 F',而 $F' \supseteq G$,则称图形(点集) F 可以**覆盖**图形(点集) G.

定义 2 设 $F_1, F_2, \cdots, F_n$ 是一组图形. 若 $F_1 \cup F_2 \cup \cdots \cup F_n \supseteq G$,或 $F_1, F_2, \cdots, F_n$ 各自经过运动后分别变为 $F_1', F_2', \cdots, F_n'$,而 $F_1' \cup F_2' \cup \cdots \cup F_n' \supseteq G$,则称 $F_1, F_2, \cdots, F_n$ 可以

覆盖 G.

由定义可知,要证明一组图形能够覆盖某个图形,必须适当安排这组图形中的各个图形的位置,使它们盖住这个图形,即使得这个图形的每个点都属于这组图形中的至少一个图形.

定义 3 如果区域 G 覆盖点集 F,则称 F 可以**嵌入**到 G 中.

关于覆盖的一些性质:

性质 1 G 可以覆盖 G(纸片 G 可以盖住与 G 全等的平面图形).

性质 2 若 G_1 可以覆盖 G_2,且 G 可以覆盖 G_1,则 G 可以覆盖 G_2(传递性).

性质 3 若 $G_1, G_2, \cdots, G_n$ 均可以覆盖 F,则 $G_1 \cap G_2 \cap \cdots \cap G_n$ 可以覆盖 F.

性质 4 设 $S(G), S(F)$ 分别表示图形 G, F 的面积.若 G 可以覆盖 F,则有 $S(F) \leqslant S(G)$;若 $S(F) > S(G)$,则有 G 不能覆盖 F.

性质 5 设 $d(G), d(F)$ 分别表示图形 G, F 的直径.若 G 可以覆盖 F,则有 $d(F) \leqslant d(G)$;若 $d(F) > d(G)$,则有 G 不能覆盖 F.

面积重叠原则 假定有 n 张纸片,它们的面积分别是 $A_1, A_2, \cdots, A_n$.我们把这 n 张纸片嵌入到一个面积为 A 的平面区域中,若 $A_1 + A_2 + \cdots + A_n > A$,则至少有两张纸片发生重叠(即存在面积不为 0 的公共部分).

二、典型例题解析

数学竞赛中我们常常遇到的图形覆盖问题是一个或一组图形能否盖住某个图形的问题,其反问题即嵌入问题也是数学竞赛中常见的问题.在覆盖问题中,被覆盖对象是不能变动的,而嵌入问题则恰好相反.

例 1 已知 A, B, C, D 是平面上两两距离不超过 1 的四个点,今欲作一圆覆盖此四点(即 A, B, C, D 在圆内或圆周上),问:半径最小应该是多少?

解 设 A, B, C, D 为满足条件的四点,能覆盖它们的圆的半径为 R.考虑四点集的凸包.

(1) 设 A, B, C, D 四点中有一点在 $\triangle ABC$ 的内部或边界上,不妨设为 D.若 $\triangle ABC$ 为锐角三角形,则必有一内角大于或等于 $60°$.不妨设 $\angle A \geqslant 60°$,则 $2R = \dfrac{BC}{\sin A} \geqslant 1 / \dfrac{\sqrt{3}}{2}$,即 $R \geqslant \dfrac{1}{\sqrt{3}}$.

特别地,当 $AB = BC = AC = 1$ 时,$R = \sqrt{3}/3$,半径比它小的圆不可覆盖此四点;若 $\triangle ABC$ 为钝角三角形或直角三角形,则以最长边为直径的圆能覆盖此四点,故有 $R \geqslant 1/2$.

(2) 设凸包为四边形,并设为 $ABCD$.若此四边形有一对对角均大于 $90°$,不妨设 $\angle A$, $\angle C$ 均大于 $90°$,则以 BD 为直径的圆即能覆盖此四点,故 $R \geqslant 1/2$.

若上述情况不发生,四边形 $ABCD$ 的四个内角必有一个大于或等于 $90°$,如设为 $\angle D \geqslant 90°$,则 $\angle B < 90°$.又 $\angle A, \angle C$ 中至少有一个小于 $90°$,不妨设 $\angle A < 90°$,如图 7.12 所示.考查 $\angle 1, \angle 2$,并不妨设 $\angle 2 \geqslant \angle 1$.若 $\angle 2 \geqslant \angle 1 \geqslant 90°$,以 AB 为直径的圆可覆盖此四点,故 $R \geqslant 1/2$.若

$\angle 2 \geqslant \angle 1, \angle 1 < 90°$, D 必在锐角 $\triangle ABC$ 外接圆内或圆周上,则该圆半径 $R \geqslant \sqrt{3}/3$.

综上所述,覆盖平面上两两距离不超过 1 的任意四点的圆的最小半径为 $R = \sqrt{3}/3$.

例 2 (1) 求最小的正数 A,使得任意有限多个正方形,只要面积之和不小于 A,就可将它们平行放置,覆盖单位正方形;

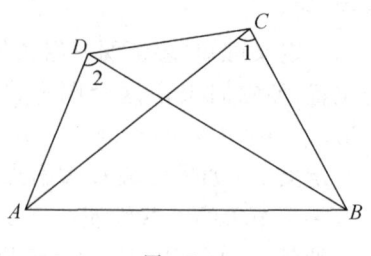

图 7.12

(2) 求最大正数 a,使得任意有限多个正方形,只要面积之和不大于 a,就可将它们不重叠地平行嵌入单位正方形中.

解 (1) 取三个边长为 $1-\varepsilon$ 的正方形,它们的面积之和 $3(1-\varepsilon)^2$ 小于 3,但可任意接近 3(当 $\varepsilon \to 0$ 时),每个这种正方形至多覆盖单位正方形的一个顶点,故 $A \geqslant 3$. 下证 $A = 3$.

设有 n 个正方形,边长分别为 $a_1, a_2, \cdots, a_n$,且 $a_1^2 + a_2^2 + \cdots + a_n^2 \geqslant 3$. 不妨设 $a_1 \geqslant a_2 \geqslant \cdots \geqslant a_n$,可设 $a_1 < 1$(否则 a_1 对应的正方形就已盖住). 将这些小正方形从大到小,底边对齐地接成行,每行长度到达或刚刚超过 1 即停止,另起一行. 令各行的最后一个正方形边长为 $h_1, h_2, \cdots, h_k, h_{k+1}$(最后一行可空),如图 7.13 所示,只要证明 $h_1 + h_2 + \cdots + h_k \geqslant 1$ 即可.

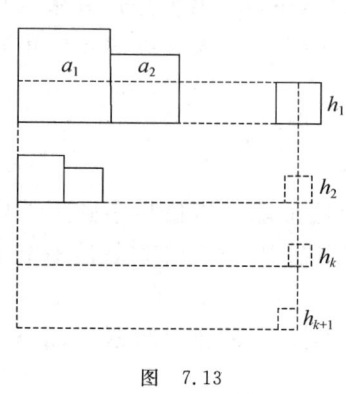

图 7.13

由面积关系知
$$3 \leqslant a_1^2 + a_2^2 + \cdots + a_n^2$$
$$\leqslant 1 \cdot (1 + h_1) + h_1(1 + h_2) + \cdots + h_{k-1}(1 + h_k) + 1 \cdot h_k$$
$$\leqslant (1 + h_1) + (h_1 + h_2) + \cdots + (h_{k-1} + h_k) + h_k$$
$$= 1 + 2(h_1 + h_2 + \cdots + h_k),$$
即 $\qquad h_1 + h_2 + \cdots + h_k \geqslant 1.$

(2) 取两个边长为 $\frac{1}{2} + \varepsilon$ 的正方形,显然它们不能无重叠地嵌入单位正方形中,而面积之和可任意接近 1,故 $a \leqslant \frac{1}{2}$. 下证 $a = \frac{1}{2}$.

设有 n 个正方形,边长分别为 $a_1, a_2, \cdots, a_n$. 同上可令 $a_1 \geqslant a_2 \geqslant \cdots \geqslant a_n$ 且 $\sum_{i=1}^{n} a_i^2 \leqslant \frac{1}{2}$.

同上将 n 个正方形排列,但每一行不超过 1 为止. 令各行最前面一个正方形的边长为 $h_1, h_2, \cdots, h_k$,则只要证明 $H = h_1 + h_2 + \cdots + h_k \leqslant 1$ 即可.

由于

$$\frac{1}{2} \geqslant h_1^2 + h_2(1-h_1) + h_3(1-h_1) + \cdots + h_k(1-h_1)$$
$$= h_1^2 + (1-h_1)(H-h_1),$$

因此
$$H \leqslant \frac{\frac{1}{2} - h_1^2}{1 - h_1} + h_1 = 1 + 2h_1 - \frac{1}{2(1-h_1)}.$$

又因为 $h_1(1-h_1) \leqslant \frac{1}{4}$, 即 $2h_1 \leqslant \frac{1}{2(1-h_1)}$, 所以 $H \leqslant 1$.

注 有关覆盖或嵌入问题常常用不等式作为工具进行估计.

例 3(2004 年 IMO 试题) 如图 7.14 所示,由 6 个单位正方形构成的图形以及它的旋转或翻转所得到的图形统称为**钩形**. 试确定所有的 $m \times n$ 矩形,使其能被钩形所覆盖,其中要求:

(1) 覆盖矩形时,不能有空隙,钩形之间不重叠;

(2) 钩形不能覆盖到矩形外.

解 以上钩形经过旋转或轴对称变换,视为等价.

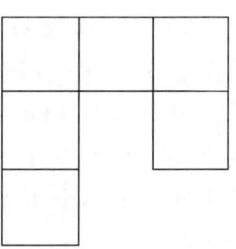

图 7.14

如图 7.15(a)所示,给钩形的 6 个格子编号. 图中阴影部分的格子必属于另一个钩形,且这个格子仅与该钩形中一个格子相邻,故只能是 1 或 6 这样的格子. 如果是 6,则两个钩形形成一个 3×4 矩形,如图 7.15(b)所示. 如果是 1,则有两种情形,见图 7.16(a)和图 7.16(b). 若为前者,则阴影部分的方格不能被覆盖,矛盾. 因此只能是后者图 7.16(b). 这样,图中的钩形就被两两配对,每对构成图 7.15(b)或图 7.16(b).

由于图 7.15(b)和图 7.16(b)均有 12 个方格,故 $12 \mid mn$. 下面分三种情形讨论:

(i) $3 \mid m, 4 \mid n$ 或 $3 \mid n, 4 \mid m$. 不妨设 $m = 3m_0, n = 4n_0$. 将图 7.15(b)视为一个整体,用 $m_0 n_0$ 个图 7.15(b)排成一个 $m \times n$ 矩形即可,故这时 $m \times n$ 矩形能被钩形所覆盖(每个 3×4 的矩形均可被两个钩形覆盖).

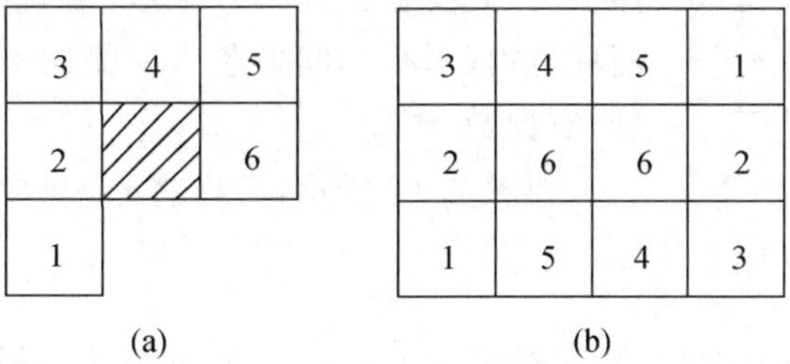

图 7.15

第七章 组合几何与图论

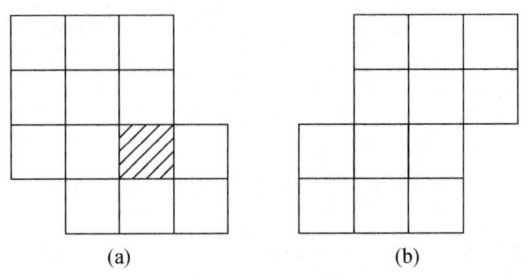

图 7.16

(ii) $12\mid m$ 或 $12\mid n$,不妨设 $12\mid m$.

当 $3\mid n$ 或 $4\mid n$ 时,可化为(i)的情形.

当 $3\nmid n$ 且 $4\nmid n$ 时,由于至少需要一个图 7.15(b)或图 7.16(b),故 $n\geqslant 3$,从而 $n\geqslant 5$(因为 $3\nmid n,4\nmid n$). 由于 $m\times n$ 矩形角上的方格只能属于一个图 7.15(b)或图 7.16(b),而 $n=5$ 说明相邻的两个角上的方格不能同属于一个图 7.15(b)或图 7.16(b),故 $n\geqslant 6$. 又 $3\nmid n,4\nmid n$,故 $n\geqslant 7$.

下面说明 $n\geqslant 7$ ($3\nmid n,4\nmid n$)时一定能被钩形覆盖.

若 $n\equiv 1\pmod 3$,则 $n=4+3t$ ($t\in \mathbf{N}^*$). 由(i)知,当 $12\mid m$ 时,$m\times 3t$,$m\times 4$ 矩形均可被钩形覆盖. 因此 $m\times n$ 矩形可被钩形覆盖.

若 $n\equiv 2\pmod 3$,则 $n=8+3t$ ($t\in \mathbf{N}^*$). 由(ii)知,当 $12\mid m$ 时,$m\times 8$,$m\times 3t$ 矩形均可被钩形覆盖. 故 $m\times n$ 矩形可被钩形覆盖.

(iii) $12\mid mn$,但 $4\nmid m,4\nmid n$. 这时 $2\mid m,2\mid n$,不妨设 $m=6m_0,n=2n_0,2\nmid m_0,2\nmid n_0$.

考虑将 $m\times n$ 矩形一列黑一列白地染色,则黑、白格一样多. 对于一个图 7.16(b),无论如何摆放,总盖住 6 个黑格;对于一个竖置的图 7.15(b),要么盖住 8 个黑格和 4 个白格,要么盖住 4 个黑格和 8 个白格. 由于黑、白格一样多,故盖住 8 黑 4 白的和盖住 4 黑 8 白的一样多. 因此要盖住 $m\times n$ 矩形,竖置的图 7.15(b)有偶数个. 同理可得(对行相间染色),要盖住 $m\times n$ 矩形,横置的图 7.15(b)有偶数个.

1	2	3	4	1	2	$\cdots$	1	2
3	4	1	2	3	4	$\cdots$	3	4
1	2	3	4	1	2	$\cdots$	1	2
$\vdots$	$\vdots$	$\vdots$	$\vdots$	$\vdots$	$\vdots$		$\vdots$	$\vdots$
3	4	1	2	3	4	$\cdots$	3	4

图 7.17

如图 7.17 所示,考虑将 $m\times n$ 矩形的格子分为 4 类,4 类的格子一样多,均为 $\dfrac{mn}{4}$ 个.

对于一个图 7.18(a)或(b),它盖住的 a 与 c 一样多,b 与 d 一样多,从而一个图 7.15(b)盖住的 1 类和 3 类格子一样多.

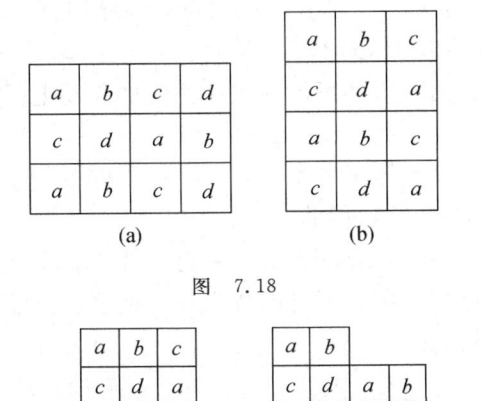

(a)　(b)

图　7.18

(a)　(b)　(c)　(d)

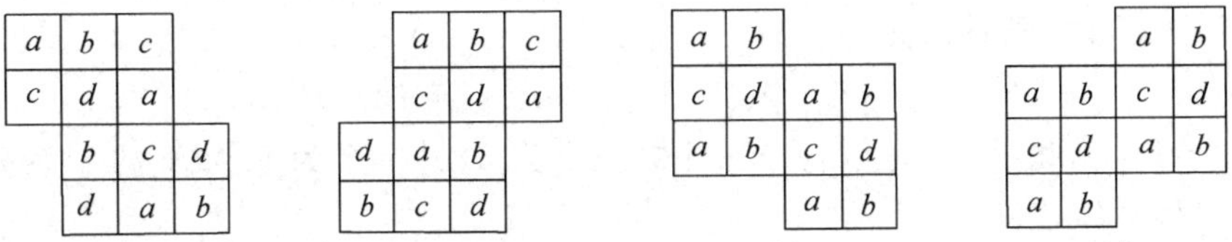

图　7.19

对于一个图 7.16(b),如图 7.19 所示,可以看出(a),(b)两种情形盖住的 1 类和 3 类格子一样多,而(c),(d)两种情形盖住的 1 类和 3 类格子个数正好差 2,但 $m\times n$ 中 1 类和 3 类格子一样多,因此需要 1 类格子比 3 类格子多 2 的图形和 3 类格子比 1 类格子多 2 的图形一样多,从而(c),(d)两种情形的总数为偶数.若用图 7.20 分类,类似可得(a),(b)两种情形共有偶数个,从而覆盖 $m\times n$ 矩形需图 7.16(b)偶数个.所以共有偶数个图 7.15(b)和图 7.16(b).因而 $24\mid mn$,与 $4\nmid m,4\nmid n$ 矛盾.

1	3	1	…	3
2	4	2	…	4
3	1	3	…	1
4	2	4	…	2
1	3	1	…	3
2	4	2	…	4
⋮	⋮	⋮	⋮	⋮
1	3	1	…	3
2	4	2	…	4

图　7.20

例 4(1996 年 IMO 试题)　设小方块 $ABCD$ 是一块矩形的板,其中 $AB=20,BC=12$.将这块板分成 20×12 个单位正方形小方块.又设 r 是给定的正整数,当且仅当两个小方块的中心之间的距离等于 $\sqrt{r}$ 时,可以把放在其中一个小方块里的硬币移到另一个小方块中.在以 A 为顶点的小方块中放有一个硬币,我们的工作是要找出一系列的移动,使这个硬币移到以 B 为顶点的小方块中.

(1) 证明:当 r 能被 2 或 3 整除时,这项工作不能完成;

(2) 证明:当 $r=73$ 时,这项工作可以完成;

(3) 当 $r=97$ 时,这项工作是否能完成?

解　把小方块按它所在的行数及列数进行编号,以(i,j)表示在第 i 行第 j 列的小方块$(i=1,2,\cdots,12;j=1,2,\cdots,20)$.由题意可知,在$(i_1,j_1)$中的硬币可以移到$(i_2,j_2)$的条件是

$$(i_1-i_2)^2+(j_1-j_2)^2=r.$$

(1) 当 $2|r$ 时,由条件知 i_1-i_2 与 j_1-j_2 的奇偶性相同,即
$$i_1-i_2\equiv j_1-j_2\pmod 2,\quad 从而\quad i_1-j_1\equiv i_2-j_2\pmod 2.$$
但由于 $1-1\not\equiv 1-20\pmod 2$,所以不可能找出一系列的移动把硬币从 $(1,1)$ 移到 $(1,20)$.

当 $3|r$ 时,由条件可知
$$(i_1-i_2)^2+(j_1-j_2)^2\equiv 0\pmod 3.$$
由于完全平方数模 3 时只能为 $0,1$,因此
$$i_1-i_2\equiv j_1-j_2\equiv 0\pmod 3,\quad 从而\quad i_1+j_1\equiv i_2+j_2\pmod 3.$$
同样由于 $1+1\not\equiv 1+20\pmod 3$,所以不可能找出一系列移动把硬币从 $(1,1)$ 移到 $(1,20)$.

(2) 当 $r=73$ 时,条件成为
$$(i_1-i_2)^2+(j_1-j_2)^2=73.$$
由于 $73=3^2+8^2$,因此,$|i_1-i_2|,|j_1-j_2|$ 中一个为 3,另一个为 8. 如下的一系列移动就把硬币从 $(1,1)$ 移到 $(1,20)$:
$$(1,1)\to(4,9)\to(7,17)\to(10,9)\to(2,6)\to(5,14)\to(8,6)$$
$$\to(11,14)\to(3,17)\to(6,9)\to(9,17)\to(1,20).$$

(3) 当 $r=97$ 时,条件成为
$$(i_1-i_2)^2+(j_1-j_2)^2=97.$$

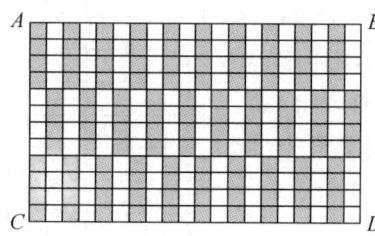

图 7.21

由于 $97=4^2+9^2$,因此,$|i_1-i_2|,|j_1-j_2|$ 中一个为 4,另一个为 9. 把每一列的 12 块小方块分成 4 块一组,而每 4 块看成一个大块. 然后,如图 7.21 所示把它们染成黑、白两色. 于是,在黑格中的硬币只能移动到黑格中,由于 $(1,1)$ 是黑格,而 $(1,20)$ 是白格,因此不存在符合要求的一系列移动.

例 5 在半径为 R 的圆桌面上摆放一些同样大小的,半径为 r 的硬币,要求硬币不准露出圆桌面边缘,并且所摆硬币彼此不能重叠. 若当摆放 n 枚硬币之后,圆桌面上就不能再多摆放一枚这种硬币了,求证:$\sqrt{n}\,r<R<(2\sqrt{n}+1)r$.

证明 由于 n 枚半径为 r 的硬币不重叠地摆放在半径为 R 的圆面内,所以,$n\pi r^2<\pi R^2$,即
$$\sqrt{n}\,r<R. \qquad ①$$

现在设想把 n 枚硬币的半径都扩大一倍,成为半径为 $2r$ 的"加层硬币",则这 n 枚"加层硬币"必完全覆盖住了半径为 $R-r$ 的圆面(如图 7.22). 如若不然,设在以 $R-r$ 为半径的圆面上至少有一点 P 没被这 n 个半径为 $2r$ 的"加层硬币"覆盖住,则点 P 到诸半径为 r 的硬币之间的距离均不小于 r. 所以,以 P 为中点可以与前面所放的 n 枚硬币无重叠地放入一个半径为 r 的圆(硬币),矛盾. 由性质 4 得

$$n\pi(2r)^2 > \pi(R-r)^2,$$

解得
$$R < (2\sqrt{n}+1)r.$$

综合①,②两式得
$$\sqrt{n}\,r < R < (2\sqrt{n}+1)r.$$

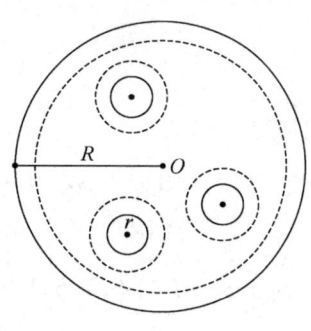

图 7.22

例 6 设平面上有有限个正三角形覆盖着面积为 S 的区域,求证:可以从中取出若干个互不重叠的正三角形,使其覆盖面积大于 $S/16$.

证明 在这有限个正三角形中,一定存在一个边长最大(即面积最大)的正三角形 $\triangle_1$. 设 $\triangle_1$ 的边长为 a,如图 7.23 所示. 与正三角形 $\triangle_1$ 相重叠的所有正三角形都在图中所画的范围内. 这个加"保护层"后的图形的面积为 $\frac{\sqrt{3}}{4}a^2 + 3a^2 + \pi a^2$.

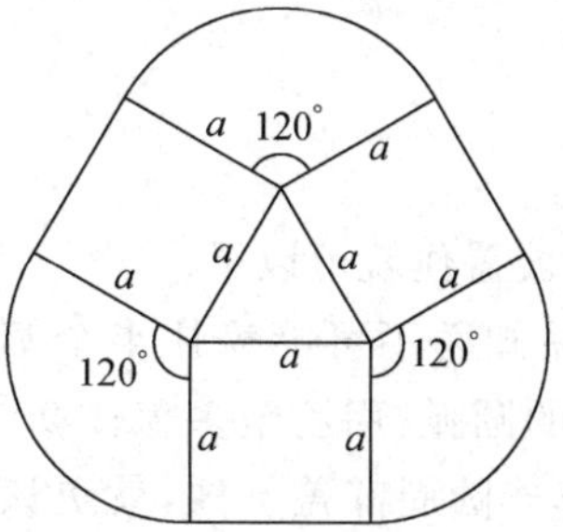

设 $\triangle_1$ 及与 $\triangle_1$ 重叠的正三角形覆盖的总面积为 S_1,则
$$S_1 \leqslant \frac{\sqrt{3}}{4}a^2 + 3a^2 + \pi a^2 = \frac{\sqrt{3}}{4}a^2\left(1 + 4\sqrt{3} + \frac{4}{3}\sqrt{3}\pi\right).$$

所以 $\triangle_1$ 的面积为
$$S_{\triangle_1} = \frac{\sqrt{3}}{4}a^2 \geqslant \frac{S_1}{1 + 4\sqrt{3} + \frac{4}{3}\sqrt{3}\pi}.$$

除去 $\triangle_1$ 及与 $\triangle_1$ 重叠的正三角形,在所剩余的正三角形中取边长最大的一个为 $\triangle_2$. 同样作法可得 $\triangle_2$ 的面积
$$S_{\triangle_2} \geqslant \frac{S_2}{1 + 4\sqrt{3} + \frac{4}{3}\sqrt{3}\pi},$$

图 7.23

其中 S_2 是 $\triangle_2$ 及与 $\triangle_2$ 重叠的正三角形覆盖的总面积.

如此继续下去,至第 k 步全部取完. 这样取出彼此不相交的 k 个正三角形序列:
$$\triangle_1, \triangle_2, \triangle_3, \cdots, \triangle_k,$$
其中 $\triangle_i$ 及与 $\triangle_i$ 重叠的正三角形覆盖的总面积为 $S_i (i=1,2,\cdots,k)$. 于是有
$$S_{\triangle_1} \geqslant \frac{S_1}{1 + 4\sqrt{3} + \frac{4}{3}\sqrt{3}\pi},$$

$$S_{\triangle_2} \geqslant \frac{S_2}{1 + 4\sqrt{3} + \frac{4}{3}\sqrt{3}\pi},$$

....

$$S_{\triangle_k} \geq \frac{S_k}{1+4\sqrt{3}+\frac{4}{3}\sqrt{3}\pi},$$

相加得

$$S_{\triangle_1}+S_{\triangle_2}+\cdots+S_{\triangle_k} \geq \frac{1}{1+4\sqrt{3}+\frac{4}{3}\sqrt{3}\pi}(S_1+S_2+\cdots+S_k).$$

但 $S_1+S_2+\cdots+S_k \geq S$,$1+4\sqrt{3}+\frac{4}{3}\sqrt{3}\pi<16$,故

$$S_{\triangle_1}+S_{\triangle_2}+\cdots+S_{\triangle_k} \geq \frac{S}{1+4\sqrt{3}+\frac{4}{3}\sqrt{3}\pi} > \frac{S}{16}.$$

注 本题这类问题称为"维他利型问题". 若把"正三角形"的条件改为"正方形"或"圆",其结果请读者自行探求.

例 7 设有甲、乙、丙、丁四张纸片,其中甲是边长为 1 的正三角形,乙是边长为 1 的正方形,丙是边长为 1 的正五边形,丁是边长为 1 的正六边形,请证明:

(1) 用甲、乙、丙合在一起不能盖住半径为 1 的圆面;

(2) 用甲、乙、丙、丁合在一起能盖住半径为 1 的圆面.

证明 (1) 这是证不能覆盖问题,只需证圆周无论如何不能被盖住就可以了.

记半径为 1 的圆面为 $\odot O$. 当我们用丙去盖 $\odot O$ 的圆周时,易知丙不可能盖住半个圆周(实际丙至多只能盖住 $108°$ 的圆弧),而用甲至多盖住不超过 $60°$ 的圆弧,用乙至多盖住 $90°$ 的圆弧,合起来不会盖住超过 $330°$ 的圆弧,因此,甲、乙、丙合在一起连圆周都盖不住,就更谈不上盖住整个圆面.

(2) 这是证明能盖住的问题,需要设计一种放置甲、乙、丙、丁的方法.

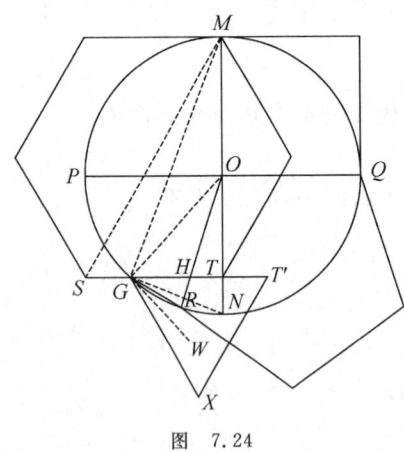

图 7.24

仍用 $\odot O$ 表示半径为 1 的圆面. 如图 7.24 所示,设 MN 与 PQ 是 $\odot O$ 互相垂直的两条直径. 我们将乙、丙、丁如图所示放好:乙的相邻两边与 OM, OQ 重合,因此乙盖住了圆面的 $1/4$,即扇形 MOQ. 丙的相邻两边中,一边与 OQ 重合,另一边 OR 的顶点在 $\overset{\frown}{PN}$ 上,丙盖住了含圆心角为 $108°$ 的扇形 QOR. 丁的一个顶点在点 M 处,且过点 M 的一边垂直于直径 MN. 设这边所对的边为 ST,点 T 在 MN 上. 此时,由于 $ST \parallel PO$,故可设 ST 与半圆弧 $\overset{\frown}{MPN}$ 交于点 G,与 OR 交于点 H. 于是丁盖住了 $\odot O$ 中的图形 $MPGHO$. 此时 $\odot O$ 中未被盖住的部分是图形 GHR,其中 $\overset{\frown}{GR}$ 是弧段. 我们用甲去

盖图形 GHR，让甲的一个顶点与点 G 重合，一边与 GT 重合延长至点 T'，甲的另一顶点为点 X. 过点 G 沿 $\overset{\frown}{GN}$ 的方向作 $\odot O$ 的切线 GW. 此时，由于 $\angle GMT < \angle SMT = 30°$，故 $\angle TGW = \angle GOT = 2\angle GMT < 2\times 30° = 60°$，即 $\angle TGW < \angle TGX$，从而 GX 在切线外侧. 我们再证点 N 在甲的内部. 事实上，

$$GT^2 = OG^2 - OT^2 = 1 - (\sqrt{3}-1)^2 = 2\sqrt{3} - 3,$$
$$GN^2 = GT^2 + TN^2 = 2\sqrt{3} - 3 + (2-\sqrt{3})^2 = 4 - 2\sqrt{3}.$$

又点 G 到 XT' 的距离为 $\sqrt{3}/2$，而

$$GN^2 - (\sqrt{3}/2)^2 = 4 - 2\sqrt{3} - \frac{3}{4} = 3.25 - 2\sqrt{3}$$
$$< 3.25 - 2\times 1.7 = -0.15 < 0,$$

故 $GN < \sqrt{3}/2$. 由凸图形的性质知点 N 在甲的内部，图形 GRH 被甲盖住. 因此用甲、乙、丙、丁合在一起可以盖住半径为 1 的圆面.

注 本题是应用定义证明覆盖与不能覆盖的典型例题. 寻找甲、乙、丙、丁适当的放置方法是证明的关键，构造性思维技巧是解法的特征，凸图形理论是证明的依据. 在证明不能覆盖时，证明其边界上至少有一点盖不住是突破口.

第三节 图 论

图论的产生解决了许多用传统数学方法无法解决的问题. 图论的思想对于提高分析、解决问题的能力无疑是十分有益的. 在数学竞赛中，经常出现一些以图论为背景的试题，这些问题一般不需要高深的数学工具，但往往需要深入的思考，其目的就在于考查参赛者的智力水平及分析、解决问题的能力.

一、基本知识

图是指某些具体的事物以及这些事物之间的联系.

定义 1 通常用平面上的点 $v_1, v_2, \cdots, v_n$ 来表示事物，称这些点为**顶点**；用两点之间的连线表示两事物之间的关系，称为**边**.

定义 2 由若干个不同的顶点与连结其中某些顶点的边所组成的图形，称为**图**.

注 在图中，只考虑顶点的相对位置，而边的曲直、长短无关紧要.

定义 3 图 G 可看做是一个有序对 $<V,E>$，其中 V 是顶点集，E 是边集. 图 G 中顶点的个数 $|V|$ 称为 G 的**阶**. 当 $|V|$，$|E|$ 有限时，$<V,E>$ 称为**有限图**；否则，称为**无限图**.

定义 4 若两个图 G 与 G' 的顶点之间可以建立起一一对应，并且当且仅当 G 的顶点 v_i 与 v_j 之间有 k 条边相连时，G' 的相应的顶点 v'_i 与 v'_j 之间也有 k 条边相连，就认为 G 与 G' 是

相同的,称 G 与 G' 是**同构的图**.

定义 5　图中与一边关联的两个顶点,称为**邻接点**;不与任何边关联的顶点,称为**孤立顶点**;关联同一顶点的两条边,称为**邻接边**;只关联一个顶点的边,称为**环**;在两个顶点之间关联的多条边,称为**平行边(重边)**.

定义 6　不含有环和平行边的图称为**简单图**.

定义 7　如果一个简单图中,每两个顶点之间都有一条边,则这样的图称为**完全图**.

定义 8　图 G 中与顶点 v 相邻的边数(约定环算做两条边),称为 G 中顶点 v 的**度(或度数)**,记做 $d_G(v)$,简记为 $d(v)$.若顶点 v 的度为**奇数**,则称 v 是 G 的**奇顶点**;若顶点 v 的度为**偶数**,则称 v 为 G 的**偶顶点**.

定义 9　各顶点度数均相同的简单图称为**正则图**,各顶点度数均为 k 的图称为 k-**正则图**.

定理 1　设 G 是 n 阶图,则 G 中 n 个顶点的度之和等于边数的两倍,即:设 G 中 n 个顶点为 $v_1, v_2, \cdots, v_n$,边数为 e,则 $d(v_1) + d(v_2) + \cdots + d(v_n) = 2e$.

证明　所有顶点度之和表示以每一顶点为一端点的边的总数.由于一条边有两个端点,因此 G 中每条边在顶点度之和中被计入两次,所以所有顶点的度之和为边数的两倍.

定理 2　对于任意图 G,奇顶点的个数一定是偶数.

证明　设图 G 有 n 个顶点,其中 $v_1, \cdots, v_t$ 为奇顶点,$v_{t+1}, \cdots, v_n$ 为偶顶点.由定理 1 有
$$d(v_1) + \cdots + d(v_t) = 2e - [d(v_{t+1}) + \cdots + d(v_n)].$$
上式的右边为偶数,即奇顶点的度之和为偶数,所以奇顶点的个数必为偶数.

定义 10　在图 G 中,对于一个由不同的边组成的序列:$e_1, e_2, \cdots, e_m$,如果其中边 $e_i = (v_{i-1}, v_i)(i=1,2,\cdots,m)$,即对所有的 i,边 e_i 都是连结顶点 v_{i-1} 与 v_i 的边,则称这个序列是从 v_0 到 v_m 的**链**,其中数 m 称为这条链的**长**,v_0 与 v_m 称为这条链的**端点**,并将这条链记为
$$\mu = v_0 v_1 \cdots v_m.$$

定义 11　如果一条链的两个端点 v_0 与 v_m 重合,则称这条链为**圈**.

定义 12　如果图 G 中的任意两个顶点 u 与 v 都有一条从 u 到 v 的链,则称这样的图 G 为**连通的**;否则,称 G 是**不连通的**.

定义 13　一个连通且没有圈的图称为**树**.通常用 T 来表示树.树上度为 1 的顶点称为**悬挂点**.

定理 3　如果树 T 的顶点数 $\geqslant 2$,则 T 中至少有两个悬挂点.

证明　设 $\mu = uv_1 v_2 \cdots v_k v$ 是 T 中一条最长链,则 u, v 是悬挂点.事实上,由于 T 连通,所以 $d(u) \neq 0, d(v) \neq 0$.若 $d(u) \geqslant 2$,则存在不同于 v_1 的顶点 w 与 u 相邻.如果 w 是 $v_2, \cdots, v_k, v$ 中的一个,则 T 中出现圈,与树的定义矛盾;如果 w 不同于 $v_2, \cdots, v_k, v$,则 $wuv_1 \cdots v_k v$ 是比 μ 更长的链,这与 μ 的取法矛盾.因此 $d(u) = 1$.同理 $d(v) = 1$.所以树 T 至少有两个悬挂点.

定理 4 给定图 T，以下关于它是树的定义是等价的：

(1) 无圈且连通；

(2) 无圈，且 $e=v-1$，其中 e 为边数，v 为顶点数；

(3) 连通且 $e=v-1$；

(4) 无圈，且增加一条新边后，得到且仅得到一个圈；

(5) 连通，且删去任何一个边后不连通；

(6) 每一对顶点之间有且仅有一条链.

证明从略.

上面定理刻画了树图的一个特征：在 n 个顶点的所有图中，树是边数最少的连通图，也是边数最多的无圈图.

定义 14 若 T 是包含图 G 的全部顶点的子图，它又是树，则称 T 为 G 的**生成树**. 图 G 中不在生成树上的边称为**弦**.

定义 15 在无孤立顶点的图 G 中，如果存在一条链，它经过图中每条边一次且仅一次，则称此链为**欧拉路**.

定义 16 在无孤立顶点的图 G 中，若存在一个圈，它经过图中每条边一次且仅一次，称此圈为**欧拉回路**.

定义 17 存在欧拉回路的图，称为**欧拉图**.

定理 5 连通图 G 含有欧拉路，当且仅当奇顶点个数等于 0 或 2；连通图 G 是欧拉图，当且仅当 G 不含奇顶点（G 的所有顶点度数为偶数）.

二、典型例题解析

1. 有关图基本概念的问题

在各类数学竞赛当中，有关图论部分的问题往往涉及图的基本概念的应用，其中出现最多的是顶点度数和边数的应用. 下面我们来看一些有关图的基本概念的例子.

例 1 设某地区网球俱乐部的 20 名成员举行 14 场单打比赛，每人至少上场一次，证明：必有 6 场比赛，其中 12 个参赛者各不相同.

证明 用 20 个点 $v_1, \cdots, v_{20}$ 分别代表 20 名成员，两名成员比赛过，则在相应的顶点间连一条边，得图 G. 由题意，图 G 中有 14 条边，且 $d(v_i) \geq 1$ $(i=1,2,\cdots,20)$. 由定理 1 有

$$d(v_1) + \cdots + d(v_{20}) = 2 \times 14 = 28.$$

在每个顶点 v_i 处抹去 $d(v_i)-1$ 条边，由于一条边可能同时因两个端点被抹去，所以抹去的边数最多为

$$(d(v_1)-1) + \cdots + (d(v_{20})-1) = 28 - 20 = 8.$$

故抹去这些边后所得的图 G' 至少还有 $14-8=6$ 条边，且图 G' 中每个顶点的度至多是 1，从而这 6 条边所相邻的 12 个顶点是各不相同的，即这 6 条边所对应的 6 场比赛的参赛者各不

相同.

注 应用图的概念来解数学竞赛试题,其关键在于将原来的问题正确化为图论形式.要正确地完成这一步,必须熟练掌握前面介绍的图论术语.

例 2 证明:在凸 n 边形中,不能选取出多于 n 条对角线,使得其中任意两条对角线都有公共端点.

证明 设 S 是凸 n 边形 A 的对角线集合,其中任意两条对角线都有公共端点,并设 S 所含对角线的条数为 k. 用凸 n 边形 A 的顶点作为图 G 的顶点,其集合记做 V. 对于图 G 的顶点 $u, v \in V$, 当且仅当 u 和 v 所确定的对角线属于 S 时令 u 和 v 相邻, 这样得到的图便是图 G. 对任意顶点 $s \in V$, 凸多边形 A 中以 s 为端点的对角线有 $n-3$ 条, 因此图 G 中顶点 s 的度 $d(s)$ 满足 $0 \leqslant d(s) \leqslant n-3$. 记图 G 中度为 i 的顶点集合为 $V_i (i=0,1,\cdots,n-3)$, 则 $V_0, V_1, \cdots, V_{n-3}$ 是图 G 的顶点集合 V 的一个分划. 设集合 V_i 所含顶点的个数为 $a_i (i=0,1,\cdots,n-3)$, 则有

$$a_0 + a_1 + a_2 + \cdots + a_{n-3} = n. \quad \text{①}$$

由于集合 S 所含对角线共有 k 条, 所以图 G 所含的边的条数为 $q(G)=k$. 于是, 由定理 1 得

$$a_1 + 2a_2 + \cdots + (n-3)a_{n-3} = 2k. \quad \text{②}$$

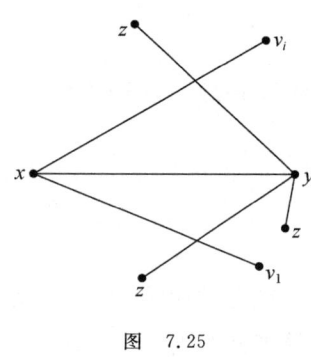

图 7.25

下面考虑图 G 中 1 度顶点(度为 1 的顶点)的个数 a_1. 设 x 是图 G 的 i 度顶点(度为 i 的顶点), 当 $i=1$ 时, 顶点 x 不能和图 G 中其他的 1 度顶点相邻. 否则, 设 x 和 1 度顶点 y 相邻, 则以 x 和 y 为端点的对角线 l 属于 S. 由于 x 和 y 都是 1 度顶点, 所以对角线 l 将和集合 S 中其他对角线都没有公共端点, 矛盾. 当 $i=2$ 时, 显然 x 不能与任何其他 1 度顶点相邻. 当 $i \geqslant 3$ 时, 集合 S 中含有 i 条以顶点 x 为一个端点的对角线. 这 i 条对角线中有两条所谓"最外面"的对角线 xv_1 和 xv_i, 见图 7.25. 设 xy 是里面的一条对角线. 如果顶点 y 和其他顶点 z 相邻, 则不论顶点 z 位于"里面"还是"外面", 对角线 yz 一定与 xv_1 或 xv_i 没有公共端点, 和集合 S 的意义相矛盾. 因此, 顶点 y 是 1 度顶点. 所以对一个 i 度顶点 x, 至少相应有 $i-2$ 个 1 度顶点 y. 于是得到下面的不等式:

$$a_1 \geqslant a_3 + 2a_4 + \cdots + (n-5)a_{n-3}. \quad \text{③}$$

由②式得

$$\begin{aligned} 2k &= a_1 + 2a_2 + 3a_3 + \cdots + (n-3)a_{n-3} \\ &= (a_1 + 2a_2 + 2a_3 + \cdots + 2a_{n-3}) \\ &\quad + [a_3 + 2a_4 + \cdots + (n-5)a_{n-3}], \end{aligned}$$

又由③式得

$$2k \leqslant (a_1 + 2a_2 + 2a_3 + \cdots + 2a_{n-3}) + a_1$$

$$= 2(a_1 + a_2 + \cdots + a_n),$$

再由①式得 $2k \leq 2n$，即有 $k \leq n$. 这说明，如果凸 n 边形 A 的对角线集合 S 中任意两条对角线都有公共端点，则集合 S 中所含对角线至多有 n 条. 换句话说，在凸 n 边形 A 中，不能选取出多于 n 条的对角线，使得其中任意两条对角线都有公共端点.

注 此例表明，尽管关于度和边数的定理 1 是解决问题的一个有力武器，但是有些数学竞赛试题比较复杂，仅仅靠一个定理未必能够解决问题. 对问题进行多方面分析，尽可能多地寻求出关于度的关系，才可能使问题得到顺利解决. 这就要求我们不但要熟练掌握有关图的知识，而且也要把其他所学知识灵活应用到解题上来.

例 3（2006 年俄罗斯数学奥林匹克竞赛（十一年级）试题） 设有一些少先队员来到营地，其中每个少先队员认识 50 到 100 个其他少先队员，证明：可以给每个少先队员发一顶某种颜色的帽子，且所有帽子的颜色不超过 1331 种，使得对每个少先队员而言，他所认识的人中一共至少拥有 20 种不同颜色的帽子.

证明 构造一个图 G，它的顶点对应少先队员，边对应相识关系. 这个图的每个顶点的度不小于 50 且不大于 100. 我们先证下面一个辅助引理.

引理：设 $k \leq n \leq m$ 为正整数，图 G 的每个顶点的度数不小于 n 且不大于 m，则可以去掉 G 中若干条边得到一个新图，使得新图的每个顶点的度数不小于 $n-k$ 且不大于 $m-k$.

引理的证明：显然只需对 $k=1$ 证明引理即可. 首先，如果图中有连结两个度数为 m 的顶点的边，那么去掉这些边. 上述操作进行有限步后，我们可以假设图中没有连结两个度数为 m 的顶点的边. 令 A 表示所有度数为 m 的顶点组成的集合，而 B 表示所有其余顶点组成的集合. 将图中所有连结 B 中两顶点的边去掉后我们得到一个图 G'. G' 中只留下 A 与 B 之间的边. 下面验证图 G' 满足霍尔定理①的条件. 考虑任意子集 $A_1 \subset A$，但 $A_1 \neq A$. 令 B_1 是所有与 A_1 中的顶点有边相连的顶点组成的集合. 从 A_1 中共有 $m|A_1|$ 条边出来连结 B_1 中的点，而 B_1 中的每个顶点的度数均小于 m，这可推出 $|B_1| \geq |A_1|$. 由霍尔定理，存在包含 A 中所有顶点的一个匹配. 从 G' 中去掉匹配中的所有边，得到图 G_1. G_1 的每个顶点的度数不小于 $n-1$ 且不大于 $m-1$. 引理证毕.

对 $k=30, n=50, m=100$ 应用上述引理，我们得到一个图 H，它的每个顶点的度数不小于 20 且不大于 70. 我们将 H 中的边都染成红色. 对于每个顶点 $x \in H$，存在与 x 相邻的至少 20 个顶点 $N(x)$，将 $N(x)$ 中的顶点用绿色的边两两相连. 考虑一个顶点集为 $\sum_{x \in H} N(x)$，边的集合为所有绿边构成的图 H'. 由于 H 中每个顶点的度数均不大于 70，故 H' 的每个顶点的度数不大于 $70 \times 19 = 1330$. 这样可用至多 1331 种颜色对 H' 中的顶点染色，使得 H' 中

---

① **霍尔定理** 给定偶图 G，即它的顶点可以分成两个集合 A 和 B 的并，使得 G 中只有连结 A 中的顶点和 B 中的顶点之间的边，假设对于任意子集 $A_1 \subset A$，都有 $|A_1| \leq |B_1|$，其中 B_1 表示所有与 A_1 的顶点之间有边相连的顶点的集合，则在图 G 中存在一个匹配（即具有不同顶点的边的集合），包含 A 的所有顶点.

任意相邻顶点不同色. 对 G 中不属于 H' 的顶点可用这 1331 种颜色中的任意颜色染色. 这样我们对 G 的顶点给出了一种染色,满足对于任意顶点而言,与其相邻顶点中至少有 20 种不同的颜色.

例 4(1991 年 IMO 试题) 设 G 是一个有 K 条边的连通图,证明:可以将 G 的边标号 $1, 2, \cdots, K$, 使得对属于两条或更多条边的顶点,过该顶点的所有边的标号的最大公约数是 1.

证明 任取一顶点,记做 v_0, 由于是连通图, v_0 必至少属于一条边. 从 v_0 出发沿 G 中的边不重复地前进(即已通过的边不允许再次通过,但顶点允许多次经过),直到不能再这样前进为止. 依次记已通过的顶点为 $v_0, v_1, \cdots, v_l$ (注意不同的标号可能对应同一个顶点,但相邻的 v_i, v_{i+1} 不会是同一个顶点). 给连结顶点 $v_{i-1}, v_i (1 \le i \le l_1)$ 的边标号 i. 这样就有 l_1 条边(它们是两两不同的),标号为 $1, 2, \cdots, l_1$. 显然 $1 \le l_1 \le K$. 在已通过的顶点中,可能除了 v_0 和 v_{l_1} 外,其余每个顶点至少属于两条已被标号的边,其标号数中必有两个是相邻正整数. 顶点 v_0 必属于标号为 1 的边. 顶点 v_{l_1} 要么也至少属于两条已被标号的边,其标号数中必有两个是相邻正整数,要么它在连通图 G 中只属于一条边. 若 $l_1 = K$, 则所有边均已标号,由上述说明知标号满足要求.

若 $1 \le l_1 < K$, 由图的连通性知,在顶点 $v_0, v_1, \cdots, v_{l_1-1}$ 中必有顶点属于还未标号的边. 任取这样一个顶点,记为 v_{l_1+1}. 从这一顶点出发,按上述规则,沿 G 中未被通过的边(即未标号的边)不重复地前进,直到不能继续前进为止. 依次记通过的顶点为 $v_{l_1+1}, v_{l_1+2}, \cdots, v_{l_1+l_2+1}$, 连结 $v_i, v_{i+1} (l_1+1 \le i \le l_1+l_2)$ 的边标号 i. 这样,就又有不同的 l_2 条边标号为 $l_1+1, \cdots, l_1+l_2, 1 \le l_2 \le K-l_1$. 若 $l_1+l_2 < K$, 则继续用这样的方法标号. 由于总共只有 K 条边,所以,最后一定将所有的边标号为 $1, 2, \cdots, K$. 由我们的标号方法知,对 G 的任一顶点,如果它至少属于两条边,那么,当它为 v_0 时,必有过该点的边标号为 1;当它不是 v_0 时,必有过该点的两条边标号为相邻正整数. 因此,过这样的顶点的所有边的标号数的最大公约数必为 1.

注 图 7.26 给出了 11 条边的连通图,这时 $l_1=8, l_2=3$. 对于图 7.27 给出的不连通图,无论怎样标号都不会满足题目的要求.

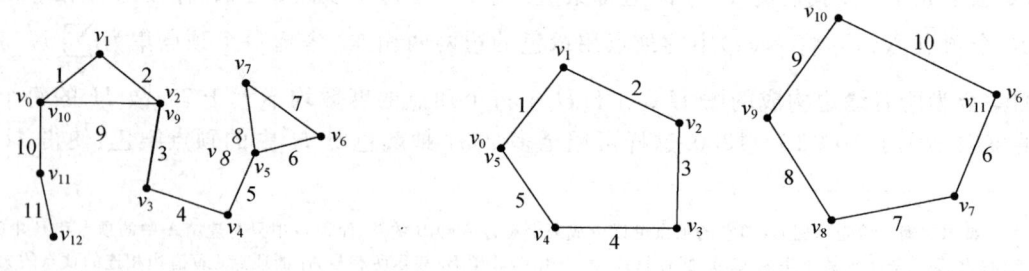

图 7.26　　　　　　　　　图 7.27

2. 有关两种特殊图的问题

2.1 树

树是各种各样图当中比较简单的,但也是十分重要的一类图.由于树的一些特殊性质,使得它在解决图论的问题中起着十分重要的作用.

例 5 设 n ($n \geqslant 3$) 名乒乓球选手单打比赛若干场后,任意两个选手已赛过的对手恰好都不完全相同,证明:总可以从中去掉一名选手,而使余下的选手中,任意两个选手已赛过的对手仍然都不完全相同.

证明 用 n 个顶点 $v_1, v_2, \cdots, v_n$ 表示这 n 名选手.如果命题不成立,即每一个选手都是不可去选手.对选手 v_k ($1 \leqslant k \leqslant n$),因为他不是可去选手,所以去掉 v_k 后,总可以找到一对选手 v_i 与 v_j,他们所赛过的选手相同(若有不止一对这样的选手,则任取其中一对),这说明 v_i 和 v_j 赛过的选手仅差 v_k.不妨设 v_i 与 v_k 赛过,而 v_j 与 v_k 未赛过,在这样的一对点 v_i 与 v_j 之间连一条边,并标上数字 k.这样就得到一个有 n 个顶点,n 条边的图,并且这 n 条边上标有 n 个互不相同的数.由于 n 个顶点 n 条边的图一定有圈.设 $v_{i_1} v_{i_2} \cdots v_{i_k}$ 为一个圈,沿着这个圈前进时,每通过一条边就相当于比赛选手增加或者减少一个人,并且增加或减少的人是互不相同的.由于沿着前进一周后仍回到 v_{i_1},即与 v_{i_1} 比赛过的选手再增加或者减少不同的选手,最后的结果仍与 v_{i_1} 原来赛过的选手相同,产生矛盾.因此,在 n 个选手中至少有一个可去选手.

例 6 设某居民区内有 1990 个居民,每天他们之中的每个人都把昨天听到的消息告诉给他所有的熟人,而且任何消息都逐渐地被全区居民所知道,证明:可以指定 180 个居民,使得同时向他们报道某一消息,那么至多经过 10 天,这一消息便为全区居民所知道.

证明 用顶点表示这些居民,两个顶点相邻就表示相应的居民是熟人,这样就得到了一个有 1990 个顶点的图 G.

由题意知,图 G 是连通的,不妨设这个图是树 T_{1990}(否则用这个图的生成树来代替它).在树 T_{1990} 中,取一条最长的链,设为 $v_1^{(1)} v_2^{(1)} \cdots v_{11}^{(1)} \cdots v_n^{(1)}$. 取 $v_{11}^{(1)}$ 作为一个居民代表,并将边 $(v_{11}^{(1)}, v_{12}^{(1)})$ 去掉,这时 T_{1990} 被分成两棵树.前一棵树中,每个顶点 v 至 $v_{11}^{(1)}$ 的距离不大于 10(否则在树 T_{1990} 中,v 到 $v_n^{(1)}$ 是一条比 $v_1^{(1)}$ 到 $v_n^{(1)}$ 更长的链),于是代表 $v_{11}^{(1)}$ 所知道的消息,前一棵树的顶点所代表的人在 10 天之内都能知道.

对后一棵树,也有一条最长的链,设为 $v_1^{(2)} v_2^{(2)} \cdots v_{11}^{(2)} \cdots v_m^{(2)}$,这里 $m \leqslant 1990 - 11 = 1979$. 同样地,取 $v_{11}^{(2)}$ 作为一个居民代表,并去掉边 $(v_{11}^{(2)}, v_{12}^{(2)})$,将这棵树再分为两棵树.

这样继续下去,当选好居民代表 $v_{11}^{(i)}$ ($i \leqslant 179$) 时,陆续得出的代表是 $v_{11}^{(1)}, v_{11}^{(2)}, \cdots, v_{11}^{(179)}$,每个代表都可以把一个消息在 10 天内告知他那个居民区中的居民.

最后剩下一棵树,至多有 $1990 - 11 \times 179 = 21$ 个顶点,设 $v_1 v_2 \cdots v_k$ 是它的一条最长链.若 $k \geqslant 11$,则取 v_{11} 作为第 180 个居民代表 $v_{11}^{(180)}$;若 $k < 11$,则任取一个 v_i 作为居民代表 $v_{11}^{(180)}$.这样选出的 180 个居民代表 $v_{11}^{(1)}, v_{11}^{(2)}, \cdots, v_{11}^{(179)}, v_{11}^{(180)}$ 就是满足题目要求的 180 个居民.

例 7（2009 年俄罗斯数学奥林匹克竞赛（十年级）试题） 设有一个由 N 个城市组成的王国,其某些城市之间有道路相连(如果两个城市间有道路相连,则称它们相邻),满足：所有道路互不相交；对任意两城市都可以从一个城市出发沿道路走到另一个城市(中间可能通过其他城市)；如果每一条道路至多利用一次的话,从任意一个城市出发,一旦离开则不可回到出发的城市. 国王进行如下任命改革：改革前的 N 个市长改革后仍担任某城市市长；任意两个改革前相邻城市的市长,改革后仍在某两相邻城市任市长. 证明：存在一个城市改革前后由同一个人任市长,或者存在两个相邻城市改革前后互换市长.

证明 对 N 进行数学归纳法. 当 $N=1,2$ 时,命题显然成立.

下面假设 $N \geqslant 3$ 且命题对城市的个数小于 N 时都成立. 将每一个城市看成一个点,城市之间的道路看成连结它们的边,这样可以得到一个图. 由条件知这个图是一棵树. 将图中度等于 1 的顶点组成的集合记为 Γ_1（显然非空）,度大于 1 的顶点组成的集合记为 Γ. 由于 $N \geqslant 3$, $\Gamma \neq \varnothing$, Γ 中的顶点和连结它们之间的边一起仍然构成一棵树. 将一个市长所在城市的度称做该市长的度. 由于两改革前相邻城市的市长,改革后仍在某两相邻城市任市长,故同一个人改革后的度不小于改革前的度. 由于所有市长的度的和改革前后一样,故每个市长的度改革前后一样. 这说明改革前在 $\Gamma_1(\Gamma)$ 中的城市任市长的人改革后仍然在 $\Gamma_1(\Gamma)$ 中的城市任市长. 由于 $|\Gamma|<N$,由归纳假设,存在 Γ 中的一个城市改革前后由同一个人任市长,或者存在 Γ 中的两个相邻城市改革前后互换市长. 这说明命题对城市个数为 N 时成立.

由数学归纳法知,命题对一切 N 成立.

2.2 欧拉图

直观地讲,欧拉图就是从一顶点出发每边恰通过一次,而又能回到出发顶点的图.

例 8 在圆上任取 $n(n>2)$ 个点,把每个点用线段与其余各点相连结,问：能否一笔画出所有这些线段,使它们首尾相接,最后回到出发点？

解 把圆周上给定的 n 个点视为 n 个顶点,任意两个顶点都相邻,得到的是一个 n 阶完全图 K_n. K_n 中每个顶点的度都是 $n-1$. 当 n 为奇数时,K_n 中每个顶点都是偶顶点. 因此,由定理 5 知,完全图 K_n 含有欧拉回路. 此时,从 K_n 中某个顶点出发,按照这条欧拉回路上顶点的顺序,即可一笔画出整个图 K_n,最后回到原来出发的顶点上. 当 n 为偶数时,K_n 中每个顶点都是奇顶点. 由定理 5 知,完全图 K_n 不含欧拉路和欧拉回路. 因此,偶数阶完全图 K_n 不能用一笔画出所有线段.

例 9 如图 7.28 所示,已知图 G 有 4 个顶点和 6 条边,它们都在同一平面上. 这个平面被 6 条边分成 4 个区域 Ⅰ,Ⅱ,Ⅲ,Ⅳ,称这些区域为面. 设有两个点 Q_1,Q_2 在这些面中,证明：平面上不存在一条连结 Q_1,Q_2 的折线 μ 同时满足：

(1) μ 截每条边 e_i $(i=1,2,\cdots,6)$ 恰好一次；

(2) μ 不过任一顶点 v_j $(j=1,2,3,4)$.

证明 在每一面中取一点 v_j' $(j=1,2,3,4)$. 如果两个面有公共边,则在所取的两点间连一条边，这样得到图 G'。在 G 中，从一个面穿过某条边 e_i 到另一个面，就相当于在 G' 中从一顶点沿一条边到另一顶点．因此，若 G 中有满足条件(1),(2)的折线 μ 存在，那么 G' 就是一条欧拉路（Q_1,Q_2 不在同一面内）或一条欧拉回路（Q_1,Q_2 在同一面内），即 G' 可以一笔画成．但 G' 的 4 个顶点全是奇顶点，不能一笔画成，所以原命题成立．

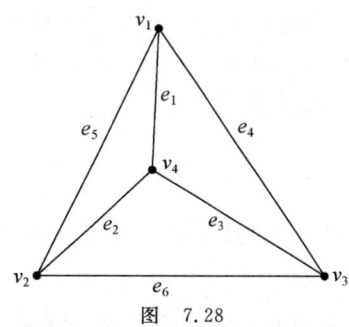

图 7.28

例 10（1990 年 IMO 试题） 设 $n \geqslant 3$，考查在圆周上给定的由 $2n-1$ 个不相同的点组成的集合 E，同时考查将 E 中 k 个点染黑的染色办法．如果某种染色办法使得某两个染黑的点之间所夹的弧之一的内部恰含有 E 中的 n 个点，那么我们就说这种染色办法是"好的"．试求具有以下性质的最小的 k：将 E 中任意的 k 个点染黑的染色办法都是"好的"．

解 E 中的两个点称为是"相关的"，如果这两点所夹的弧段之一的内部恰含有 E 的 n 个点．沿顺时针方向依次用 $1,2,\cdots,2n-1$ 给 E 的点标号（从任意指定一点开始）．这样，与点 i 相关的点仅有两个：$i+n+1$（当 $i+n+1>2n-1$ 时是 $i+n+1-(2n-1)$），$i+n-2$（当 $i+n-2>2n-1$ 时是 $i+n-2-(2n-1)$）．所以，E 中两点相关的充分必要条件是它们的标号相差 $n+1$ 或 $n-2$，本题就是要决定具有以下性质的自然数 k 的最小值：E 的任意 k 个点中至少有两点是相关的.

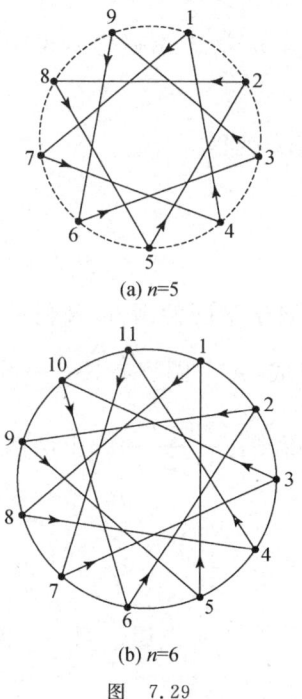

(a) $n=5$

(b) $n=6$

图 7.29

现将 E 中任意两个相关的点都用线段连结起来，我们就得到以 E 中的点为顶点，以这些线段为边的图 G．由于每一点有且仅有两个点和它相关，所以图 G 在其每一个顶点 p 处的度数 $d(p)$ 都等于 2．从任一顶点 i 出发，沿图 G 的边连结与 i 相关的点 $i+n+1$（标号见前约定），依次这样连结，那么若干步后必回到原顶点 i．这是因为总共只有有限个点，且每点的度数均为 2．这样就得到了图 G 的一个子图，它是圈．由于顶点的度数均为 2，所以任意两个不同的圈（如果有的话）一定没有公共顶点．因此，图 G 是由一些（可以是一个）没有公共顶点的圈组成，相关的点就是同一个圈上相邻的点（即一条边的两端点）．图 7.29(a) 给出了 $n=5$ 时，图 G 由三个圈组成：$\{1,7,4,1\},\{2,8,5,2\},\{3,9,6,3\}$；而由图 7.29(b) 可见，$n=6$ 时，图 G 只有一个圈：$\{1,8,4,11,7,3,10,6,2,9,5,1\}$．

下面来证明：对任意两个点 i,j（$1\leqslant i,j\leqslant 2n-1$），它们在同一个圈上的充分必要条件是，存在整数 x,y，使得
$$i-j = x(n+1)+y(2n-1).$$
条件的必要性由圈的构造法及标号的约定立即推出．下证充分

性. 不妨设 $x \leqslant 0$. 若 $x=0$, 则 $y=0$, 即 $i=j$ 为同一点, 结论当然成立. 若 $x<0$, 因为 i 和 $i_1 = i+(n+1)$ 或 $i_1' = i_1-(2n-1) = i+(n+1)-(2n-1)$ (当 $i+n+1 > 2n-1$ 时) 在同一个圈上, 所以有

$$i_1 - j = (x+1)(n+1) + y(2n-1)$$

或

$$i_1' - j = (x+1)(n+1) + (y-1)(2n-1)$$

依此下去, 总可得到一点 i' ($1 \leqslant i' \leqslant 2n-1$), 它和 $i, i_1, i_2, \cdots$ 在同一个圈上, 且满足

$$i' - j = (x+1)(n+1) + (y-1)(2n-1).$$

这表明 i' 和 j 为同一点. 这就证明了充分性.

由于

$$(n+1, 2n-1) = (n+1, 2n-1-2(n+1)) = (n+1, -3)$$
$$= (n+1-3n, -1) = (3, 2n+1),$$

以下分两种情形来讨论:

(1) $3 \nmid (2n-1)$. 这时 $(n+1, 2n-1) = 1$, 所以必有整数 s, t, 使得

$$s(n+1) + t(2n-1) = 1.$$

因此, 对任意两点 i, j ($1 \leqslant i, j \leqslant 2n-1$), 必有整数 x, y, 使得

$$i - j = x(n+1) + y(2n-1).$$

所以, E 中所有点在同一个圈上, 即 G 是由单独一个圈构成. 沿这圈每隔一个顶点取一个顶点, 可得 $\left[\dfrac{2n-1}{2}\right] = n-1$ 个两两不相邻, 即不相关的点. 但是, 任取 n 个点, 就必定会出现一对相邻, 即相关的点. 所以, 这时 k 的最小值等于 n.

(2) $3 \mid (2n-1)$. 这时 $(n+1, 2n-1) = 3$, 所以一定存在整数 s, t, 使得

$$s(n+1) + t(2n-1) = 3.$$

因此, 对两个点 i, j ($1 \leqslant i, j \leqslant 2n-1$), 存在 x, y, 使得

$$i - j = x(n+1) + y(2n-1)$$

成立的充分必要条件是 $3 \mid (i-j)$. 这样就推出: $1, 2, 3$ 这三个点属于不同的圈, 以及任一点必属于其中的一个圈. 因此, G 由三个两两没有公共顶点的圈组成, 每个圈含有 $\dfrac{2n-1}{3}$ 个顶点. 在每一个圈上分别每隔一个顶点取一个顶点, 可在每个圈上得到 $\left[\dfrac{(2n-1)/3}{2}\right]$ 个两两不相关的点, 这样总共得到

$$3\left[\dfrac{(2n-1)/3}{2}\right] = 3 \cdot \dfrac{(2n-1)/3 - 1}{2} = n-2$$

个两两不相关的点. 但是, 任取 $n-1$ 个点, 就必定会有 $\left[\dfrac{(2n-1)/3}{2}\right] + 1$ 个点属于同一个圈, 因此, 必有两个点相邻. 所以, 这时 k 的最小值等于 $n-1$.

注 本题解法综合运用了构造法和抽屉原则. 若用同余概念来做,可以表述得更为简洁.

习 题 七

1. (1969 年 IMO 试题)平面上给出 $n(n>4)$ 个点,其中每 3 个点在同一直线上,证明:至少可以找到 C_{n-3}^2 个以上述点为顶点的凸四边形.

2. (1970 年 IMO 试题)在平面上给出 100 个点,其中任意 3 点不共线,证明:以上述点为顶点的所有可能的三角形中,至多只有 70% 的三角形为锐角三角形.

3. (2009 年罗马尼亚大师杯数学奥林匹克竞赛试题)已知一个由空间中的点组成的集合 S 满足性质:S 中任意两点之间的距离互不相同. 假设 S 中的点的坐标 (x,y,z) 都是整数,并且 $1 \leqslant x,y,z \leqslant n$,证明:集合 S 的元素个数 $\leqslant \min\{(n+2)\sqrt{n/3}, n\sqrt{6}\}$.

4. 设平面上有 n 个点,其中任意 3 点都构成面积不超过 1 的三角形,证明:所有这 n 个点能够被一个大面积不超过 4 的三角形所覆盖.

5. 在正 $n(n \geqslant 4)$ 边形的 n 个顶点中任取不少于 $\left[\dfrac{1+\sqrt{8n+1}}{2}\right]+1$ 个顶点,证明:所取的顶点中必有 4 个顶点,使得其中某两个点的连线与另两个点的连线平行(这里 $[x]$ 表示不超过 x 的最大整数).

6. 已知矩形 $ABCD$,其中 $AB=b, AD=a(a \geqslant b)$. 在矩形 $ABCD$ 内或边界上任意放三个点 X,Y,Z,求这三点两两距离最小值中的最大值(用 a,b 表示).

7. 证明:在任意凸 $2n$ 边形中,都存在一条对角线,不平行于多边形的任何一条边.

8. 证明:平面上存在一个面积为 1 的四边形 $ABCD$,使得对于其内部任一点 O,$\triangle OAB, \triangle OBC, \triangle OCD, \triangle OAD$ 的面积中都至少有一个为无理数.

9. 证明:直角坐标系中有一个点,它到各个整点的距离互不相等(在平面直角坐标系中,横、纵坐标均为整数的点称为整点).

10. 试求最大的 S,使得总面积为 S 的任何有限多个小正方形,总可放入一个边长为 1 的正方形 T 中,且其中任意两个小正方形都没有公共的内点.

11. (2006 年中国国家队选拔试题)已知 $\triangle ABC$ 覆盖凸多边形 M,证明:存在一个与 $\triangle ABC$ 全等的三角形,能够覆盖 M,并且它的一条边所在的直线与 M 的一条边所在的直线平行或者重合.

12. (2007 年美国数学奥林匹克竞赛试题)是否存在一族两两不交(可以相切)的圆盘覆盖所有整点,且每个圆盘的半径不小于 5?

13. 证明:平面上任意 n 个点能被直径之和小于 n,且任意两个圆盘的距离大于 1 的有限个圆盘覆盖(两个不相交的圆盘的距离是指它们的圆心距减去它们的半径和;两个有公共点的圆盘的距离规定为 0).

14. 设 S 是直角坐标平面上关于两坐标轴都对称的任意凸图形. 在 S 中作一个四边都平行于坐标轴的矩形 A, 使其面积最大. 把矩形按相似比 $1:\lambda$ 放大为矩形 A', 使 A' 完全盖住 S. 试求对任意平面凸图形 S 都适用的最小的 λ.

15. (2000 年全国高中联赛试题) 设有 n 个人, 已知他们中的任意两人至多通电话一次, 他们中的任意 $n-2$ 个人之间通电话的总次数相等, 都是 3^k 次, 其中 k 是自然数, 求 n 的所有可能值.

16. (2007 年俄罗斯数学奥林匹克竞赛(十一年级)试题) 设某国共有 N 个城市, 某些城市之间开设有直达的双向飞机航线. 现知, 对任何 k ($2 \leqslant k \leqslant N$), 在其中任何 k 个城市之间, 航线的数目都不多于 $2k-2$ 条. 证明: 可以将所有航线分别划归给各个航空公司, 使得任何一个公司所拥有的航线都不形成封闭的折线.

17. 设某俱乐部共有 100 名成员, 每一成员都声称只愿意和自己认识的人一起打桥牌. 若每个成员都至少认识 67 名成员, 证明: 一定有 4 名成员, 他们可以在一起打桥牌.

18. 设某国有若干个城市, 某些城市之间有道路相连, 且由每个城市连出 3 条道路, 证明: 存在一个由道路形成的圈, 它的长度不能被 3 整除.

19. 证明: 如果图 G 有 n 个顶点, 且没有长度为 4 的圈, 则 $|E| \leqslant \left[\dfrac{n}{4}(1+\sqrt{4n-3})\right]$.

20. (1990 年 CMO 试题) 凸 n 边形及 $n-3$ 条在 n 边形内不相交的对角线组成的图形称为一个部分图. 求证: 当且仅当 $3 \mid n$ 时, 存在一个部分图是可以一笔画的圈(即可以从一个顶点出发, 经过图中各线段恰一次, 最后回到出发点).

本章参考文献

[1] 余红兵. 组合几何. 上海: 华东师范大学出版社, 2005.

[2] 余红兵, 严镇军. 构造法解题. 合肥: 中国科学技术大学出版社, 1992.

[3] 余红兵. 中学数学竞赛导引·组合几何. 上海: 上海教育出版社, 1993.

[4] 陈传理, 张同君. 竞赛数学教程(第二版). 北京: 高等教育出版社, 2005.

[5] 管梅谷. 图论中的几个极值问题. 上海: 上海教育出版社, 1981.

[6] 冷岗松. 高中数学竞赛解题方法研究. 北京: 清华大学出版社, 1993.

[7] 李炯生. 数学竞赛中的图论方法. 合肥: 中国科学技术大学出版社, 1992.

[8] 李炯生. 中学数学竞赛导引·计数. 上海: 上海教育出版社, 1993.

[9] 吴利生, 庄亚栋. 凸图形. 上海: 上海教育出版社, 1982.

[10] 熊斌, 李大元. 中学数学竞赛导引·图论. 上海: 上海教育出版社, 1993.

[11] 熊斌, 田廷彦. 国际数学奥林匹克研究. 上海: 上海教育出版社, 2008.

[12] 徐士英. 竞赛数学教程. 香港: 国际展望出版社, 1992.

[13] 刘培杰.历届 IMO 试题集(1959—2005).哈尔滨：哈尔滨工业大学出版社,2006.
[14] 刘培杰.历届 CMO 中国数学奥林匹克试题集(1986—2008).哈尔滨：哈尔滨工业大学出版社,2008.
[15] 国家教练组.走向 IMO 数学奥林匹克试题集锦.上海：华东师范大学出版社,2006.
[16] 国家教练组.走向 IMO 数学奥林匹克试题集锦.上海：华东师范大学出版社,2007.
[17] 国家教练组.走向 IMO 数学奥林匹克试题集锦.上海：华东师范大学出版社,2008.
[18] 国家教练组.走向 IMO 数学奥林匹克试题集锦.上海：华东师范大学出版社,2009.

第八章 构造法与数学归纳法

> 构造法和数学归纳法前面各章均有涉及,由于它们是中学竞赛数学的两种常用解题方法,本章着重对它们进行介绍.构造法是指将所要解决的数学问题具体构造出来,利用相对更为熟悉的模型来表达所要研究的问题的方法.利用构造法解题的实质是通过构造,建立起各种数学知识之间的联系与相互转化,把数学问题中的有关设想在某种意义上实施,从而使问题得到解决.这种方法有时往往能收到事半功倍的效果.数学归纳法是用于证明与自然数 n 有关的数学命题的正确性的一种严格推理方法.数学归纳法的形式多样,应用广泛.

第一节 构 造 法

一、构造关系

1. 构造函数关系

例 1(1988 年全俄数学奥林匹克竞赛试题) 设某长方体的棱长为 $x, y, z\ (x<y<z)$,p 是该长方体各棱长之和,S 是表面积,d 是对角线长,求证:

$$x < \frac{1}{3}\left(\frac{1}{4}p - \sqrt{d^2 - \frac{1}{2}S}\right), \quad 且 \quad z > \frac{1}{3}\left(\frac{1}{4}p + \sqrt{d^2 - \frac{1}{2}S}\right).$$

解 观察欲证两个不等式的右边,它们类似于一元二次方程的两个根,故构造二次函数如下:

$$f(t) = (t-\alpha)(t-\beta),$$

其中 $\alpha = \frac{1}{3}\left(\frac{1}{4}p - \sqrt{d^2 - \frac{1}{2}S}\right),\ \beta = \frac{1}{3}\left(\frac{1}{4}p + \sqrt{d^2 - \frac{1}{2}S}\right),$

因为 $f(\alpha) = f(\beta) = 0$,且 $f(t) = (t-\alpha)(t-\beta)$ 的二次项系数为正,所以

$$f\left(\frac{\alpha+\beta}{2}\right) < 0.$$

又 $\dfrac{\alpha+\beta}{2}=\dfrac{p}{12}=\dfrac{x+y+z}{3}$, $x<y<z$, 所以 $x<\dfrac{x+y+z}{3}<z$, 即 $x<\dfrac{\alpha+\beta}{2}<z$, 且有

$$f(x)=(x-\alpha)(x-\beta)=x^2-(\alpha+\beta)x+\alpha\beta=x^2-\dfrac{p}{6}x+\dfrac{S}{6}$$

$$=x^2-\dfrac{2}{3}(x+y+z)x+\dfrac{2}{6}(xy+yz+zx)$$

$$=\dfrac{1}{3}(x-y)(x-z)>0.$$

同理 $f(z)=\dfrac{1}{3}(z-x)(z-y)>0.$

故由二次函数 $f(t)$ 的图像知, 必有 $x<\alpha<\dfrac{\alpha+\beta}{2}<\beta<z$, 即

$$x<\dfrac{1}{3}\left(\dfrac{1}{4}p-\sqrt{d^2-\dfrac{1}{2}S}\right), \quad \text{且} \quad z>\dfrac{1}{3}\left(\dfrac{1}{4}p+\sqrt{d^2-\dfrac{1}{2}S}\right).$$

例 2(1975 年美国数学奥林匹克竞赛试题) 若 $p(x)$ 表示一个 n 次多项式,且当 $k=0$, $1,2,\cdots,n$ 时, $p(k)=\dfrac{k}{k+1}$, 试求 $p(n+1)$ 的表达式.

解 设 $p(x)=a_n x^n+a_{n-1}x^{n-1}+\cdots+a_1 x+a_0$. 由 $p(k)=\dfrac{k}{k+1}$ $(k=0,1,2,\cdots,n)$, 得

$$(k+1)p(k)-k=0 \quad (k=0,1,2,\cdots,n).$$

构造函数 $f(x)=(x+1)p(x)-x$. 于是, 当 $x=0,1,2,\cdots,n$ 时, $f(x)=0$. 而 $f(x)$ 是关于 x 的 $n+1$ 次多项式, 它有 $n+1$ 个根 $x=0,1,2,\cdots,n$, 因此可设

$$f(x)=ax(x-1)(x-2)\cdots(x-n) \quad (\text{其中 } a \text{ 为常数}),$$

从而 $(x+1)p(x)-x=ax(x-1)(x-2)\cdots(x-n).$

令 $x=-1$, 得 $1=a(-1)^{n+1}(n+1)!$, 从而 $a=\dfrac{(-1)^{n+1}}{(n+1)!}$, 所以

$$p(x)=\dfrac{f(x)+x}{x+1}=\dfrac{1}{x+1}\left[\dfrac{(-1)^{n+1}}{(n+1)!}x(x-1)\cdots(x-n)+x\right].$$

令 $x=n+1$, 得 $p(n+1)=\dfrac{n+1+(-1)^{n+1}}{n+2}$, 故

$$p(n+1)=\begin{cases} 1, & n \text{ 为奇数}, \\ \dfrac{n}{n+2}, & n \text{ 为偶数}. \end{cases}$$

注 求解本题的关键在于由 $p(k)=\dfrac{k}{k+1}$ 得 $(k+1)p(k)-k=0$, 再据此构造函数

$$f(x)=(x+1)p(x)-x.$$

例 3(2010 年河北省高中数学竞赛试题) 已知 $a,b\in[1,3]$, $a+b=4$, 求证:

第八章 构造法与数学归纳法

$$\sqrt{10} \leqslant \sqrt{a+\frac{1}{a}} + \sqrt{b+\frac{1}{b}} < \frac{4\sqrt{6}}{3}.$$

证明 构造函数 $y = \sqrt{a+\frac{1}{a}} + \sqrt{b+\frac{1}{b}}$,则

$$y^2 = a+b+\frac{1}{a}+\frac{1}{b}+2\sqrt{\left(a+\frac{1}{a}\right)\left(b+\frac{1}{b}\right)} = 4+\frac{4}{ab}+2\sqrt{ab+\frac{1}{ab}+\frac{b}{a}+\frac{a}{b}}$$

$$= 4+\frac{4}{ab}+2\sqrt{ab+\frac{1}{ab}+\frac{a^2+b^2}{ab}} = 4+\frac{4}{ab}+2\sqrt{ab+\frac{1}{ab}+\frac{(a+b)^2-2ab}{ab}}$$

$$= 4+\frac{4}{ab}+2\sqrt{ab+\frac{17}{ab}-2}.$$

令 $ab=t$,注意到条件 $a,b \in [1,3]$,$a+b=4$,又 $ab=a(4-a)=-a^2+4a=-(a-2)^2+4$,所以 $t \in [3,4]$.构造一元函数

$$f(t) = y^2 = 4+\frac{4}{t}+2\sqrt{t+\frac{17}{t}-2}, \quad t \in [3,4].$$

因为 $\frac{4}{t}$ 和 $t+\frac{17}{t}$ 在 $[3,4]$ 上均是单调递减函数,所以函数 $f(t)$ 在 $[3,4]$ 上也是单调递减函数,从而 $f(4) \leqslant f(t) \leqslant f(3)$.注意到

$$f(4) = 5+2\sqrt{4+\frac{17}{4}-2} = 10,$$

$$f(3) = 4+\frac{4}{3}+2\sqrt{3+\frac{17}{3}-2} = \frac{16}{3}+2\sqrt{\frac{20}{3}}$$

$$= \frac{16+2\sqrt{60}}{3} < \frac{16+2\sqrt{64}}{3} = \frac{32}{3},$$

所以 $10 = f(4) \leqslant f(t) = y^2 \leqslant f(3) < \frac{32}{3}$,即 $\sqrt{10} \leqslant y < \frac{4\sqrt{6}}{3}$.故

$$\sqrt{10} \leqslant \sqrt{a+\frac{1}{a}} + \sqrt{b+\frac{1}{b}} < \frac{4\sqrt{6}}{3}.$$

注 本题通过变量代换,将 y^2 转化为一元函数 $f(t)$,再利用函数的单调性进行证明.

2. 构造相等关系或不等关系

例 4 已知数列 $\{a_n\}$ 满足 $a_n^3 + \frac{a_n}{n} = 1$ ($n \in \mathbf{N}^*$),求证:数列 $\{a_n\}$ 是单调递增数列.[①]

证明 由 $a_n^3 + \frac{a_n}{n} = 1$ 得相等关系 $a_{n+1}^3 + \frac{a_{n+1}}{n+1} = 1$,再两式相减得新的等式

[①] 引自《数学通讯》(2010 年第 5 期).

$$a_{n+1}^3 - a_n^3 + \frac{a_{n+1}}{n+1} - \frac{a_n}{n} = 0,$$

从而得出不等关系

$$a_{n+1}^3 - a_n^3 + \frac{a_{n+1}}{n} - \frac{a_n}{n} > 0, \quad 即 \quad (a_{n+1} - a_n)\left(a_{n+1}^2 + a_{n+1}a_n + a_n^2 + \frac{1}{n}\right) > 0.$$

因为 $a_{n+1}^2 + a_{n+1}a_n + a_n^2 + \frac{1}{n} > 0$，所以 $a_{n+1} - a_n > 0$，即 $a_{n+1} > a_n$. 故数列 $\{a_n\}$ 是单调递增数列.

注 本题由新等式产生不等关系是解决问题的关键所在.

例 5 已知 a, b, c 为正实数，且 $a+b+c=12, ab+bc+ac=45$，试求 abc 的最大值.[①]

解 由 $a+b+c=12$，得 $a+c=12-b$. 代入 $ab+bc+ac=45$，得

$$b(12-b) + ac = 45, \quad 即 \quad ac = b^2 - 12b + 45,$$

又因为 $ac \leqslant \left(\frac{a+c}{2}\right)^2 = \left(\frac{12-b}{2}\right)^2$，所以

$$b^2 - 12b + 45 \leqslant \left(\frac{12-b}{2}\right)^2, \quad 即 \quad b^2 - 8b + 12 \leqslant 0.$$

解之得 $2 \leqslant b \leqslant 6$. 于是

$$abc = (b^2 - 12b + 45)b = (b-3)^2(b-6) + 54 \leqslant 54.$$

不难得到，当 $a=3, b=6, c=3$，或者 $a=6, b=3, c=3$，或者 $a=3, b=3, c=6$ 时，abc 取到最大值 54.

注 本题这个解法妙在把三个变量的问题转化为一个变量的问题来求解. 其构造不等式的桥梁是常见的均值不等式. 也可将问题转化为求函数 $f(a) = a^3 - 12a^2 + 45a$ 的最大值问题，此时运用导数知识不难求得结果.

例 6（2004 年亚太地区数学奥林匹克竞赛试题） 证明：对任意正实数 a, b, c，均有

$$(a^2+2)(b^2+2)(c^2+2) \geqslant 9(ab+bc+ac).$$

证明 因为 $(a+b+c)^2 \geqslant 3(ab+bc+ac)$，所以只需证明

$$(a^2+2)(b^2+2)(c^2+2) \geqslant 3(a+b+c)^2.$$

由均值不等式得

$$\begin{aligned}
(b^2+2)(c^2+2) &= b^2c^2 + 2b^2 + 2c^2 + 4 \\
&= \frac{3}{2}(b^2+c^2) + \frac{1}{2}(b^2+c^2) + (b^2c^2+1) + 3 \\
&\geqslant \frac{3}{2}(b^2+c^2) + bc + 2bc + 3 \\
&= 3\left[1 + \frac{(b+c)^2}{2}\right].
\end{aligned}$$

[①]

---

① 引自《数学通报》（2010 年第 3 期）.

第八章 构造法与数学归纳法

由柯西不等式得

$$(a+b+c)^2 = \left(a \cdot 1 + 1 \cdot \frac{b+c}{2} + 1 \cdot \frac{b+c}{2}\right)^2$$
$$\leqslant (a^2 + 1^2 + 1^2)\left[1^2 + \left(\frac{b+c}{2}\right)^2 + \left(\frac{b+c}{2}\right)^2\right]$$
$$= (a^2 + 2)\left[1 + \frac{(b+c)^2}{2}\right]. \qquad ②$$

于是,由①,②两式得

$$(a^2+2)(b^2+2)(c^2+2) \geqslant 3(a^2+2)\left[1+\frac{(b+c)^2}{2}\right]$$
$$\geqslant 3(a+b+c)^2.$$

结论得证.

注 (1) 需要说明的是,②式的证明也可以采用如下的方法:

$$(a+b+c)^2 = \left(a \cdot 1 + \sqrt{2} \cdot \frac{b+c}{\sqrt{2}}\right)^2 \leqslant (a^2+2)\left[1+\frac{(b+c)^2}{2}\right].$$

(2) 巧妙的构造应用柯西不等式的环境,可以给出不同的证明方法,其中怎样配凑因子、分拆项完全依赖于等号成立的条件.

二、构造几何模型,使代数问题几何化

代数运算虽然直接,但有时会比较抽象且运算复杂,而构造合乎要求的几何图形,可以使得所求解的问题变得直观明朗,从而找到一个全新的解题办法.

例7 设 a 为实数,证明:以 $\sqrt{4a^2+3}$, $\sqrt{a^2-a+1}$, $\sqrt{a^2+a+1}$ 为边长可以构成一个三角形,且三角形的面积为定值.

分析 从题目给出的三个根式我们知道,当实数 a 取互为相反的两数时,只是其中两式角色互换,实质一样,故只需针对非负实数 a 展开讨论即可.

证明 注意到题目中三个根式的结构,不妨设 $a > 0$. 由于

$$\sqrt{4a^2+3} = \sqrt{(2a)^2 + (\sqrt{3})^2},$$
$$\sqrt{a^2-a+1} = \sqrt{a^2 + 1^2 - 2 \cdot a \cdot 1 \cdot \cos 60°},$$
$$\sqrt{a^2+a+1} = \sqrt{a^2 + 1^2 - 2 \cdot a \cdot 1 \cdot \cos 120°},$$

构造合乎要求的几何图形如图 8.1 所示,其中

$$AD = DF = BC = a, \quad AB = BE = CD = 1$$
$$\angle DAB = 60°, \quad \angle CBE = 120°.$$

于是

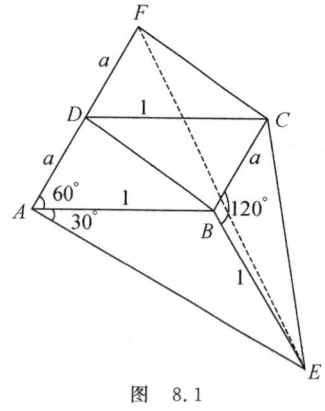

图 8.1

$AF = 2a$, $AE = \sqrt{3}$, $EF = \sqrt{(2a)^2 + (\sqrt{3})^2} = \sqrt{4a^2 + 3}$;

$AD = a$, $AB = 1$, $FC = DB = \sqrt{a^2 + 1^2 - 2 \cdot a \cdot 1 \cdot \cos 60°} = \sqrt{a^2 - a + 1}$;

$BC = a$, $BE = 1$, $CE = \sqrt{a^2 + 1^2 - 2 \cdot a \cdot 1 \cdot \cos 120°} = \sqrt{a^2 + a + 1}$.

所以,以 $\sqrt{4a^2+3}, \sqrt{a^2-a+1}, \sqrt{a^2+a+1}$ 为边长可以构成一个三角形,即 $\triangle ECF$,而且

$$S_{\triangle ECF} = S_{\text{四边形}AECF} - S_{\triangle AEF} = 3S_{\triangle ABD} + S_{\triangle ABE} + S_{\triangle BCE} - S_{\triangle AEF}$$
$$= 3 \cdot \frac{1}{2} \cdot a \cdot 1 \cdot \sin 60° + \frac{1}{2} \cdot 1 \cdot 1 \cdot \sin 120° + \frac{1}{2} \cdot a \cdot 1 \cdot \sin 120° - \frac{1}{2} \cdot 2a \cdot \sqrt{3}$$
$$= \frac{\sqrt{3}}{4}.$$

例 8 已知 x, y, z 为正数,且 $xyz(x+y+z) = 1$,求表达式 $(x+y)(y+z)$ 的最小值.

解 构造一个 $\triangle ABC$,其中三边长分别为 $a = x+y, b = y+z, c = z+x$,则其面积为

$$S = \sqrt{p(p-a)(p-b)(p-c)} = \sqrt{(x+y+z)xyz} = 1.$$

所以
$$(x+y)(y+z) = ab = \frac{2S}{\sin C} \geq 2.$$

因此,当且仅当 $\angle C = 90°$ 时,$(x+y)(y+z)$ 取得最小值 2,即 $(x+y)^2 + (y+z)^2 = (x+z)^2$ 时,$(x+y)(y+z)$ 取最小值 2. 如当 $x = z = 1, y = \sqrt{2} - 1$ 时,有
$$(x+y)(y+z) = 2.$$

三、构造方程模型,使几何问题代数化

例 9 周长为 6,面积为整数的直角三角形是否存在? 若存在,请说明一共有几个.

解 设直角三角形的两直角边长分别为 a, b,斜边长为 c,面积 S 为整数,于是原问题中的条件可用方程组的形式给出:

$$\begin{cases} a + b + c = 6, \\ a^2 + b^2 = c^2, \\ \frac{1}{2}ab = S. \end{cases}$$

故原问题即为讨论方程组的解的情况. 由前两式得 $ab = 18 - 6c$,于是由韦达定理可构造出以 a, b 为根的方程
$$x^2 - (6-c)x + (18-6c) = 0.$$

这个方程有解,所以
$$\Delta = (6-c)^2 - 4 \cdot 1 \cdot (18-6c) = c^2 + 12c - 36 \geq 0,$$

即 $c \geq \sqrt{6}$. 又 $c < a + b = 6 - c$,所以 $c < 3$. 于是
$$\sqrt{6} \leq c < 3.$$

因为 $S=\frac{1}{2}ab=9-3c$ 为整数,所以 $3c$ 为整数,且 $7.2 \leqslant 3c < 9$. 因此 $3c=8$,即 $c=\frac{8}{3}$. 代入方程可得

$$a=\frac{5-\sqrt{7}}{3}, \quad b=\frac{5+\sqrt{7}}{3}.$$

由此可知满足题目条件的三角形只有一个.

四、构造极端情况

例 10 已知平面上有 $2n+3$ ($n \in \mathbf{N}^*$) 个点,其中既无三点共线,也无四点共圆,能否通过它们中的三点作一个圆,使得其余 $2n$ 个点有一半在圆内,一半在圆外?

解 先考虑极端情况. 当 $n=1$ 时,对于平面上的五个点,必定存在两个点 A,B,使得剩余三点全部在此两点的连线的同侧. 设此三点分别为 P_1,P_2,P_3,满足 $\angle AP_1B < \angle AP_2B < \angle AP_3B$. 显然,过点 A,B,P_2 的圆符合题目要求.

对于平面内的 $2n+3$ ($n \in \mathbf{N}^*$) 个点,必定可选取两点 A,B,使其余 $2n+1$ 个点位于此两点连线的同侧. 因为无四点共圆,故此 $2n+1$ 个点满足

$$\angle AP_1B < \angle AP_2B < \angle AP_3B < \cdots < \angle AP_{n+1}B < \cdots < \angle AP_{2n+1}B.$$

显然,过点 A,B,P_{n+1} 的圆满足题目要求.

五、构造对应的平面模型,将空间问题化为平面问题

空间问题的处理,往往比平面问题的处理显得更为复杂. 如果能通过构造对应的平面模型,将空间问题转化为平面问题来处理,也许会产生清晰明了的新办法.

例 11 已知空间六条直线,任意三条中必有两条异面,求证:在这六条直线中总可以选出三条,其中任意两条都异面.

证明 设空间六条直线分别为 l_1,l_2,l_3,l_4,l_5,l_6. 将它们对应为平面上六个点 P_1,P_2,P_3,P_4,P_5,P_6,若 l_i,l_j 异面,则将 P_i,P_j 的连线段染成红色;若 l_i,l_j 共面,则将 P_i,P_j 的连线段染成蓝色. 于是原问题变为"已知平面内六点,其中任意两点的连线为红色或蓝色,且任意三点构成的三角形,三边中必有一条红边,求证:存在一个三角形三条边都是红色".

考虑从点 P_1 出发的五条线段 $P_1P_2,P_1P_3,P_1P_4,P_1P_5,P_1P_6$,用红、蓝两色染色,其中必有三条线段同色,若同为蓝色,则与 P_1 相连的其余三点构成的三角形必定三条边均为红色;若同为红色,而与 P_1 相连的其余三点构成的三角形中必有一条边为红色,于是也能得到三边均为红色的三角形. 故原命题得证.

六、构造集合

例 12 对 $n \geqslant 2$,求证:$2^n < C_{2n}^n < 4^n$.

证明 构造集合 $A=\{a_1,a_2,\cdots,a_n,a_{n+1},\cdots,a_{2n}\}$，则 C_{2n}^n 表示从 A 中取 n 个元素的组合数，即由 n 个元素组成的 A 的真子集有 C_{2n}^n 个，而 A 的所有子集个数是
$$C_{2n}^0+C_{2n}^1+C_{2n}^2+\cdots+C_{2n}^{2n}=2^{2n}=4^n,$$
故有 $C_{2n}^n<4^n$.

又设集合 $B_1=\{a_1,a_2,\cdots,a_n\}$，$B_2=\{a_{n+1},a_{n+2},\cdots,a_{2n}\}$. 对于集合 B_1 的一个子集，设其有 r 个元素，若 $r<n$，则从集合 B_2 中任取 $n-r$ 个元素，这种取法实际上是从集合 A 中取出 n 个元素的一种方法. 注意到，若 $1\leqslant r<n$，则从集合 B_2 中取出 $n-r$ 个元素的方法不是唯一的. 因此，集合 B_1 的全部子集数少于从集合 A 中取出 n 个元素组成的子集数，即 $2^n<C_{2n}^n$.

综上所述，原不等式成立.

七、构造新数列

某些有关数列的证明问题初看似乎难以入手，但如能通过构造新数列求出原数列的通项 a_n，问题也就迎刃而解了.

例 13（2000 年全国高中联赛加试试题） 设数列 $\{a_n\}$ 和 $\{b_n\}$ 满足 $a_0=1,b_0=0$，且
$$\begin{cases} a_{n+1}=7a_n+6b_n-3, \\ b_{n+1}=8a_n+7b_n-4 \end{cases} (n=0,1,2,\cdots),\quad \begin{array}{l}③\\④\end{array}$$

求证：a_n 是完全平方数.

分析 先用代入法消去 b_n 和 b_{n+1}，得 $a_{n+2}-14a_{n+1}+a_n+6=0$. 如果等式中没有常数项 6，就可以利用特征根方法求通项. 因此可令 $c_n=a_n+a$，先求 c_n. 易求得 $a=-\dfrac{1}{2}$.

证明 由③式可得 b_n,b_{n+1} 的表达式，代入④式得
$$a_{n+2}-14a_{n+1}+a_n+6=0,\quad 化为\quad \left(a_{n+2}-\dfrac{1}{2}\right)-14\left(a_{n+1}-\dfrac{1}{2}\right)+\left(a_n-\dfrac{1}{2}\right)=0.$$

构造新数列 $\{c_n\}$：$c_n=a_n-\dfrac{1}{2}$，且 $c_0=\dfrac{1}{2}$. 显然有
$$c_1=a_1-\dfrac{1}{2}=(7a_0+6b_0-3)-\dfrac{1}{2}=\dfrac{7}{2},\quad c_{n+2}-14c_{n+1}+c_n=0.$$

由特征方程 $\lambda^2-14\lambda+1=0$ 得两根 $\lambda_1=7+4\sqrt{3}$，$\lambda_2=7-4\sqrt{3}$，所以
$$c_n=m_1\lambda_1^n+m_2\lambda_2^n,$$

其中 m_1,m_2 为待定常数. 当 $n=0,1$ 时，有
$$\begin{cases} m_1+m_2=1/2, \\ m_1(7+4\sqrt{3})+m_2(7-4\sqrt{3})=1/2, \end{cases} \quad 解得\quad m_1=m_2=\dfrac{1}{4},$$

则
$$c_n=\dfrac{1}{4}(7+4\sqrt{3})^n+\dfrac{1}{4}(7-4\sqrt{3})^n=\dfrac{1}{4}(2+\sqrt{3})^{2n}+\dfrac{1}{4}(2-\sqrt{3})^{2n},$$

第八章 构造法与数学归纳法

从而
$$a_n = c_n + \frac{1}{2} = \frac{1}{4}\left[(2+\sqrt{3})^n + (2-\sqrt{3})^n\right]^2.$$

因为 $(2+\sqrt{3})^n + (2-\sqrt{3})^n$ 为正偶数，所以 a_n 是完全平方数.

例 14 设数列 $\{a_n\}$ 满足 $a_1=1, a_{n+1}=\frac{1}{2}a_n+\frac{1}{a_n}$ $(n\in \mathbf{N}^*)$，求证：
$$\frac{2}{\sqrt{a_n^2-2}} \in \mathbf{N}^* \quad (n\in \mathbf{N}^*, n>1). \text{①}$$

分析 直接令 $b_n = \frac{2}{\sqrt{a_n^2-2}}$，转化为证明 $b_n \in \mathbf{N}^*$.

证明 构造新数列 $\{b_n\}$：$b_n = \frac{2}{\sqrt{a_n^2-2}} > 0$，则
$$a_n^2 = \frac{4}{b_n^2} + 2, \quad a_{n+1}^2 = \frac{4}{b_{n+1}^2} + 2.$$

代入 $a_{n+1}^2 = \left(\frac{1}{2}a_n + \frac{1}{a_n}\right)^2$，整理得 $b_{n+1}^2 = b_n^2(4+2b_n^2)$，从而
$$b_n^2 = b_{n-1}^2(4+2b_{n-1}^2) \quad (n\geqslant 3),$$

于是 $\quad b_{n+1}^2 = b_n^2\left[4 + 2b_{n-1}^2(4+2b_{n-1}^2)\right] = \left[2b_n(b_{n-1}^2+1)\right]^2 \quad (n\geqslant 3).$

所以 $\quad b_{n+1} = 2b_n(b_{n-1}^2+1) \quad (n\geqslant 3).$

由已知有 $b_2=4, b_3=24$，再由上式可知 $b_4 \in \mathbf{N}^*, b_5 \in \mathbf{N}^*$. 以此类推，$b_n \in \mathbf{N}^*$，即 $\frac{2}{\sqrt{a_n^2-2}} \in \mathbf{N}^*$.

例 15（1992 年中国台北数学奥林匹克竞赛试题） 设 r 为正整数，定义数列 $\{a_n\}$ 如下：
$$a_1=1, \quad a_{n+1} = \frac{na_n + 2(n+1)^{2r}}{n+2} \quad (n\in \mathbf{N}^*),$$

求证：$a_n \in \mathbf{N}^*$ $(n\in \mathbf{N}^*)$.

分析 把条件变形为 $(n+2)a_{n+1} = na_n + 2(n+1)^{2r}$，比较 a_{n+1} 与 a_n 系数，考虑到另一项为 $2(n+1)^{2r}$，等式两边同乘以 $n+1$，容易想到构造新数列 $\{b_n\}$：$b_n = n(n+1)a_n$.

证明 由已知得 $(n+2)a_{n+1} = na_n + 2(n+1)^{2r}$，所以
$$(n+1)(n+2)a_{n+1} = n(n+1)a_n + 2(n+1)^{2r+1}.$$

构造新数列 $\{b_n\}$：$b_n = n(n+1)a_n$，则
$$b_1 = 2, \quad b_{n+1} - b_n = 2(n+1)^{2r+1}.$$

于是
$$b_n = b_1 + \sum_{k=1}^{n-1}(b_{k+1}-b_k) = 2(1 + 2^{2r+1} + 3^{2r+1} + \cdots + n^{2r+1}).$$

---

① 引自《中学数学教学参考》(2001 年第 8 期).

所以 $b_n \in \mathbf{N}^*$.

因为
$$b_n = 2n^{2r+1} + \sum_{k=1}^{n-1}[k^{2r+1} + (n-k)^{2r+1}]$$
$$= 2n^{2r+1} + \sum_{k=1}^{n-1}(n^{2r+1} - C_{2r+1}^1 n^{2r}k + C_{2r+1}^2 n^{2r-1}k^2 - \cdots + C_{2r+1}^{2r} nk^{2r}),$$

所以 $n|b_n$. 又
$$b_n = \sum_{k=1}^{n} k^{2r+1} + \sum_{k=1}^{n}(n+1-k)^{2r+1} = \sum_{k=1}^{n}[k^{2r+1} + (n+1-k)^{2r+1}]$$
$$= \sum_{k=1}^{n}[(n+1)^{2r+1} - C_{2r+1}^1(n+1)^{2r}k + C_{2r+1}^2(n+1)^{2r+1}k^2 - \cdots + C_{2r+1}^{2r}(n+1)k^{2r}],$$

所以 $(n+1)|b_n$. 因此 $n(n+1)|b_n$, 从而 $a_n \in \mathbf{N}^*$ $(n \in \mathbf{N}^*)$.

例 16(1990 年巴尔干地区数学奥林匹克竞赛试题) 设数列 $\{a_n\}$ 满足 $a_1 = 1, a_2 = 3$, 且对一切 $n \in \mathbf{N}^*$, 有 $a_{n+2} = (n+3)a_{n+1} - (n+2)a_n$, 求所有被 11 整除的 a_n 的一切 n 值.

分析 变形递推关系式为 $a_{n+2} - a_{n+1} = (n+2)(a_{n+1} - a_n)$, 就容易想到怎样构建新数列了.

解 由已知有 $a_{n+2} - a_{n+1} = (n+2)(a_{n+1} - a_n)$. 构造新数列 $\{b_n\}$: $b_{n+1} = a_{n+1} - a_n$ $(n \geq 1)$, 则
$$b_2 = 2, \quad b_{n+1} = (n+1)(a_n - a_{n-1}) = (n+1)b_n \quad (n \geq 2).$$

所以
$$b_n = nb_{n-1} = n(n-1)b_{n-2} = \cdots = n(n-1)\cdots 3b_2 = n! \quad (n \geq 2).$$

因此
$$a_n = a_1 + \sum_{k=2}^{n}(a_k - a_{k-1}) = 1 + \sum_{k=2}^{n} b_k = \sum_{k=1}^{n} k!,$$

从而 $a_4 = 11 \times 3$, $a_8 = 11 \times 4203$, $a_{10} = 11 \times 367083$.

当 $n \geq 11$ 时, 由于 $\sum_{k=1}^{10} k!$ 被 11 整除, 因而 $a_n = \sum_{k=1}^{10} k! + \sum_{k=11}^{n} k!$ 也能被 11 整除. 所以, 所求 n 值为 $n = 4, 8$ 及 $n \geq 10$ 的一切自然数.

第二节 数学归纳法

在数学中, 通过特例或根据一部分对象得出的结论可能是正确的, 也可能是错误的. 这种通过特例或根据一部分对象得出结论的不严格的推理方法称为不完全归纳法. 不完全归纳法得出的结论, 只能是一种猜想, 其正确与否, 必须进一步检验或证明. 经常采用数学归纳法来证明与自然数有关的猜想的正确性.

第八章 构造法与数学归纳法

一、第一数学归纳法

第一数学归纳法 设 $P(n)$ 是一个与自然数 n 有关的命题. 如果

(1) 当 $n=n_0 (n_0 \in \mathbf{N})$ 时, $P(n)$ 成立;

(2) 假设 $n=k (k \geq n_0, k \in \mathbf{N})$ 时 $P(n)$ 成立,由此能推得 $n=k+1$ 时 $P(n)$ 也成立,

那么对一切自然数 $n \geq n_0$,$P(n)$ 成立.

例 1(2007 年高考数学全国卷理科试题) 已知数列 $\{a_n\}$ 中 $a_1=2$,且
$$a_{n+1}=(\sqrt{2}-1)(a_n+2) \quad (n=1,2,\cdots).$$

(1) 求 $\{a_n\}$ 的通项公式;

(2) 若数列 $\{b_n\}$ 中 $b_1=2, b_{n+1}=\dfrac{3b_n+4}{2b_n+3} (n=1,2,\cdots)$,证明:
$$\sqrt{2} < b_n \leq a_{4n-3} \quad (n=1,2,\cdots).$$

解 (1) 由题设有
$$\begin{aligned}
a_{n+1} &= (\sqrt{2}-1)(a_n+2) \\
&= (\sqrt{2}-1)(a_n-\sqrt{2})+(\sqrt{2}-1)(2+\sqrt{2}) \\
&= (\sqrt{2}-1)(a_n-\sqrt{2})+\sqrt{2},
\end{aligned}$$

即
$$a_{n+1}-\sqrt{2}=(\sqrt{2}-1)(a_n-\sqrt{2}).$$

所以,数列 $\{a_n-\sqrt{2}\}$ 是首项为 $2-\sqrt{2}$,公比为 $\sqrt{2}-1$ 的等比数列,从而
$$a_n-\sqrt{2}=\sqrt{2}(\sqrt{2}-1)^n \quad (n=1,2,\cdots).$$

因此 $\{a_n\}$ 的通项公式为 $a_n=\sqrt{2}\left[(\sqrt{2}-1)^n+1\right] (n=1,2,\cdots)$.

(2) 用数学归纳法证明.

(i) 当 $n=1$ 时,因为 $\sqrt{2}<2, b_1=a_1=2$,所以 $\sqrt{2}<b_1 \leq a_1$,即结论成立.

(ii) 假设当 $n=k$ 时结论成立,即 $\sqrt{2}<b_k \leq a_{4k-3}$,也即 $0<b_k-\sqrt{2} \leq a_{4k-3}-\sqrt{2}$. 当 $n=k+1$ 时,有
$$b_{k+1}-\sqrt{2}=\frac{3b_k+4}{2b_k+3}-\sqrt{2}=\frac{(3-2\sqrt{2})b_k+(4-3\sqrt{2})}{2b_k+3}$$
$$=\frac{(3-2\sqrt{2})(b_k-\sqrt{2})}{2b_k+3}>0,$$

又 $\dfrac{1}{2b_k+3}<\dfrac{1}{2\sqrt{2}+3}=3-2\sqrt{2}$,所以
$$b_{k+1}-\sqrt{2}=\frac{(3-2\sqrt{2})(b_k-\sqrt{2})}{2b_k+3}<(3-2\sqrt{2})^2(b_k-\sqrt{2})$$

$$\leqslant (\sqrt{2}-1)^4(a_{4k-3}-\sqrt{2}) = a_{4k+1}-\sqrt{2}.$$

也就是说,当 $n=k+1$ 时,结论成立.

根据(i)和(ii)可知 $\sqrt{2} < b_n \leqslant a_{4n-3}$ $(n=1,2,\cdots)$.

注 数学归纳法中的条件(1)是归纳的基础,条件(2)是递推的依据(也是最关键的一步),两者缺一不可. 本题中的难点也正是在条件(2),证明中对于归纳假设的运用,用到了放缩法,并且分子和分母同时都进行了放缩.

例 2 设 $1<x_1<2$, $x_{n+1}=1+x_n-\frac{1}{2}x_n^2$ $(n=1,2,\cdots)$,求证:

$$\left|x_n-\sqrt{2}\right| < \left(\frac{1}{2}\right)^n \quad (n\geqslant 3).$$

证明 用数学归纳法证明.

(1) 当 $n=3$ 时,需证 $\left|x_3-\sqrt{2}\right| < \left(\frac{1}{2}\right)^3$. 我们有

$$x_3 = 1+x_2-\frac{1}{2}x_2^2, \quad x_2 = 1+x_1-\frac{1}{2}x_1^2, \quad 1<x_1<2.$$

令 $f(x)=1+x-\frac{1}{2}x^2=-\frac{1}{2}(x-1)^2+\frac{3}{2}$,则 $f(x)$ 在 $[1,2]$ 上单调递减. 所以

$$f(2)<f(x_1)<f(1), \quad 即 \quad 1<x_2<\frac{3}{2}.$$

于是

$$f\left(\frac{3}{2}\right)<f(x_2)<f(1), \quad 即 \quad \frac{11}{8}<x_3<\frac{3}{2}.$$

因此

$$-\frac{1}{8}<\frac{11}{8}-\sqrt{2}<x_3-\sqrt{2}<\frac{3}{2}-\sqrt{2}<\frac{1}{8}, \quad 即 \quad \left|x_3-\sqrt{2}\right|<\frac{1}{8}=\left(\frac{1}{2}\right)^3.$$

(2) 假设 $n=k$ $(k\geqslant 3)$ 时结论成立,即 $\left|x_k-\sqrt{2}\right|<\left(\frac{1}{2}\right)^k$. 当 $n=k+1$ 时,有

$$\left|x_{k+1}-\sqrt{2}\right| = \left|1+x_k-\frac{1}{2}x_k^2-\sqrt{2}\right| = \frac{1}{2}\left|x_k^2-2x_k-2+2\sqrt{2}\right|$$

$$= \frac{1}{2}\left|(x_k-\sqrt{2})(x_k+\sqrt{2}-2)\right|$$

$$= \frac{1}{2}\left|x_k-\sqrt{2}\right|\left|x_k+\sqrt{2}-2\right| < \left(\frac{1}{2}\right)^{k+1}\left|x_k+\sqrt{2}-2\right|.$$

由归纳假设知 $-\left(\frac{1}{2}\right)^k<x_k-\sqrt{2}<\left(\frac{1}{2}\right)^k$,则

$$0<2\sqrt{2}-2-\left(\frac{1}{2}\right)^k<x_k+\sqrt{2}-2<2\sqrt{2}-2+\left(\frac{1}{2}\right)^k<1,$$

即 $\left|x_k+\sqrt{2}-2\right|<1$. 所以 $\left|x_{k+1}-\sqrt{2}\right|<\left(\frac{1}{2}\right)^{k+1}$. 这就是说,当 $n=k+1$ 时,结论也成立.

根据(1)和(2)可知,都有 $|x_n - \sqrt{2}| < \left(\frac{1}{2}\right)^n$ $(n \geq 3)$.

注 第(1)步的证明,借助了二次函数的单调性.第(2)步通过因式分解找到了归纳假设,而多余的部分进行了放缩.

例 3 证明:$\frac{1}{2} + \cos\theta + \cos 2\theta + \cdots + \cos n\theta = \frac{\sin\frac{2n+1}{2}\theta}{2\sin\frac{\theta}{2}}$ $(n \in \mathbf{N}^*)$.

分析 这是一道三角恒等式的证明题,与三角函数有关,所以在证明过程中要用到三角函数的一些重要的公式.

运用数学归纳法,如果先直接证明当 $n=1$ 时结论成立,这时左边 $= \frac{1}{2} + \cos\theta$,右边 $= \frac{\sin\frac{3\theta}{2}}{2\sin\frac{\theta}{2}}$,需要用到三倍角公式,稍显繁杂.我们不妨将归纳法的"起点前移",即证明 $n \in \mathbf{N}$ 时成立,结论强化了反而更好证明.

证明 (1) 当 $n=0$ 时,左边 $= \frac{1}{2}$,右边 $= \frac{\sin\frac{\theta}{2}}{2\sin\frac{\theta}{2}} = \frac{1}{2}$,等式成立.

(2) 假设当 $n=k$ $(k \geq 0)$ 时等式成立,即

$$\frac{1}{2} + \cos\theta + \cos 2\theta + \cdots + \cos k\theta = \frac{\sin\frac{2k+1}{2}\theta}{2\sin\frac{\theta}{2}},$$

那么,当 $n=k+1$ 时,有

$$\frac{1}{2} + \cos\theta + \cos 2\theta + \cdots + \cos k\theta + \cos(k+1)\theta$$

$$= \frac{\sin\frac{2k+1}{2}\theta}{2\sin\frac{\theta}{2}} + \cos(k+1)\theta = \frac{\sin\frac{2k+1}{2}\theta + 2\sin\frac{\theta}{2}\cos(k+1)\theta}{2\sin\frac{\theta}{2}}$$

$$= \frac{\sin\left[(k+1)\theta - \frac{\theta}{2}\right] + 2\sin\frac{\theta}{2}\cos(k+1)\theta}{2\sin\frac{\theta}{2}}$$

$$= \frac{\sin\left[(k+1)\theta + \frac{\theta}{2}\right]}{2\sin\frac{\theta}{2}} = \frac{\sin\frac{2(k+1)+1}{2}\theta}{2\sin\frac{\theta}{2}},$$

即这时等式也成立.

由(1),(2)可知,等式对任何 $n\in \mathbf{N}$ 都成立,当然对 $n\in \mathbf{N}^*$ 成立.

二、第二数学归纳法

第二数学归纳法 设 $P(n)$ 是一个与自然数 n 有关的命题. 如果

(1) 当 $n=n_0$ ($n_0\in \mathbf{N}$)时,$P(n)$ 成立;

(2) 假设 $n\leqslant k$ ($k\geqslant n_0$,$k\in \mathbf{N}$)时 $P(n)$ 成立,由此能推得 $n=k+1$ 时 $P(n)$ 也成立,

那么对一切自然数 $n\geqslant n_0$,$P(n)$ 成立.

例4 已知对任意 $n\in \mathbf{N}^*$,有 $a_n>0$,且 $\sum_{j=1}^{n}a_j^3=\left(\sum_{j=1}^{n}a_j\right)^2$,求证:$a_n=n$ ($n\in \mathbf{N}^*$).

证明 (1) 当 $n=1$ 时,由 $a_1^3=a_1^2$ 及 $a_1>0$ 可得 $a_1=1$,所以命题成立.

(2) 假设当 $n\leqslant k$ 时,命题成立,即 $a_j=j$ ($j=1,2,\cdots,k$). 当 $n=k+1$ 时,因为

$$\sum_{j=1}^{k+1}a_j^3=\sum_{j=1}^{k}a_j^3+a_{k+1}^3=\left(\sum_{j=1}^{n}a_j\right)^2+a_{k+1}^3,$$

$$\sum_{j=1}^{k+1}a_j^3=\left(\sum_{j=1}^{k+1}a_j\right)^2=\left(\sum_{j=1}^{k}a_j+a_{k+1}\right)^2=\left(\sum_{j=1}^{n}a_j\right)^2+a_{k+1}^2+2a_{k+1}\sum_{j=1}^{k}a_j,$$

所以 $a_{k+1}^3=a_{k+1}^2+2a_{k+1}\sum_{j=1}^{k}a_j$,即

$$a_{k+1}^2=a_{k+1}+2\sum_{j=1}^{k}a_j.$$

而由归纳假设有 $a_j=j$ ($j=1,2,\cdots,k$),所以 $\sum_{j=1}^{k}a_j=\dfrac{k(k+1)}{2}$,从而

$$a_{k+1}^2=a_{k+1}+2\sum_{j=1}^{k}a_j \Rightarrow a_{k+1}^2=a_{k+1}+k(k+1).$$

因此 $[a_{k+1}-(k+1)](a_{k+1}+k)=0$,从而 $a_{k+1}=k+1$,即当 $n=k+1$ 时命题也成立.

综合(1),(2),对一切 $n\in \mathbf{N}^*$,有 $a_n=n$.

例5 试证:任意凸 n 边形能够划分成凸五边形的并,这里 $n\geqslant 6$.

证明 我们用数学归纳法证明任意凸 n 边形可以分割成凸五边形,其中 $n\geqslant 5$(前移起点).

当 $n=5$ 时,结论显然成立. 对于 $n=6$ 及 $n=7$,可以像图 8.2(a),(b)那样分割.

当 $n\geqslant 8$ 时,假设对于任意凸 k 边形都能够分割成凸五边形,这里 $5\leqslant k<n$. 现在引出凸 n 边形的一条对角线,它截出 n 边形相邻五个顶点所构成的五边形,剩下一个 $(n-3)$ 边形. 由于 n 边形是凸的,所以截出的五

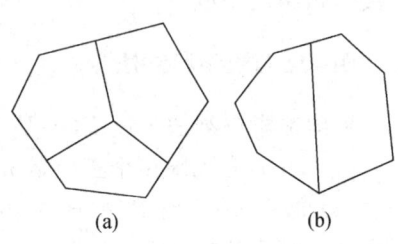

图 8.2

边形及 $(n-3)$ 边形都是凸的. 此外, $5 \leqslant n-3 < n$, 故可对剩下的凸 $(n-3)$ 边形应用归纳假设, 它也可分割成若干个凸五边形.

综上所述, 由数学归纳法知原命题对于 $n \geqslant 5$ 成立, 当然对 $n \geqslant 6$ 也成立.

注 本题是有关平面图形划分的问题, 这类问题是组合几何中的典型问题, 通常利用构造法来解决.

三、跳跃数学归纳法

跳跃数学归纳法 设 $P(n)$ 是与正整数 n 有关的命题. 如果

(1) 当 $n=1,2,\cdots,l$ 时, $P(n)$ 成立;

(2) 假设 $n=k$ 时 $P(n)$ 成立, 由此能推得 $n=k+l$ 时 $P(n)$ 也成立,

那么, 对一切正整数 n, $P(n)$ 成立.

例 6(1979 年加拿大竞赛试题) 设 $0<a<1$, 定义
$$\begin{cases} a_1 = 1+a, \\ a_{n+1} = \dfrac{1}{a_n} + a \ (n \in \mathbf{N}^*). \end{cases}$$

求证: 对一切正整数 n, 有 $a_n > 1$.

证明 (1) 当 $n=1$ 时, $a_1 = 1+a > 1$, 命题成立;

当 $n=2$ 时, $a_2 = \dfrac{1}{a_1} + a = \dfrac{1+a+a^2}{1+a} = 1 + \dfrac{a^2}{1+a} > 1$, 命题也成立.

(2) 假设 $n=k$ 时, 命题成立, 即 $a_k > 1$, 则
$$a_{k+2} = \dfrac{1}{a_{k+1}} + a = \dfrac{1}{\dfrac{1}{a_k}+a} + a > \dfrac{1}{\dfrac{1}{1}+a} + a = \dfrac{1+a+a^2}{1+a} > 1.$$

这表明 $n=k+2$ 时, 命题成立.

由数学归纳法知, 命题对一切自然数 n 成立.

注 本题的另一处理是将结论加强为证明 $1 < a_n < \dfrac{1}{1-a}$ 或 $1 < a_n \leqslant 1+a$. 两者均可用第一数学归纳法完成.

四、反向数学归纳法

反向数学归纳法 设 $P(n)$ 是一个与正整数 n 有关的命题. 如果

(1) $P(n)$ 对无限多个正整数 n 成立;

(2) 假设 $n=k$ 时 $P(n)$ 成立, 由此能推出 $n=k-1$ 时 $P(n)$ 也成立,

那么对一切正整数 n, $P(n)$ 成立.

例 7 设 $a_1, a_2, \cdots, a_n$ 是 n 个正数, $A_n = \dfrac{1}{n}(a_1 + a_2 + \cdots + a_n)$, $G_n = \sqrt[n]{a_1 a_2 \cdots a_n}$, 求证: 对

于任意 $n \in \mathbf{N}^*, A_n \geqslant G_n$(算术-几何平均不等式).

证明 先证对一切 $n = 2^m$ ($m \in \mathbf{N}^*$), $A_n \geqslant G_n$ 成立. 为此对 m 使用数学归纳法.

当 $m = 1$ 时, 有
$$A_2 = \frac{1}{2}(a_1 + a_2) = \frac{1}{2}(a_1 + a_2 - 2\sqrt{a_1 a_2}) + \sqrt{a_1 a_2}$$
$$= \frac{1}{2}(\sqrt{a_1} - \sqrt{a_2})^2 + \sqrt{a_1 a_2} \geqslant \sqrt{a_1 a_2} = G_2,$$

即当 $m = 1$ 时, $A_n \geqslant G_n$ 成立.

假设当 $m = k$ 时不等式成立, 即对任意 2^k ($k \in \mathbf{N}^*$) 个正数, 都有 $A_{2^k} \geqslant G_{2^k}$, 于是当 $m = k+1$ 时, 有
$$A_{2^{k+1}} = \frac{1}{2^{k+1}}(a_1 + a_2 + \cdots + a_{2^k} + a_{2^k+1} + \cdots + a_{2^{k+1}})$$
$$= \frac{1}{2}\left[\frac{1}{2^k}(a_1 + a_2 + \cdots + a_{2^k}) + \frac{1}{2^k}(a_{2^k+1} + \cdots + a_{2^{k+1}})\right]$$
$$\geqslant \frac{1}{2}(\sqrt[2^k]{a_1 a_2 \cdots a_{2^k}} + \sqrt[2^k]{a_{2^k+1} \cdots a_{2^{k+1}}}) \geqslant \sqrt{\sqrt[2^k]{a_1 a_2 \cdots a_{2^k}} \cdot \sqrt[2^k]{a_{2^k+1} \cdots a_{2^{k+1}}}}$$
$$= \sqrt[2^{k+1}]{a_1 a_2 \cdots a_{2^k} a_{2^k+1} \cdots a_{2^k} a_{2^{k+1}}} = G_{2^{k+1}},$$

其中前一个不等号成立用到归纳假设, 后一个不等号成立用到 $A_2 \geqslant G_2$. 可见 $m = k+1$ 时, 不等式也成立. 所以, 对一切 $n = 2^m$ ($m \in \mathbf{N}^*$), 不等式成立.

下面证明: 如果不等式对任何 k 个正数成立, 那么对任何 $k-1$ 个正数 $a_1, a_2, \cdots, a_{k-1}$ 也成立. 为了利用 $n = k$ 时的不等式, 令 $a_k = \frac{1}{k-1}(a_1 + a_2 + \cdots + a_{k-1})$, 于是
$$\frac{a_1 + a_2 + \cdots + a_{k-1}}{k-1} = \frac{a_1 + a_2 + \cdots + a_{k-1} + a_k}{k} \geqslant \sqrt[k]{a_1 a_2 \cdots a_{k-1} a_k}$$
$$= \sqrt[k]{a_1 a_2 \cdots a_{k-1} \cdot \frac{a_1 + a_2 + \cdots + a_{k-1}}{k-1}}.$$

在上面不等式的两边同时 k 次方, 即得
$$A_{k-1}^k \geqslant G_{k-1}^{k-1} A_{k-1} \Rightarrow A_{k-1} \geqslant G_{k-1}.$$

综上所述, 由反向数学归纳法, 对于任意 $n \in \mathbf{N}^*, A_n \geqslant G_n$ 都成立, 且从证明过程可以看出, 等号当且仅当 n 个正数全部相等时成立.

五、螺旋式数学归纳法

螺旋式数学归纳法 设 $P(n)$ 和 $Q(n)$ 为两个与自然数 n 有关的命题. 如果

(1) 当 $n = n_0$ ($n_0 \in \mathbf{N}$) 时, $P(n)$ 成立;

(2) 假设 $P(k)$ ($k \geqslant n_0$) 成立, 由此能推出 $Q(k)$ 成立;

(3) 假设 $Q(k)$ 成立,由此能推出 $P(k+1)$ 成立,

那么对于一切自然数 $n \geq n_0$, $P(n)$ 和 $Q(n)$ 都成立.

例8 在数列 $\{a_n\}$ 中,已知 $a_{2n}=3n^2$, $a_{2n-1}=3n(n-1)+1$ ($n\in \mathbf{N}^*$),求证:
$$S_{2n-1}=\frac{1}{2}n(4n^2-3n+1), \quad S_{2n}=\frac{1}{2}n(4n^2+3n+1).$$

证明 依题意把命题分为两个子命题:

命题 $A(n)$:在题设条件下,有 $S_{2n-1}=\frac{1}{2}n(4n^2-3n+1)$;

命题 $B(n)$:在题设条件下,有 $S_{2n}=\frac{1}{2}n(4n^2+3n+1)$.

下用螺旋式数学归纳法证明:

(1) 当 $n=1$ 时,$a_1=3\cdot 1\cdot (1-1)+1=1$,$S_1=\frac{1}{2}\cdot 1\cdot (4\cdot 1-3\cdot 1+1)=1$,所以 $A(1)$ 成立.

(2) 假设 $A(k)$ 成立,即 $S_{2k-1}=\frac{1}{2}k(4k^2-3k+1)$,则
$$S_{2k}=S_{2k-1}+a_{2k}=\frac{1}{2}k(4k^2-3k+1)+3k^2=\frac{1}{2}k(4k^2+3k+1).$$

所以 $B(k)$ 成立.

(3) 假设 $B(k)$ 成立,即 $S_{2k}=\frac{1}{2}k(4k^2+3k+1)$,则
$$S_{2k+1}=S_{2k}+a_{2k+1}=\frac{1}{2}k(4k^2+3k+1)+3(k+1)k+1$$
$$=\frac{1}{2}(4k^3+3k^2+k+6k^2+6k+2)$$
$$=\frac{1}{2}(k+1)[4(k+1)^2-3(k+1)+1].$$

所以 $A(k+1)$ 成立.

综上可得,对任意自然数 $n\geq 1$,$A(n)$ 和 $B(n)$ 都成立,即
$$S_{2n-1}=\frac{1}{2}n(4n^2-3n+1), \quad S_{2n}=\frac{1}{2}n(4n^2+3n+1).$$

六、二重数学归纳法

二重数学归纳法 对于与正整数 m,n 有关的命题 $P(m,n)$,如果

(1) 命题 $P(1,n)$ 对于一切正整数 n 成立,而命题 $P(m,1)$ 对一切正整数 m 都成立;

(2) 假设命题 $P(n+1,m)$ 与 $P(n,m+1)$ 成立,由此能推出 $P(n+1,m+1)$ 成立,

那么对于一切正整数 m,n,命题 $P(n,m)$ 都成立.

例9 设 m,n 是正整数,求证:不定方程 $x_1+x_2+\cdots+x_m=n$ 的非负整数解的组数为 $\dfrac{(n+m-1)!}{n!\cdot(m-1)!}$.

证明 为了书写方便,将所证命题记为 $P(n,m)$.

(1) 当 $n=1$ 时,不定方程 $x_1+x_2+\cdots+x_m=1$ 的非负整数解组数为 m,而 $\dfrac{m!}{(m-1)!}=m$,即对一切正整数 m,$P(1,m)$ 成立;同样对一切自然数 n,$P(n,1)$ 成立.

(2) 假设 $P(n+1,m)$ 与 $P(n,m+1)$ 成立.考虑方程
$$x_1+x_2+\cdots+x_m+x_{m+1}=n+1. \quad ①$$

当 $x_{m+1}=0$ 时,方程①的非负整数解的组数为 $\dfrac{(n+m)!}{(n+1)!\cdot(m-1)!}$.

当 $x_{m+1}>0$ 时,令 $x_{m+1}=x'_{m+1}+1$,则方程①化为
$$x_1+x_2+\cdots+x_m+x'_{m+1}=n.$$

它的非负整数解的组数为 $\dfrac{(n+m)!}{n!\cdot m!}$.

故方程①的非负整数解的组数为
$$\dfrac{(n+m)!}{(n+1)!\cdot(m-1)!}+\dfrac{(n+m)!}{n!\cdot m!}=\dfrac{[(n+1)+(m+1)-1]!}{(n+1)!\cdot[(m+1)-1]!},$$

即 $P(n+1,m+1)$ 成立.

综合(1),(2)知,命题 $P(n,m)$ 对任意 $m,n\in \mathbf{N}^*$ 均成立.

二重数学归纳法实质上是对两个参数 m,n 分别进行数学归纳法,所以在证明命题 $P(m,n)$ 时,若 $P(m,n)$ 关于 m,n 具有对称性,可以考虑分别对 m,n 作数学归纳法.

例10 已知 m,n 是任意非负整数,证明:若规定 $0!=1$,则 $\dfrac{(2m)!\cdot(2n)!}{m!\cdot n!\cdot(m+n)!}$ 是正整数.

证明 命题与两个参数 m,n 有关,可先把 m 看做常数,对 n 进行数学归纳法.

(1) 当 $n=0$ 时,原式 $=\dfrac{(2m)!}{m!\cdot m!}=C_{2m}^m$ 是正整数,其中 m 是非负整数.

(2) 假设当 $n=k$ 时命题成立,即 $\dfrac{(2m)!\cdot(2k)!}{m!\cdot k!\cdot(m+k)!}$ 是正整数,其中 m 是任意非负整数,则当 $n=k+1$ 时,有

$$\dfrac{(2m)!\cdot(2k+2)!}{m!\cdot(k+1)!\cdot(m+k+1)!}$$

$$=\dfrac{(2m)!\cdot(2k)!}{m!\cdot k!\cdot(m+k)!}\cdot\dfrac{(2k+1)(2k+2)}{(k+1)(m+k+1)}$$

$$=\dfrac{(2m)!\cdot(2k)!}{m!\cdot k!\cdot(m+k)!}\cdot\dfrac{4k+2}{m+k+1}$$

$$= \frac{(2m)! \cdot (2k)!}{m! \cdot k! \cdot (m+k)!} \cdot \frac{4(m+k+1)-(4m+2)}{m+k+1}$$

$$= \frac{(2m)! \cdot (2k)!}{m! \cdot k! \cdot (m+k)!} \left[4 - \frac{(2m+1)(2m+2)}{(m+1)(m+k+1)} \right]$$

$$= 4\frac{(2m)! \cdot (2k)!}{m! \cdot k! \cdot (m+k)!} - \frac{(2m+2)! \cdot (2k)!}{(m+1)! \cdot k! \cdot (m+k+1)!}.$$

根据归纳假设,上式右边两项都是正整数,故 $\frac{(2m)! \cdot (2k+2)!}{m! \cdot (k+1)! \cdot (m+k+1)!}$ 也是正整数,其中 m 是任意非负整数,即 $n=k+1$ 时命题成立.

根据 m,n 的对称性,显然,我们把 n 看做常数,对 m 进行数学归纳法时命题也成立.所以,对一切非负整数 m,n 命题成立.

小结 应用数学归纳法时要注意的问题与技巧:

(1) 起点前移:有些命题对一切大于或等于 1 的正整数 n 都成立,但命题本身对 $n=0$ 也成立,而且验证起来比验证 $n=1$ 时容易,因此可用验证 $n=0$ 成立代替验证 $n=1$. 同理,其他起点也可以前移,只要前移的起点成立且容易验证就可以.

(2) 起点增多:有些命题在由 $n=k$ 向 $n=k+1$ 跨进时,需要经其他特殊情形作为基础,此时往往需要补充验证某些特殊情形,因此需要适当增多起点.

(3) 加大跨度:对于某些命题,为了减少归纳中的困难,可以适当改变跨度,但注意起点也应相应增多.

(4) 选择合适的假设方式:归纳假设不一定拘泥于"假设 $n=k$ 时命题成立",需要根据题意采取第一、第二、跳跃、反向数学归纳法中的某一形式.

(5) 变换命题:有些命题在用数学归纳法证明时,需要引进一个辅助命题帮助证明,或者需要将命题一般化或加强命题才能满足归纳的需要,进而顺利进行证明.

习 题 八

1. 若不等式 $x^2+px>4x+p-3$ 对于一切 $0 \leqslant p \leqslant 4$ 恒成立,求实数 x 的取值范围.

2. 已知 $(x+\sqrt{x^2+1})(y+\sqrt{y^2+1})=1$,求 $x+y$.

3. 设 $a,b,c \in \mathbf{R}$,且 $|a|<1, |b|<1, |c|<1$,求证:$ab+bc+ac+1>0$.

4. 若关于 x 的不等式 $\frac{1}{1+\sqrt{x}} \geqslant a\sqrt{\frac{x}{x-1}}$ 有非零实数解,求 a 的最大值.

5. (2006 年中国国家队集训考试题)设 $x,y,z \in \mathbf{R}_+$,且 $x+y+z=1$,求证:

$$\frac{xy}{\sqrt{xy+yz}} + \frac{yz}{\sqrt{yz+zx}} + \frac{zx}{\sqrt{zx+xy}} \leqslant \frac{\sqrt{2}}{2}.$$

6. (2008 年高考数学陕西卷理科试题)已知 n 为正整数,求证:

$$\frac{3}{3+2}+\frac{3^2}{3^2+2}+\cdots+\frac{3^n}{3^n+2}>\frac{n^2}{n+1}.$$

7. 已知 $0<x<a, 0<y<a$,求证：
$$\sqrt{x^2+y^2}+\sqrt{(x-a)^2+y^2}+\sqrt{x^2+(y-a)^2}+\sqrt{(x-a)^2+(y-a)^2}\geqslant 2\sqrt{2}a.$$

8. 设 $n\geqslant 3$ 为整数,证明：在平面上存在一个由 n 个点组成的集合,使得集合中任意两点间的距离为无理数,任意三点组成一个非退化的面积为有理数的三角形.

9. 在一个平面内给定 n ($n>4$) 个点,其中任意三点不共线,证明：至少有 C_{n-3}^2 个凸四边形,其顶点为给定的点.

10. (1981 年 IMO 预选题)设数列 $\{a_n\}$ 中,$a_1=1, a_{n+1}=\frac{1}{16}(1+4a_n+\sqrt{1+24a_n})$ ($n\in \mathbf{N}^*$),求 a_n.

11. (1990 年匈牙利数学奥林匹克竞赛试题)设 $a_0=1, a_n=\frac{\sqrt{1+a_{n-1}^2}-1}{a_{n-1}}$ ($n\in \mathbf{N}^*$),求证：$a_n>\frac{\pi}{2^{n+2}}$ ($n\in \mathbf{N}$).

12. 将质数由小到大编上序号,2 算做第一个质数,3 算做第二个质数,依此类推.求证：第 n 个质数 $p_n<2^{2^n}$.

13. 试证：面值为 3 分和 5 分的邮票可支付任何 n ($n>7, n\in \mathbf{N}$) 分的邮资.

14. 用反向归纳法证明：如果 $\alpha_1, \alpha_2, \cdots, \alpha_n \in [0, \pi]$,则
$$\frac{1}{n}(\sin\alpha_1+\sin\alpha_2+\cdots+\sin\alpha_n)\leqslant \sin\frac{1}{n}(\alpha_1+\alpha_2+\cdots+\alpha_n).$$

15. 设空间中有 $3m$ ($m\geqslant 2$) 个点,其中任意四点都不共面,它们之间连有 $3m^2+1$ 条线段,证明：这些线段至少构成一个四面体.

16. 设 $f(m,n)$ 满足 $f(m,n)\leqslant f(m,n-1)+f(m-1,n)$,其中 m, n 是正整数,$m, n\geqslant 2$,且 $f(1,n)=f(m,1)=1$ ($m, n\in \mathbf{N}^*$),求证：$f(m,n)\leqslant C_{m+n-2}^{m-1}$.

17. (2007 年高考数学辽宁卷理科试题)已知数列 $\{a_n\}, \{b_n\}$ 与函数 $f(x), g(x)$ ($x\in \mathbf{R}$) 满足条件：$b_1=b, a_n=f(b_n)=g(b_{n+1})$ ($n\in \mathbf{N}^*$).若函数 $y=f(x)$ 为 $\mathbf{R}$ 上的增函数,$g(x)=f^{-1}(x), b=1, f(1)<1$,证明：对任意的 $n\in \mathbf{N}^*, a_{n+1}<a_n$.

18. (2005 年高考数学江西卷理科试题)已知数列 $\{a_n\}$ 的各项都是正数,且满足
$$a_0=1, \quad a_{n+1}=\frac{1}{2}a_n(4-a_n), \quad n\in \mathbf{N}.$$

(1) 证明：$a_n<a_{n+1}<2$ ($n\in \mathbf{N}$);

(2) 求数列 $\{a_n\}$ 的通项公式 a_n.

19. (2006 年英国数学奥林匹克竞赛试题)已知 a, b, c 为正实数,求证：
$$(a^2+b^2)^2\geqslant (a+b+c)(a+b-c)(b+c-a)(c+a-b).$$

第八章　构造法与数学归纳法

本章参考文献

[1] 罗增儒.高中数学奥林匹克(二年级).西安：陕西师范大学出版社,2001.

[2] 陶平生.高中数学竞赛专题讲座(数列与归纳法).杭州：浙江大学出版社,2007.

[3] 黄琪锋.备战全国高中数学联赛.杭州：浙江大学出版社,2009.

[4] 伍家德.金牌奥校数学奥林匹克教程(高中).北京：中国少年儿童出版社,2000.

[5] 刘诗雄.奥数教程(高二年级).上海：华东师范大学,2000.

[6] 单墫.数学竞赛教程.南京：江苏教育出版社,2009.

[7] 张同君,陈传理.竞赛数学解题研究.北京：高等教育出版社,2000.

[8] 刘培杰.历届 IMO 试题集(1959—2005).哈尔滨：哈尔滨工业大学出版社,2006.

[9] 李胜宏,李明德.高中数学竞赛培优教程：专题讲座.杭州：浙江大学出版社,2003.

[10] 国家教练组.走向 IMO 数学奥林匹克试题集锦.上海：华东师范大学出版社,2009.

[11] 刘培杰.历届 CMO 中国数学奥林匹克试题集(1986—2008).哈尔滨：哈尔滨工业大学出版社,2008.